# 新能源材料与装备

# NEW ENERGY
## MATERIALS AND EQUIPMENTS

编著　成永红　史　乐

参编　肖　冰　张　磊　郑　红　王红康　石建稳

　　　张锦英　许　鑫　王鹏飞　陈　欣

西安交通大学出版社
XI'AN JIAOTONG UNIVERSITY PRESS

**图书在版编目(CIP)数据**

新能源材料与装备 / 成永红，史乐编著. —西安：西安交通大学出版社，2023.6
储能科学与工程系列教材 / 何雅玲主编
ISBN 978-7-5693-2613-0

Ⅰ.①新…　Ⅱ.①成…②史…　Ⅲ.①新能源－材料技术－研究　Ⅳ.①TK01

中国版本图书馆 CIP 数据核字(2022)第 082367 号

| 书　　名 | 新能源材料与装备 |
|---|---|
| | XIN NENGYUAN CAILIAO YU ZHUANGBEI |
| 编　　著 | 成永红　史乐 |
| 参　　编 | 肖　冰　张　磊　郑　红　王红康　石建稳 |
| | 张锦英　许　鑫　王鹏飞　陈　欣 |
| 丛书策划 | 田　华　王　欣 |
| 责任编辑 | 王　欣 |
| 责任校对 | 邓　瑞 |
| 装帧设计 | 任加盟 |

| 出版发行 | 西安交通大学出版社 |
|---|---|
| | (西安市兴庆南路 1 号　邮政编码 710048) |
| 网　　址 | http://www.xjtupress.com |
| 电　　话 | (029)82668357　82667874(市场营销中心) |
| | (029)82668315(总编办) |
| 传　　真 | (029)82668280 |
| 印　　刷 | 西安五星印刷有限公司 |

| 开　　本 | 787mm×1092mm　1/16 | 印张 | 23.625 | 字数 | 517 千字 |
|---|---|---|---|---|---|
| 版次印次 | 2023 年 6 月第 1 版　2023 年 6 月第 1 次印刷 | | | | |
| 书　　号 | ISBN 978-7-5693-2613-0 | | | | |
| 定　　价 | 68.00 元 | | | | |

如发现印装质量问题,请与本社市场营销中心联系。
订购热线:(029)82665248　(029)82667874
投稿热线:(029)82664954　QQ:1410465857
读者信箱:1410465857@qq.com

# 前 言 PREFACE

　　能源是能够向人类提供某种形式能量的原料和资源，是人类发展的原动力，是人类社会发展的基石，是人类活动的物质基础。

　　"碳达峰碳中和"是国家承诺、国家战略、国家目标，新能源是实现"碳达峰碳中和"的关键。随着世界各国对能源需求的不断增长和环境保护的日益加强，新能源的推广应用已成必然趋势。新能源涉及风、光、热、氢、储等关键领域，既有科学问题、技术问题亟待攻克，也有工程问题、产业问题亟待解决。能源革命说到底取决于科技突破。新能源的发展一方面靠利用新的原理来构筑新的能源系统，同时还必须靠新材料的开发与应用，使新的系统得以实现，并进一步地提高效率、降低成本。要实现新能源大规模、高效率、低成本应用，新能源材料是基础，新能源装备是核心，两者有效结合才有可能推动新能源广泛应用，逐步实现低碳、零碳目标。

　　新能源是一个跨多个学科的新兴交叉领域，传统的能源、动力、电气、机械、材料、化工、物理、化学、电子、控制、计算机等学科的知识体系已不能满足国家发展新能源的需求。本书从新工科建设需要出发，围绕产业需要、技术发展，从"风""光""热""氢""储""用"的不同维度深入浅出地介绍新能源材料与装备的相关知识，内容主要涉及光伏材料、储电材料、储热材料、热电材料、制氢催化材料、储氢材料、燃料电池材料和这些新能源材料的制备、性能、应用，以及基于这些新能源材料的新型电力装备及其应用。本书具有典型的跨一级学科领域特征，既具有科普性质，又包含科技前沿宣讲，可为培养新能源领域的高层次人才做前瞻性准备，为国家"双碳"战略提供智力支持。

　　相较于已有的书籍，本书的特色十分鲜明，不仅在内容上具有科普引导、分类清晰、学科融合、覆盖面宽，突出创新、强调实践，知识通透、实用性强的特点，而且在写作风格上具有回望历史、展现前沿，语言生动、信息量大，深入浅出、通俗易懂，图文并茂、易于领会的特色。本书从历史发展的视角看未来发展趋势，从基础原理入手传授前沿知识，从传统技术面临的局限看未来技术突破点，从材料进展看装备未来发展方向，从实验室研究成熟度看未来工业综合应用的可行性，可以有效拓展科研人员视野，激发科研学习兴趣，是新能源领域的极佳入门书籍，不仅可作为工科院校、综合性大学的能源、动力、电气、机械、材料、化工、化学、电子、控制、经济、管理等学科的本科生、研究生的教材，也可作为相关领域的科研与管理工作者的入门参考书。

　　本书的出版是集体智慧的成果,参与本书编写的有成永红(第1章、第14章)、郑红(第2章)、张磊(第3章、第4章)、王红康(第5章)、肖冰(第6章、第7章)、石建稳(第8章)、张锦英(第9章)、史乐(第10章)、许鑫(第11章)、王鹏飞(第12章)、陈欣(第13章),全书由成永红、史乐负责统稿。

　　本书内容涉及范围极广,但囿于时间和作者水平,疏漏之处在所难免,敬请广大读者批评指正。

编著者<br>2022年5月

# 目 录 CONTENTS

# 第七篇 用

# 第一篇

## 绪

>>> # 第 1 章　能源的前世今生

## 1.1　什么是能源？

能源是能够向人类提供某种形式能量的原料和资源。

能源是人类活动的物质基础，是人类发展的原动力。能源可能引发战争，也能促成国际合作；能源催生工业革命，也会导致经济危机；能源促进科技发展，也会造成环境破坏。能源关乎经济社会发展，关乎全球气候变化，关乎地球上人类生存。不断减少化石能源的开采和使用，不断开发和利用新能源，通过科学技术进步着力提升新能源的使用效能、降低成本、扩大应用，是人类共同的使命和责任，以期拯救地球、造福子孙后代。

### 1.1.1　能源的不同描述

能源是一种呈多种形式且可以相互转换的能量源泉，是自然界中能为人类提供某种形式能量的物质资源，与人类社会的生存与发展休戚相关。能源通过热力、移动力、电力与人类发生关系，通过适当的转换手段，能源可为人类生产和生活提供所需的能量。例如，煤和石油等化石能源燃烧时可以提供热能，流水和风力可以提供机械能，太阳的辐射可转化为热能或电能。

《不列颠百科全书》对能源的解释为"能源是一个包括所有燃料、流水、阳光和风的术语，人类用适当的转换手段便可让它为自己提供所需的能量"；《日本大百科全书》对能源的解释为"在各种生产活动中，我们利用热能、机械能、光能、电能等来做功，可以作为这些能量源泉的自然界中的各种载体，称为能源"；中国出版的《能源百科全书》对能源的解释为"能源是可以直接或经转换提供人类所需的光、热、动力等任一形式能量的载能体资源"。

### 1.1.2　能源的主要来源

人类现在所利用的能源,主要来源有三种途径:一是来自地球外部天体,主要是太阳能,太阳除直接辐射能量外,还为风能、水能、生物质能、矿物能等的产生提供基础,人类所需能量的绝大部分都直接或间接地来自太阳;二是来自地球本身,通常指与地球内部的热能有关的能源和与原子核反应有关的能源,如地热能和核能;三是来自地球和其他天体的相互作用,如潮汐能。

### 1.1.3　能源的主要分类

能源的种类繁多,有多种分类方式,不同的分类方式表达着不同的内涵。

按能源存在的形态特征进行分类,世界能源委员会(World Energy Council,WEC)将能源分为固态燃料、液体燃料、气体燃料、水能、电能、太阳能、生物质能、风能、核能、海洋能、地热能。

按能源的产生与使用方式进行分类可分为:一次能源和二次能源。一次能源是指天然能源,是自然界既有的能源,如煤炭、石油、天然气、水能、太阳能、风能、地热能、海洋能、生物质能及核能等,其中前三种类型统称化石燃料或化石能源;二次能源是指由一次能源加工转换成的能源产品,如电力、汽油、柴油、焦炭、洁净煤、氢气、煤气、沼气、蒸汽等。

按能源的可再生性进行分类可分为:可再生能源和不可再生能源。可再生能源是指可以不断得到补充或在较短时间内可再产生的能源,如太阳能、风能、地热能、海洋能、生物质能、水能等;不可再生能源是指随着人类的利用而逐渐减少的能源,如煤炭、石油、天然气等。

### 1.1.4　能源的利用历程

人类利用能源主要经历了三个时期,并将迎来第四个时期。前三个时期已经带来了三个划时代的革命性转折。

第一个时期:**薪柴时期**。这一时期以薪柴等生物质燃料为主要能源,生产和生活水平极其低下,社会发展缓慢。

第二个时期:**煤炭时期**。十八世纪,煤炭取代薪柴成为人类社会中的主要能源,这个时期蒸汽机成为生产的主要动力,工业迅速发展,社会生产力增长很快。十九世纪初,用煤炭作为燃料的发电技术逐步普及,电力成为工矿企业的主要动力,变为生产和生活的主要能源。

第三个时期:**石油时期**。二十世纪中期,石油逐步取代煤炭而占据主导地位。近三十年,世界上许多国家依靠石油和天然气创造了人类历史上空前的物质财富。

第四个时期:**可再生能源时期**。二十世纪中后期,由于化石能源大规模利用可能导致的能源枯竭和环境污染,可再生能源成为发展趋势,"碳达峰""碳中和"成为各国追求的目标,可再生能源装机量逐年快速增长,再加上核能的利用,人类社会将迎来新的发展。

从"薪柴时期"到"煤炭时期"是人类能源史上的第一个转折,从"煤炭时期"到"石油时期"是人类能源史上第二次转折。随着科学技术的进步,清洁能源利用技术逐步发展,人类社会将迎来第三次能源转折。

### 1.1.5　能量的基本概念

"能量"是一个基础性的概念,可以理解为物体做功的能力。能源物质中储存着各种形式的能量,从某种意义上来讲,能量是贯穿宇宙运行、文明演化、社会建构、产业创新的通行货币。能量分为机械能、热能、电能、辐射能、化学能、核能六大形式,所有已知形式的能量对人类生存都至关重要。

(1)**机械能**是与物体宏观机械运动或空间状态相关的能量。机械能包括动能(物体由于运动而具有的能)和势能[又包括重力势能(物体由于被抬高而具有的能)和弹性势能(物体由于弹性形变而具有的能)]。

(2)**热能**是构成物质的微观分子运动的动能和势能的总和,它反映分子运动的激烈程度,这种能量的宏观表现是温度的高低。

(3)**电能**是指电流以各种形式做功的能力。日常生活中使用的电能,主要来自其他形式能量的转换,包括水能(水力发电)、热能(火力发电)、原子能(核电)、风能(风力发电)、化学能(电池)及光能(光电池、太阳能电池等)等。

(4)**辐射能**是指电磁波中电场能量和磁场能量的总和,也叫作电磁波的能量。太阳以辐射形式不断向周围空间释放的能量叫作辐射能,其主要形式是光和热。太阳辐射以光速射向地球,同时具有波粒二象性。

(5)**化学能**是一种物质结构能,即原子核外进行化学变化时释放出来的能量,是一种很隐蔽的能量,它不能直接用来做功。根据热力学定义,物质或物系在化学反应过程中以热能形式释放的内能称为化学能,其只有在发生化学变化的时候才可以释放出来。各种物质都储存有化学能,不同的物质不仅组成不同、结构不同,所包含的化学能也不同。

(6)**核能**(或称原子能)是通过核反应从原子核中释放的能量,符合质能方程 $E=mc^2$。核能可通过三种核反应方式释放:①核裂变,较重的原子核分裂释放结合能,如铀的裂变;②核聚变,较轻的原子核聚合在一起释放结合能,如氘、氚、锂等;③核衰变,原子核自发衰变释放能量。核能是人类最具希望的未来能源之一。

国际单位制中能量的单位是 J(焦[耳],Joule),1 J 表示 1 N(牛[顿],Newton)的力沿该力的方向移动 1 m(米,meter)所做的功;化学和营养学中能量的常用单位是 cal(卡[路里],calorie),1 cal 表示在1个大气压与20℃的条件下,使 1 g(克,gram)的水升高 1 ℃所需的热量,换算成焦耳是 4.182 J,日常生活中所说的卡路里是指千卡(kcal,也可表示为 Cal),或称大卡,即 1000 cal;原子物理中能量的常用单位是 eV(电子伏[特],electron volt),1 eV 是一个电子在电场力作用下通过电势差为 1 V 的电场时所获得的能量增量。

与能量相关的一些基本概念:功率是指物体在单位时间内所做功的多少,表示能量流动的速率,单位为 W(瓦特,Watt);能量密度表示单位质量的某种物质内包含的能量,是指在一定的体积或质量的物质中储存能量的大小,单位是 $J/m^3$ 或 $J/kg$;功率密度是单位质量的物质产生或消耗的能量,单位是 $W/kg$。

### 1.1.6　能量与能量转换

能量是物质的属性,任何物质都具有能量,即使物质处于静止状态也有能量。能量转换是能量最重要的属性,也是利用能量最重要的环节。通常,能量转换是指能量形态上的转换。能量转换包括:能量在空间上的转移(能量的传输),以及能量在时间上的转移(能量的储存)。

**1. 能量的基本定律与概念**

所有的能量转换过程都必须遵循自然界的普遍规律——能量守恒定律。

(1)**能量守恒定律**(热力学第一定律):自然界的一切物质都具有能量,能量既不能创造也不能消灭,而只能从一种形式转换成另一种形式,从一个物体传递到另一个物体,在能量转换和传递过程中能量总量恒定不变。热力学第一定律从“量”的属性上阐明了能量的守恒性,是最基本、最普遍的定律。

(2)**熵增原理**(热力学第二定律):在自然状态下,热量可以自发地从较热的物体传递到较冷的物体,但不可能自发地从较冷的物体传递到较热的物体。即:在孤立系统内,对可逆过程,系统的熵总是保持不变;对不可逆过程,系统的熵总是增加的。这个规律叫作熵增原理。热力学第二定律从“质”的属性上揭示了能量的贬值性,即能量在传递和转化过程中具有“质”降低的特性。

(3)**烟的概念**。烟指的是系统处于某状态时的做功能力,即系统从所在状态变为环境状态时能释放的有用功的最大值,也称作有效能或可用能。烟是一种衡量能量品质及对不同能源或系统间做功能力进行比较的很有价值的工具,但烟值不代表一种做功设备能真正输出的功的多少,它只代表该做功设备能输出功的上限值。烟反映的是能量的“质”,能量“质”降低的过程伴随着熵增和烟减。

(4)**焓的概念**。焓是一定质量的物质按定压可逆过程由一种状态变为另一种状态所吸收或释放的热量,等于内能 $U$ 与压强 $p$ 和体积 $V$ 的乘积之和。焓是物质能量体系的状态函数,与变化的途径无关,只要体系的状态定了,焓就有唯一确定的值。焓的变化对化学反应很重要,因为吸收或释放的热等于内能的变化($\Delta U$)加上变化时所做的外功($\Delta pV$)。

**2. 能量的相互转换**

能量从“量”的角度,只有是否已经利用、利用多少的问题,而从“质”的角度,还有是否按质利用的问题。无论是有势差存在的自发过程,还是有耗散效应的不可逆过程,虽然过程没有使能量的数量减少,但却使能量的品质下降了。所谓高效能量利用,其实质是防止或减少能量贬值的发生。

能量只会从一种形式转换为另一种形式,或从一个物体转移到另一个物体。能量的转换与转移是有方向性的,但在转换和转移过程中,能量的总量保持不变。不同形式能量之间的转换如图 1-1 所示。

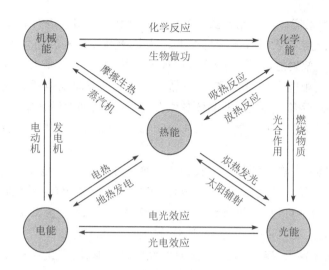

图 1-1　不同形式能量之间的转换

（1）**化学能转换为热能**。燃料燃烧是化学能转换为热能的主要方式。燃料通常有固态、液态、气态三种形态,按生产方法可分为天然燃料和人工燃料。天然的固体燃料有煤炭、木材、可燃冰等,人工的固体燃料有焦炭、型煤、木炭等,其中木材是早期主要的能源,煤炭是目前主要的能源;天然的液体燃料有石油,人工的液体燃料有汽油、煤油、柴油、重油等,其中汽油、柴油是目前主要的能源;天然的气体燃料有天然气、页岩气,人工的气体燃料有焦炉煤气、高炉煤气、水煤气、液化石油气、沼气等,天然气是目前主要的能源。

（2）**热能转换为机械能**。将热能转换为机械能是目前最主要的能量转换方式,转换装置称为热机,又称动力机械,常见的有内燃机、蒸汽轮机、燃气轮机三大类。内燃机是应用最广泛的热机,包括汽油机和柴油机,大多数内燃机是往复式,有气缸和活塞;蒸汽轮机单机功率大、效率高、运行平稳,以水蒸气作为工质驱动叶轮对外做功,现代火力发电厂、核电站都用它驱动发电机;燃气轮机质量轻、体积小、启动快,以气体作为工质,通过燃料燃烧产生的高温气体直接推动叶轮对外做功。

（3）**机械能转换为电能**。将机械能转换为电能的主要设备是发电机,包括火力发电机、水轮发电机、风力发电机等。火力发电机是通过蒸汽或燃气驱动叶轮带动发电机转子运动,转子切割定子线圈产生电力;水轮发电机是通过水力驱动叶轮带动发电机转子运动,转子切割定子线圈产生电力;风力发电机是利用风力带动风车叶片旋转,再通过增速机提升旋转的速度,促使发电机发电。

（4）**电能转换为机械能**。电动机是典型的将电能转换为机械能的装置,现代各种生产机械都广泛应用电动机来驱动,如:装配一台电动机的单轴钻床、配备三台电动机的桥式起重机,以及配备几台独立工作电动机的机床的主轴、刀架、横梁、润滑油泵等;在日常生活中,电风扇、抽油烟机、电动自行车、电动轿车等都是典型的电能转换为机械能的应用;在储能领域,抽水蓄能、飞轮储能等就是典型的将电能转换为机械能进行存储的例子。

(5)**光能转换为电能**。将光能转换为电能主要是利用太阳能进行转换发电,它包括光伏发电、光化学发电、光感应发电和光生物发电。其中,光伏发电是利用太阳能级半导体电子器件有效地吸收太阳光辐射能,并使之转变成电能的直接发电方式,是当今太阳光发电的主流。光伏发电的核心是太阳能电池,其主要分为晶体硅电池和薄膜电池两类,前者包括单晶硅电池、多晶硅电池两种,后者主要包括非晶体硅太阳能电池、铜铟镓硒太阳能电池和碲化镉太阳能电池。在光化学发电中有电化学光伏电池、光电解电池和光催化电池,目前得到实际应用的是光伏电池。

(6)**化学能转换为电能**。将化学能转换为电能的主要装置是电池。电池能量转换效率高,使用方便,安全可靠。电池包括:一次电池(原电池)、二次电池(蓄电池)和燃料电池等。一次电池的反应本身不可逆,主要有锌-锰电池、锌-汞电池、锌-空气电池等;二次电池可重复充放电循环使用,主要有铅酸蓄电池、锂离子电池、钠离子电池等;燃料电池的活性物质可以从电池外部不断地输入,连续放电,主要有碱性燃料电池、质子交换膜燃料电池、固体氧化物燃料电池等。

## 1.2 能源的前世

人类对能源的利用是从钻木取火开始的。从钻木取火开始,人类开始使用薪柴这样的初级能源,这是最易获得的生物质能,支撑了人类数千年的发展。与此同时,人们学会了使用风力、水力、畜力,这些能源成为人自身力量的延伸,使人类改造自然的力量得到大大增强。

### 1.2.1 太阳——生命繁衍的能源源泉

太阳是人类所使用的所有能源背后的共同热源,是生命繁衍的能量来源。

太阳光广义的定义是来自太阳所有频谱的电磁辐射。在地球上,阳光显而易见是当太阳在地平线之上,经过地球大气层过滤照射到地球表面的太阳辐射。自宇宙洪荒开始,太阳就一直照耀着地球,持续了数十亿年。

太阳光是最丰富的能源,也是我们星球表面最为重要的能源,是每个自然体系的能量来源。地球上的能源直接或间接依靠太阳光供给:绿色植物可将太阳光能转换成化学能,一方面植物可为动物所食用,草食性动物又被肉食性动物所食用,于是基于营养的关系而将环境中的各种生物联系起来,形成食物链;另一方面由于地壳运动等因素,植物被埋藏于地下,经过漫长的地质年代和地壳运动,在隔绝空气的情况下,在细菌、压力和温度的作用下,逐步演变成煤炭。

太阳之于人类的意义,不论从哪个角度来看都无与伦比,生命在温暖的气候中得以繁衍,地球上的生灵在和煦的阳光下生生不息。从人类生存的需要来说,在太阳发出的光中能够传递到地球上并为人类直接或间接利用的那部分能量,只有太阳辐射能量的约十亿分之一。那些人类赖以生存的化石能源(煤炭、石油、天然气等),其本质都是通过吸收太阳能量的动植物转变而成的;那些新能源(风能、水能、生物质能、潮汐能等),其某种程度上是依靠太阳提供的基础能量。人类受惠于太阳光以及由太阳光转化而来的其他形式的能源。

### 1.2.2　钻木取火——人类对能源利用的开始

火为原始人提供了温暖、光明、熟食，并成为防御和围猎的工具，对人从动物群中分化出来起了重要作用。

钻木取火的发明记载于中国古代的神话传说中。在远古时期，河南商丘一带是一片森林，在森林中居住的燧人氏经常捕食野兽，当击打野兽的石块与山石相碰时往往产生火花，燧人氏从这里受到启发，就以石击石，用产生的火花引燃火绒，生出火来。在长期劳动过程中，远古人类发现了摩擦生火的现象，经过不断摸索和尝试，掌握了人工取火的方法。

图 1-2　钻木取火

钻木取火（见图1-2），从能源的角度，是将人的机械能转化为热能，进而引燃低燃点的薪柴，从而产生火。薪柴燃烧产生的能量是一种生物质能，是太阳能以化学能形式储存在生物中的一种能量形式，它直接或间接来源于植物的光合作用。薪柴燃烧是生物质能利用的最初、也是最普通的一种形式。

在薪柴时期，用击石和钻木的方式点燃火种。时至今日，尽管人类早已从使用初级能源进化到更高级更多样的能源使用形态，但钻木取火依然具有特别的象征意义。

钻木取火是人类能源利用方面最早的一次技术革命，木炭的热量也使人类进入"铜器时代"和"铁器时代"，极大提高了生产力水平。

### 1.2.3　畜力——传统农业确立的重要标志

使用牲畜是能量利用的重要进步，用畜力替代人力大大加快了许多田地和农场的工作速度和工作质量，标志着传统农耕社会的确立。

牛马等大型牲畜被人类驯化以后，早期主要用于提供肉食，后来才逐渐有了军事、交通和农业用途（见图1-3）。土壤耕作和作物播种是农业生产的基本环节，除人力之外，以耕牛为主体的畜力是耕作播种的主要动力来源，以至牛耕成为传统农业确立和发展的标志。

图 1-3　马拉车、牛耕田

在中国和其他一些人口稠密的亚洲国家,牛是首选的役畜,作为反刍动物,它们只依靠稻草和放牧的粗饲料就能生存,它们劳作时也不需要太多的饲料。中国农业的畜力利用大约始于春秋战国时期,当时主要是用牛拉犁耕田;秦汉以后畜力利用范围逐渐扩大,农业的动力来源形成以畜力牵引与人力操作相结合的特征。一方面,用畜力部分替代人力,提高了犁地、播种、脱粒的工作质量,缩短了工作时间,牛马之力的大量使用和普遍的家庭饲养,为精耕细作技术体系的形成提供了动力保障,使人在一定程度上摆脱了繁重的农业劳作,并提高了农业劳动生产率;另一方面,灌溉是提高作物产量的重要手段,也是消耗能量较大的生产项目,传统的水车是靠人脚踏来工作的,而畜力灌溉机具——牛转翻车的使用大大提高了灌溉能力和效率。

马是最强大的役畜。一般动物的标准牵引力是其自身体重的15%,但马在短时间内的牵引力可达体重的35%。与身体前后质量分布基本均匀的牛不同,马的身体前部与后部的质量比是3:2,因此马可以比牛更好地利用惯性运动。马一般都能以大约1 m/s的稳定速度在田地里工作,比牛快30%~50%。一匹重型马最大拉力能够达到表现最好的一头牛的2倍。质量较大和运动速度相对较高,使得马匹成为最好的牵引动物,马除了可以拖动木料、拔取树桩、碾压稻谷或拉动重型机械,还是重要的交通工具,出现了马拉战车、自用马车、马拉公车等。

### 1.2.4 水力——最古老的工业动力

水力是一种效能很高的自然能源,通常指天然河流或湖泊、波浪、洋流所蕴藏的动能资源,能量大小取决于水位落差和径流量的大小。水作为一种能源,是一种清洁、无污染、可再生的能源,用之不竭。它在农业上的应用,不仅使劳动者摆脱了某些重体力劳动,提高了生产率,同时还为一部分生产环节实现机械化和自动化创造了条件。水力的开发、运用,对于农业生产的发展和环境保护具有重要意义。

从水力利用发展史来看,人类利用水力为农业服务最初发生于欧洲。公元前400年前,古希腊人已开始利用水力驱动石磨加工谷物,使用的是一种卧轮水磨机,但这种水磨机结构很简单,所以效率不高。公元一世纪,古罗马人创造了一种垂直型水磨,水轮转一圈石磨能转五圈,比古希腊的水磨效率要高得多,水磨比人力磨(以一人的力计算)效率提高了40多倍。十一世纪后,水力在西方国家的利用有了新的发展,由于水车所提供能量的规模、连续性和可靠性都达到了前所未有的高度,因此除了粮食加工外,还用于抽水、采矿、冶金、榨油、纺织等。

中国在农业上利用水力出现于公元一世纪,是世界上利用水力最早的国家之一,苏轼在诗《游博罗香积寺》中曾写道:"要令水力供臼磨,与相地脉增堤防。"农业上使用水力,是中国古代人民继用水灌溉以后,对水资源的又一次开发,也是中国古代在农用动力上的又一次革命。在水力利用上,我国古代积累了相当丰富的经验,使用的范围除粮食加工外,还用于造纸、研茶和冶炼。中国发明的水力机械有水排、水碓、水轮、水碾、水磨、水转连磨、水砻、水轮三事、水击面罗、筒车、水转翻车、高转筒车、水转大纺车等十余种。其中有高效能的机械如水转连磨,有多功能的机械如水轮三事,有利用小水源的机械如水碓等,其设计和制造水平都高于当时西方的水利机械,这反映了我国古代水力机械水平处于世界前列。水碓和水磨如图 1-4 所示。

图 1-4　水碓、水磨

近代对水力的利用已从直接利用水力,发展到利用水力发电,通过水力发电工程,将一次能源转化成人类可以方便利用的二次能源,并进一步转化为机械能、热能、磁能、光能和化学能,这是水力利用上的一次大飞跃。全球水电资源的蕴藏量十分可观,据相关资料,世界上已估算出的水电资源的理论蕴藏量为 40 万亿~50 万亿 kW·h/a,其中技术可开发量为 3 万亿~14 万亿 kW·h/a。中国水力资源理论蕴藏量、技术可开发量、经济可开发量及已建和在建开发量均居世界首位。我国建设的三峡水电站是世界上规模最大的水电站,也是中国有史以来建设的最大型的工程项目,装机容量达到 22.5 GW,如图 1-5 所示,水力资源成为中国能源资源的最重要的组成部分之一。

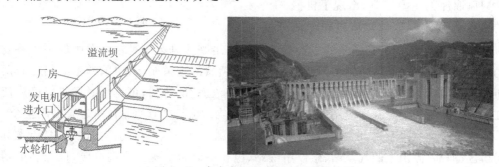

图 1-5　水力发电示意图和三峡水电站

### 1.2.5　风力——前工业时代的重要原动力

中国古代的农用动力大致经过四个发展阶段:人力→畜力→水力→风力。水力的利用是我国农用动力从利用生物能(人力、畜力)转向利用自然能迈出的具有决定性意义的一步。

风能是地球表面大量空气流动所产生的动能。地面各处受太阳辐照后气温变化不同和空气中水蒸气的含量不同,因而引起各地气压的差异,在水平方向高压空气向低压地区流动,即形成风。风能资源取决于风能密度和可利用的风能年累积小时数。风能密度是单位迎风面积可获得的风的功率,与风速的三次方和空气密度成正比关系。风能是一种清洁、安全、可再生的绿色能源,利用风能对环境无污染,对生态无破坏,环保效益和生态效益良好,对于人类社会可持续发展具有重要意义。

人类利用风能的历史可以追溯到公元前。通常认为在地中海和东方文明的早期以及欧洲的中世纪,人类就利用各式风车来提供抽水和碾磨的能量。公元前二世纪,波斯人就利用垂直轴风车碾米;十世纪,阿拉伯人用风车提水;十一世纪,风车在中东地区已获得广泛的应用;十三世纪,风车传至欧洲;十四世纪已成为欧洲不可缺少的原动机,在荷兰,风车首先用于莱茵河三角洲湖地和低湿地的汲水,其风车的功率可达 50 马力[①],之后又用于榨油和锯木;1895 年丹麦建立了第一座风电系统,到 1910 年该国已有了几百个小型风力发电站(5~25 kW);1931 年苏联建立了 100 kW 的风力发电站,此后,人们开始研究利用风力机进行大规模发电。

我国是世界上最早利用风能的国家之一。公元前数世纪,我国人民就利用风力提水、灌溉、磨面、舂米,用风帆推动船舶前进。农业方面主要应用有木杴、竹扬杴、飏篮、簸箕、风扇车、风车等,用于谷物清选、提水灌溉及排水。冶金鼓风机械有皮囊、木扇式风箱、活塞式风箱、马排、水排等。风扇是人们日常扇风取凉的主要工具,出现了机械化的七轮大扇。风筝最先被应用于战

图 1-6 风车、风帆船

争,后来逐渐成为人们日常娱乐的主要方式之一。足踏式风扇车是古人发明的用于谷物清选的重要的工具之一。风帆则被广泛应用于交通领域的水道航运,中国的木帆船已有两三千年的历史,唐代有"长风破浪会有时,直挂云帆济沧海"的诗句,可见那时风帆船已广泛用于江河航运。宋代更是我国应用风车的全盛时代,当时流行的垂直轴风车一直沿用至今。

风能是一种取之不尽,用之不竭的巨大能源资源。风力发电可为广大缺电地区,尤其是边远山区、海岛、高山上的气象站、微波中继站、电视差转台等提供小型电源,也可和电网并网发电以减少火力发电,节约煤炭、石油等可燃矿物资源。风力发电有着广阔的前景。据估算,全世界的风能总量约 1300 亿 kW。风能资源受地形的影响较大,世界风能资源多集中在沿海和开阔大陆的收缩地带,如美国的加利福尼亚州沿海地区和北欧一些国家。我国位于亚洲大陆东南部,季风强盛,东南沿海及岛屿,内蒙古、新疆和甘肃北部,黑龙江和吉林东部,辽东和山东半岛沿海等地区风力资源十分丰富。中国的风能总量约 16 亿 kW,可开发利用

---

① 1马力=735 瓦特。

的风能储量约 10 亿 kW,其中,陆地上风能储量约 2.53 亿 kW,海上可开发和利用的风能储量约 7.5 亿 kW。中国东南沿海及附近岛屿的风能密度可达 300 W/m² 以上,3～20 m/s 风速年累计超过 6000 h。内陆风能资源最好的区域在内蒙古、新疆一带,风能密度也在 200～300 W/m²,3～20 m/s 风速年累计 5000～6000 h。

## 1.3  能源的今生

从根本上说,一切地球文明社会都是依赖太阳辐射的"太阳能社会"。风和水的流动几乎是太阳辐射的直接转变:地球表面因受热不均而迅速产生大气压力梯度,蒸发和蒸散作用持续推动着全球水循环。化石燃料也源于对太阳辐射的转化:泥炭和煤炭由败亡的植物缓慢变化而来,碳氢化合物则来自海洋与湖泊中的单细胞浮游植物(主要是硅藻、蓝藻)、浮游动物(主要是孔虫)以及一些无脊椎动物和鱼类,其转变过程更为复杂。压力和温度主导了这些转变过程,对于泥炭,压力、温度至少需要连续作用几千年,对于煤炭则需要数亿年之久。

从薪柴到煤炭,民众使用更加便利;从化石能源到清洁能源,能源系统更加清洁和环境友好。从低效到高效,从高污染到低污染,能源的发展越来越符合人性的需求。向着化石燃料的转变带来了两类本质上的进步,而这两类质变的积累和结合为现代世界的诞生奠定了能量基础。第一类进步是转化化石燃料新方法的发明、改进和最终的大规模传播,引入新的原动力(从蒸汽机到内燃机、蒸汽轮机、燃气轮机)、提出新的转化工艺(由煤制焦炭、精炼原油生产各种液体和非燃料物质、将煤和碳氢化物用作化工原料);第二类进步是使用化石燃料发电,任何固体、液体、气体燃料都能被燃烧,燃烧释放的热量将水转化为蒸汽,蒸汽驱动涡轮发电机产生电力。

化石能源的大规模使用,在能源发展史上具有显著的意义。它的集中储存和运输,大大减少了搜集薪柴所耗费的人力成本,提升了能源获取的便捷程度。从薪柴到煤炭再到石油,人类使用的主导性能源的能量密度在不断增加,技术进步成为最大的驱动力。煤炭催生了第一次工业革命,石油催生了第二次工业革命,改造了全世界的经济政治格局和全球化体系。

不同种类的化石燃料的能量密度不同(见表 1-1)。

表 1-1  不同种类的化石燃料的能量密度

| 燃料 | | 能量密度/(MJ·kg⁻¹) |
|---|---|---|
| 煤炭 | 无烟煤 | 31～33 |
| | 烟煤 | 20～29 |
| | 褐煤 | 8～20 |
| 泥炭 | | 6～8 |
| 原油 | | 42～44 |
| 天然气 | | 29～39 |

### 1.3.1　煤炭——黑色的金子，人类使用的主要能源

**1.煤炭的形成**

煤炭是一种有机岩，其化学成分主要为碳、氢、氧、氮及硫等元素。

煤炭是地壳运动的产物。远在3亿多年前的古生代和1亿多年前的中生代以及几千万年前的新生代时期，大量植物残骸经过复杂的生物化学、地球化学、物理化学作用后转变成煤炭。从植物死亡、堆积、埋藏到转变成煤炭的这一系列的演变过程，称为成煤过程。

一般认为，成煤过程分为两个阶段：泥炭化阶段和煤化阶段。

1）泥炭化阶段——生物化学作用

泥炭化阶段是植物在沼泽、湖泊或浅海中不断繁殖，其遗骸在微生物作用下不断分解、化合和聚积的阶段，在这个阶段中起主导作用的是生物化学作用。低等植物经过生物化学作用形成腐泥，高等植物形成泥炭，这一阶段也可称为腐泥化阶段。

2）煤化阶段——物理化学作用

煤化阶段包含两个连续的过程。

第一个过程：在地热和压力的作用下，泥炭层发生压实、失水、肢体老化、硬结等各种变化而成为褐煤。褐煤的密度比泥炭大，在组成上也发生了显著的变化，碳含量相对增加，腐殖酸含量减少，氧含量也减少，这个过程又叫作成岩作用。

第二个过程：是褐煤转变为烟煤和无烟煤的过程。在这个过程中，地壳继续下沉，褐煤的覆盖层也随之加厚。在地热和静压力的作用下，褐煤继续经受着物理化学变化而被压实、失水。其内部组成、结构和性质都进一步发生变化，从褐煤变成烟煤而产生变质。烟煤比褐煤碳含量增高，氧含量减少，腐殖酸在烟煤中已经不存在了。烟煤继续由低变质程度向高变质程度变化，碳含量也随着变质程度的加深而增大，出现了低变质的长焰煤、气煤，中等变质的肥煤、焦煤，高变质的瘦煤、贫煤。

温度对于成煤过程中的化学反应有决定性的作用。随着地层加深，地温升高，煤炭的变质程度也逐渐加深。高温作用的时间愈长，煤炭的变质程度愈高。在温度和时间的共同作用下，煤炭的变质过程基本上是化学变化过程，包括脱水、脱羧、脱甲烷、脱氧和缩聚等。

压力也是煤炭形成过程中的一个重要因素。随着煤化过程中气体的析出和压力的增高，反应速度会愈来愈慢，但却能促成煤化过程中煤质物理结构的变化，能够减少低变质程度煤炭的孔隙率、水分并增加密度。

**2.煤炭的分类与应用**

从成因的角度，煤炭主要分为由高等植物生成的腐殖煤和由低等植物生成的腐泥煤，以及由上述两类混合形成的腐殖腐泥煤和腐泥腐殖煤以及残殖煤五大类。其中以腐殖煤在地球上的占比最多，约占全部煤的95%以上。

从是否有烟的角度，通常将煤炭分为无烟煤、烟煤、次烟煤和褐煤四类。《中国煤炭分类方案》将其分为十大类（见表1-2），一般将瘦煤、焦煤、肥煤、气煤、弱粘煤、不粘煤、长焰煤等

统称为烟煤;贫煤称为半烟煤;挥发成分大于 40% 的称为褐煤。无烟煤可用于制造煤气或直接用作燃料;烟煤用于炼焦、配煤、动力锅炉和气化工业;褐煤一般用于气化、液化工业、动力锅炉等。

表 1 - 2　煤炭的分类及其主要特征

| 类别 | 无烟煤 | 贫煤 | 瘦煤 | 焦煤 | 肥煤 | 气煤 | 弱粘煤 | 不粘煤 | 长焰煤 | 褐煤 |
|------|-------|------|------|------|------|------|--------|--------|--------|------|
| 挥发成分占比/% | 0～10 | >10～20 | >14～20 | 14～30 | 26～37 | >30 | >20～37 | >20～37 | >37 | >40 |
| 焦渣粉状占比/% | / | 0 | 8～20 | 12～25 | 12～25 | 9～25 | 0～8 | 0 | 0～5 | / |

从工业、民用的角度,可分为动力煤、炼焦煤、煤化工用煤等三大类应用。不同煤炭由于其成分、特性不同,有着不同的用途,其中,褐煤多用作燃料、气化或低温干馏的原料,也可用来提取褐煤蜡、腐殖酸,制造磺化煤或活性炭;长焰煤可作为气化和低温干馏的原料、民用燃料、动力燃料;不粘煤主要用作制造煤气、民用燃料、动力燃料;弱粘煤主要用作气化原料和动力燃料,可用于配煤炼焦的原料、气化用煤、动力燃料;气煤可用于配煤炼焦、炼油、制造煤气、生产氮肥、动力燃料;肥煤适合用作高温干馏制造煤气、配煤炼焦原料;低焦煤是良好的配煤炼焦的基础煤;焦煤一般用作炼焦配煤;瘦煤主要用作配煤炼焦的辅料、民用燃料、动力燃料;贫煤主要用于动力燃料和民用燃料;无烟煤主要用作民用燃料、动力燃料、气化原料、高炉燃料,并可用于制造电石、电极、碳素材料等。

**3. 煤炭的储量与分布**

世界上煤炭储量丰富的国家同时也是煤炭的主要生产国。根据《bp 世界能源统计年鉴(2021)》,截至 2020 年年底,世界探明煤炭总储量 10741 亿 t,其中美国 2489 亿 t(占 23.2%)、俄罗斯 1621 亿 t(占 15.1%)、澳大利亚 1502 亿 t(占 14.0%)、中国 1431 亿 t(占 13.3%)、印度 1110 亿 t(占 10.3%),这五个国家的储量占世界总储量的 75.9%;此外,德国(359 亿 t,3.3%)、印度尼西亚(349 亿 t,3.2%)、乌克兰(344 亿 t,3.2%)、波兰(283 亿 t,2.6%)、哈萨克斯坦(256 亿 t,2.4%)五国储量达 1591 亿 t,占世界总储量的 14.7%。

中国煤炭资源丰富,除上海以外,其他各省区均有分布,但分布极不均衡。国家自然资源部《2020 年全国矿产资源储量统计表》显示,2020 年全国煤炭储量为 1622.88 亿 t(由于统计口径不同,与 bp 公司的数据略有不同),其中,山西煤炭储量为 507.25 亿 t,陕西储量为 293.90 亿 t,内蒙古储量为 194.47 亿 t,新疆储量为 190.14 亿 t,贵州储量为 91.35 亿 t,其他储量超过 10 亿 t 的省份有:安徽、云南、山东、宁夏、河南、四川、河北、甘肃、辽宁。

据国家统计局发布的《2021 年国民经济和社会发展统计公报》显示,2021 年我国原煤产量达 41.3 亿 t。其中,山西原煤产量为 10.93 亿 t,内蒙古 10.39 亿 t,陕西 7.0 亿 t,新疆 3.2 亿 t,贵州 1.31 亿 t,安徽 1.12 亿 t。2021 年山西、内蒙古、陕西、新疆、贵州 5 省原煤产量合计为 32.83 亿 t,占全国总产量的 79.5%。

储量/年开采量比($R/P$,简称储采比)是衡量一个国家煤矿可开采期限的重要指标,是用任一年年底的剩余储量除以该年度的开采量的结果,表明剩余储量以该年度的生产水平可供开采的年限。按 2020 年探明储量和开采量来分析,各国储采比为俄罗斯 407、澳大利亚 315、中国 37、印度 147、印尼 62、德国 334、波兰 282、哈萨克斯坦 226。从储采比这项指标来看,尽管中国探明储量排世界第四,但中国煤炭开采量大,煤炭资源消耗过快,因此,中国需要严格控制煤炭开采,加大煤炭进口,加快煤矿勘探,并加快可再生能源开发利用,确保我国能源安全。

**4. 煤炭的开采与使用对环境的影响**

煤炭作为重要的能源,在火力发电、工业锅(窑)炉、民用取暖和家庭炉灶等方面有着重要用途,是人们主要的能源来源。煤炭资源不合理的开发与利用会给地质环境带来严重影响。

碳、氢、氧是煤炭有机质的主体(占 95% 以上),煤化程度越深,碳的含量越高,氢和氧的含量越低。碳和氢是煤炭燃烧过程中产生热量的元素,氧是助燃元素。煤炭燃烧时,氮不产生热量,在高温下转变成氮氧化合物和氨,以游离状态析出。硫、磷、氟、氯、氮和砷等是煤炭中的有害成分,其中以硫的危害最大。煤炭燃烧时绝大部分的硫被氧化成二氧化硫($SO_2$)随烟气排放,污染大气,危害动、植物生长及人类健康,腐蚀金属设备;当含硫多的煤用于冶金炼焦时,还会影响焦炭和钢铁的质量。所以,"硫分"含量是评价煤质的重要指标之一。高耗低效燃烧煤炭向空气中排放出大量 $SO_2$、$CO_2$ 和烟尘,造成煤烟型为主的大气污染,是国家减排工作的重点。

不合理开采煤矿对地质造成的危害主要有三方面,即:破坏资源、污染环境、引发矿山地质灾害,主要包括以下几点。

**(1)地表塌陷。**煤炭开采多数以地下矿井开采为主,这种开采方式必然会造成地表塌陷,而且地表塌陷的面积要比煤炭开采面积大 1 倍左右。在平原地区,长时间的地表塌陷就会出现积水受淹的现象,部分地区也会出现土地资源盐渍化的现象;在山地地区,严重的地表塌陷还会引起山体滑坡和泥石流,极大地破坏了生态平衡。

**(2)水资源污染。**在煤炭开采的过程中会应用很多的水资源,造成地表水存储循环状态与地下水存储的破坏,致使煤矿区域附近地表水流失、地下水位下降;煤炭开采的废弃水资源对土地和地表植物具有很大的杀伤力,造成农作物的减产或者死亡,饮用水污染,而且还造成了水资源的浪费。

**(3)大气污染。**在煤炭资源开发过程中,开采露天煤矿、矿场矸石自燃、煤矿层瓦斯抽排等都会产生或释放大量有害气体、粉尘,主要包括 $CO$、$CO_2$、$SO_2$、$CH_4$ 等,污染空气,影响矿区植物生长发育,导致酸雨产生,造成温室效应;运输中产生的煤尘飞扬,既损失大量的煤炭,又污染沿线的生态环境。

**(4)固体废弃物污染。**煤炭开发过程中会产生固体废弃物煤矸石,堆积的废弃物会占用矿区周边大量的土地,其在风化之后还会产生自燃现象,自燃后排放出的有毒气体对矿区附近的自然环境造成了十分严重的破坏；煤矸石与煤层等的迁移和扩散，会使煤矿区附近的水质、空气及土壤等的环境指标严重超标。

### 1.3.2　石油——工业的血液，当今世界工业第一能源要素

**1.石油的形成**

石油是由碳氢化合物为主要成分的、具有特殊气味的、有色的可燃性油质液体。

石油在外观和物理性质上存在差异，根本原因在于其化学组分不完全相同。石油中所含各种元素并不是以单质形式存在，而是以相互结合的各种碳氢及非碳氢化合物的形式存在。组成石油的化学元素主要是碳（83%～87%）、氢（11%～14%），其余为硫（0.06%～0.8%）、氮（0.02%～1.7%）、氧（0.08%～1.82%）及微量金属元素（镍、钒、铁、锑等）。由碳和氢化合形成的烃类构成石油的主要组成部分，约占95%～99%，各种烃类按其结构分为烷烃、环烷烃、芳香烃，一般天然石油不含烯烃，而二次加工产物中常含有数量不等的烯烃和炔烃。烃是石油加工和利用的主要对象。

石油作为当今世界工业第一能源要素，其成因一直众说纷纭，主要有有机成因和无机成因两种学说。

**(1)有机成因。**有机成因理论认为，石油是由有机质生成的。这些有机质主要来自于远古时期的四种生物：细菌、浮游植物、动物、高等植物。这些生物死后，它们尸体的一部分会被氧化、分解、破坏，但仍然有一部分会在适宜的条件下，在泥沙等沉积物中保存下来。随着时间的流逝，这些沉积物越埋越深，在埋藏过程中历经复杂的生物化学和化学变化，通过腐泥化和腐殖化过程，形成干酪根（kerogen，曾称油母质）。干酪根是一种大分子的有机质聚合物，以固态存在于页岩或碳酸岩的颗粒间，它的成分很复杂，含碳、氢和少量的氮、硫、氧。随着埋藏深度的进一步加大，在一定的温度和压力条件下，干酪根逐步发生催化裂解和热裂解，形成最初形态的原油。接着，这些原油从生成的岩石中"溜出来"，经过初次运移、二次运移，最终在适当的环境下大量聚集，形成油藏，进而被人类所发现、开采和利用。该学说认为石油形成时间非常漫长，在人类历史上是不可再重复的，所以石油为不可再生资源。

**(2)无机成因。**俄国化学家门捷列夫是无机生油理论的提出者。目前影响较大的无机生油理论有两个：戈尔德地幔脱气理论和费-托合成理论。地幔脱气理论是天文学家托马斯·戈尔德等依据太阳系、地球形成演化的模型提出的，认为地球深部存在着大量的甲烷及其他非烃资源，大量还原状态的碳是在地壳深部被加热而释放出来的，经过地质历史时期的种种变化，这些甲烷向上运移，当存在地幔柱并有深大断裂时，这些甲烷气体便可通过断裂、火山活动或地壳运动释放出来。这些气体上升到地表，形成油田和天然气田。费-托合成理论认为石油是由幔源的二氧化碳和氢在高温高压及地质催化剂的作用下生成烃和水的地质化学反应产生的。这两种学说都认为石油是由地壳内部本身的碳元素在高温高压条件下经过多种物理化学反应而生成的，与生物无关，组成石油的碳氢化合物广泛存在，石油每时每刻都在源源不断地形成，是可再生资源。

石油是由烃类和非烃类组成的混合物，成分非常复杂，其形成过程和机理也非常复杂。

石油成因的有机、无机争论已经进行了 100 多年。在石油来源的探索之路上,还需要继续以科学求实的态度来面对所掌握的证据,正视理论所面对的问题。相信石油的来源之谜终有一天会拨云见日、水落石出。

**2. 石油的分类与应用**

石油的成分主要有油质(这是其主要成分)、胶质(一种黏性的半固体物质)、沥青质(暗褐色或黑色脆性固体物质)、碳质。石油加工的产品有:煤油、苯、汽油、石蜡、沥青等。根据不同属性,石油有不同的分类。

按石油的用途分类。按用途石油可分为燃料(如液化石油气、汽油、喷气燃料、煤油、柴油、燃料油等)和原材料(如润滑油、润滑脂、石油蜡、石油沥青、石油焦、石油化工原料等)。

按石油的相对密度分类。在工业中通常按石油的相对密度将其分为四类,如表 1-3 所示。

表 1-3 石油按相对密度分类

| 相对密度 | <0.830 | 0.830~0.904 | 0.905~0.966 | >0.966 |
|---|---|---|---|---|
| 分类 | 轻质石油 | 中质石油 | 重质石油 | 特重质石油 |

按石油中含硫量分类。在商业应用中,常按石油中含硫量(质量分数)的不同将其分为三类,如表 1-4 所示。

表 1-4 石油按含硫量分类

| 含硫量/% | <0.5 | 0.5~2.0 | >2.0 |
|---|---|---|---|
| 分类 | 低硫石油 | 含硫石油 | 高硫石油 |

按石油中含蜡量分类。一般是在石油中取出一馏分,其黏度值为 53 $mm^2/s$(50 ℃),然后测其凝点,凝点的高低反映了石油含蜡量,如表 1-5 所示。

表 1-5 石油按含蜡量分类

| 凝点/℃ | <-16 | -16~20 | >21 |
|---|---|---|---|
| 分类 | 低蜡石油 | 含蜡石油 | 高蜡石油 |

按石油中胶质含量分类。通常以重油(沸点高于 300 ℃的馏分)中胶质含量(质量分数)来分,可分为三类,如表 1-6 所示。

表 1-6 石油按胶质含量分类

| 胶质含量/% | <17 | 17~35 | >35 |
|---|---|---|---|
| 分类 | 低胶质石油 | 含胶质石油 | 多胶质石油 |

石油产品在社会经济发展中具有非常广泛的作用与功能,其经提炼生成的产品已经渗透到人们生活的方方面面,有着密不可分的关系。首先,石油是作为燃油来应用,大约超过70%的石油用于制成各种燃油,石油炼制生产的汽油、煤油、柴油、重油以及天然气是当前主要的能源供应者;其次,石油是十分重要的化工原材料,是合成纤维、乙烯、丙烯、苯、甲苯、二甲苯、合成树脂、合成纤维、聚氯乙烯等重要化工材料的原料;第三,石油制品促进了农业的发展,是生产氮肥、磷肥、农药、农用塑料薄膜的重要原料;第四,石油制品促进了各工业部门的技术进步,例如:润滑油脂、染料、轮胎、塑料型材、门窗、铺地材料、涂料、管材、化纤、合成橡胶、制药原料、清洁用品、食品添加剂、化妆品原料等。

**3. 石油的储量与分布**

在国际舞台上,石油作为一种重要资源——战略储备物资,一直都受到各国关注,而且石油还是历史上多次重大战争的导火索。

世界石油资源的分布总体来看极端不平衡:从东西半球看,约 3/4 集中于东半球,西半球仅占 1/4;从南北半球看,主要集中于北半球;从纬度分布看,主要集中在北纬 20°～40°和50°～70°两个纬度带内。波斯湾及墨西哥湾两大油区和北非油田均处于北纬 20°～40°带内,该带内集中了 51.3%的世界石油储量;50°～70°纬度带内有著名的北海油田、俄罗斯西伯利亚油区、伏尔加-乌拉尔油区等。

根据《bp 世界能源统计年鉴(2021)》,2020 年年底,世界探明石油总储量 17324 亿桶(2444 亿 t),其中储量最大的是委内瑞拉,达到 3038 亿桶(480 亿 t,占 17.5%),其次是沙特阿拉伯 2975 亿桶(409 亿 t,占 17.2%)、加拿大 1681 亿桶(271 亿 t,占 9.7%)、伊朗 1578 亿桶(217 亿 t,占 9.1%)、伊拉克 1450 亿桶(196 亿 t,占 8.4%)、俄罗斯 1078 亿桶(148 亿 t,占 6.2%)、科威特 1015 亿桶(140 亿 t,占 5.9%)、阿联酋 978 亿桶(130 亿 t,占 5.6%)、美国 688 亿桶(82 亿 t,占 4.0%)、利比亚 484 亿桶(63 亿 t,占 2.8%)、尼日利亚 369 亿桶(50 亿 t,占 2.1%),而中国只有 260 亿桶(35 亿 t,占 1.5%)。

按 2020 年探明储量和开采量来分析,各国储采比为沙特阿拉伯 73.6、加拿大 89.4、伊朗 139.8、伊拉克 96.3、俄罗斯 27.6、科威特 103.2、阿联酋 73.1、美国 11.4、利比亚 339.2、尼日利亚 56.1,而中国只有 18.2。

中国石油资源集中分布在渤海湾、松辽、塔里木、鄂尔多斯、准噶尔、珠江口、柴达木和东海陆架八大盆地;从资源深度分布看,我国石油可采资源有 80%集中分布在浅层(<2000 m)和中深层(2000～3500 m),而深层(3500～4500 m)和超深层(>4500 m)分布较少;从地理环境分布看,我国石油可采资源有 76%分布在平原、浅海、戈壁和沙漠;从资源品位看,我国石油可采资源中优质资源占 63%,低渗透资源占 28%,重油占 9%。

国家自然资源部《2020 年全国矿产资源储量统计表》显示,2020 年全国石油储量36.19 亿 t,其中,新疆石油储量 6.26 亿 t、甘肃 3.96 亿 t、陕西 3.68 亿 t、黑龙江 3.63 亿 t、河北 2.55 亿 t、山东 2.55 亿 t。国家统计局发布的《2021 年国民经济和社会发展统计公报》显示,2021 年我国原油产量达 1.99 亿 t,其中,天津市石油产量 3243 万 t(来自渤海油田、大港油田)、黑龙江 3001 万 t(来自大庆油田)、新疆 2915 万 t(来自克拉玛依油田、塔里木油田等)、陕西 2694 万 t(来自长庆油田)、山东 2247 万 t(来自胜利油田)、广东 1613 万 t(来自南海油田)。

**4. 石油的开采与使用对环境的影响**

石油开采的特点与一般的固体矿藏相比,有三个显著特点:①开采的对象在整个开采的过程中不断地流动,油藏情况不断地变化,一切措施必须针对这种情况来进行,因此,油气田开采的整个过程是一个不断了解、不断改进的过程;②开采者在一般情况下不与矿体直接接触,油气的开采、对油气藏中情况的了解以及对油气藏施加影响而采取的各种措施,都要通过专门的测井来进行;③油气藏的某些特点必须在生产过程中,甚至必须在井数较多后才能认识到,因此,在一段时间内勘探和开采阶段常常互相交织在一起。

测井工程是在井筒中应用地球物理方法,把钻过的岩层和油气藏中的原始状况和发生变化的信息,特别是油、气、水在油藏中的分布情况及其变化的信息,反馈到地面。

钻井工程在油气田开发中有着十分重要的地位,占油气田建设投资的 50% 以上。一个油气田的开发,往往要打几百口、几千口甚至更多的井。对用于开采、观察和控制等不同目的的井(如生产井、注入井、观察井以及专为检查水洗油效果的检查井等)有不同的技术要求。应保证钻出的井对油气层的污染最少,固井质量高,能经受开采几十年中的各种井下作业的影响。

采油工程是把油、气在油井中从井底举升到井口的整个过程的工艺技术,油气的上升可以依靠地层的能量自喷,也可以依靠抽油泵、气举等人工增补的能量举出。各种有效的修井措施,能排除油井经常出现的结蜡、出水、出砂等故障,保证油井正常生产。水力压裂或酸化等增产措施,能提高因油层渗透率太低,或因钻井技术措施不当污染、损害油气层而降低的产能。

石油污染是指石油开采、运输、装卸、加工和使用过程中,由于泄漏和排放石油引起的污染。石油对环境的影响,如今应该用危害来形容。污染可分为三个方面:①污染海洋,石油漂浮在海面上,迅速扩散形成油膜,油类可沾附在鱼鳃上使鱼窒息、抑制水鸟产卵和孵化、降低水产品质量;油膜形成可阻碍水体的复氧作用,影响海洋浮游生物生长,破坏海洋生态平衡。②油气污染大气环境,表现为油气挥发物与其他有害气体被太阳紫外线照射后,发生理化反应产生污染;或燃烧生成化学烟雾,产生致癌物,引起温室效应,破坏臭氧层等。③污染土壤和地下水,输油管线腐蚀渗漏污染土壤和地下水源,不仅造成土壤盐碱化、毒化,导致土壤破坏和废毁,而且其含有的致癌、致变、致畸等有毒物能通过农作物尤其是地下水进入食物链系统,最终直接危害人类。

### 1.3.3　天然气——优质高效、绿色清洁的低碳能源

**1. 天然气的形成**

天然气是指蕴藏在地下多孔隙岩层中的气体,包括油田气、气田气、煤层气、页岩气、泥火山气和生物生成气等。狭义来讲是指天然蕴藏于地层中的烃类和非烃类气体的混合物,

在石油地质学中,通常指油田气、气田气、石油伴生气、页岩气等。它的主要成分是甲烷,还含有少量乙烷、丁烷、戊烷、二氧化碳、一氧化碳及硫化氢等。天然气相对分子质量小(<20),结构简单,碳氢比高(4~5),碳同位素的分馏作用显著,不溶于水,比空气轻,易燃、易爆,密度大多为 $0.6\sim0.8\ kg/m^3$,在标准状况下,甲烷至丁烷以气体状态存在,戊烷以上为液体。甲烷是最短和最轻的烃分子。

天然气的成因主要包括有机成因和无机成因。

(1)**有机成因**。有机成因认为天然气是有机质,在还原环境下主要由微生物降解、发酵和合成作用形成,以甲烷为主。天然气的形成贯穿于成岩、深成、后成直至变质作用的始终,各种类型的有机质都可形成天然气。腐泥型有机质既生油又生气,腐殖型有机质主要生成气态烃。有机成因主要解释了油型气和煤型气的成因。

沉积有机质特别是腐泥型有机质在热降解成油过程中,与石油一起形成的天然气,或者是在后成作用阶段由有机质和早期形成的液态石油热裂解形成的天然气称为油型气,包括湿气(石油伴生气)、凝析气和裂解气。天然气的形成具有明显的垂直分带性,在剖面最上部(成岩阶段)是生物成因气,在深成阶段后期是低分子量气态烃,以及由于高温高压使轻质液态烃逆蒸发形成的凝析气,形成湿气带。在剖面下部,由于温度上升,生成的石油裂解为小分子的轻烃直至甲烷,有机质亦进一步生成以甲烷为主的石油裂解气,形成干气带。

煤系有机质(包括煤层和煤系地层中的分散有机质)热演化生成的天然气称为煤型气。泥炭化阶段所生成的生物成因气因缺乏保存条件而难以聚集,与成油母质相比,腐殖型有机质在成岩作用阶段形成的生物成因气,非烃气含量较高,只有进入变质作用阶段所形成的天然气才称为煤型气。煤型气是一种多成分的混合气体,其中烃类气体以甲烷为主,重烃气含量少,一般为干气,但也可能有湿气,甚至凝析气。

(2)**无机成因**。目前已从实践上证实了地球内部大量深源无机成因甲烷气的客观存在。由深部形成的甲烷在向地表运移过程中被捕集于泥质沉积物中,在适当温压条件下转变为气水合物。

地壳内部甲烷的稳定性取决于温度、压力和氧的化学有效性,氧的化学有效性用氧逸度表示。氧逸度值高有利于形成 $H_2O$、$CO_2$ 和 $SO_2$,氧逸度值低有利于还原型化合物如 $H_2S$、$H_2$ 和 $CH_4$ 等的形成和保存。对地幔排气作用的综合研究结果认为,地幔排气过程依其特点可分为两种基本类型:即较高温度、较高氧逸度、较小压力的热排气过程,以及较低温度、较低氧逸度、较大压力的冷排气过程。前者地幔气以 $H_2O$ 和 $CO_2$ 为主,后者则以 $CH_4$ 和 $H_2$ 为主。前者相当于火山喷气,后者则相当于岩浆侵入上覆岩层中的脱气作用。目前发现纯粹的无机成因气藏(田)不多,但已发现了许多混有无机成因气的气田。

**2. 天然气的分类与应用**

天然气按在地下存在的相态可分为游离态、溶解态、吸附态和固态水合物。只有游离态的天然气经聚集形成的天然气藏,才可开发利用。

天然气按照生成形式可分为伴生气和非伴生气两种。伴生气,伴随原油共生,是与原油同时被采出的油田气,通常是原油的挥发性部分,以气的形式存在于含油层之上,凡有原油的地层中都有,只是油、气量比例不同。即使在同一油田中的石油和天然气来源也不一定相同,它们由不同的途径和经不同的过程汇集于相同的岩石储集层中。非伴生气,包括纯气田天然气和凝析气田天然气两种,在地层中都以气态存在。凝析气田天然气从地层流出井口后,随着压力的下降和温度的升高,分离为气液两相,气相是凝析气田天然气,液相是凝析液,称为凝析油。世界天然气产量中,主要是气田气和油田气。对煤层气的开采,现已日益受到重视。

天然气按蕴藏状态可分为构造性天然气、水溶性天然气、煤矿天然气三种。而构造性天然气又可分为伴随原油出产的湿性天然气和不含液体成分的干性天然气。

天然气按在地下的产状可以分为油田气、气田气、凝析气、水溶气、煤层气及固态气体水合物等。

天然气是优质高效的清洁能源,二氧化碳和氮氧化物的排放分别为煤炭的一半和五分之一左右,二氧化硫的排放几乎为零。天然气作为一种清洁、高效的化石能源,其开发利用越来越受到世界各国的重视。从全球范围来看,天然气资源储量远大于石油,发展天然气具有足够的资源保障。天然气主要用于工业燃料、民用燃料和化工工业。以天然气代替煤,可用于工厂采暖、生产用锅炉以及热电厂燃气轮机锅炉;天然气发电是缓解能源紧缺、降低燃煤发电比例、减少环境污染的有效途径,且从经济效益看,天然气发电的单位装机容量所需投资少,建设工期短,上网电价较低,具有较强的竞争力;天然气可作为居民生活用燃料,经济效益也大于工业燃料,随着人民生活水平的提高及环保意识的增强,大部分城市对天然气的需求明显增加;以天然气代替汽车用油,具有价格低、污染少、安全等优点;天然气是制造氮肥的最佳原料,具有投资少、成本低、污染少等特点,天然气占氮肥生产原料的比重,世界平均值为 $80\%$ 左右;天然气也用作制造乙醛、乙炔、碳黑、乙醇、甲醛、烃类燃料、氢化油、甲醇、硝酸、合成气和氯乙烯等物质的原料。

**3. 天然气的储量与分布**

根据《bp 世界能源统计年鉴(2021)》,2020 年年底,世界探明天然气总储量为 188.1 万亿 $m^3$,其中,俄罗斯的天然气储量有 37.4 万亿 $m^3$,占世界总储量的 $19.9\%$,居世界第一位;伊朗的天然气储量有 32.1 万亿 $m^3$,占世界总储量的 $17.1\%$,居世界第二;卡塔尔有 24.7 万亿 $m^3$,占世界总储量的 $13.1\%$,居世界第三,这 3 个国家的天然气储量占据世界总储量的 $50.1\%$。第二梯队包括:土库曼斯坦(13.6 万亿 $m^3$,$7.2\%$)、美国(12.6 万亿 $m^3$,$6.7\%$)、中国(8.4 万亿 $m^3$,$4.5\%$)、委内瑞拉(6.3 万亿 $m^3$,$3.3\%$)、沙特阿拉伯(6.0 万亿 $m^3$,$3.2\%$)、阿联酋(5.9 万亿 $m^3$,$3.2\%$)、尼日利亚(5.5 万亿 $m^3$,$2.9\%$),这 7 个国家的天然气储量占据世界总储量的 $31.0\%$。

在中国 960 万 $km^2$ 的土地和 300 多万 $km^2$ 的管辖海域下,蕴藏着十分丰富的天然气资源。中国沉积岩分布面积广,陆相盆地多,形成优越的多种天然气储藏的地质条件,陆上天然气主要分布在中部和西部地区,均占陆上资源量的 $40\%$ 左右。我国天然气资源的层系分布以新生界和古生界地层为主,在总资源量中,新生界约占 37%、中生界约占 11%、上古生界约占 25%、下古生界约占 26%。天然气资源中高成熟的裂解气和煤层气分别约占总资源量的 28% 和 21%,油田伴生气约占 19%,煤层吸附气约占 28%,生物气约占 5%。

中国天然气资源主要分布在中西部盆地,已探明储量集中在十几个大型盆地或地区,包括:渤海湾、四川、松辽、准噶尔、莺歌海-琼东南、柴达木、吐鲁番-哈密盆地、塔里木、沁水、鄂尔多斯等,中国还具有主要富集于华北地区的非常规的煤层气远景资源。专家预测我国天然气资源总量可达 40~60 多万亿 $m^3$,是一个天然气资源大国。中国气田以中小型为主,大多数气田的地质构造比较复杂,勘探开发难度大。

国家自然资源部《2020 年全国矿产资源储量统计表》显示,2020 年全国天然气储量为 6.27 万亿 $m^3$、页岩气 0.40 万亿 $m^3$、煤层气 0.33 万亿 $m^3$,共计 7.0 万亿 $m^3$(与《bp 世界能源统计年鉴》统计口径不一致,导致数据有偏差)。其中,四川共有天然气(含页岩气、煤层气)1.79 万亿 $m^3$、陕西 1.23 万亿 $m^3$、内蒙古 1.01 万亿 $m^3$。国家统计局发布的《2021 年国民经济和社会发展统计公报》显示,2021 年天然气(含页岩气、煤层气)开采总量为 2075.8 亿 $m^3$,其中,陕西 527 亿 $m^3$、四川 463 亿 $m^3$、新疆 370 亿 $m^3$、广东 132 亿 $m^3$。

**4. 天然气的开采使用与对环境的影响**

天然气也同原油一样埋藏在地下封闭的地质构造之中,有些和原油储藏在同一层位,有些单独存在。对于和原油储藏在同一层位的天然气,会伴随原油一起开采出来。对于只有单相气存在的,我们称之为气藏,其开采方法既与原油的开采方法十分相似,又有其特殊的地方。由于天然气密度小,为 0.6~0.8 $kg/m^3$,井筒气柱对井底的压力小;天然气黏度小,在地层和管道中的流动阻力也小;又由于膨胀系数大,其弹性能量也大。

天然气开采时一般采用自喷方式。这和自喷采油方式基本一样。不过因为气井压力一般较高,加上天然气属于易燃易爆气体,对采气井口装置的承压能力和密封性能的要求比对采油井口装置的要求要高得多。

天然气开采有其自身特点。首先,天然气和原油一样,与底水或边水常常是一个储藏体系。伴随天然气的开采进程,水体的弹性能量会驱使水沿高渗透带窜入气藏。在这种情况下,由于岩石本身的亲水性和毛细管压力的作用,水的侵入不是有效地驱替气体,而是封闭缝隙孔洞或空隙中未排出的气体,形成死气区,这部分被圈闭在水侵带的高压气,可以高达岩石孔隙体积的 30%~50%,从而大大地降低了气藏的最终采收率。其次,气井产水后,气流入井底的渗流阻力会增加,气液两相沿油井向上的管流总能量消耗将显著增大。随着水侵影响的日益加剧,气藏的采气速度下降,气井的自喷能力减弱,单井产量迅速递减,直至井底严重积水而停产。

天然气在开采与利用过程中相较煤炭、石油来说对环境的影响要小很多。在开采过程中,由于天然气的储藏具有较为复杂的形态和特殊的环境,开采中还受到地下天然气气流的影响,需要十分注意观察其结构与气流流动的预测,通过合理有效的方式来提高对天然气的利用。在用作化工原料时,由于天然气生产的产品众多,在这些过程中生产的副产物主要是二氧化碳和水,在"碳达峰、碳中和"的大背景下,需要充分考虑二氧化碳对环境造成的温室效应;天然气是一种相对洁净环保的优质能源,几乎不含硫、粉尘和其他有害物质,燃烧时产生二氧化碳少于其他化石燃料,造成温室效应较低,因而能有效改善环境质量。

## 1.4 能源的未来

人类经历了从植物能源(薪柴)向化石能源的转型,现在正在经历从化石能源向可再生能源的转型,而化石能源之间又有多次亚转型,即从煤炭到石油、从石油到天然气,天然气能成为化石能源向可再生能源转型的中间桥梁。

能源转型是不同能源品种之间竞争的结果,一种能源要成为主要能源品种,需要满足几个基本条件:规模供应、技术过关、经济性好、基础设施配套、环境影响小。煤炭、石油、天然气是一个从固态到液态再到气态的发展过程,也是一个从高碳到低碳的"去碳化"过程,不仅是能源品种本身的演变,也是能源利用方式的转变和能源效率不断提高的过程。"去碳化"进一步递进就是能源的无碳化。

每一次大的转型都会经历一个漫长的过程,而能源转型的过程也是人类在能源利用上从效率低、清洁度低的"高碳能源"向效率高、清洁度高的"低碳能源"演化的过程,未来将向"碳中和"和"零碳"能源方向发展。

在碳中和目标下,中国的石油需求将在 2025 年前后进入峰值平台期,约 7.3 亿 t,2050年降至 3.1 亿 t;2025 年前清洁能源(天然气+非化石能源)将满足全部新增一次能源需求,之后形成对高碳能源的规模替代;碳排放将于 2025 年前后达峰,之后保持 5 年左右的平台期,然后进入下降通道,2050 年降至 24 亿 t 左右,2060 年接近零排放。在碳中和背景下,能源的保障正由"资源为王"转向"技术为王",统筹能源安全与低碳转型的关系,打造多元、有韧性的低碳能源供给体系。

### 1.4.1 峰值的幽灵——能源的枯竭与文明的危机

#### 1. 化石能源峰值的不断逼近

自十九世纪 70 年代的产业革命以来,化石燃料的消费急剧增大,随着人类科技发展的加速,能源的消耗也越来越大,化石能源的峰值就在眼前。

目前,石油、天然气、煤炭等化石能源约占世界能源消费总量的 86%。大部分电力也依赖于化石能源的生产,核能、太阳能、潮汐能、水能、风能、地热能等新能源仅占不到 15%。

化石能源价格相对较低,开发利用技术已经成熟,并已系统化、规范化。在石油日产量上,美国、沙特、俄罗斯、伊拉克、伊朗、中国较高,2020 年美国日均石油产量为 1647 万桶,连续 7 年排名世界第一,比沙特高了 500 万桶左右,美国日产量是我国的四倍多。二十世纪 70年代爆发了两次石油危机,对此发达国家早就想摆脱对石油的过度依赖,但是无可奈何,在之后 50 多年里,石油仍然是世界上最主要的能源,全球需求量以年均 1.9% 的速度增长,而煤炭仍然是电力生产的主要燃料,全球需求以每年 1.5% 的速度增长。根据数据推算,全球石油共计还可持续开采 46 年,煤炭约可持续 200~220 年。图 1-7、图 1-8 和图 1-9 分别给出了煤炭、石油、天然气的储采比。

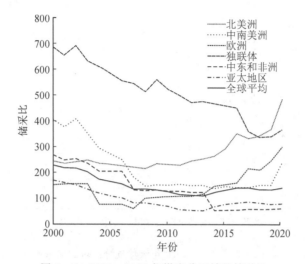

图 1-7　2000—2020 年煤炭分区域的储采比

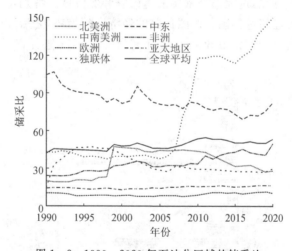

图 1-8　1990—2020 年石油分区域的储采比

　　地下的化石资源是有限的。世界上所有事物或事件的发生、发展和变化都有其自身的主客观因素,也都经历发生—发展—兴盛—衰退—消亡的演变过程,人类的创造性活动可以改变这个演变过程的时间进程,但无法改变过程本身。化石能源经历了非常特殊的地质过程,经历数百万年、数千万年乃至数亿年的积累,其总量是有限的,目前或今后若干年的化石能源产量尚可满足人类的需求,但不断提高的世界化石能源产量将加速化石能源峰值的到来。据预测,化石能源峰值将在 2030 年前到来。

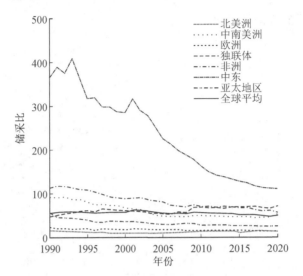

图 1 - 9　1990—2020 年天然气分区域的储采比

　　中国目前已经成为全世界最大的能源消费国,从图 1 - 10 所示统计与预测数据来看,中国能源消费总量已经远远超过大部分重要发达国家和经济体。特别需要指出的是中国能源消费总量在 2015 年已经超过美国。按照目前的经济增长趋势,之后 20 年,中国能源消费总量将继续呈现快速增长的趋势,其增长率远远超过全世界其他所有国家或经济体,包括美国、欧洲和印度等。

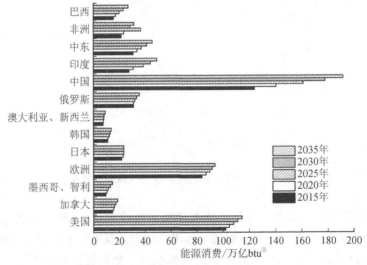

图 1 - 10　全球主要经济体能源消费增长趋势

---

　　1 btu≈251.996 cal≈1055.056 J。

**2. 资源约束与气候约束**

不断上升的能源消耗一直在缓慢而深远地影响着人们的生活质量。能源消耗中化石燃料与电的供应与使用,是大气污染和温室气体排放最主要的人为因素,也是导致水污染和土地利用发生变化的主要原因。一方面,无论哪种化石燃料的燃烧都和碳的快速氧化有关,都会增加二氧化碳排放量,天然气的生产和运输过程中会释放出甲烷这种效果显著的温室气体,煤的燃烧会产生颗粒物质和硫、氮氧化物,导致了酸雨的出现和臭氧层的破坏,造成与能量使用相关的环境问题,人为排放的温室气体导致气候相对迅速变化,尤其是对流层变暖、海洋酸化和海平面上升。另一方面,能源开采与利用也导致土地利用发生了变化,露天采矿、水力发电建造的大坝、高压输电线路走廊、气体与液体燃料存储设施、大型风力和太阳能发电设施等,使得土地被大量占用和污染,影响了人们的生活质量。

如果说能源峰值是最为急迫的资源约束的话,那么最为普遍和知名的约束就是能源排放导致的气候约束。有限的资源对化石能源供应产生约束,另一方面化石能源与气候变化有着密切的关系,化石能源消耗是过去几十年全球大气二氧化碳浓度增加的一个主要因素,气候变化也形成对化石能源供应的约束。持续的经济增长产生大量的温室气体排放,持续的排放和有限的吸收能力造成全球范围内的气候变化,导致气温升高、海平面上升、极端气候现象、土壤沙化等,有可能进一步导致工业社会在其所需的资源枯竭之前就已经变得无法独立生存了。能源峰值和气候变化是制约工业社会发展的最可能的两个主要因素,在能源峰值的背景下,人类转向利用碳强度更高的技术,而人为加速气候的变化、进一步降低地球的承载能力,使气候变化更为严峻。

人类正在进行一场大规模的地球物理实验。这种实验在过去不可能发生,在未来也不会再现。我们在短短几个世纪的时间里,向大气和海洋倾泻着大自然用数亿年的时间才沉积存储在岩层中的浓缩有机碳。气候变化对世界经济产生的影响正在逐步加深,无论目前遏制气候变化的战略是否成功,这种影响都将持续下去。各国为了应对气候变化,正在积极制定应对措施、签订议定协议、提出惩罚性政策,努力推动减少碳排放。

我国政府宣布:二氧化碳排放力争于 2030 年前达到峰值,努力争取 2060 年前实现碳中和。"碳达峰""碳中和"已经成为我国可持续发展的优先战略。

(1)第一阶段是 2030 年前尽早达峰。2025 年电力率先实现碳达峰,峰值碳排放 45 亿 t;2028 年能源和全社会实现碳达峰,峰值碳排放分别为 102 亿 t 和 109 亿 t。

(2)第二阶段是 2030—2050 年,加速脱碳。2050 年电力实现近零排放,能源和全社会碳排放分别降至 18 亿 t 和 14 亿 t,相比峰值下降 80% 和 90%。

(3)第三阶段是 2050—2060 年,全面中和。力争 2055 年左右全社会碳排放净零,2060 年前实现碳中和目标。

从国家未来一段时期的政策层面来讲,实现和完成"双碳"目标,电力行业面临巨大的压力,提高能源利用效率、变革目前能源消费结构是核心和关键问题所在。

## 1.4.2　能源的转型——低碳与零碳能源的梦想

### 1. 绿色能源利用的梦想

绿色能源,即清洁能源,是指温室气体和污染物零排放或排放很少、能够直接用于生产生活的能源。含义有三点:第一,清洁能源不是对能源的简单分类,而是指能源清洁、高效、系统化利用的技术体系;第二,清洁能源不但强调清洁性同时也强调经济性;第三,清洁能源的清洁性指的是符合一定的排放标准。利用绿色能源的梦想在"资源"和"气候"双约束下显得尤为重要。随着世界各国对能源需求的不断增长和环境保护的日益加强,清洁能源的推广应用已成必然趋势,如果能够大规模利用绿色能源将有助于早日实现"碳达峰""碳中和"的目标。

清洁能源包括:可再生与非再生清洁能源两类。可再生清洁能源是指原材料可以再生并有规律地得到补充或重复利用的能源,如水能、风能、太阳能、生物质能(沼气)、地热能(包括地源和水源)、海洋能这些能源。可再生能源不存在能源耗竭的问题,因此,可再生能源的开发利用日益受到许多国家的重视,尤其是能源短缺的国家。目前水电、风电、光伏发电、生物质发电是主要的可再生能源转化方式,而其他可再生能源转化的规模在全球范围内仍非常小。非再生清洁能源是指在生产及消费过程中对生态环境的污染很小的能源形式,包括使用低污染的化石能源(如天然气等)和利用清洁能源技术处理过的化石能源,如洁净煤、洁净油等,也包括核能。

(1)**水能**。水能是一种可再生的清洁能源,也称为水力能,包括水体的动能、势能和压力能等能量资源。广义的水能资源包括河流水能、潮汐水能、波浪能及海流能等能量资源;狭义的水能资源指河流的水能资源。水能是常规能源,也是一次能源,还是一种廉价的能源。水力发电是指将水的动能、势能或压力能转换成电能来发电的方式,即利用流水量及落差来转动水轮机的水涡轮,再借水轮机为原动机,由热动发电机产生电能。

(2)**太阳能**。太阳能是一种可再生的清洁能源,是将太阳的光能转换成为热能、电能、化学能的能源,能源转换过程中不产生其他有害的气体或固体废料,是一种环保、安全、无污染的新型能源。太阳能总量非常大,人类的生活离不开太阳能。太阳能热发电技术就是利用光学系统聚集太阳辐射能,用以加热工质,生产高温蒸汽,驱动汽轮机组发电;太阳能光伏发电是利用光伏板(太阳能电池组件)直接将太阳能转换为电能的一种发电形式;太阳能-化学能转换(光化学转换)是指将太阳的辐射能转换为化学能存储起来,或者利用太阳光照的作用实现某些特定的化学反应过程,如光催化制氢。

(3)**风能**。流动空气所具有的动能称为风能。全世界风能的总量很大,风中含有的能量比人类迄今为止所能控制的能量高得多。全世界每年燃煤得到的能量还不及风在同一时间内所提供给人类的能量的1‰。由于风能非常丰富、非常干净、没有污染,价格非常便宜且能源不会枯竭,又可以在很大范围内取得,因此,合理利用风能不会对气候造成影响。风力发电是利用风力带动风车叶片旋转转换为电力,具有极高的推广价值。

(4)**生物质能**。生物质能是太阳能以化学能形式储存在生物中的一种能量形式,是一种以生物为载体的能量,它直接或间接地来源于植物的光合作用。在各种可再生能源中,生物质能是以独特的方式储存的太阳能,更是唯一一种可再生的碳源,生物质能可转化成常规的固态、液态或气态的燃料。生物质能转化技术有物理转化、化学转化和生物转化等方式。物理转化技术是指生物质经加工制成有利于储存和运输的各种形状的固体燃料;化学转化技术主要有生物质的直接燃烧、气化和热解三种途径;生物转化是依靠微生物或酶的作用对生物质进行生化转化,生产出如乙醇、氢、甲烷等液体或者气体燃料的技术。

(5)**海洋能**。海洋能是指蕴藏在海水里的可再生能源,主要包括潮汐能、海流能、波浪能、海水温差能、海水盐差能等。海洋通过各种物理过程接收、储存和散发能量,海洋空间里的风能和太阳能、在海洋一定范围内的生物质能也属于广义的海洋能。海洋能有较稳定与不稳定能源之分,较稳定的为温差能、盐差能和海流能;不稳定的分为变化有规律与变化无规律两种,属于不稳定但变化有规律的海洋能有潮汐能与潮流能,海洋能中最不稳定的能源是波浪能。

(6)**地热能**。地热能是指来自地球内部的能量,是来自地球深处的可再生能源,它来源于地球的熔融岩浆和放射性物质的衰变,以热能形式存在,是导致火山爆发及地震的能量。地心的温度高达 7000 ℃,在距地表 80~100 km 处,地下水的深处循环和来自极深处的岩浆侵入到地壳,把热量从地下深处带至近地表层,温度降至 650~1200 ℃,透过地下水的活动和熔岩涌至离地面 1~5 km 的地壳,热能得以被转送至接近地面的位置,具有非常大的热能储量。

(7)**核能**。核能(也称原子能)是指原子核结构发生变化时释放出的能量,符合阿尔伯特·爱因斯坦的质能方程 $E=mc^2$。核能通过两种核反应之一释放:①核裂变,打开原子核,将重核分裂成较小的核,释放结核能;②核聚变,把轻核聚合成质量较大的核,释放出能量。核能发电不像化石燃料发电那样排放巨量的污染物质到大气中,因此不会造成空气污染;核能发电不会产生加重地球温室效应的二氧化碳;核燃料能量密度比化石燃料高几百万倍,故核能电厂所使用的燃料体积小,运输与储存都很方便,一座 100 万 kW 的核能电厂一年只需 30 t 的铀燃料,一航次的飞机就可以完成运送;核能发电的成本中,燃料费用所占的比例较低,核能发电的成本不易受到国际经济情势影响,故发电成本较其他发电方法稳定。

(8)**氢能**。氢能是一种清洁的二次能源,具有能量密度大、燃烧热值高(为汽油的 3 倍、焦炭的 4.5 倍)、来源广、可储存、可再生、可电可燃、零污染、零碳排等优点,有助于解决能源危机以及环境污染等问题,被誉为 21 世纪的"终极能源"。氢位于元素周期表之首,它的原子序数为 1,在所有元素中质量最轻。在标准状态下,氢的密度为 0.0899 g/L(或 0.0899 kg/m³)。在常温常压下为气态,在 −252.65 ℃时,可成为液体,若将压力增大到数百个大气压,液氢就可变为固体氢。"灰氢"是指由以焦炉煤气、氯碱尾气为代表的工业副产气制取的氢气;"蓝氢"是指由煤或天然气等化石燃料制取的氢气,制取过程将二氧化碳副产品捕获、利用和封存,以实现碳中和;"绿氢"是指通过使用可再生能源或核能制取的氢气。目前工业中产生的氢气主要是灰氢,面临着无碳的绿氢和碳中和的蓝氢制备技术的挑战。蓝氢不是绿氢的替代品,而是一种必要的技术过渡,可以加速向绿氢过渡。

**2. 多元化能源体系的梦想**

与既往不同,未来的能源结构是多元化的,多种能源形态并存。我们从全球各大区的能源发电结构中可以看出,不同地区的能源发电所用的能源形式差异很大,有的区域是以石油和天然气为主体,有的地区是以水电为主体,而有的区域则是以煤炭为主体,如图1-11所示。

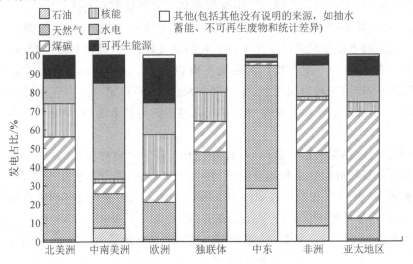

图1-11 全球各大区不同能源发电的占比

从全球发电用能源的角度来看(如图1-12所示),目前主体还是煤炭,占比在35%左右,天然气占比达到23%左右,可再生能源占比逐年增长,已经达到12%左右;从不同区域可再生能源发电情况来看(如图1-13所示),欧洲、北美洲和中南美洲超过全球平均值,亚

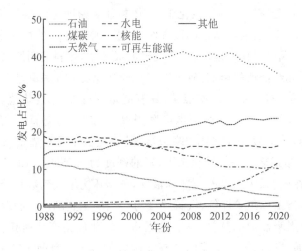

图1-12 1988—2020年全球不同能源发电的占比

太地区接近全球平均值。其中欧洲接近 25%,而独联体地区只有 1% 左右,各地可再生能源发展严重不均衡。

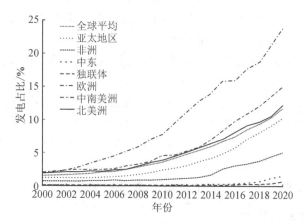

图 1 - 13 2000—2020 年全球不同区域可再生能源发电的占比

关于未来能源人们提出了很多构想,如天然气替代、清洁能源替代、电替代、氢替代、核聚变,等等。虽然寄希望于清洁能源的加快发展,但也不能超越能源的发展规律,能源的发展遵循着高碳到低碳的轨迹,以及碳氢比不断降低的规律,从单一主导到多元集成,多种能源深度融合、紧密互动,涵盖供电、供气、供暖、供冷、供氢和电气化交通等能源系统,逐步突破传统能源系统相互独立的运行模式,呈现出智能化、去中心化、市场化、物联化等演变趋势,注定将改变现有的能源系统和行业运营模式。在多能系统中,碎片化的分布式能源具备最广泛的应用场景,改变着人类基本的用能方式。

分布式能源是未来能源系统的基本单元,分布式能源系统不仅包括分布式光伏、分布式风电等发电系统,还包括分布式储能、充电站等储存、消费端。未来能源系统不再是发、输、变、配、用的线性关系,而是生产和消费耦合在一起的蜂巢式、模块化的分布式结构,自产自用、隔墙交易、余量上网等众多模式,不但加快了能源革命的步伐,也为降低能源成本、发展地区经济带来新机遇。

未来能源世界将形成多元化的格局已成为共识,世界能源发展进入了奇点时代。未来能源多元化革命将呈现两大真实画面:一是去碳化、清洁化,不但新能源本身面临节能环保水平提升,传统能源也将加速清洁技术改造,进而成为真正的清洁能源;二是能源联网化、智慧化,借助信息技术加快发展,从单一能源到多能源优化互补,进行能源系统集成,在需求侧响应下进行高效能源管理,供能从集中式到分布式,实行能源产销一体,进而实现能源物联网。

瞄准未来能源发展方向,中国加快布局新能源建设。国家统计局《2021 年国民经济与社会发展统计公报》显示,我国 2021 年一次能源生产总量达 43.3 亿 t 标准煤,为世界能源生产第一大国,截至 2021 年底,全国发电装机容量 23.7692 亿 kW,其中火电装机容量 12.9678 亿 kW,水电装机容量 3.9092 亿 kW,核电装机容量 0.5326 亿 kW,并网风电装机 3.2848 亿 kW,并网太阳能发电装机 3.0656 亿 kW,生物质发电装机 0.3798 亿 kW,水电、风电、光伏发电、生物质发电装机容量均位居世界首位,中国正在成为可再生能源大国。中国坚持创新、协调、绿色、开放、共享的新发展理念,以推动高质量发展为主题,以深化供给侧结构性改革为主线,全面推进能源消费方式变革,构建多元清洁的能源供应体系,实施创新驱动发展战略,不断深化能源体制改革,逐步进入高质量发展新阶段。

中国采取优先发展非化石能源、清洁高效开发利用化石能源、加强能源储运调峰体系建设、支持农村及贫困地区能源发展的政策,通过推动太阳能多元化利用,全面协调推进风电开发,推进水电绿色发展,安全有序发展核电,因地制宜发展生物质能、地热能和海洋能,全面提升可再生能源利用率,推进煤炭安全、智能、绿色开发利用,清洁高效发展火电,提高天然气生产能力,提升石油勘探开发与加工水平等措施,全方位构建多元化能源体系,保证经济与环境的协调、可持续发展。

### 1.4.3　技术的魔力——实现可持续发展梦想的魔棒

#### 1. 技术创新支撑能源革命

能源革命取决于科技突破。

回顾历史,人类社会发展的动力是能源。能源发展的历史表明,能源开发利用的每一次飞跃,都与技术的变革有着极为密切的关系,技术推动了能源的进化,推动了人类生产能力的飞跃,从而带来了人类社会深刻而又全面的变革,历史得以翻开新的篇章。

钻木取火将人类与其他动物真正区别开来,钻木取火的发明使人类从对自然资源的被动接受转变为主动利用;以驯化野生动植物为标志,表明人类社会从原始社会过渡到农业社会;蒸汽机的发明和大规模利用,摆脱了生物质能转换为动能的低效,大幅提高了利用能源的水平,使人类进入到工业社会;电这一优质的能量载体被人类所掌握后,能量传输的效率大幅提升,使人类大跨步进入电气化时代;电能存储技术的发展,进一步改变了电能的利用方式和利用效率,大量的非稳定可再生能源的规模利用成为可能,使人类进入到高效利用能源的新阶段;氢能制备、储运、应用技术的发展,有望实现无碳能源的利用,使人类进入到绿色清洁能源利用社会。技术发展当之无愧是推动能源发展的"第一生产力"。

在当前技术水平下,能源存在一个"不可能三角",即经济廉价性、清洁环保性、稳定可靠性,三者最多只能占据其二。例如:煤炭发电廉价、稳定,但不环保;风电环保、廉价,但不稳定;太阳能廉价,但不稳定,环保效果有待商榷;核电造价高昂,安全性值得关注。

持续推进的能源科技创新、不断提高的能源技术水平,使技术进步成为推动能源发展的基本力量,人的智慧通过科技的突破,转化为具体的能源形态或能源利用方式。水电、风电、太阳能等清洁能源装备制造技术的发展,促使研发制造出单机容量 1000 MW 的水电机组、单机容量达 10 MW 的全系列风电机组、不断刷新光伏电池转换效率世界纪录;第三代核电站技术的推广应用,新一代核电、小型堆等多项核能利用技术取得明显突破,促进了核能的利用;油气勘探开发技术和能力持续提高,实现了低渗原油及稠油高效开发、页岩油气勘探开发水平大幅提升、天然气水合物试采成功;煤炭绿色高效智能开采技术,使大型煤矿采煤机械化程度达 98%;煤制油气产业化技术,提供了一条制备油气的新途径;智能电网技术发展,建成了规模最大、安全可靠、全球领先的电网,大幅提高了供电可靠性;"互联网+"智慧能源、储能、区块链、综合能源服务等一大批能源新技术、新模式、新业态正在蓬勃兴起。

科技是能源发展的最大动力,未来如何,值得期待、值得探索。

**2. 新材料研发是先导**

材料是人类一切生产和生活水平提高的物质基础,是技术进步的基石。

人类社会的发展离不开优质能源的出现和先进能源技术的使用。新能源的出现与发展,一方面是能源技术本身发展的结果,另一方面也是由于这些能源有可能解决资源与环境问题。新能源的发展一方面靠利用新的原理(如聚变核反应、光伏效应等)来发展新的能源系统,同时还必须靠新材料的开发与应用,才能使新的系统得以实现,并进一步地提高效率、降低成本。

(1)**新材料把传统能源变成新能源**。例如:从古代起,人类就利用太阳能取暖,现在利用半导体材料可把太阳能有效地直接转换成电能;过去人类利用氢气燃烧获得高温,现在利用燃料电池来直接发电,供不同场景直接应用。

(2)**新材料可提高储能与能量转换效果**。例如:二次电池电极材料和介质材料的改进,不断改善电池的额定容量、能量密度、充放电倍率、循环寿命、工作温度等;新型储氢材料的研发,不断提升储释氢密度、降低释氢温度、减少释氢杂质、提高储存安全等。

(3)**材料的综合性能、加工工艺决定着成本**。例如:材料的光电转换效率决定着太阳能电池的性能,电极材料和电介质的性能决定着燃料电池的性能与寿命,而这些材料的加工工艺与设备又决定着能源利用的成本,也是决定新能源能否大规模利用的关键。

为了发挥材料的作用,新能源材料的研究工作面临着艰巨的任务。新能源材料的主要研究内容包括:材料的组成与结构、制备与加工工艺、材料的性质、材料的使用效能,以及它们四者之间的关系。研究重点包括:新材料、新结构、新效应,以提高能量的转换效率和利用效率;新能源材料原料的高效、低成本、循环利用,提高新能源材料的性能、减少环境污染;新能源材料的规模化生产工艺,提高成品率和劳动生产率,降低新能源材料的全生命周期成本,延长材料使用寿命。

在当今世界,能源的发展以及能源和环境的关系是全世界、全人类共同关心的问题,也是我国社会经济发展面临的重要问题。习近平主席在第七十五届联合国大会一般性辩论上郑重宣布:"中国将提高国家自主贡献力度,采取更加有力的政策和措施,二氧化碳排放力争于 2030 年前达到峰值,努力争取 2060 年前实现碳中和。"2021 年《政府工作报告》明确提出,要扎实做好"碳达峰"和"碳中和"各项工作。"碳达峰""碳中和"已经成为中国应对全球气候问题作出的庄严承诺,在强大的国家发展战略需求下,大力发展先进的新能源材料与装备,助力早日实现"碳中和"和"零碳"能源,具有重要战略意义。

本书涉及的新能源材料主要有:光伏材料、储电材料、储热材料、热电材料、制氢催化材料、储氢材料、燃料电池材料等,将探讨这些新能源材料的制备、性能、应用,以及基于这些新能源材料的新型电力装备及其应用。

## 参考文献

[1] 胡森林. 能源的进化：变革与文明同行[M]. 北京：电子工业出版社，2019.

[2] 瓦茨拉夫·斯米尔. 能量与文明[M]. 吴玲玲，李竹，译. 北京：九州出版社，2021.

[3] 王新东，王萌. 新能源材料与器件[M]. 北京：化学工业出版社，2019.

[4] 杰森·辛克. 未来能源[M]. 孙克乙，译. 北京：中国科学技术出版社，2020.

[5] 理查德·罗兹. 能源传：一部人类生存危机史[M]. 刘海翔，甘露，译. 北京：人民日报出版社，2020.

[6] CASSEDY E S. 可持续能源的前景[M]. 段雷，黄永梅，译. 北京：清华大学出版社，2002.

[7] 陈富强. 能源工业革命：全球能源互联网简史[M]. 杭州：浙江大学出版社，2018.

[8] 瓦茨拉夫·斯米尔. 能源神话与现实[M]. 北京国电通网络技术有限公司，译. 北京：机械工业出版社，2020.

[9] 冯连勇，王建良，王月. 峰值的幽灵：能源枯竭与文明的危机[M]. 北京：社会科学文献出版社，2013.

[10] 侯雪. 新能源技术[M]. 北京：机械工业出版社，2019.

[11] 英国石油公司. bp 世界能源统计年鉴（2021）[EB/OL]. （2021 - 07 - 08）[2022 - 02 - 13]. https://www. bp. com/zh _ cn/china/home/news/reports/statistical-review - 2021. html.

[12] 中华人民共和国国务院新闻办公室. 新时代的中国能源发展（白皮书）[EB/OL]. （2020 - 12 - 21）[2022 - 02 - 13]. http://www. scio. gov. cn/zfbps/32832/Document/1695117/1695117. htm.

[13] 刘振亚. 中国电力与能源[M]. 北京：中国电力出版社，2012.

[14] 国际能源署（IEA）. 2021 年世界能源展望[EB/OL]. （2021 - 10 - 13）[2022 - 02 - 13]. https://www. iea. org/events/world-energy-outlook-2021-launch-event.

[15] 雷永泉. 新能源材料[M]. 天津：天津大学出版社，2000.

[16] 瓦茨拉夫·斯米尔. 石油简史：从科技进步到改变世界[M]. 李文远，译. 北京：石油工业出版社，2020.

[17] 王长贵，崔容强，周篁. 新能源发电技术[M]. 北京：中国电力出版社，2003.

[18] 高策，徐岩红. 繁峙岩山寺壁面《水碓磨坊图》及其机械原理初探[J]. 科学技术与辨证法，2007，24(3)：97 - 100，109.

## 思考题

(1) 简述能源与人类社会发展之间的关系。

(2) 试举例说明开启能源之门的"钥匙"。

# 第二篇
# 风

<<<

>>> ## 第2章　风力发电——来自天空的使者

## 2.1　好风凭借力：风能利用简史

### 2.1.1　风能——地球上最重要能源之一

流动空气所具有的动能称为风能。风不仅含有的能量很大，而且在自然界中所起的作用也是很大的。风中含有的能量比人类迄今为止所能控制的能量高得多，地球上可用来发电的风力资源约有 100 亿 kW，几乎是全世界水力发电量的 10 倍；全世界每年燃煤得到的能量还不足风在同一时间内所提供给人类的能量的 1％。可见，风能是地球上最重要的能源之一。风能资源的总量决定于风能密度和可利用的风能年累积小时数。

人类虽然很早就开始利用风能，但过去数千年来风能利用的技术发展缓慢。这是因为风力受地理环境、天气、季节等因素影响，其速度和方向具有不连续性和不确定性，并且分布极为分散，难以进行高度集中和持续性的能量输出。自 1973 年世界石油危机以来，在常规能源告急和全球生态环境恶化的双重压力下，风能作为新能源的一部分才重新获得了长足的发展。

风能利用的形式主要是将大气运动时所产生的动能转化为其他形式的能量。风能的利用主要是以风能作动力来直接带动各种机械装置和风力发电两种形式，其中又以风力发电为主。对于缺水、缺燃料和交通不便的沿海岛屿、草原牧区、山区和高原地带，因地制宜地利用风力发电非常适合、大有可为。海上风电是可再生能源发展的重要领域，是推动风电技术进步和产业升级的重要力量，是促进能源结构调整的重要措施。

我国风能资源丰富,可开发利用的风能总量约为 1000 GW,其中,陆地上风能储量约 250 GW(按陆地上离地 10 m 高度资料计算),海上可开发和利用的风能储量约 750 GW。大力发展风力发电,对于满足中西部边远地区用电需求,促进沿海地区治理大气雾霾、调整能源结构和转变经济发展方式具有重要意义。

### 2.1.2  世界风能资源分布——资源丰富但不均衡

**1. 各大洲风能资源分布**

世界上的风能资源十分丰富,根据相关资料统计,每年来自外层空间的辐射能约为 $1.5×10^{18}$ kW·h,其中的 2.5% 即 $3.8×10^{16}$ kW·h 的能量被大气吸收,产生大约 $4.3×10^{12}$ kW·h 的风能。

风能资源受地形的影响较大,世界风能资源多集中在沿海和开阔大陆的收缩地带。8 级以上的风能高值区主要分布于南半球中高纬度洋面和北半球的北大西洋、北太平洋及北冰洋的中高纬度部分洋面上。大陆上风能则一般不超过 7 级,其中以美国西部、欧洲西北部沿海、乌拉尔山脉顶部和黑海等地区多风地带风能储量较大。

欧洲是世界风能利用最发达的地区,其风能资源非常丰富。欧洲沿海地区风能资源最为丰富,主要包括英国和冰岛沿海地区,西班牙、法国、德国和挪威的大西洋沿岸,以及波罗的海沿海地区,其年平均风速可达 9 m/s 以上。整个欧洲大陆,除了伊比利亚半岛中部、意大利北部、罗马尼亚和保加利亚等部分东南欧国家和地区以及土耳其地区以外(该区域风速较小,在 4~5 m/s 以下),其他大部分地区的风速都较大,基本在 6~7 m/s 以上。

亚洲大陆地域广袤、地形复杂、气候多变,风能资源也很丰富,主要分布于中亚地区(主要为哈萨克斯坦及其周边地区)、阿拉伯半岛及其沿海地区、蒙古高原、南亚次大陆沿海及亚洲东部及其沿海地区。

北美洲地形开阔平坦,风能储量也十分巨大,风能资源主要分布于北美大陆中东部及其东西部沿海以及加勒比海地区。

**2. 我国风能资源及其分布**

我国幅员辽阔、海岸线长、位于欧亚大陆东部、濒临太平洋,风能资源比较丰富,尤其是季风较强盛。季风是我国气候的基本特征,如冬季风在华北长达 6 个月,东北长达 7 个月;东南季风则遍及我国的东半壁。

我国风能资源主要分布在东南沿海及附近岛屿,新疆、内蒙古和甘肃河西走廊以及东北、西北、华北和青藏高原等部分地区,每年风速在 3 m/s 以上的时间近 4000 h,一些地区年平均风速可达 7 m/s 以上,具有很大的开发利用价值。我国面积广大,地形地貌复杂,故而风能资源的状况及分布特点随地形、地理位置的不同而有所不同,据此可将我国风能资源划分为四个区域(包括海上建设的风电场)。

1)东南沿海及其岛屿地区风能丰富带

东南沿海及其岛屿风能丰富带的年有效风功率密度(与风向垂直的单位面积中风所具

有的功率)在 200 W/m² 以上,部分沿海岛屿风功率密度在 500 W/m² 以上,如台山、平潭、东山、南麂、大陈、嵊泗、南澳、马祖、澎湖及东沙等,可利用的风能年累积时间为 7000～8000 h。这一地区特别是东南沿海,由海岸向内陆丘陵连绵,风能丰富地区仅在距海岸 50 km 之内。

东南沿海受台湾海峡的影响,每当冷空气南下到达海峡时,由于狭管效应而使风速增大。冬春季的冷空气、夏秋季的台风都能影响到东南沿海及其岛屿,是我国风能的最丰富区。我国海岸线长约 18000 km,有岛屿 6000 多个,这些地区是风能开发利用最有前景的地区。

2)三北(东北、华北和西北)地区风能丰富带

三北地区风能丰富带包括东北三省、河北、内蒙古、甘肃、青海、西藏和新疆等省/自治区近 200 km 宽的地带,风功率密度在 200～300 W/m²,有的可达 500 W/m²,可开发利用的风能储量约 2 亿 kW,约占全国可利用风能储量的 79%。如阿拉山口、达坂城、辉腾锡勒、锡林浩特的灰腾梁及承德围场等,可利用的风能年累积时间在 5000 h 以上,有的可达 7000 h 以上。

由于欧亚大陆面积广阔,北部地区气温又较低,是北半球冷高压活动最频繁的地区,而我国地处欧亚大陆东岸,正是冷高压南下的必经之路。北部地区是冷空气入侵我国的前沿,在冷锋(冷高压前锋)过境时,冷锋后面 200 km 附近经常可出现 6～10 级(10.8～24.4 m/s)的大风。这从风能资源的利用角度来说,就是可以有效利用的高质量风能。这一地区的风能密度虽比东南沿海小,但其分布范围较广,是我国连成一片的最大风能资源区。该地区地势平坦、交通方便,没有破坏性风速,有利于大规模开发风电场。建设风电场时应注意低温和沙尘暴的影响。

3)内陆局部风能丰富区

内陆局部地区由于湖泊和特殊地形,风能资源也较丰富,风功率密度一般在 100 W/m² 以下,可利用风能年累积时间为 3000 h 以下。

青藏高原的平均海拔在 4000 m 以上,风速比较大,但空气密度较小,海拔 4000 m 的空气密度大致为海平面处的 67%,也就是说,同样是 8 m/s 的风速,在海平面风功率密度为 313.6 W/m²,而在海拔 4000 m 则只有 210.1 W/m²。这里年平均风速为 3～5 m/s,仍属于风能一般地区。

4)海上风能丰富区

我国海上风能资源丰富,可利用的风能资源约是陆上的 3 倍,即 7.5 亿 kW。海上风速高,很少有静风期,可以有效利用风能发电。海上风速随高度的变化小,可以降低塔架高度。海上风的湍流强度低,没有复杂地形对气流的影响,可减少风电机组的疲劳载荷,延长使用寿命。一般海上风速比沿岸平原高 20%,发电量可增加 70%,在陆上设计寿命 20 年的风电机组在海上可使用 25 年到 30 年,且距离电力负荷中心很近。随着海上风电场技术的发展成熟,经济上可行性的提高,风能资源在不久的将来必然会成为重要的可持续能源。

### 2.1.3 风力发电现状——飞速增长的新力量

风力发电是在大量利用风力提水的基础上产生的,最早起源于丹麦。早在 1890 年,丹麦政府就制定了一项风力发电计划,经过 18 年的努力,制造出首批 72 台单机功率为 5～25 kW 的风力发电机,又经过十年的努力,发展到 120 台。时至今日,丹麦已成为世界上生产风力发电设备的大国。

第一次世界大战刺激了螺旋桨式飞机的发展,使空气动力学理论有了用武之地。在此期间,高速风轮叶片的桨叶设计有了一定的基础。1931 年,苏联首先采用螺旋桨式叶片设计建造了当时世界上最大的一台 30 kW 的风力发电机。

第二次世界大战前后,由于能源需求量较大,不少国家相继开始风力发电机的研制。美国于 1941 建造了一台 1250 kW、直径达 53.3 m 的风力发电机,但这种特大型风力发电机制造技术复杂,运行不稳定,经济性很差,发展困难;1978 年 1 月,美国在新墨西哥州的克莱顿镇建成 200 kW 风力发电机,其叶片直径为 38 m,发电量满足 60 户居民用电;1978 年初夏,在丹麦日德兰半岛西海岸投入运行的风力发电装置,风车高 57 m,发电量达到了 2000 kW,所发电量的 75% 送入电网,其余供给附近的一所学校;1979 年上半年,美国在北卡罗来纳州的蓝岭山又建成了一座世界上最大的发电用的风车。这个风车有十层楼高,风车钢叶片的直径为 60 m,叶片安装在一个塔形建筑物上,因此风车可自由转动,可从任何一个方向获得电力,风速在 38 km/h 以上时,发电能力可达 2000 kW,但由于这个丘陵地区的平均风速只有 29 km/h,风车不能全部运动,据估计,即使全年只有一半时间运转,它就能够满足北卡罗来纳州七个县 1%～2% 的用电需要。但是,在后来廉价石油的冲击下,特大型风力发电机只停留在科研阶段,未能实用。20 世纪 70 年代,世界出现了石油危机,以及随之而来的环境问题,这迫使人们开始考虑可再生能源问题,风力发电很快被重新提上了议事日程。

我国是世界上利用风能最早的国家之一,用帆式风车提水已有 1700 多年的历史,在农业灌溉和盐池提水中起到过重要的作用。从 20 世纪 70 年代开始,在国家有关部门的领导和协调下,我国开始小型风力发电机的研制,并取得了明显进展,实现了小型机组的国产化,且在内蒙古等地区得到较广泛的应用。但因长期以来一直停留在内蒙古家庭独户利用的水平以及科研性的小规模研制上,人们对风电的认识也多停留在蒙古包规模的利用水平的概念上。到 20 世纪 90 年代,风力发电设备的研制主要是为了保护地球环境,减排温室气体,减少日益枯竭的化石燃料的消耗。随着科学技术水平的进一步提高,风力发电将更有竞争力,其清洁和安全性更符合绿色社会可持续发展的政策。

在风电领域,目前装机容量排名前三的分别为中国、美国和德国,作为发展中国家的中国和印度增速最快。2020 年,中国的风电装机容量达到了 278 GW,美国约为 127 GW,德国约为 65 GW,与其他发达国家比起步较晚的印度也经历了跨越式发展,达到了约 40 GW,跻身世界第四。近年来全球海上风电装机增速加快,主要分布于欧洲地区,亚洲市场则刚刚起步。

## 2.2 风起电来:风力发电的原理及系统组成

### 2.2.1 风力发电的原理

风力发电是利用风力带动风车叶片旋转,再透过增速机将旋转的速度提升,来促使发电机发电。即把风能转换为机械能,再把机械能转换为电能。依据目前的风车技术,风速约 3 m/s(微风的程度)便可以开始发电。

因为风力发电没有燃料问题,也不会产生辐射或空气污染,因而正在世界上形成一股热潮。风力发电在芬兰、丹麦等国家很流行;我国也正在西部地区大力提倡。输出功率的大小主要取决于风量的大小,而不仅是机头功率的大小。在内地,选用小的风力发电机会比大的更合适,因为它更容易被小风量带动而发电,持续不断的小风会比一时狂风供给的能量更多。通常风力发电的功率由风力发电机的功率决定。通常风力发电机给蓄电池充电,而由蓄电池把电能储存起来,当无风时,人们还可以正常使用风力带来的电能,人们最终使用电功率的大小与蓄电池容量大小有更密切的关系。使用风力发电机,就是源源不断地把风能变成人们家庭使用的标准市电,其经济程度是很明显的。

### 2.2.2 风力发电设备

风力发电机组由两部分组成:一部分是为发电提供原动力的风力机,也称为风轮机;另一部分是将其转换为电能的发电机。

#### 1. 风力机

风力机主要利用气动升力带动风轮。气动升力是气流流经物体表面时形成的作用力垂直于气流流向的分力,例如飞行器的机翼产生的力,如图 2-1 所示。

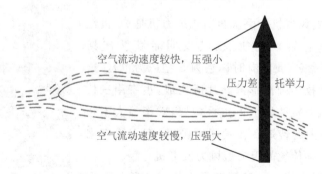

图 2-1 飞行器气动升力示意图

从图 2-1 可以看出,机翼翼型特点使运动的气流在机翼上表面形成低压区,在机翼下表面形成高压区,从而产生向上的合力,并垂直于气流方向。在产生升力的同时也产生阻力,风速也会有所下降。升力总是推动叶片绕中心轴转动。

风力机的结构形式繁多,从不同的角度可有多种分类方法。

按叶片工作原理的不同,可分为升力型风力机和阻力型风力机。

按风力机的用途的不同,可分为风力发电机、风力提水机、风力铡草机和风力脱谷机等。

按风轮叶片的叶尖线速度与吹来风速之比大小的不同,可分为高速风力机(比值大于3)和低速风力机(比值小于3)。也有把比值为2~5的称为中速风力机。

按风机容量大小的不同,可将风力机组分为小型(100 kW以下)、中型(100~1000 kW)和大型(1000 kW以上)3种。我国则分成微型(1 kW以下)、小型(1~10 kW)、中型(10~100 kW)和大型(100 kW以上)4种。也有的将1000 kW以上的风机称为巨型风力机。

按风轮叶片数量的不同,可分为单叶片、双叶片、三叶片、四叶片及多叶片式风力机。

目前,按风轮轴与地面的相对位置来分类的方法较为流行。按风轮轴与地面相对位置的不同,可分为垂直轴(立轴)风力机和水平轴风力机。垂直轴风力机风轮的旋转轴垂直于地面或气流方向;水平轴风力机风轮的旋转轴与风向平行。因为叶片工作原理不同,水平轴和垂直轴风力机又可细分为升力型水平轴风力机、阻力型水平轴风力机、升力型垂直轴风力机和阻力型垂直轴风力机。

1)垂直轴风力机

垂直轴型风力机有多种形式。

(1)**桨叶式风力机**。桨叶式风力机是一种阻力型风力机,因它的叶片形状而得名。这种风力机的设计关键集中在如何减小逆风方向叶片的阻力,因此有许多设计方案。有使用遮风板的,也有改变迎风角的,不过桨叶式风力机的效率很低,除了在日本局部地区曾经使用过,实际上几乎没有制造和使用的实例。一般来说,这种风力机为垂直轴型,但是也有设计成水平轴的。

(2)**萨沃纽斯式风力机**。萨沃纽斯式风力机是20世纪20年代发明的垂直轴风力机,以其发明者萨沃纽斯(Savonius)的名字命名(我国有时称它为S型风力机)。这种风力机通常由两枚半圆筒形的叶片所构成,也有用三枚或四枚的。这种风力机往往上下重叠多层,效率最大不超过10%,能产生很大的转矩。在发展中国家,有人用它来提水、发电等,是一种传统的阻力型风力发电机。

(3)**达里厄型风力机**。达里厄型风力机是一种新开发的垂直轴风力机,如图2-2所示,以其发明者法国人达里厄(Darrieus)的名字命名,分为普通的 φ 形达里厄型风力机和特殊的 Δ 形达里厄型风力机,其叶片多为2~3枚。该风力机回转时与风向无关,为升力型。它装置简单,成本

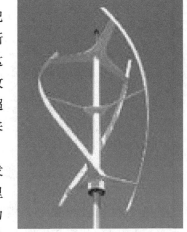

图2-2 达里厄型风力机

也比较低,但启动性能差,因此也有人把这种风力机和萨沃纽斯式风力机组合在一起使用。

(4)**旋转涡轮式风力机**。这种风力机垂直安装 3~4 枚对称翼形的叶片,它有使叶片自动保持最佳功角的机构,因此结构复杂,价格也较高,但它能改变桨距,启动性能较好,能保持一定的转速,效率极高。

(5)**弗来纳式风力机**。在气流中回转的圆筒或球可以使其周围的压力发生变化而产生升力,这种现象称为马格努斯效应。利用该效应制成的发电装置称为弗来纳式风力发电装置。在大的圆形轨道上移动的小车上装上回转的圆筒,由风力驱动小车,用装在小车轴上的发电机发电,这种装置是 1931 年由美国的 J. 马达拉斯发明的,并实际制造了重 15 t、高 27 m 的巨大模型进行了实验。

(6)**福伊特-施耐德式风力机**:这种风力机是由德国福伊特(Voith)公司的工程师施耐德(Schneider)发明的。福伊特-施耐德式螺旋桨垂直地安装在船底部作为推进器。推进器圆周的叶片在不同的位置上能够改变方向,随着叶片的角度和回转速度的不同,其升力的大小和方向也不同,所以可以不用舵。把福伊特-施耐德叶片上下相对就可制成风力机,其工作原理和旋转涡轮式风力机相似。

2)水平轴风力机

水平轴风力机也有多种具体形式。

(1)**螺旋桨式风力机**。风力发电使用最多的是螺旋桨式风力机。常见的是双叶片和三叶片风力机,但也有一片或四片以上的风力机。这种风力机的翼形与飞机翼形相似。为了提高启动性能,尽量减少空气动力损失,多采用叶根强度高、叶尖强度低且带有螺旋角的结构。螺旋桨式风力机至少要达到额定风速才能输出额定功率。螺旋桨式风力机如图 2-3 所示。

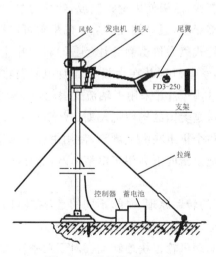

图 2-3　螺旋桨式风力机

(2)**荷兰式风力机**。这是欧洲(特别是荷兰和比利时)经常使用的风力机,现有 900 台左右,一部分用于游览观光,大型的有直径超过 20 m 的机组。荷兰式风力机如图 2-4 所示。

图 2-4　荷兰式风力机

(3)**多翼式风力机**。多翼式风力机在美国的中西部牧场大部分用来提水,19 世纪以来已建成数百万台。多翼式风力机装有 20 枚左右的叶片,是典型的低转速大转矩风力机,目前不仅在美国使用,在墨西哥、澳大利亚、阿根廷等地也有相当的使用数量。美国风力涡轮公司研制的自行车车轮式风力机,48 枚中空的叶片做放射状配置,性能比过去的多翼式风力机有很大提高,也属于多翼式风力机。

(4)**帆翼式风力机**。布制帆翼式风力机在地中海沿岸及岛屿有很长的历史,其中大型的直径 10 m、20 枚叶片,大多数为直径 4 m、6~8 枚叶片。帆翼式风力机绝大部分用来提水,一小部分用来磨面。普林斯顿大学研制出一种新风力机叶片,这种叶片看起来像是木质整体,但实际上前缘用金属管制成,后缘使用钢索制成,叶片的主体部分用帆布制成,因此它的重量很轻,性能与刚体螺旋桨无异,通过加在叶尖上的配重可以控制桨距进行调速。

(5)**涡轮式风力机**。涡轮式风力机由静叶片(定子)和动叶片(转子)构成,这种风力机尤其适用于强风地区。由日本学者研制并在南极大陆使用的涡轮式风力发电装置可耐 40~50 m/s 的大风雪,制造得极其坚固,并采用了轴流式涡轮,获得较高的效率。

(6)**多风轮式风力机**。这是美国的毕罗尼玛斯(W. Bieronimas)提出的一种设想,是把许多风轮安装在一个塔架上,整个机组在海上漂浮,使用由许多风轮组成的发电设备。这种设备因为设置在海上,所以可把发出的电力用于电解海水,储存氢气和氧气。但这种风力机目前还处于设想阶段。

风力机的风轮与纸风车的转动原理一样,不同的是,风轮叶片具有比较合理的形状。为了减小阻力,其断面呈流线形,前缘有很好的圆角,尾部有相当尖锐的后缘,表面光滑,风吹来时能产生向上的合力,可驱动风轮很快地转动。对于功率较大的风力机,风轮的转速是很低的,而与之联合工作的机械,转速要求又比较高,因此必须设置变速箱,把风轮转速提高到工作机械的工作转速。只有当风垂直地吹向风轮转动面时,风力机才能发出最大功率,但由于风向是多变的,因此还要有一种装置,使之在风向变化时保证风轮跟着转动,自动对准风向,这就是机尾的作用。

　　风力机带动发电机形成风力发电机,它由两大部分组成,一部分是风力机本体和附件,是把风能转化为机械能的装置;另一部分是电气部分,包括发电机及电气装置,把机械能转换为电能。按风力机与发电机的连接方式分,有变速连接和直接连接两种。

**2. 发电机**

　　发电机的作用是将机械能转换为电能。风力发电机上的发电机与电网上的发电设备不同,原因是发电机需要在波动的机械能条件下运转。用于风力发电的发电机,一般可分为直流发电机和交流发电机两类,其中,交流发电机又可分为同步交流发电机和异步交流发电机两种。

　　风力发电机一般是由叶片(也称转子叶片)、前盘式转子、后盘式转子、永久磁铁、中间定子、中间定子绕组、机舱、轮毂、轮毂外罩、电器柜、塔架等组成。风力发电机的结构如图 2-5 所示。

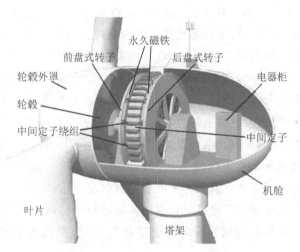

图 2-5　风力发电机结构图

　　(1)**机舱**。机舱是容纳风力发电机的关键设备,包括前盘式转子、后盘式转子、中间定子、中间定子绕组等。维护人员可以通过风电机塔架进入机舱。机舱左端是风力发电机转子,即转子叶片及轴。

　　(2)**转子叶片**。转子叶片用于捕获风,并将风力传送到转子轴心。一个 600 kW 风力发电机上,每个转子叶片的测量长度大约为 20 m,通常被设计得像飞机的机翼。目前已经制造出长度超过 100 m 的叶片,叶片旋转直径超过 220 m、叶尖最大高度达到 260 m。转子叶片安装在机头上,是把风能转换为机械能的主要部件。大部分风力发电机都具有恒定的转速,转子叶片末端的转速为 64 m/s,轴心部分转速为零,距轴心 1/4 叶片长度处的转速为

16 m/s。叶片末端的转速是风力发电机前部风速的8倍。大型风力发电机的转子叶片通常呈螺旋状。从转子叶片看过去,风向叶片的根部移动,直至到转子中心,风从很陡的角度进入(比地面的通常风向陡得多)。如果叶片从特别陡的角度受到撞击,转子叶片将停止运转,因此,转子叶片需要被设计成螺旋状,以保证叶片后面的刀口沿地面上的风向被推离。大型风力发电机上的大部分转子叶片都是用玻璃钢(Glassfiber Reinforced Plastic, GRP)制造的。采用碳纤维或芳族聚酰胺作为强化材料是另外一种选择,但这种叶片对大型风力发电机是不经济的。钢及铝合金分别存在质量大及金属疲劳等问题,目前只用于小型风力发电机上。

(3)**轴心**。转子轴心附着在风力发电机的低速轴上。

(4)**低速轴**。风力发电机的低速轴将转子轴心与齿轮箱连接在一起。在现代600 kW的风力发电机上,转子转速相当慢,为19~30 r/min。低速轴中有用于液压系统的导管,可激发空气动力闸的运行。

(5)**齿轮箱**。它可以将高速轴的转速提高至低速轴的50倍。如果使用普通发电机,并使用两个、四个或六个电极直接连接在50 Hz三相交流电网上,就不得不使用转速为1000~3000 r/min的风力发电机。对于转子直径为43 m的风力发电机,这意味着转子末端的速度比声速的两倍还要高。另外一种可能是建造一个带有许多电极的交流发电机。但如果要将发电机直接连在电网上,则需要使用200个电极的发电机来获得30 r/min的转速。另外一个问题是,发电机转子的质量需要与转矩大小成比例。因此,直接驱动的发电机会非常重。使用齿轮箱,就可以将风力发电机转子上较低的转速和较高的转矩转换为用于发电机上的较高转速和较低转矩。风力发电机上的齿轮箱通常在转子及发电机转速之间具有单一的齿轮比,对于600 kW或750 kW风力发电机,齿轮比大约为1:50。

(6)**高速轴及其机械闸**。高速轴以1500 r/min的速度运转,并驱动发电机。它装备有紧急机械闸,在空气动力闸失效时或风力发电机维修时起作用。

(7)**发电机**。通常采用异步发电机。目前国外陆地最大的风力发电机为8 MW、国内为6 MW,中车株洲电机有限公司成功研制出全球首台12 MW海上半直驱永磁同步风力发电机。

(8)**偏航装置**。风力发电机偏航装置借助电动机转动机舱,将风力发电机转子转动到迎风的方向,以使转子正对着风吹来的方向。偏航装置由电子控制器操控,电子控制器可以通过风向标来感受风向。在风向改变时,风力发电机一次可偏转几度。

当转子不垂直于风向时,风力发电机就会存在偏航误差。偏航误差意味着风中的能量只有很少一部分可以在转子区域流动。如果只发生这种情况,偏航装置将控制风力发电机转子电力输入达到最佳方式。但是,转子靠近风源的部分受到的力比其他部分要大,这一方面意味着转子倾向于自动对着风偏转,逆风或顺风的汽轮机都存在这种情况;另一方面,这意味着叶片在转子的每一次转动时,都会沿着受力方向前后弯曲。存在偏航误差的风力发电机与沿垂直于风向偏航的风力发电机相比,将承受更大的疲劳负荷。

几乎所有水平轴的风力发电机都会强迫偏航,即用一个带有电动机及齿轮箱的机构来保持风力发电机对着风偏转。几乎所有逆风设备的制造商都习惯在不需要的情况下关停偏航装置。

(9)**电子控制器**。包含一台不断监控风力发电机状态的计算机和控制偏航装置的设备。为了防止故障(即齿轮箱或发电机过热)的发生,该控制器可以自动停止风力发电机的转动,并通过电话调制解调器来呼叫风力发电机操作员。

(10)**液压系统**。用于重置风力发电机的空气动力闸。

(11)**冷却元件**。包含一个风扇,用于冷却发电机;还包含一个油冷却元件,用于冷却齿轮箱内的油。一些风力发电机还具有水冷发电机。

(12)**塔架**。风力发电机塔载有机舱及转子。通常,塔越高,越具有优势,因为离地面越高,风速越大。一个 600 kW 风力发电机的塔高为 40~60 m,一个 8 MW 风力发电机的塔高超过 220 m,这些塔可以是管状塔,也可以是格子状塔。管状塔对于维修人员来说更为安全,因为他们可以通过内部的梯子到达塔顶。格子状塔的优点是价格较便宜。

(13)**风速计及风向标**。用于测量风速及风向。

### 2.2.3　风力发电系统的组成

典型的风力发电系统是由风能资源、风力发电机组、控制装置、蓄能装置、备用电源及电能用户组成。其中,风力发电机是实现由风能到电能转换的关键设备,风力发电机的每一部分都很重要。叶片用来接受风力并通过机头转换为电能;尾翼使叶片始终对着来风的方向从而获得最大的风能;转体能使机头灵活地转动以实现尾翼调整方向的功能;机头的转子是永磁体,通过定绕组切割磁力线产生电能。大型风力发电系统输出电压是 690 V~10 kV。

风力发电机根据应用场合的不同又可分为并网型和离网型风力发电机。离网型风力发电机亦称为独立运行风力发电机,应用在无电网地区,一般需要与蓄电池和其他控制装置共同组成独立运行风力发电系统。

风力发电系统主要有恒速恒频、近恒速恒频、变速变频和变速恒频 4 种,其中恒速恒频(Constant Speed Constant Frequency,CSCF)和变速恒频(Variable Speed Constant Frequency,VSCF)是两大类主要风力发电机组系统。

#### 1. 恒速恒频风力发电系统

恒速恒频风力发电系统是一种并网运行后风轮转速不能随风速改变(由电网频率决定的风轮转速和电能频率在运行时基本保持不变)的风电机组,由于采用的是异步电动机,故也称作异步风力发电系统。恒速恒频风力发电系统的基本结构如图 2-6 所示,其中,风轮包括叶片、轮毂、加固件。异步发电机尽管带一定滑差运行,但在实际运行中滑差是很小的,不仅输出频率变化较小,而且叶片转速变化范围也很小,看上去似乎是“恒速”,故称之为恒速恒频。恒速恒频风力发电系统根据风力机的调节方式不同,又可分为定桨距失速调节型和变桨距调节型。

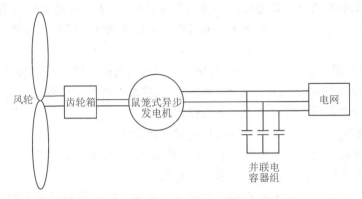

图 2-6 恒速鼠笼式异步风力发电系统

(1)**定桨距失速调节型风力发电系统**。定桨距是指桨叶与轮毂之间是固定连接,即当风速变化时,桨叶的迎风角不能随之变化。失速调节是指桨叶翼型本身所具有的失速特性,当风速高于额定风速时,气流的攻角增大到失速条件,使桨叶的表面产生涡流、效率降低,来限制发电机的功率输出。

定桨距失速调节型风力发电机组的优点是失速调节控制比较简单,风速变化引起的输出功率的变化只通过桨叶的被动失速调节,而控制系统不作任何控制;其缺点是机组的整体效率较低,对电网影响大,常发生过发电现象,加速机组的疲劳损坏。

(2)**变桨距型风力发电系统**。变桨距是指风机的控制系统可以根据风速的变化,通过调节桨距,改变其桨距角的大小以调整输出电功率,以便更有效地利用风能。其工作特性为:在额定风速以下时,相当于定桨距风力发电机,发电机的输出功率随风速的变化而变化;当风速达到额定风速以上时,变桨距机构发挥作用,调整桨距角,保证发电机的输出功率在允许的范围内。

变桨距型风力发电机组的主要优点是运行可靠性较高,不会发生过发电现象,而且桨叶受力较小,因而可以做得比较轻巧,能尽可能多地捕获风能,提高发电量;其缺点也是机组整体效率不高,结构相对比较复杂,而且对电网影响比较大。

**2. 变速恒频风力发电系统**

变速恒频风力发电系统是指在风力发电过程中,发电机的转速可以随风速变化,然后通过电力电子变流器控制,使其发出的电能变为与电网同频率的电能送入电力系统。

交流励磁变速恒频发电是 20 世纪末发展起来的一种全新高效发电方式,在风力发电中得到了广泛应用。变速恒频风力发电技术与恒速恒频发电技术相比具有显著的优越性,首先,大大提高了风能转换效率,显著降低了由风施加到风力机上的机械应力;其次,通过对发电机转子交流励磁电流幅值、频率和相位的控制,实现了变速下的恒频运行,通过矢量变换控制实现输出有功和无功功率的解耦控制,提高电力系统调节的灵活性和动、静态稳定性。

对于变速恒频风电机组而言,在额定风速以下运行时,风电机组应该尽可能地提高能量转换效率,这主要通过对发电机转矩的控制,使机组变速运行来实现。此时的空气动力载荷通常比额定风速时小,因此没有必要改变桨距角或通过变桨来调节载荷。在额定风速之上运行时,变桨控制可以有效地调节风电机组所吸收的能量,同时控制叶轮上的载荷,使之限定在安全设计值以内。由于叶轮的巨大惯量,变桨作用对机组的影响通常需要数秒的时间才能表现出来,这很容易引起功率的大幅波动,因此必须通过发电机转矩控制来实现快速调节,通过变桨调节与变速调节的协同控制来保证稳定的能量输出。

变速恒频风力发电系统主要有三种基本结构:变桨距变速双馈型异步风力发电系统、直驱永磁同步风力发电系统和半直驱永磁同步风力发电系统。

(1)**变桨距变速双馈型异步发电机系统**,如图 2-7 所示,其中,风轮包括叶片、轮毂、加固件。该异步发电机采用双馈型异步发电机,桨叶采用变桨距调节,转子通过双向变流器与电网连接,定子直接与电网相连,经过交流励磁后,双馈型异步发电机和电力系统之间构成了"柔性连接",即可根据电网电压和发电机转速来调节励磁电流,进而调节发电机输出电压来满足并网条件,实现变速条件下并网。异步发电机的并网对机组的调速精度要求低,并网后不会振荡失步,其并网的方式也较多,如直接并网、准同期并网和降压并网,但它们都要求在转速接近同步速(90%～100%)时进行并网操作,对转速仍有一定的限制。变桨距变速双馈型异步风力发电系统可实现功率的双向流动,变流器所需容量小、成本低。该系统既可亚同步运行,又可超同步运行,变速范围宽,可跟踪最佳叶尖速,实现最大风能捕获,提高功率输出效率。其优点是效率高,对电网影响小,不会发生过发电现象,缺点是电控系统较为复杂,运行维护的难度较大。变桨距变速双馈型风力发电系统是目前最具有发展潜力的变速恒频风力发电系统。

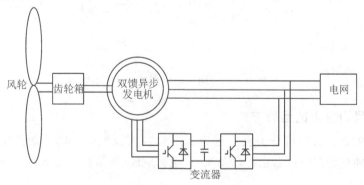

图 2-7　变桨距变速双馈型风力发电系统

(2)**直驱永磁同步风力发电系统**,如图 2-8 所示,其中,风轮包括叶片、轮毂、加固件。该电机采用永磁同步发电机,同步发电机和电力系统之间为"刚性连接",发电机输出频率完全取决于原动机的速度,与其励磁无关。由于同步发电机的极数很多,转速较低,因而风力发电系统无齿轮箱或只有一级齿轮箱升速,传动机构简单,降低了机械噪声,故障率低。由于采用了全功率变频,系统中风能的利用效率很高。缺点是由于采用了永磁发电机组,其组装工艺复杂,永磁材料存在失磁的风险,需要大容量变流器,增加了成本。

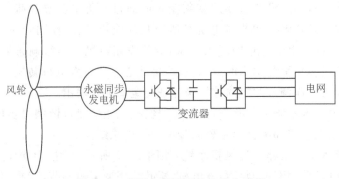

图 2-8　直驱永磁同步风力发电系统

(3)**半直驱永磁同步风力发电系统**,如图 2-9 所示,其中,风轮包括叶片、轮毂、加固件。该电机是一种介于直驱和双馈之间的永磁同步风力发电系统,其发电机由双馈的绕线式变为永磁同步式,齿轮箱的调速没有双馈型风力发电系统的高。但半直驱风机结合了两种风机的优势,在满足传动和载荷设计的同时,结构更为紧凑,质量更轻。

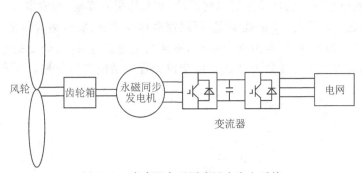

图 2-9　半直驱永磁同步风力发电系统

### 2.2.4　风力发电的运行方式

风力发电的运行方式可分为独立运行、并网运行、风电场、风力-柴油发电系统联合运行、风力-太阳能电池发电联合运行以及风力-生物质能-柴油联合发电系统等。

**1. 独立运行**

该方式通常是由一台小型风力发电机向一户或几户提供电力,用蓄电池蓄能,以保证无风时的用电。3~5 kW 以下的风力发电机多采用这种运行方式,可供边远农村、牧区、海岛、气象台站、导航灯塔、电视差转台及边防哨所等电网达不到的地区利用。

**2. 并网运行**

风力发电机与电网连接,可向电网输送电能及向大电网提供电力,并网运行是为了克服风的随机性带来的储能问题而采取的最稳妥易行的运行方式,也是风力发电的主要发展方向。10 kW 以上直至兆瓦级的风力发电机均可以采用这种运行方式。

**3. 风电场**

该运行方式是在风能资源丰富的地区按一定的排列规则成群安装风力发电机组,组成集群,少的 3~5 台,多的可达几十台、几百台,甚至数千上万台。图 2-10 所示为新疆达坂城风电场。

图 2-10　新疆达坂城风电场

风电场一般选在较大盆地的风力进出口或较大海洋、湖泊的风力进出口处,如高山环绕盆地(或海洋、湖泊)的峡谷低处,或有贯穿性溶岩洞处,这样就可获得较大的风力。一般需要达到两个要求:一是场址的风能资源比较丰富,年平均风速在 6 m/s 以上,年平均有效风功率密度大于 200 W/m²,年有效风速(3~25 m/s)累积时间不小于 5000 h;二是场地面积需达到一定的规模,以便有足够的场地布置风力发电机。风电场大规模利用风能,其发出的电能全部经变电设备送往大电网。

**4. 风力-柴油发电系统联合运行**

该系统由风力发电机组、柴油发电机组、储能装置、控制系统、用户负荷及耗能负荷等组成。各发电、供电系统既能单独工作,又能联合工作,互相不冲突。采用风力-柴油发电系统可以实现稳定持续的供电。这种系统有两种不同的运行方式:风力发电机与柴油发电机交替运行、风力发电机与柴油发电机并联运行。

**5. 风力-太阳能电池发电联合运行**

该系统是一种互补的新能源发电系统,风力发电机可以和太阳能电池组成联合供电系统。风能、太阳能都具有能量密度低、稳定性差的弱点,并受地理分布、季节变化及昼夜变化等因素的影响。我国属于季风气候区,冬季、春季风力强,但太阳辐射弱;夏季、秋季风力弱,但太阳辐射强,两者能量变化趋势相反,因而可以组成能量互补系统,并给出比较稳定的电能输出。这种运行方式利用了自然能源的互补特性,增加了供电的可靠性。

**6. 风力-生物质能-柴油联合发电系统**

该系统是在风力-柴油发电系统基础上增加了更多功能的联合系统。在有生物质能的地方,将柴油发电系统直接接入沼气、天然气或生物柴油等可燃气体或液体,就可以使柴油发电机工作并发电。

## 2.3 大风车的秘密:风力发电的核心技术

风力发电系统中的两个主要部件是风力机和发电机。风力机向着变桨距调节技术方向发展,发电机则向着变速恒频发电技术方向发展,这是风力发电技术发展的趋势,也是当今风力发电的核心技术。

### 2.3.1 风力机的变桨距调节技术

风力机通过叶轮捕获风能,将风能转换为作用在轮毂上的机械转矩。

变桨距调节方式是通过改变叶片迎风面与纵向旋转轴的夹角,从而影响叶片的受力和阻力,限制大风时风机输出功率的增加,保持输出功率恒定。含变桨距调整系统的风机旋转部分内部结构如图 2-11 所示。

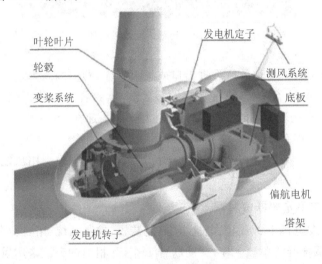

图 2-11 含变桨距调整系统的风机旋转部分内部结构

**1. 根据风速进行调整**

当叶轮开始旋转时,采用较大的正桨距角可以产生一个较大的启动力矩。停机的时候,经常使用 90° 的桨距角,因为在风力机刹车制动时,这样做使得风轮的空转速度最小。在 90° 正桨距角时,叶片称为"顺桨"。

在额定风速以下时,当风速小于切入风速时,机组不产生电能,桨距角保持在 90°;在风速高于切入风速后,桨距角转到 0°,机组开始并网发电。为了保证风力发电机组尽可能多地捕捉风能,可通过控制变流器调节发电机电磁转矩使风轮转速跟随风速变化。例如,采用最大功率点跟踪法(Maximum Power Point Tracking, MPPT),通过变流器调节发电机电磁转矩可使风轮转速跟随风速变化,使风能利用系数保持最大,捕获最大风能,使风机一直运行在最大功率点。

**2. 根据功率进行调整**

当达到额定功率时,随着桨距角的增加攻角会减小。攻角的减小将使升力和力矩减小,气流仍然附着在叶片上。高于额定功率时,桨距角所对应的功率曲线与额定功率曲线相交,在交点处给出了所必需的桨距角,用以维持风速下的额定功率。需要的桨距角随着风速的变化逐渐增大,而且通常比桨距角失速的方式所需要的大很多。在阵风的条件下,需要大的桨距角来保持功率恒定,而叶片的惯性将限制控制系统反应的速度。

当风速增加使得发电机的输出功率也随之增加到额定功率附近时,由于风力发电机组的机械和电气极限,要求转速和输出功率维持在额定值。由于增大桨距角,风能的利用系数明显减小,发电机的输出功率也相应减小,因此,当发电机输出功率大于额定功率时,通过调节桨距角减小发电机的输出功率使之维持在额定功率;当输出功率降到小于额定功率时,调节桨距角增大输出功率。

**3. 变桨距执行系统工作模式**

变桨距执行系统有两种工作模式:叶尖局部变距和全叶片变距。叶尖局部变距是只变叶尖部分(约 $0.25R \sim 0.30R$)的节距角,其余部分翼展是定桨距的。全叶片变距又分离心式变距和伺服机构驱动式变距。离心式变距就是利用叶片本身或附加重锤的质量在旋转时产生的离心力作为动力,使叶片偏转变距;伺服机构驱动式变距通常要借助电动或液压的伺服系统使叶片旋转变距,适合于大型风电机组的变距。

变桨距执行系统是一个随动系统,即桨距角位置跟随变桨指令变化。

**4. 变桨距调节的优缺点**

采用变桨距调节方式,可实现风力机功率输出曲线平滑。在额定风速以下时,控制器将叶片攻角置于 0°附近,不发生变化,近似等同于定桨距调节。在额定风速以上时,变桨距控制结构产生作用,调节叶片攻角,将输出功率控制在额定值附近。变桨距风力机的启动速度比定桨距风力机低,停机时传递冲击应力相对缓和。

采用变桨距调节方式可避免风机停机。当风速达到一定值时,失速型风力机必须停机,而变桨距型风力机则可以逐步变化到一个桨叶无负载的全翼展开模式位置,避免了停机,增加了风力机的发电量。变桨距调节型风力机在低风速时可使桨叶保持良好的攻角,比失速调节型风力机有更好的能量输出,因此比较适合安装于平均风速较低的地区。

变桨距调节需要对阵风反应灵敏。失速调节型风力机由于风的振动引起的功率脉动比较小,而变桨距调节型风力机则比较大,尤其对于采用变桨距方式的恒速风力发电机,这种情况更明显。这就要求风力机的变桨距系统对阵风的响应速度要足够快,才可以减轻此现象。

### 2.3.2　风电机组的控制技术

风电机组的控制技术是一项综合技术,它涉及空气动力学、结构动力学、机械传动学、电工电子学、材料力学、自动化等多个学科。风电机组具有不同于通常机械系统的特性:风电机组的动力源是具有很强随机性和不连续性的自然风能,使传动系统的输入极不规则,疲劳负载高于通常旋转机械的几十倍。为此,在控制过程中,要求系统对随机的动态负荷有很强的适应能力,并且能有效地降低结构的疲劳载荷。

**1.风电机组的控制原则与目标**

空气动力学模型是风电机组控制系统设计的基础。对于风电机组这样的特殊设备,实际的风况将直接影响控制效果。因此即使是成熟的机型也应该根据各个风场的自然条件来调整控制参数,经过验证后才能进入商业化运行。

结构动力学分析是风电机组进行优化控制的关键。现代大型风电机组由于叶片的长度和塔架高度大大增加,结构趋于柔性,有利于减小极限载荷,但结构柔性增强后,叶片除了挥舞和摆振外,还可能发生扭转振动。当叶片挥舞、摆振和扭转振动相互耦合时,会出现气弹失稳,导致叶片破坏。在变桨机构动作与叶轮不均衡载荷的影响下,塔架会出现前后和左右方向的振动,如果该振动激励源与塔架的自然频率产生共振就有可能导致机组倾覆。因此,大型风电机组结构动力学是一个复杂的多体动力学问题。

一个理想的风电机组控制系统除了能实现基本控制目标外,还应能实现以下控制目标:

(1)减小传动链的转矩峰值。

(2)通过动态阻尼来抑制传动链振动。

(3)避免过量的变桨动作和发电机转矩调节。

(4)通过控制风电机组塔架的振动尽量减小塔架基础的负载。

(5)避免轮毂和叶片的突变负载。

这些目标有些相互间存在冲突,所以控制的设计过程需要进行权衡,实现最优化设计。

**2.风电机组的控制系统**

风电机组的控制单元(Wind Turbine Control Unit,WTCU)是每台风力发电机的控制核心,分散布置在机组的塔筒和机舱内。由于风电机组现场运行环境恶劣,对控制系统的可靠性要求非常高,需要具有极高的环境适应性和抗电磁干扰的能力。该系统具有:数据采集(电网运行数据:三相电压、三相电流、电网频率、功率因数等;电压故障检测:电网电压闪变、过电压、低电压、电压跌落、相序故障、三相不对称等;气象参数:风速、风向、环境温度等;机组状态参数:风轮转速、发电机转速、发电机线圈温度、发电机前后轴承温度、齿轮箱油温度、齿轮箱前后轴承温度、液压系统油温、油压、油位、机舱振动、电缆扭转、机舱温度等)、机组控制(自动启动机组、并网控制、转速控制、功率控制、无功补偿控制、自动对风控制、解缆控制、自动脱网、安全停机控制等)、远程监控(机组参数、相关设备状态的监控、机组运行状况的累计监测)等功能。

1)机组启停、发电控制

由主控系统检测电网参数、气象参数、机组运行参数,当条件满足时,启动偏航系统执行自动解缆、对风控制,释放机组的刹车盘,调节桨距角度,风车开始自由转动,进入待机状态。当外部气象系统监测的风速大于某一定值时,主控系统启动变流器系统开始进行转子励磁,待发电机定子输出电能与电网同频、同相、同幅时,合闸出口断路器实现并网发电。

风力机组功率、转速调节:根据风力机特性,当机组以最佳叶尖速比 λ 运行时,风力机组将捕获最大的能量,并分为以下几个运行区域——变速运行区、恒速运行区和恒功率运行区。额定功率内的运行状态包括变速运行区(最佳的 λ)和恒速运行区。

2)发电机系统的控制

通过监控发电机运行参数,可控制发电机线圈、轴承、滑环室等的温度在适当的范围内。当发电机温度升高至某设定值后,启动冷却风扇,当温度降低到某设定值时,停止风扇运行;当发电机温度过高或过低且超限后,发出报警信号,并执行安全停机程序。当温度低至某设定值后,启动电加热器;电加热器也用于将发电机的温度端差控制在合理的范围内。

3)液压系统的控制

机组的液压系统用于偏航系统刹车、机械刹车盘驱动。机组正常时,需维持额定压力区间运行。液压泵控制液压系统压力,当压力下降至设定值后,启动油泵运行,当压力升高至某设定值后停泵。

4)电动变桨距系统的控制

变桨距系统是风电控制系统中桨距调节控制单元,包括每个叶片上的电机、驱动器,以及主控制 PLC 等部件,该 PLC 通过 CAN 总线和机组的主控系统通信。桨距系统的主要功能如下:紧急刹车顺桨系统控制,在紧急情况下实现风机顺桨控制;通过 CAN 通信接口和主控制器通信,接收主控指令,桨距系统调节桨距角至预定位置。

5)增速齿轮箱系统的控制

齿轮箱系统用于将风轮转速增至双馈发电机的正常转速运行范围内,需监视和控制齿轮油泵、齿轮油冷却器、加热器、润滑油泵等。

齿轮油泵控制:当齿轮油压力低于设定值时,启动齿轮油泵;当压力高于设定值时,停止齿轮油泵;当压力越限后,发出警报,并执行停机程序。

齿轮油冷却器/加热器控制齿轮油温度:当温度低于设定值时启动加热器,当温度高于设定值时停止加热器;当温度高于某设定值时启动齿轮油冷却器,当温度降低到设定值时停止齿轮油冷却器。

润滑油泵控制:当润滑油压低于设定值时启动润滑油泵,当油压高于某设定值时停止润滑油泵。

6)偏航系统的控制

根据机舱角度和测量的低频平均风向信号值,以及机组当前的运行状态、负荷信号,调节顺时针(Clock Wise,CW)和逆时针(Counter Clockwise,CCW)电机,实现自动对风、电缆解缆控制。

自动对风控制:当机组处于运行状态或待机状态时,根据机舱角度和测量风向的偏差值调节 CW、CCW 电机,实现自动对风。

自动解缆控制:当机组处于暂停状态时,如机舱向某个方向扭转大于 720°时,启动自动解缆程序;或者机组在运行状态时,如果扭转大于 1024°,实现解缆。

7)大功率变流器控制

主控制器通过 CANOPEN 通信总线和变流器通信,变流器实现并网/脱网控制、发电机转速调节、有功功率控制、无功功率控制。

并网和脱网:变流器系统根据主控的指令,通过对发电机转子励磁,将发电机定子输出电能控制至同频、同相、同幅,再驱动定子出口接触器合闸,实现并网;当机组的发电功率小于某值且持续几秒后,或风机、电网出现运行故障时,变流器驱动发电机定子出口接触器分闸,实现机组的脱网。

发电机转速调节:机组并网后在额定负荷以下阶段运行时,通过控制发电机转速实现机组在最佳叶尖速比下运行,通过将风轮机当作风速仪测量实时转矩值,调节机组至最佳运行状态。

功率控制:当机组进入恒定功率区后,通过和变频器的通信指令,维持机组输出额定的功率。

无功功率控制:通过和变频器的通信指令,实现无功功率控制或功率因数的调节。

### 2.3.3 风电变流器技术

风电变流器是双馈风力发电机中加在转子侧的励磁装置,包括功率模块、控制模块、并网模块,其主要功能是在转子转速 $n$ 变化时,通过控制励磁的幅值、相位、频率等,使定子侧能向电网输入恒频电能。

**1.风电变流器的作用和工作原理**

变流器通过对双馈异步风力发电机(Doubly Fed Induction Generator,DFIG)的转子进行励磁,使得电机的定子侧输出电压的幅值、频率和相位与电网相同,并且根据需要进行有功和无功功率的独立解耦控制。变流器控制双馈异步风力发电机实现软并网,减小了并网冲击电流对电机和电网造成的不利影响。

变流器采用三相电压型交-直-交双向变流器技术,核心控制采用具有快速浮点运算能力的"双 DSP 全数字化控制器"。在发电机的转子侧,变流器实现定子磁场定向矢量控制;在电网侧,变流器实现电网电压定向矢量控制。系统具有输入输出功率因数可调、自动软并网和最大功率点跟踪控制功能。功率模块采用高开关频率的绝缘栅双极型晶体管(Insolated Gate Bipolar Transistor,IGBT)功率器件,保证良好的输出波形。这种整流逆变装置具有结构简单、谐波含量少等优点,可以明显地改善双馈异步发电机的运行状态和输出电能质量。这种电压型交-直-交变流器的双馈异步发电机励磁控制系统,实现了基于风机最大功率点跟踪的发电机有功和无功功率的解耦控制。风电变流器工作原理如图 2-12 所示。

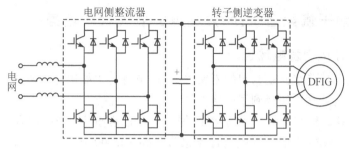

图 2-12　风电变流器工作原理

**2. 风电变流器的系统构成**

变流器由主回路系统、配电系统及控制系统构成,包括发电机组(转子、定子、齿轮箱、编码器、滑环等)、电网侧断路器、并网接触器、网侧整流模块、转子侧逆变模块、输入/输出滤波器、PLC、Crowbar 电路、主控器、监控界面等部件。风电变流器控制逻辑如图 2-13 所示。

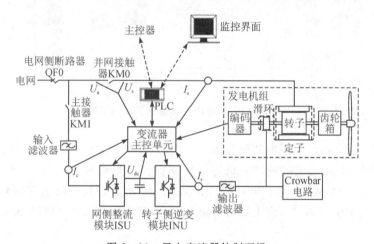

图 2-13　风电变流器控制逻辑

变流器主回路系统:包含转子侧逆变器、直流母线单元、电网侧整流器。

变流器配电系统:由并网接触器、电网侧断路器等组成,输出连接至配电变压器上。风电机组自身集成有并网控制系统,用户无须再配置并网柜,提高了系统集成度,节约了机舱空间,并提供雷击、过流、过压、过温保护等功能。

变流器控制系统:由高速数字信号处理器(DSP)、人机操作界面和可编程逻辑控制器(PLC)共同构成,用户可以实时监控风机变流器运行状态。整个控制系统配备不间断电源(UPS),便于电压跌落时系统具有不间断运行能力。

变流器可根据海拔进行特殊设计,可以按满足低温、高温、防尘、防盐雾等运行要求进行定制。

## 2.4 风动千帆竞远航：风力发电发展现状与趋势

### 2.4.1 全球风力发电现状

随着世界各国对环境问题认识的不断深入，以及可再生能源综合利用技术的不断提升，近年来风力发电行业在各国得到了高速发展。

全球风电累计装机容量保持较高增速，据全球风能理事会（Global Wind Energy Council，GWEC）最新发布的《2022 年全球风电行业报告》（*Global Wind Report 2022*）统计数据显示，2001—2021 年，全球风电累计装机容量逐年增长，至 2021 年末，全球风电累计装机容量已达837 GW，如图 2-14 所示。截至 2021 年底，全球海上风电总装机量为 57 GW。

图 2-14 全球风电总装机容量与增速

2001 年以来，全球新增风电装机容量整体呈波动上涨走势。2010 年以后，陆上新增装机容量波动增长，而海上风电新增装机容量整体保持平稳增长。2021 年，全球新增风电装机容量合计达 93.6 GW，同比下降 1.8%，如图 2-15 所示。其中陆上新增容量 72.5 GW，同比 2020 年下降约 17.99%；海上新增容量 21.1 GW，同比 2020 年增长 205.80%。

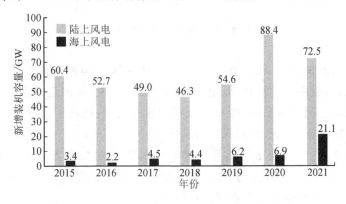

图 2-15 全球陆上和海上风电新增装机容量

截至 2020 年年底,中国风电累计装机约 281 GW,其中陆上风电约 271 GW、海上风电约 9 GW,这让中国成为名副其实的风电第一大国,比排名第二的美国多 130%,是整个欧洲装机量的 1.2 倍,见表 2-1。但是从风电占总电力需求的比例来看,中国目前不仅落后于欧美国家,而且还略低于全球平均水平。中国 2021 年风电新增并网装机 47.5 GW,占全球装机量的 50.91%。其中,陆上风电新增装机 30.67 GW,海上风电新增装机 16.90 GW。

表 2-1　全球部分国家和地区 2020 年底风电累计装机

| 国家/地区 | 风电累计装机/GW | 风电发电量/(GW·h) | 风电在总电力需求中占比/% |
| --- | --- | --- | --- |
| 全球 | 743 | 1532000 | 6.38 |
| 中国 | 281 | 466500 | 6.2 |
| 美国 | 122 | 337500 | 8.4 |
| 欧洲(EU27+英国) | 220 | 458000 | 16 |
| 德国 | 63 | 131900 | 27 |
| 西班牙 | 27 | 53650 | 21.9 |
| 英国 | 24 | 75700 | 24.2 |
| 瑞典 | 10 | 28200 | 16 |
| 荷兰 | 6.6 | 13900 | 11.7 |
| 丹麦 | 6.2 | 16350 | 48 |
| 巴西 | 18 | 51000 | 9.8 |
| 澳大利亚 | 7.3 | 22600 | 9.9 |

2020 年风电整机制造商装机容量如表 2-2 所示。在世界前 10 位的风电制造商里中国占据了 7 位。

表 2-2　全球风电整机制造商 2020 年装机情况

| 企业 | 总装机/GW | 陆上装机/GW | 海上装机/GW |
| --- | --- | --- | --- |
| 通用电气 | 13.53 | 13.53 | 0 |
| 金风科技 | 13.06 | 12.75 | 0.31 |
| 维斯塔斯 | 12.4 | 12.16 | 0.24 |
| 远景能源 | 10.35 | 9.48 | 0.88 |
| 西门子歌美飒 | 7.65 | / | / |
| 明阳智能 | 5.64 | 4.76 | 0.88 |

| 企业 | 总装机/GW | 陆上装机/GW | 海上装机/GW |
|---|---|---|---|
| 上海电气 | 4.77 | 3.52 | 1.26 |
| 运达风电 | 3.98 | / | / |
| 中车风电 | 3.84 | / | / |
| 三一重能 | 3.72 | / | / |

与陆上风电相比,海上风能资源的能量效益要高 20%~40%,无需占用土地资源,不会对居民生活产生较大影响,且具有风速高、发电量大、单机装机容量大、机组运行稳定、适合大规模开发等优势,受到各临海国家的重视,成为全球电场建设的新趋势。

总之,风力发电是发展最快、产能最高的新能源形式。

### 2.4.2 中国风力发电现状

中国的风力发电具有非常雄厚的风能资源基础,我国的东南沿海地区、沿海岛屿及西北、华北、东北等地区具有非常丰富的风力资源,可供开发利用的风能可谓取之不尽。自 20 世纪 80 年代以来,在国家能源开发政策的支持下,我国已经建成了八大"千万千瓦级风电基地",这些风电基地极大地缓解了我国部分地区用电压力。而随着国家未来产业发展战略的调整,八大风电基地及拟投建的项目将调整为"集中式、分布式",即集中供电、分散建设,全面并入大电网,在国家统一能源战略规划框架内开展风电项目的发展建设。

从装机容量来看,我国风电行业发展迅猛,风电在全国电源结构中的比重逐年提高(见图 2-16)。截至 2020 年,风电年发电量较 2011 年增长近 6 倍,其占全社会总用电量比例达到 6.2%,是继火电、水电之后的第三大电源。截至 2020 年底,我国电源新增装机容量为 190.87 GW,其中风电并网装机容量达到 71.67 GW,占比高达 37.5%,风电累计装机突破 2.8 亿 kW,如图 2-17 显示。

图 2-16 中国 2011—2020 年风电年发电量及占全社会用电量比例

图 2-17　中国 2011—2020 年风电新增和累计装机容量

我国海上风电起步较陆上风电晚,海上风电装机所占比例仍相对较小,但其发展速度快于陆上风电。我国海上风电新增装机主要分布在江苏、广东、福建等地,其中江苏省新增装机容量达 1.6 GW,居全国第一。

### 2.4.3　风力发电新方向:城市风电技术

前面几节介绍的传统风电技术,尽管已经有了长足发展,但仍存在着较大的应用瓶颈。传统风电技术的局限性体现在:风电场园区通常位于人口稀少、远离城市的野外地区,大部分电量仍需要经过长距离输送;长距离高压输电成本高、损耗大;由于风能的不稳定性,风电场经常有生产过剩("弃风"现象)或产能不足的问题。

因此,集中式大中型风力发电场不能仅仅依据风能利用最大化而开发,还应兼顾投资效益、供电质量和稳定性以及消费需求平衡等诸多因素。另一方面,当下大功率电力储能技术尚未成熟,各种技术路线仍存在大规模普及应用的瓶颈。与此同时,很多国家和地区实行"智能电网",允许本地分散式多样化的能源供应方加入,以满足居民不同时段不同区域能源需求的变化。上述种种技术背景和政策背景促使开发更贴近电能消纳中心的发电模式,实现即产即销,此由,城市风电便应运而生。

与野外环境不同,城市环境下风能的分布受到建筑物的影响。城市中的高层建筑物数量众多,屋顶上方风资源丰富。此外,城市建筑之间存在的风廊集聚效应,也为城市中小型风电机的应用创造了契机。因此,作为分布式供能技术的一种,城市风电的发电机常常分布在城市建筑物的顶部或四周,更贴近电力消纳中心。我国经过几十年的城市化建设,已经形成一批人口密集、高层建筑集中、城区规划成熟的大型城市,这对于开展城市风电项目极为有利。城市风电技术的研究与应用,可以规避上述传统风电项目的缺点,推进多样化清洁能源的综合利用,缓解大城市的环境污染压力。并且,不同于传统风电场与自然景观的冲突,设计巧妙的城市风电设施更容易与周围建筑环境融为一体,成为城市的人文景观,为城市形象增色。

**1. 基于城市形态学评估风力潜能**

要有效利用城市风能,首先要评估风能的分布,这就涉及一门新兴学科——城市形态学。城市形态学是研究城市形态的科学。城市形态的定义为:一部分有公认明确特征的城市用地,其区域形态特征均匀一致。城市形态学是对城市物理形态的研究,是对城市形态结构逐渐形成的研究,也是对城市形态各个组织要素和城市风貌之间相互关系的研究。城市形态学是解决城市规划问题常用的方法,涉及交通分析、城市气候、城市碳排量、污染物监测等研究领域。在城市规划框架下城市形态学方法用于评估城市风能,简单可行并且综合全面,不仅考虑了风环境对城市物理形态的影响,还考虑了社会经济条件对风能发展的影响。

相较于传统的风力发电,城市风电项目及相关研究尚不成熟。已有研究在评估风力潜能时主要关注一般意义上的城市形态,以地理位置、建筑风格和土地使用性质这三个维度进行城市形态学的分类。

在进行风电项目选址时,依据各种城市形态及经验数据对目标区域的风能潜力进行初步评估。评估风能潜力的指标包括:平均风速、可捕获风能的区域和表面大小、社会经济视角下的可行性和安装风电机的难度、对环境的影响。按照这些标准,风能开发潜力较大的区域包括:现代公共区域、集中住宅区、港口区和城市内部河流、休闲区、商贸区、在近郊的工业区和大学城等。

估算城市环境中的风能分布是风电项目必不可少的一环。主要方法是现场实测(实际尺度)、风洞实验(缩小尺度)和计算流体动力学仿真模拟测量建筑风环境等方法。

**2. 城市风电项目举例**

目前,国外一些城市已经研发出形式功能各异的城市风电设备,一些城市风电项目已经投入运行。我国的上海、广州也已开展少量城市风电项目。大多数城市风电机是独立的,有的安装在现有建筑物上或其邻近部位,也有的风电机被整合到建筑体系中而成为建筑的有机组成部分。

1)独立城市风电项目

独立的城市风电机通常设立在城市大的街道、高速公路、开阔的场地、小山丘上或者塔楼旁边等。沿街道布置的风电机可以安装在道路上方,利用来往车辆形成的风速来加强风能获取,还可以利用街道峡谷效应形成的聚风作用来增强风能利用。几种典型的独立风电机如图 2-18 所示。

图 2-18(a)所示为风光互补型路灯,属于达里厄型的风电机案例,利用太阳能和风能为路灯供电。独立风电机也可以安装在一些大型建筑周边,在那里风电机可以利用建筑物周围的边角效应来增强捕风能力,图 2-18(b)所示为鹿特丹莱茵河河畔欧洲塔旁的水平轴风电机,搭配具有集风效应的整流罩,利用边角效应增强捕风能力。在一些开放区域(例如广场、开阔的草坪、运动场等)也适于安装独立风电机。开放空间的风往往比城市狭窄街道的强。这里风电机对环境的影响(包括听觉和视觉)也较少被察觉。图 2-18(c)所示为巴黎拉

维莱特公园中一组传统的水平轴风电机。

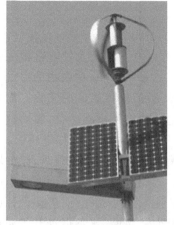

(a) 风光互补型路灯　　　　　　(b) 莱茵河河畔的风电机　　　　　　(c) 公园中的风电机

图 2-18　几种典型的独立风电机

2) 屋顶或建筑四周的风力发电项目

利用建筑的顶部和四周空间安装风电机,可直接为建筑的电力设施提供电能。世界上第一个安装在屋顶上的风电机(Trimble 风车),建立于 1981 年,由前后两个转子组成,前后转子的相反旋转使发电机发电。美国波士顿科学博物馆的屋顶上在 2003 年安装了多种类型的风电机。图 2-19(a)所示为一款专为屋顶边缘设计的风电机,这种类型的风电机有一个向下倾斜的转轴,能更好地利用屋顶边缘增效空气流动;图 2-19(b)所示是一款安装在屋顶上的水平放置的达里厄型垂直轴风电机,因为其空间紧凑和美观等特点更容易被城市环

(a) 向下倾斜风电机　　　　　(b) 水平放置垂直轴风电机　　　　　(c) 螺旋式垂直轴风电机

图 2-19　附着在建筑上的风电机

境所接受;垂直轴风电机可以安装在塔楼的边角处以利用边角聚风效应,例如在伦敦的一个建筑的倒圆角边,安装了螺旋式垂直轴风电机(图 2-19(c))。

3)建筑整合型风力发电项目

与屋顶或建筑四周的风力发电项目不同,建筑整合型风力发电是将风力发电机植入建筑体系,这需要在建筑设计阶段分析风力发电机的安装位置。这种情况下,建筑物的空气动力学轮廓、风力发电机对环境的影响、风力发电机的类型选择、数值模拟或风洞实验等需要一起考虑,才能更好地获得产能效率,而且风电设备不能与整体建筑风格相冲突,因而这类项目还需要结合建筑学与美学等学科进行综合评估论证。有一些著名的案例,如下所示。

**巴林世贸中心塔楼**(2008 年建成,见图 2-20)。当地的海风其实并不十分强劲,设计塔楼的英国阿特金斯公司巧妙地借助空气动力学原理加以弥补。大楼的椭圆形截面使它们中间区域的空间陡然变窄,构造出一个负压区域,将塔间的风速提高了约 30%;而塔楼设计成风帆般的外形,起到导风板的作用,引导向陆地吹来的风通过两塔之间。这不但提升了涡轮机的潜在发电能力,还将斜向风对风翼的压力控制在可接受极限内,尽量减少风翼的疲劳。这 3 台发电风车每年约能提供 1200 MW·h 的电力,大约相当于 300 个家庭的用电量。

**阿联酋迪拜旋转摩天大楼**(又名达·芬奇塔,设计方案见图 2-21)。该大楼设计高约 420 m,共 80 层,每层楼都能独立旋转。每层旋转楼板之间都安装了风力涡轮机,一座 80 层的大楼拥有 79 个风力涡轮机,这让大楼简直成为一个绿色的"发电厂"。除了风能,大厦屋顶还装有大型太阳能板,最高年发电量在 1000 MW·h,超过一座普通的小型发电站。这些能量使这座会旋转的高楼不仅能够完全靠自己产生的能量旋转,还能提供多余的能源给大楼的用户、传输给电网,为周围其他建筑物提供电力。

图 2-20 巴林世贸中心塔楼

图 2-21 迪拜旋转摩天大楼

**广州珠江城大厦**(2013 年建成,见图 2-22),大厦整体呈现赛车的流线型,充分利用空气动力学原理,将气流引入大厦中部的四个大型风力发电机。这样的设计不仅仅能实现将周边的风力转化成电力,同时还可以为整个玻璃幕墙泄压。经实测,大厦风力和光伏发电系统年发电量在 104 MW·h,可直接为大厦供电。

**上海中心大厦**(2015 年建成,见图 2-23),是中国首座同时获得中国绿色建筑"三星"认证与美国绿色建筑委员会颁发的能源与环境设计先锋(Leadership in Energy and Environmental Design, LEED)白金级认证的超高层建筑。其屋顶的外幕墙上,有与大厦顶端外幕墙整合在一起的 270 台 500 W 的风力发电机,每年可产生 1189 MW·h 的绿色电力。

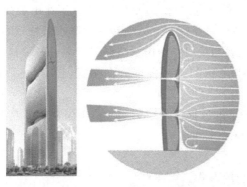

图 2-22　广州珠江城大厦　　　　图 2-23　上海中心大厦

**3. 城市风电面临的挑战**

作为建筑学、空气动力学和电机学多领域交叉学科,城市风电目前还处于起步阶段,仍存在较多的问题,主要有以下几点。

(1)**成本偏高**。风电机的成本包括:风电机本身的造价、配件、风速测量和风能评估成本(在时间和金钱上都非常昂贵)、管理(建筑许可和公众调查)费用、安装费用、维护费用、电网接入、环境成本以及电池购买。一个城市风电机每千瓦的初期投资数额因案例而变化:在欧洲约需要 2500～9000 欧元/kW,要比通常的大型风电机的单位成本(约 1000 欧元/kW)高得多,但考虑风电机较长的生命周期(约 20 年),城市风电一般可以做到回收成本。

(2)**安全问题**。叶片断裂对位于农村地区的大型水平轴风电机来说是一种极小概率事件(据统计,在 15 年内发生率为 0.1%),但在人口密度大的城市地区这种现象存在更大风险。相比水平轴风电机,垂直轴风电机叶片断裂发生的概率较低,可优先选用垂直轴风电机。

(3)**噪声问题**。风电机产生的噪声分为机械噪声和气动噪声两种。机械噪声主要来自机舱变速箱齿轮的转动。气动噪声来自叶片转动时叶片边缘风的阻力产生的有特征的间歇的风啸声。来自于叶片的噪声可以通过精细的叶片空气动力学设计和制造得以减少,而转子产生的机械噪声可以通过隔音设施和改进机舱发动机和齿轮来达到最小化。

(4)**叶片频闪问题**。阳光下叶片旋转时产生闪烁现象,会对邻里产生视觉滋扰。这种现象在纬度高的地区更常见,因为这些地方太阳高度角更小。在日出或日落期间风电机的东西侧,叶片频闪问题也较为突出。针对这种情况,可以选用较暗或非反射的材料来制作叶片表面,或者在频闪传播途中设置遮蔽物。

## 参考文献

[1] 吴双群,赵丹平.风力发电原理[M].北京:北京大学出版社,2011.

[2] 孙毅.风力发电技术[M].长沙:中南大学出版社,2016.

[3] 范海宽.风力发电技术及应用[M].北京:北京大学出版社,2013.

[4] 宋俊,宋冉旭.驭风漫谈:风力发电的来龙去脉[M].北京:机械工业出版社,2020.

[5] 陈昭玖,翁贞林,滕玉华,等.新能源经济学[M].北京:清华大学出版社,2015.

[6] 吴翔.我国风力发电现状与技术发展趋势[J].中国战略新兴产业,2017(44):225.

[7] 乐威.新能源背景下我国风力发电现状和未来发展方向探索[J].绿色环保建材,2020 (11):165-166.

[8] 王彪.城市风能:城市形态学视野下的风能开发[M].北京:中国建筑工业出版社,2020.

## 思考题

(1)你觉得还有哪些可能的风能利用形式?

(2)城市风力发电的优势和主要制约因素是什么?

(3)哪些新技术可应用于风力发电?

# 第三篇
# 光

<br>

>>> # 第 3 章　光伏材料与器件——太阳的力量

## 3.1　万物生长靠太阳:太阳能与光伏发电概述

### 3.1.1　太阳辐射

#### 1.太阳能量

太阳能量源于太阳。它是目前地球上能量最强、天然稳定的自然辐射源,总辐射功率可以达到 $3.8 \times 10^{26}$ W,这些能量以电磁波的形式向外发射,其中约有二十二亿分之一到达地球大气层。这部分太阳辐射能在穿越大气层时,约 19% 被大气所吸收,约 30% 被大气尘粒和地面反射回宇宙空间。

#### 2.太阳常数

在地球大气层之外,平均日地距离处,垂直于太阳光方向的单位面积上的辐射功率基本为常数。这个辐射强度称为太阳常数,或称此辐射为大气光学质量为零的辐射。目前,在光伏工作中采用的太阳常数值是 $1.353$ kW/m$^2$。

某一实际日地距离 $R$ 处的太阳辐射通量 $I_R$ 可由下式决定:

$$I_R = \frac{R_0^2}{R^2} I_{R_0} \tag{3-1}$$

式中, $R_0$ 为平均日地距离; $I_{R_0}$ 为平均日地距离处的太阳辐射通量,其主要由以下因素决定。

**日地距离**:地球绕太阳公转的轨道是椭圆形的,且太阳不在椭圆的中心,因此日地间的距离便以一年为周期变化。地球上受到的太阳辐射的强弱与日地距离的平方成反比。当地

<br>

<br>

<br>

<br>

<br>

<br>

<br>

<br>

<br>

<br>

<br>

<br>

<br>

<br>

<br>

<br>

<br>

<br>

<br>

<br>

<br>

<br>

<br>

<br>

<br>

<br>

<br>

<br>

<br>

<br>

<br>

<br>

<br>

<br>

<br>

<br>

<br>

<br>

<br>

<br>

<br>

<br>

<br>

<br>

<br>

<br>

<br>

<br>

<br>

<br>

<br>

<br>

<br>

<br>

<br>

<br>

<br>

<br>

<br>

<br>

<br>

<br>

<br>

<br>

<br>

<br>

<br>

<br>

<br>

<br>

<br>

<br>

<br>

<br>

<br>

<br>

<br>

<br>

<br>

<br>

<br>

<br>

<br>

<br>

<br>

<br>

<br>

<br>

<br>

<br>

<br>

<br>

<br>

<br>

<br>

<br>

<br>

<br>

<br>

<br>

<br>

<br>

<br>

<br>

<br>

<br>

<br>

<br>

<br>

<br>

<br>

<br>

<br>

<br>

<br>

<br>

<br>

<br>

<br>

<br>

<br>

<br>

<br>

<br>

<br>

<br>

<br>

<br>

<br>

<br>

<br>

<br>

<br>

<br>

<br>

<br>

<br>

<br>

<br>

<br>

<br>

<br>

<br>

<br>

<br>

<br>

<br>

<br>

<br>

<br>

<br>

<br>

<br>

<br>

<br>

<br>

<br>

<br>

<br>

<br>

<br>

<br>

<br>

<br>

<br>

<br>

<br>

<br>

<br>

<br>

<br>

<br>

<br>

<br>

<br>

<br>

<br>

<br>

<br>

<br>

<br>

<br>

<br>

<br>

<br>

<br>

<br>

<br>

<br>

<br>

<br>

<br>

<br>

<br>

<br>

<br>

<br>

<br>

<br>

<br>

<br>

<br>

<br>

<br>

<br>

<br>

<br>

<br>

<br>

<br>

<br>

<br>

球通过近日点时,地表单位面积上所获得的太阳能,要比地球通过远日点时多7%。但实际上,由于大气中的热量交换和海陆分布的影响,南北半球的实际气温并没有上述的差别。

**太阳高度角**:太阳的高度角越接近90°,其辐射强度越大;反之,则辐射强度越小。因为太阳高度角越接近90°,阳光直接射到地面的面积越小,单位面积上所吸收的热量越多;太阳高度角较小时,阳光为斜射,照到地面上的面积则变大,因此单位面积上所吸收的热量便减少。

**日照时间**:太阳辐射强度与日照时间成正比,而日照时间会随季节和纬度的不同而不同。夏季时,昼长夜短,日照时间长;冬季时,昼短夜长,日照时间短。昼夜长短引起的日照时间的差异随纬度增高而增大。

**3. 直接辐射和漫射辐射**

到达地球表面的太阳光,除了由太阳直接辐射的分量之外,还包括由大气层散射引起的相当可观的间接辐射或漫射辐射分量。间接辐射是指太阳光经过大气和云层的折射、反射、散射作用,改变了原来的传播方向到达地球表面的、并无特定方向的这部分太阳辐射。漫射辐射是指太阳辐射穿过地球大气层时,受水汽、尘埃等散射后到达地球表面的那部分辐射,是到达地表太阳总辐射的重要组成部分。

在阳光不足的天气下,水平面上的漫射辐射分量所占的百分比通常会增加。对于日照特别少的天气,大部分辐射是漫射辐射。一般来说,如果一天中能接收到的总辐射量低于一年中相同时间的晴天所接收到的总辐射量的三分之一,那么这种时间接收到的辐射中大部分是漫射辐射。而介于晴天和阴天之间的天气,接收到的辐射约为晴天的一半,通常所接收到的辐射中有50%是漫射辐射。坏天气不仅使世界上一些地区只能接收到少量的太阳辐射能,而且其中相当一部分是漫射辐射。

漫射阳光的光谱成分通常不同于直射阳光的光谱成分。一般而言,漫射阳光中含有更加丰富的较短波长的光或蓝光。当采用水平面上测得的辐射数据来计算倾斜平面上的辐射时,来自天空不同方向的漫射辐射分布的不确定性也给计算引入了一些误差。

## 3.1.2 太阳能的特点

与其他常规能源和核能相比,太阳能具有以下特点。

(1)**资源丰富**。太阳能的资源十分丰富,每年到达地球表面的太阳辐射能约相当于130万亿 t 标准煤,为现今世界上可以开发的最大能源。

(2)**供给稳定**。太阳能发电安全可靠,按照目前太阳产生核能的速率估算,太阳上的氢的储量足够维持上百亿年,可以长久稳定地提供能源,不会遭受能源危机或是燃料市场不稳定的冲击。

(3)**方便使用**。太阳能随处可见,可以就近发电供电,不必长距离输电,避免了长距离输电线路的损耗。太阳能不用燃料,运行成本很低。

(4)**清洁环保**。常规能源(如煤、石油和天然气等)在燃烧时会放出大量的有害气体,核燃料工作时要产生放射性废料,对环境造成危胁。而太阳能的利用不会产生任何废弃物,没有污染、噪声等公害,对环境无不良影响,是理想的清洁能源。

(5)**辐射能量密度小**。太阳辐射总的辐射能力很大,但其辐射能量密度较小,即每单位面积上的入射功率较小,标准条件下,地面上接收到的太阳辐射强度约为 1300 W/m² (与测试地点、海拔等有关)。如果需要得到较大功率就必须占用较大的受光面积。

(6)**辐射波动大**。太阳辐射的随机性较大,除了受不同的纬度和海拔高度的影响外,一年四季甚至一天之内的辐射能量都会发生变化。所以,在利用太阳能发电时,为了保证能量供给的连续性和稳定性,需要配备相当容量的储能装置。

(7)**转换效率低**。太阳能电池的主要功能是将光能转换成电能,因此必须考虑材料的光伏效应及如何产生内部电场,材料的选取需要同时考虑吸光效果和光导效果。目前开发的材料,其光电转换效率仍然是有待提高的突破点。

### 3.1.3　中国太阳能资源分布

我国属于太阳能资源丰富的国家之一,全国总面积 2/3 以上的地区年日照时间大于 2000 h,年辐射量在 5000 MJ/m² 以上。根据统计资料分析,中国陆地面积每年接收的太阳辐射总量为 $3.3\times10^3 \sim 8.4\times10^3$ MJ/m²,相当于 $2.4\times10^4$ 亿 t 标准煤。

根据国家气象局风能太阳能资源评估中心划分的标准,我国按照太阳能资源分布情况可以分为以下四类地区。

**一类地区(资源丰富带)**:全年辐射量在 6700～8370 MJ/m²,每平方米接收的热量相当于 230～280 kg 标准煤燃烧所发出的热量,主要包括青藏高原、甘肃北部、宁夏北部、新疆南部、河北西北部、山西北部、内蒙古南部、宁夏南部、甘肃中部、青海东部以及西藏东南部等地区。

**二类地区(资源较丰富带)**:全年辐射量在 5400～6700 MJ/m²,每平方米接收的热量相当于 180～230 kg 标准煤燃烧所发出的热量,主要包括山东、河南、河北东南部、山西南部、新疆北部、吉林、辽宁、云南、陕西北部、甘肃东南部、广东南部、福建南部、江苏中北部和安徽北部等地区。

**三类地区(资源一般带)**:全年辐射量在 4200～5400 MJ/m²,每平方米接收的热量相当于 140～180 kg 标准煤燃烧所发出的热量,主要包括长江中下游地区、福建、浙江和广东的一部分地区。该类型地区春夏多阴雨,秋冬季太阳能资源尚可。

**四类地区**:全年辐射量在 4200 MJ/m² 及以下,主要包括四川、贵州两省,是我国太阳能资源最少的地区。

一、二类地区,年日照时间不少于 2200 h,是我国太阳能资源丰富或较为丰富的地区,面积较大,约占全国总面积的 2/3 以上,具有可以利用太阳能的良好资源条件。

### 3.1.4　太阳能发电

太阳能发电主要包括两种类型,即太阳能热发电(Concentrating Solar Power,CSP)和太阳能光伏发电(Photo Voltaic,PV)。

**1. 太阳能热发电**

太阳能热发电是通过大量反射镜以聚焦的方式将太阳光直接聚集起来,加热工质,产生高温高压的蒸汽,再驱动汽轮机发电。太阳能热发电按照太阳能采集方式可以划分为以下三种。

(1)**太阳能槽式热发电**:槽式系统是利用抛物柱面槽式反射镜将阳光聚焦到管状的接收器上,并将管内的传热工质加热产生蒸汽,推动常规汽轮机发电。

(2)**太阳能塔式热发电**:塔式系统是利用众多的定日镜,将太阳热辐射反射到置于高塔顶部的高温集热器,加热工质产生热蒸汽,或直接加热集热器中的水产生过热蒸汽,驱动汽轮机发电机组发电。

(3)**太阳能碟式热发电**:碟式系统利用曲面聚光反射镜,将入射光聚集在焦点处,在焦点处直接放置斯特林发电机发电。

**2. 太阳能光伏发电**

太阳能光伏系统是直接将太阳能转化为直流电能或交流电能供用户使用的,要构成一个太阳能光伏发电系统,需要包括太阳能电池组件、储能装置、控制器和逆变器等部件。一般将太阳能光伏系统分为独立光伏系统和并网光伏系统。

(1)**独立光伏系统**。独立光伏系统是指将太阳能光伏发电系统构成一个独立运行的发电系统,通过太阳能电池将接收到的太阳辐射能直接转换成电能,并可以直接提供给负载,也可以将多余能量储存在蓄电池中,供需要时使用。

(2)**并网光伏系统**。并网光伏系统将太阳能电池方阵产生的直流电经过并网逆变器转换成符合电网要求的交流电,直接并入公共电网。并网光伏系统是今后太阳能光伏技术的发展方向。与独立光伏系统相比,并网光伏系统具有很多优点,如不必考虑负载供电的稳定性和供电质量问题;太阳能电池可以始终运行在最大功率点,提高了光伏系统利用效率;以电网作为储能装置,不需要蓄电池进行储能,除降低了光伏系统建设和初始投资外,还降低了蓄电/放电过程中的能量损失,免除了蓄电池带来的运行与维护费用。

### 3.1.5 太阳能电池

太阳能电池是将太阳辐射能直接转化成电能的一种器件。迄今为止,人们已经研究了多种不同材料、不同结构、不同用途和不同形式的太阳能电池。

**1. 按基体材料分类的太阳能电池**

太阳能电池主要包括:硅太阳能电池、化合物太阳能电池、有机半导体太阳能电池、染料敏化太阳能电池等。其中应用较多的是硅太阳能电池和化合物太阳能电池。

(1)**硅太阳能电池**。硅太阳能电池是指以硅为基体材料的太阳能电池,包括单晶硅太阳能电池、多晶硅太阳能电池和非晶硅太阳能电池。硅是目前太阳能电池应用最多的材料。

**单晶硅太阳能电池**。单晶硅太阳能电池是采用单晶硅片来制造的太阳能电池,这类太阳能电池发展最早,技术最为成熟。与其他种类的电池相比,单晶硅太阳能电池性能稳定,转换效率高,目前规模化生产的商品电池效率已达到 17%～22%,曾经长时期占领最大的市场份额。但由于生产成本较高,年产量在 1998 年后被多晶硅太阳能电池超过。不过在今后若干年内,单晶硅太阳能电池仍会继续发展,通过向超薄、高效发展,有望进一步降低成本,并保持较高的市场份额。

**多晶硅太阳能电池**。在制作多晶硅太阳能电池时,作为原料的高纯硅不是拉伸成单晶,而是熔化后浇铸成正方形的硅锭,然后使用切割机切成薄片,再加工成电池。由于硅片是由多个不同大小、不同取向的晶粒构成,因而多晶硅的转换效率要比单晶硅电池低,规模化生产的商品多晶硅电池转换效率已达到 16%～19%。由于其制作成本较低,所以近年来发展很快,已经成为产量和市场占有率最高的太阳能电池。

**非晶硅太阳能电池**。非晶硅太阳能电池的厚度不到 1 μm,不到晶体硅太阳能电池厚度的 1/100,可以大幅节省硅材料,也大大降低了制造成本。其分解沉积的温度比较低,制造时能量消耗少,成本比较低,适于大规模生产,单片电池面积可以做得很大。在太阳光谱的可见光范围内,非晶硅的吸收系数比晶体硅高近一个数量级。非晶硅太阳能电池光谱响应的峰值与太阳光谱的峰值接近。由于非晶硅材料的本征吸收系数很大,因此非晶硅太阳能电池在弱光下的发电能力远高于晶体硅太阳能电池。但是,非晶硅太阳能电池目前效率比较低,规模化生产的商品非晶硅电池转换效率多在 6%～10%。由于材料引发的光致衰减效应,导致单结的非晶硅太阳能电池稳定性不高,作为电力电源,还未能大量推广。

(2)**化合物太阳能电池**。化合物太阳能电池是指以化合物半导体材料制成的太阳能电池,目前主要应用的有单晶化合物太阳能电池和多晶化合物太阳能电池。

**单晶化合物太阳能电池**。单晶化合物太阳能电池主要有砷化镓太阳能电池。砷化镓的能隙为 1.4 eV,是很理想的电池材料。它是单结电池中效率最高的电池,多结结构下转换效率已经超过 40%,效率极高。但是砷化镓电池价格昂贵,而且砷是有毒元素,所以极少在地面应用,仅在地球外层空间得到了应用。

**多晶化合物太阳能电池**。多晶化合物太阳能电池的类型很多,目前已经实际应用的主要有碲化镉太阳能电池、铜铟镓硒太阳能电池等。

**2. 按电池结构分类的太阳能电池**

(1)**同质结太阳能电池**:由同一种半导体材料所形成的 pn 结称为同质结,用同质结构成的太阳能电池称为同质结太阳能电池。

(2)**异质结太阳能电池**:由两种禁带宽度不同的半导体材料形成的 pn 结称为异质结,用异质结构成的太阳能电池称为异质结太阳能电池。

(3)**肖特基结太阳能电池**:利用金属-半导体界面上的肖特基势垒而构成的太阳能电池称为肖特基结太阳能电池。目前已发展为金属-氧化物-半导体、金属-绝缘体-半导体太阳能电池。

(4)**复合结太阳能电池**:由两个或多个 pn 结形成的太阳能电池称为复合结太阳能电池,又分为垂直多结太阳能电池和水平多结太阳能电池。复合结太阳能电池往往做成级联型,把宽禁带材料放在顶区,吸收阳光中的高能光子;用窄禁带材料吸收低能光子,使整个电池的光谱响应拓宽。

### 3.1.6 太阳能电池的发展

从 1839 年法国科学家发现光伏效应以来,太阳能电池经历了漫长的发展历程,见表 3－1。第一个太阳电池是在 1954 年由贝尔实验室制造出来,当时研究的动机是希望能为偏远地区的通信系统提供电源,但其效率太低(只有 6%),且造价太高,缺乏商业价值。从 1957 年苏联发射第一颗人造卫星开始,太阳能电池就担任太空飞行任务中一个重要的角色,到了 1969 年美国人登陆月球,太阳能电池的发展达到一个巅峰。20 世纪 70 年代中期,中东地区爆发战争、石油禁运,使得工业国家的石油供应中断,造成能源危机,迫使人们不得不再度重视将太阳电池应用于电力系统的可行性。1990 年以后,人们开始将太阳能电池发电与民生用电结合,于是并网型太阳能电池发电系统开始推广,除了减少尖峰用电的负荷外,剩余的电力还可以储存或是回售给电力公司。这一发电系统的建立可以缓解筹建大型发电厂的压力,避免土地征收的困难及对环境的破坏。

表 3－1  太阳能电池发展的重大事件时间表

| 时间 | 重大事件 |
|------|----------|
| 1839 | 法国科学家亚历山大·埃德蒙·贝克勒尔(A. E. Becquerel)博士发现光伏效应 |
| 1876 | W. G. Adamas 和 R. E. Day 研究硒的光电效应 |
| 1883 | Charles Fritts 博士制作了第一个太阳能电池 |
| 1904 | Hallwachs 博士发现 $Cu$、$Cu_2O$ 对光的敏感性 |
| 1930 | 研发出 $Cu$、$Cu_2O$ 新型光电电池 |
| 1932 | Audobert 和 Stora 博士发现了 $CdS$ 光伏效应 |
| 1940 | pn 结制备技术的研究 |
| 1954 | 美国贝尔实验室发明了单晶硅太阳能电池 |
| 1955 | 发明 $CdS$ 太阳能电池 |
| 1956 | 发明 $GaAs$ 太阳能电池 |
| 1958 | 在"先锋 1 号"(Vanguard 1)卫星上应用太阳能电池 |
| 1963 | 日本装设 242 W 光伏模块阵列太阳能电池及其系统 |
| 1973 | 美国制定新能源计划——能源独立计划 |
| 1974 | 日本制定太阳能发电发展的"阳光计划" |
| 1976 | Carlson 和 Wronski 博士发明第一个非晶硅太阳能电池 |

续表

| 时间 | 重大事件 |
|------|---------|
| 1978 | 日本推动"月光计划",继续开展太阳能电池器件及系统研发 |
| 1984 | 美国建成了 7 MW 太阳能发电站 |
| 1985 | 日本建成了 1 MW 太阳能发电站 |
| 1986 | ARCO Solar 发布 G－4000 动力组件 |
| 1991 | 世界太阳能电池年产量超过 55.3 MW |
| 1992 | $TiO_2$ 染料敏化太阳能电池效率达到 7% |
| 1994 | 欧、美、日等国家和地区,推动太阳能光电发电系统发展,设置补助奖励 |
| 2001 | 开发出可与建筑材料一体化的太阳电池器件及太阳能发电系统 |
| 2009 | 日本三洋电机开发出薄膜硅型太阳能电池,效率可达到 12% 以上 |

光伏发电是绿色清洁的新能源技术,符合能源转型发展方向,在能源革命中具有重要作用。近年来,在各方共同努力下,我国光伏发电取得了举世瞩目的成就。光伏技术不断创新突破、全球领先,并已形成具有国际竞争力的完整的光伏产业链。截至 2021 年上半年底,全国光伏发电装机容量已达 268 GW。

## 3.2 一光子换一电子:光伏基本原理

### 3.2.1 半导体基本模型

太阳能电池的基本构造是由半导体的 pn 结组成的,半导体的导电性能介于导体和绝缘体之间,其电阻率在 $10^{-4} \sim 10^9 \ \Omega \cdot cm$ 之间;而且还可以通过加入少量杂质使半导体电阻率在一定范围内变化。足够纯净的半导体,其电导率会随温度的增加而急剧上升。半导体种类繁多,大致可以分为元素半导体、化合物半导体、有机半导体与非晶态半导体。元素半导体由单体元素构成,主要的有元素周期表中第Ⅳ族的 Si 和 Ge,它们以共价键的方式结合;化合物半导体主要是指元素周期表上第Ⅲ族与第Ⅴ族元素形成的Ⅲ-Ⅴ族化合物,以及第Ⅱ族与第Ⅵ族元素形成的Ⅱ-Ⅵ族化合物;有机半导体材料通常可以分为富含 $\pi$ 电子的分子晶体、共轭型寡聚体和高分子聚合物。

半导体的许多电学特性可以用一种简单的模型来解释。例如,硅的原子序数是 14,所以原子核外面有 14 个电子,其中内层的 10 个电子被原子核紧密地束缚住,而外层的 4 个电子受到原子核的束缚较小,如果得到足够的能量,就能脱离原子核的束缚而成为自由电子,并同时在原来的位置上留出一个空穴。电子带负电,空穴带正电。硅原子核外层的这 4 个电子又称为价电子。硅原子结构如图 3－1 所示。

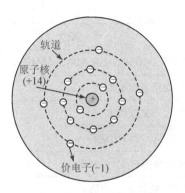

图 3 - 1    硅原子结构图

硅晶体的共价键结构如图 3 - 2 所示。从硅的原子中分离出一个电子需要 1. 12 eV 的能量,该能量称为硅的禁带宽度。被分离出来的电子是自由的传导电子,它能自由移动并传送电流。一个电子从原子中逸出后,留下了一个空穴。从相邻原子来的电子可以填补这个空穴,于是造成空穴从一个位置移到了一个新的位置,从而形成了电流。电子的流动所产生的电流与带正电的空穴向相反方向运动时产生的电流是等效的。

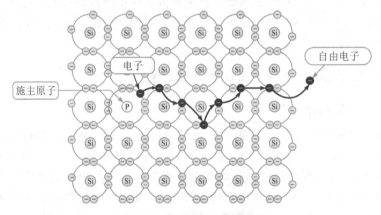

图 3 - 2    硅晶体的共价键结构

### 3.2.2    能带结构

半导体的相关特性可以用能带结构进行解释。硅是 4 价元素,每个原子的最外壳层上有 4 个电子。在硅晶体中,每个原子有 4 个相邻的原子,并和每一个相邻原子共用两个价电子,形成稳定的 8 电子壳层。自由空间的电子所能得到的能量值基本上是连续的,但晶体中的情况就截然不同。孤立原子中的电子占据非常固定的一组分立的能级,当孤立原子相互靠近时,在规则整齐排列的晶体中,由于各原子的核外电子相互作用,本来在孤立原子状态是分离的能级就要扩展,相互叠加,变成如图 3 - 3 所示的带状。电子许可占据的能带叫允带,允带和允带间不允许电子存在的范围叫禁带。

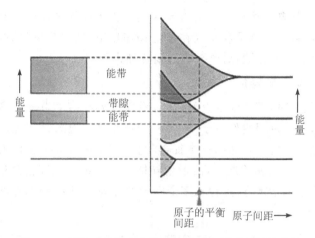

图 3-3　能量对能带变化的影响及其与原子间距的关系

随着温度降低,晶体内的电子占有可能的最低状态。但是晶体的平衡状态并不是电子全都处在最低允许能级的状态。根据泡利不相容原理,每个允许能级最多只能被 2 个自旋方向相反的电子所占据。这意味着,在低温下晶体的某一能级下的所有可能的能级都将被 2 个电子占据,该能级称为费米能级($E_F$)。随着温度的升高,一些电子将超过费米能级。考虑到泡利不相容原理的限制,任何给定能量 $E$ 的一个允许电子能态的占有概率可根据统计规律计算,其结果是费米-狄拉克分布函数 $f(E)$,即

$$f(E) = \frac{1}{1 + e^{(E-E_F)/KT}} \tag{3-2}$$

式中,$E_F$ 是费米能级,其物理意义表示能量为 $E_F$ 的能级上的一个状态被电子占据的概率等于 1/2。因此,比费米能级高的状态,未被电子占据的概率大,即空出的状态多(占据概率近似为 0);相反,比费米能级低的状态,被电子占据的概率大,即可近似认为基本上被电子所占据(占据概率近似为 1)。

导电现象随电子填充允带方式的不同而不同。被电子完全占据的允带被称为满带,满带的电子即使加上电场也不能移动,这种物质就是绝缘体;在允带中,电子受很小的电场作用就能移动到距离允带很近的上方的另一个能级,成为自由电子,而使得电导率很大,这种物质就是导体;半导体是具有与绝缘体类似的能带结构,但禁带宽度较小的物质。在这种情况下,满带的电子获得室温的热能,就有可能跨跃禁带到导带成为自由电子,它们有助于物质的导电。参与这种导电现象的满带能级在大多数情况下位于满带的最高能级。因为这个满带的电子处于各原子的最外层,是参与原子间结合的价电子,又把这种满带称为价带。

一旦从外部获得能量,共价键被破坏后,电子将从价带跃迁到导带,同时在价带中留下一个空位。这种空位可由价带中相邻键上的电子来占据,而这个电子移动所留下的新的空位又可以由其他电子来填补。也可看成是空位在依次地移动,等效于在价带中带正电荷的

带电粒子(空穴)朝着与电子运动相反的方向移动。在半导体中,空穴和导带中的自由电子一样成为导电的带电粒子。电子和空穴在外电场作用下,朝着相反的方向运动。由于所带电荷符号相反,故电流方向相同,对电导率起到叠加作用。

### 3.2.3 本征/掺杂半导体

当禁带宽度比较小时,随着温度上升,从价带跃迁到导带的电子数增多,同时在价带产生同样数目的空穴,这个过程叫作电子-空穴对的产生。室温条件下能产生这样的电子-空穴对,并具有一定电导率的半导体叫作本征半导体,这是极纯净而又没有缺陷的半导体,其能带结构见图 3-4(a)。通常情况下,由于半导体内含有杂质或存在晶格缺陷,使得作为载流子的一方增多,形成掺杂半导体,存在多余电子的称为 n 型半导体,存在多余空穴的称为 p 型半导体。

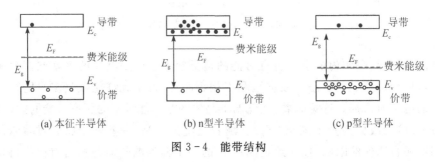

(a) 本征半导体     (b) n型半导体     (c) p型半导体

图 3-4　能带结构

杂质原子可以通过两种方式掺入晶体结构:当杂质原子拥挤在基质晶体原子间的孔隙中时,称为间隙杂质;另一种方式是用杂质原子替换基质晶体的原子,保持晶体结构有规律的原子序列,称为替位杂质。

元素周期表中Ⅲ族和Ⅴ族的原子在硅晶体中充当替位杂质,如 1 个Ⅴ族杂质替换了 1 个硅原子的晶格,4 个价电子与周围的硅原子组成共价键,但第 5 个价电子却处于不同的情况。它不在共价键内,因此不在价带内;同时又被束缚于Ⅴ族原子,不能穿过晶格自由运动,因此它也不在导带内。与束缚在共价键内的自由电子相比,释放这个多余电子只需要较少的能量,比硅的带隙能量 1.12 eV 小得多。自由电子位于导带中,因此被束缚于Ⅴ族原子的多余电子位于低于导带底的地方。这就在禁止的带隙中安置了一个允许能级,如图3-4(b)所示。在这种情况下,掺杂Ⅴ族元素的硅就形成电子过剩的 n 型半导体。这类可以向半导体提供自由电子的杂质称为施主杂质。除了这些施主杂质产生的电子外,还存在从价带激发到导带的电子。由于这个过程是电子-空穴成对产生的,因此,也存在相同数目的空穴。在 n 型半导体中,把数量多的电子称为多数载流子,将数量少的空穴称为少数载流子,其能带结构见图 3-4(b)。

Ⅲ族杂质掺入时,由于形成完整的共价键上缺少 1 个电子,所以就从相邻的硅原子中夺取 1 个价电子来形成完整的共价键。被夺走电子的原子留下一个空穴。结果杂质原子成为 1 价负离子的同时,提供了束缚不紧的空穴。这种结合只要用很小的能量就可以破坏,而形成自由空穴,使半导体成为空穴过剩的 p 型半导体。接受电子的杂质原子称为受主杂质。多数载流子为空穴,少数载流子为电子,其能带结构见图 3-4(c)。

### 3.2.4　pn 结

如果将 p 型和 n 型半导体两者紧密结合,连成一体,导电类型相反的两块半导体之间的过渡区域称为 pn 结,如图 3-5 所示。在 pn 结两边,p 区内空穴很多,电子很少;而在 n 区内电子很多,空穴很少。因此,在 p 型和 n 型半导体交界面的两边,电子和空穴的浓度不相等,会产生多数载流子的扩散运动。

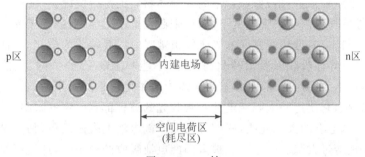

图 3-5　pn 结

在靠近交界面附近的 p 区中,空穴由浓度大的 p 区向浓度小的 n 区扩散,并与那里的电子复合,从而使该处出现一批带正电荷的掺入杂质的离子;同时,在 p 区内,由于跑掉了一批空穴而出现带负电荷的掺入杂质的离子。

在靠近交界面附近的 n 区中,电子由浓度大的 n 区向浓度小的 p 区扩散,并与那里的空穴复合,从而使该处出现一批带负电荷的掺入杂质的离子;同时,在 n 区内,由于跑掉了一批电子而出现带正电荷的掺入杂质的离子。

于是在交界面的两边形成靠近 n 区的一边带正电荷,而靠近 p 区的另一边带负电荷的一层很薄的区域,称为空间电荷区,这就是 pn 结。在 pn 结内,由于两边分别积聚了正电荷和负电荷,会产生一个由 n 区指向 p 区的反向电场,称为内建电场。

由于内建电场的存在,就有一个对电荷的作用力,电场会推动正电荷顺着电场的方向运动,而阻止其逆着电场的方向运动;同时,电场会吸引负电荷逆着电场的方向运动,而阻止其顺着电场方向的运动。因此,当 p 区中的空穴企图继续向 n 区扩散而通过空间电荷区时,由于运动方向与内建电场相反,因而受到内建电场的阻力,甚至被拉回 p 区中;同样 n 区中的电子企图继续向 p 区扩散而通过空间电荷区时,也会受到内建电场的阻力,甚至被拉回 n 区中。总之,内建电场的存在阻碍了多数载流子的扩散运动,但是 p 区中的电子和 n 区中的空穴,却可以在内建电场的推动下向 pn 结的另一侧运动,这种少数载流子在内建电场作用下的运动称为漂移运动,其运动方向与扩散运动方向相反。

### 3.2.5 光生伏特效应

当半导体的表面受到太阳光照射时,如果其中有些光子的能量大于或等于半导体的禁带宽度,就能使电子挣脱原子核的束缚,在半导体中产生大量的电子-空穴对,这种现象称为光生伏特效应,也称内光电效应(电子逸出材料表面的现象是外光电效应)。半导体材料就是依靠内光电效应把光能转化为电能,因此应用内光电效应的条件是所吸收的光子能量要大于半导体材料的禁带宽度,即:

$$h\nu \geqslant E_g \tag{3-3}$$

式中,$h$ 为普朗克常数;$\nu$ 为光波频率;$E_g$ 为半导体材料的禁带宽度。

不同的半导体材料由于禁带宽度不同,用来激发电子-空穴对的光子能量也不一样。在同一块半导体材料中,超过禁带宽度的光子能量被吸收以后转化为电能,而能量小于禁带宽度的光子能量被半导体吸收以后则转化为热能,不能产生电子-空穴对,只能使半导体的温度升高。可见,对于太阳能电池而言,禁带宽度有着举足轻重的作用,禁带宽度越大,可供利用的太阳能就越少,它使每种太阳能电池对吸收光的波长都有一定的限制。

照到太阳能电池上的太阳光线,一部分被太阳能电池上表面反射,另一部分被太阳能电池吸收,还有少量透过太阳能电池。在被太阳能电池吸收的光子中,那些能量大于半导体禁带宽度的光子,可以使半导体中原子的电子受到激发,在 p 区、空间电荷区和 n 区都会产生光生电子-空穴对,也被称为光生载流子。这样形成的电子-空穴对由于热运动,向各个方向迁移。光生电子-空穴对在空间电荷区中产生后,立即被内建电场分离,光生电子被推进 n 区,光生空穴被推进 p 区。在空间电荷区边界处总的载流子浓度近似为 0。在 n 区,光生电子-空穴产生后,光生空穴便向 pn 结界扩散,一旦到达 pn 结边界,便立即受到内建电场的作用,在电场力作用下做漂移运动,越过空间电荷区进入 p 区,而光生电子则被留在 n 区。p 区中的光生电子也会向 pn 结边界扩散,并在到达 pn 结边界后,同样由于受到内建电场的作用而在电场力作用下做漂移运动,进入 n 区,而光生空穴则被留在 p 区。因此,在 pn 结两侧产生了正、负电荷的积累,形成与内建电场方向相反的光生电场。这个电场除了一部分抵消内建电场外,还使 p 层带正电,n 层带负电,因此产生了光生电动势,这就是光生伏特效应。

## 3.3 电子与空穴的离合:太阳能电池的基本工作原理及电学特性

### 3.3.1 太阳能电池的基本工作原理

太阳能电池工作的原理基础是半导体 pn 结的光生伏特效应,其基本原理如图 3-6 所示。

半导体太阳能电池的发电,是通过收集太阳光和其他光使之照射到太阳能电池表面上,太阳能电池吸收具有一定能量的光子,激发出非平衡载流子(光生载流子)——电子-空穴对,这些电子和空穴应有足够的寿命,在它们被分离之前不会复合消失。这些电性符号相反的光生载流子在太阳能电池 pn 结内建电场的作用下,电子-空穴对被分离,电子集中在一边,空穴集中在另一边,在 pn 结两边产生异性电荷的积累,从而产生光生电动势,即光生电压。在太阳能电池 pn 结的两侧引出电极,并接上负载,则在外电路中有光生电流通过,从而获得功率输出,这样太阳能电池就把太阳能(或其他光能)直接转换成了电能。

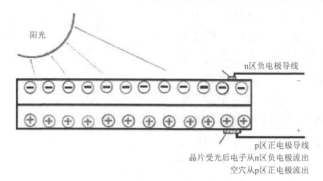

图 3-6　太阳能电池发电原理图

### 3.3.2　太阳能电池的电学特性

如果受到光照的太阳能电池的正负极之间接上一个负载电阻 $R$,太阳能电池就处于工作状态,其等效电路如图 3-7(a)所示。它相当于一个电流为 $I_L$ 的恒流源与一只正向导通的二极管并联,流过二极管的正向电流在太阳能电池中称为暗电流 $I_D$。从负载 $R$ 两端可以测得产生暗电流的正向电压 $U$,流过负载的电流为 $I$,这是理想的太阳能电池的等效电路。实际使用的太阳能电池由于本身存在电阻,其等效电路如图 3-7(b)所示。电路中的 $R_{sh}$ 为旁路电阻,主要由以下两种因素形成:电池表面污染而产生的沿着电池边缘的表面漏电流;沿着位错和晶粒间界的不规则扩散或在电极金属化处理之后,沿着微观裂缝、晶粒间界和晶体缺陷等形成的细小桥路而产生的漏电流。$R_s$ 为串联电阻,是由扩散顶区的表面电阻、电池的体积电阻和上下电极与太阳电池之间的欧姆电阻及金属导体的电阻构成,该回路中流过的电流称为负载电流 $I_{os}$。

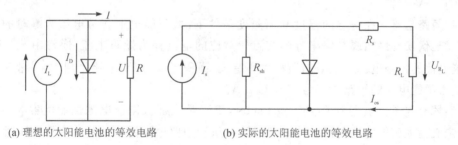

(a) 理想的太阳能电池的等效电路　　　　(b) 实际的太阳能电池的等效电路

图 3-7　太阳能电池的等效电路

### 3.3.3　太阳能电池的主要技术参数

太阳能电池有以下主要技术参数。

(1)**伏安特性曲线**。指当负载 $R$ 从 0 变到无穷大时,负载 $R$ 两端的电压 $U$ 和流过的电

流 $I$ 之间的关系曲线,即为太阳能电池的负载特性曲线,通常称为太阳能电池的伏安特性曲线,如图 3 - 8 所示。实际中的伏安特性曲线通常并不是通过计算,而是通过实验测试的方法得到的。在太阳能电池的正负极两端连接一个可变电阻 $R$,在一定的太阳辐照度和温度下,改变电阻值,使其由 0 变到无穷大,同时测量通过电阻的电流和电阻两端的电压。在直角坐标图上,以纵坐标代表电流,横坐标代表电压,测得各点的连线,即为该电池在此辐照度和温度下的伏安特性曲线。

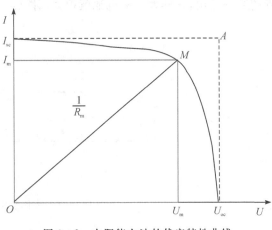

图 3 - 8　太阳能电池的伏安特性曲线

(2)**最大功率点**。在一定的太阳光照辐照度和工作温度下,伏安特性曲线上的任何一点都是工作点,工作点和原点的连线称为负载线,负载线的斜率的倒数为负载电阻 $R_L$ 的数值,调节负载电阻到某一值时,可得到的功率为最大值,即

$$P_m = I_m U_m = P_{max} \qquad (3 - 4)$$

则 $I_m$ 为最佳工作电流,$U_m$ 最佳工作电压,$P_m$ 为最佳工作电流和最佳工作电压时的功率,$P_{max}$ 为最大输出功率。

(3)**开路电压**。在一定的温度和辐照度条件下,太阳能电池在空载情况下的端电压,也就是伏安特性曲线与横坐标的交点所对应的电压,通常用 $U_{oc}$ 来表示。太阳能电池的开路电压通常与电池的面积无关。一般单晶硅太阳能电池的开路电压为 450～600 mV,最高可达到 700 mV 左右。

(4)**短路电流**。在一定的温度和辐照度条件下,太阳能电池在端电压为零时的输出电流,也就是伏安特性曲线与纵坐标的交点所对应的电流称为短路电流,通常用 $I_{sc}$ 来表示。太阳能电池的短路电流与电池的面积大小有关,面积越大,短路电流也越大,一般 1 cm$^2$ 的单晶硅太阳能电池的短路电流为 15～35 mA。

(5)**填充因子**。填充因子(Filling Factor,FF)是表征太阳能电池性能优劣的一个重要参数,定义为太阳能电池的最大功率与开路电压和短路电流乘积之比。太阳能电池的串联电阻越小,旁路电阻越大,则填充因子越大,该电池的伏安特性曲线所包围的面积也越大,表示伏安特性越接近于正方形,这就意味着该太阳能电池的最大输出功率越接近于所能达到的极限输出功率,因此性能越好。

$$f_{FF} = \frac{I_m U_m}{I_{sc} U_{oc}} \qquad (3 - 5)$$

(6)**太阳能电池的转换效率**。太阳能电池接收光照的最大功率与入射到该电池上的全

部辐射功率的百分比称为太阳能电池的转换效率,即

$$\eta = \frac{I_\mathrm{m} U_\mathrm{m}}{A_\mathrm{t} P_\mathrm{in}}$$ (3-6)

式中,$A_\mathrm{t}$ 为包括栅线面积在内的太阳能电池总面积;$P_\mathrm{in}$ 为单位面积入射光的功率。

### 3.3.4 太阳能电池的效率分析

高效的太阳能电池要求有高的短路电流、开路电压和填充因子,这三个参数与电池材料、几何结构及制备工艺密切相关。影响太阳能电池效率的因素主要有以下几个。

(1)**材料禁带宽度**。禁带宽度 $E_\mathrm{g}$ 是入射光子进入电池的能量下限,与太阳光谱利用效率有密切的关系。小的禁带宽度可以拓宽电池对太阳光谱的吸收,但会使开路电压降低,进而使得输出的电压减小。虽然宽的带隙有利于开路电压的提高,但是过高的禁带宽度会使材料的吸收光谱变窄,降低了载流子的激发,减少光电流。因此禁带宽度太窄或太宽都会引起效率的下降。

(2)**少数载流子寿命**。少数载流子寿命对器件的重要性是不言而喻的,提高少数载流子寿命可制备高性能的电池。当基区少数载流子扩散长度远小于基区厚度,会降低开路电压;另一方面,低扩散长度的载流子在基区的输运过程中基本上被复合了,扩散不到背电极,因此开路电压和短路电流都很小。

(3)**寄生电阻效应**。电池的光生伏特电压被串联电阻 $R_\mathrm{s}$ 消耗了 $U_{R_\mathrm{s}}$,使得输出电压下降。并联电阻主要来源于电池 pn 结的漏电,包括 pn 结内部的漏电流(晶体缺陷与外部掺杂沉积物)与 pn 结边缘的漏电流。$R_\mathrm{sh}$ 的寄生电阻效应表现为使电池的整流特性降低。

(4)**太阳光的照度**。在完全没有光照的情况下,一个太阳能电池就如同一个二极管。太阳光的照度大小,将影响太阳能电池器件的电压-电流特性。随着照度的变化,短路电流密度会明显地增加,照度越弱,短路电流密度越小。

(5)**环境温度**。一般而言,当环境温度上升时,短路电流仅有少许变动,但温度上升将会造成半导体材料的带隙下降,导致暗电流上升而使得开路电压减少,进而会影响到太阳能电池的转换效率。因此,若入射光的能量不能顺利地转换成电能,它将会转换成热能,而使得太阳能电池内部的温度上升。若要避免能量转换效率的降低,则必须充分地使所产生的热能释放出去。

### 3.3.5 太阳能电池主要性能测试

#### 1. $J$-$V$ 特性测试

在太阳能电池的所有性能测试方法中,$J$-$V$ 特性测试是最常用和直观的一种测试方法,反映了在模拟太阳光照下的光电转换情况,标准测试情况的照度为太阳光入射地表的平均照度,即光照强度为 $100\ \mathrm{mW/cm^2}$ 或 AM 1.5(大气质量为 1.5 时的太阳光谱)。

光线照在待测太阳能电池上,待测太阳能电池通过外电路连接到恒电位仪检测光生电

流和电压。采用线性伏安扫描,持续改变输出电压,同时测量相对应的电流,即可得到 $J\text{-}V$ 曲线。通过 $J\text{-}V$ 特性曲线,并进一步进行数据分析处理,可以得到电池的各项物理性能,如开路光电压、短路光电流密度(电流/电化学活性面积)、填充因子和光电转换效率等。

图 3-9 为典型的染料敏化太阳能电池的 $J\text{-}V$ 特性曲线。横纵坐标分别为电压值和电流值,图中的 $J_{sc}$ 和 $V_{oc}$ 分别表示短路光电流密度和开路光电压;$P_{max}$ 表示电池最大输出功率点;$J_{mp}$ 表示在 $P_{max}$ 状态下的光电流密度;$V_{mp}$ 表示 $P_{max}$ 状态下的光电压,三者之间满足关系式 $P_{max} = J_{mp}V_{mp}$,最大输出功率可表示为图中阴影部分面积。

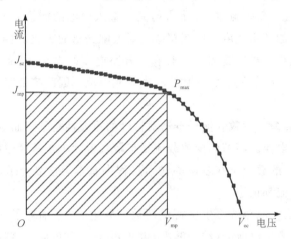

图 3-9 太阳能电池典型的 $J\text{-}V$ 特性曲线

填充因子(FF)是评价太阳能电池优劣的重要指标,用于表征电池内部阻抗导致的能量损失,能直接反映电池的 $J\text{-}V$ 特性曲线的好坏,可表达为

$$f_{FF} = \frac{P_{max}}{J_{sc}V_{oc}} = \frac{J_{mp}V_{mp}}{J_{sc}V_{oc}} \tag{3-7}$$

根据上式,在 $J\text{-}V$ 曲线图中,阴影部分面积越大填充因子越大,但始终小于 1。当两块电池的开路光电压和短路光电流密度相同时,填充因子决定着光电转换效率,填充因子越大,光电转换效率越高。填充因子可由半导体材料内和电解质内的总电压降低所体现出来,受电池总的串并联电阻的影响,随着串联电阻的增大而减小,随着并联电阻的增大而增大。

电池的光电转换效率是直接表征电池好坏的参数,表示入射的太阳光能量有多少可以转换为有效的电能,是电池的最大输出功率与入射光功率的比值:

$$\eta = \frac{P_{max}}{P_{in}} = \frac{f_{FF}J_{sc}V_{oc}}{P_{in}} \tag{3-8}$$

因此,$\eta$ 值取决于 $f_{FF}$、$J_{sc}$、$V_{oc}$ 和 $P_{in}$。$P_{in}$ 为国际上公认的太阳能电池光电转换效率测量的标准条件,即 AM1.5 的入射光。对于具有相同 $J_{sc}$ 和 $V_{oc}$ 的太阳能电池,光电转换效率直接取决于 $f_{FF}$ 的大小,太阳能电池的填充因子越高,光电转换效率越大。

**2. 光谱响应特性测试**

光谱响应表示不同波长的光子产生电子-空穴对的能力。定量地说,太阳能电池的光谱响应就是当某一波长的光照射在电池表面时,每一光子所能产生并收集到的平均载流子数。它是表征太阳能电池性能的一个重要参数,能反映染料分子的有效工作光谱区间和电池在不同波长光下的光电转换性能。对单色光转换效率(Incident Photon-to-Electron Conversion Efficiency,IPCE)的准确测量有助于理解电池内部电流的产生、收集和复合机理等。

光谱响应特性测试的方法是使用单色仪将白光分成不同波长的单色光照射材料产生光电流,再除以相应波长光的光强。在不考虑导电玻璃电极反射损耗的情况下,定义为

$$\eta_{\mathrm{IPCE}} = \frac{N_{\mathrm{e}}}{N_{\mathrm{p}}} \qquad (3-9)$$

其中,$N_{\mathrm{e}}$ 为单位时间内转移到外电路中的电子数;$N_{\mathrm{p}}$ 为单位时间内入射的单色光子数。

实际应用中,通常按下式计算:

$$\eta_{\mathrm{IPCE}} = \frac{1240J_{\mathrm{sc}}}{\lambda\Phi} \qquad (3-10)$$

其中,$J_{\mathrm{sc}}$ 为电池在单色光照射下的短路光电流密度;$\lambda$ 为入射单色光波长;$\Phi$ 为光子通量。

1)开路光电压衰减法

开路电压衰减法可测量切断光源后 $V_{\mathrm{oc}}$ 的瞬态衰减情况,可以此分析光电子的寿命和复合过程。图 3-10 为染料敏化太阳能电池(Dye-Sensitized Solar Cell,DSSC)的开路光电压衰减曲线,通过该曲线的衰减过程可以揭示光电极中光电子的复合过程。

开路条件下,光生电子只能通过以下三个复合过程衰减:材料最低未占分子轨道(Lowest Unoccupied Molecular

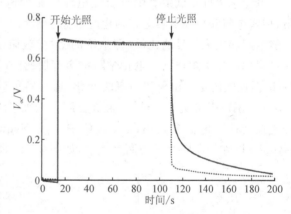

图 3-10　DSSC 开路光电压衰减曲线

Orbital,LUMO)能级、半导体导带和导电玻璃基底上的光生电子与纳米薄膜的表面态、失去电子的材料正离子和电解质中的氧化态离子的复合,表现为光电压的衰减过程。与虚线相比,图中的实线(开路光电压)衰减较慢,表明实线对应的电池中的光生电子的复合过程进行得较慢,证明这个材料中电子复合得到有效抑制。

2)短路光电流衰减法

短路光电流衰减法用于测试太阳能电池在失去光照瞬间光电流密度的衰减情况,反映光生电子在太阳能电池的半导体薄膜中传输速度的快慢。图 3-11 显示了两种半导体薄膜构造的太阳能电池的光电流密度衰减曲线。可见,材料(a)的光电流在停止光照后衰减得更

快,说明光生电子在该半导体薄膜中的传输速度更快,有效阻止了复合进程,能有效提高电池的光电流和光电转换效率。

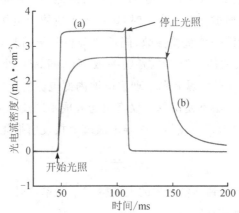

图 3-11 两种不同半导体薄膜构造的太阳能电池短路时的光电流密度衰减曲线

### 3. 电化学阻抗测试

电化学阻抗测试主要用于研究电池中影响电荷传输和复合过程的一系列界面转移电阻、传输电阻和界面电容等。对电化学系统施加不同频率的小幅度正弦电势微扰信号,监测交流电压和电流信号的比值(即系统的阻抗)或阻抗的相位角随小振幅正弦波频率的变化,即可得到电化学阻抗谱。电化学阻抗谱有伯德(Bode)图和奈奎斯特(Nyquist)图两种形式。Bode 图反映的是相位角随频率的变化,通过特征频率可以估算电化学系统中的电子寿命;Nyquist 图以阻抗实部为横轴,阻抗虚部为纵轴,能够通过等效电路拟合得到电化学系统中的电荷转移和传输电阻情况,DSSC 中常用 Nyquist 图来测试各界面电阻。一般阻抗谱 Nyquist 图在一象限表现为两个弧形,如图 3-12 所示。

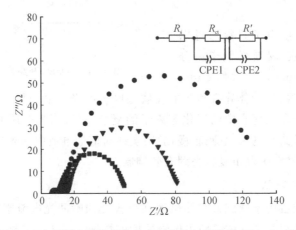

图 3-12 不同光阳极组装的太阳能电池阻抗谱(Nyquist 图)

阻抗谱与实部横轴的交点对应着电池的串联电阻,高频区的弧形对应着半导体薄膜与电解质之间的界面转移过程,而低频区的弧形代表电解质的离子扩散过程。通过对阻抗谱拟合可得到对应上述过程的串联电阻、界面电荷转移电阻、界面电容和离子扩散电阻等参数。串联电阻越小,光生电子传输越快,更有利于电池光电转换效率的提高;界面电荷转移电阻越小越有利于电子转移;复合过程的界面转移电阻则越大越好;界面电容值越大,敏化电极的表面积越大;离子扩散电阻越小,离子在电解质中的迁移越容易。

## 3.4　单晶硅与多晶硅的初代之争:晶体硅太阳能电池

按照硅材料的结晶形态,晶体硅太阳能电池可分为单晶硅、多晶硅和非晶硅太阳能电池三类。

除了按材料分类,还可以按照构造进行分类。这种分类的本质是按形体(厚度)进行分类,可分为片状和薄膜状两大类。片状以单晶硅和多晶硅太阳能电池为代表,即将块状结晶材料用机械加工的方法制成板片材。而薄膜状是以玻璃或金属作光伏电池基板,让晶体材料粘附其上并起化学反应形成一个晶体薄膜。

### 3.4.1　单晶硅太阳能电池

单晶硅通常指的是硅原子的一种排列形式形成的物质。当熔融的单质硅凝固时,硅原子以金刚石晶格排列成许多晶核,如果这些晶核长成晶面取向相同的晶粒,则形成单晶硅。

单晶硅太阳能电池需要高纯度的单晶硅棒为原料,单晶硅材料制造要经过如下过程:多晶硅→拉棒→单晶硅棒→切片→单晶硅片(见图 3 - 13)。

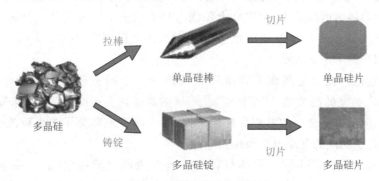

图 3 - 13　硅晶片生成流程对比

晶体硅太阳能电池中,单晶硅太阳能电池转换效率最高,技术也趋于成熟。目前市场上的单晶硅太阳能电池的平均光电转换效率为 19% 左右,个别公司最近推出的新产品普遍都超出这个值,如美国 SunPower 公司的产品达到 22.5%,意大利 Silfab Solar 股份公司的产品达到 21%、日本 Panasonic Corporation (Sanyo)的产品达到 20.2%,中国隆基绿能科技股份有限公司的产品达到了目前世界最高的 25.09%。

**1. 单晶硅太阳能电池发展历程**

20 世纪 40 年代,电子工业的发展和对硅材料及硅平面工艺的研究催生了单晶硅太阳能电池。1941 年罗素·奥尔(Russel Ohl)提出硅基 pn 结光伏器件,1954 年他根据光电效应发明了转换效率为 6% 的硅太阳能电池,1958 年研制出最高光电转换效率达到 12% 的硅太阳电池。

20 世纪 60 年代,在空间能源需求的驱动下,单晶硅电池的效率很快达到了 15% 以上。这个阶段的太阳能电池的基本结构是:在 p 型单晶硅基底上热扩散磷元素形成 pn 结,在背面蒸镀金属铝电极,在正面蒸镀金属栅电极和减反射涂层。因为 p 型单晶硅具有较好的抗辐照性能,因此选用 p 型单晶硅作为基底。

到 20 世纪 70 年代中期,由于石油危机的爆发,地面应用的晶体硅太阳能电池出现了许多新技术,电池效率得到迅速提高。

(1)**浅结电池**。这种电池是在 1972 年为通信卫星开发的。浅结电池采用 $100\sim200$ nm 的浅扩散结,使耗尽区非常接近于上表面层,形成窄的重掺杂扩散层,从而提高器件的短波效应,降低死层的影响,再加上精密栅极和匹配良好的减反射膜,可使光电转换效率达到 $15\%\sim20\%$。

(2)**表面织构化电池**。这种电池在 1974 年也是为通信卫星开发的。通过制绒工艺在电池表面形成绒面,通过绒面对入射光的多次反射,减小了电池表面对入射光的反射率,增加了电池对长波太阳辐射的吸收率和收集效率,提高了电池的短路电流和转换效率,同时降低了硅片的厚度,节省了原材料。通过在背表面加一层很薄的金属,如铝、银、铜、金等,增加背表面对长波太阳辐射的反射率,可提高太阳能电池对长波太阳辐射的利用率。这种电池在大气质量(Air Mass,AM)为 0(即在大气外圈)的太阳光谱下的转换效率 $\eta\geqslant15\%$,在大气质量为 1 的太阳光谱下 $\eta>18\%$。

(3)**背场电池**。在电池基底和背电极之间建立一个同种杂质的浓度梯度,形成一个 $p-p^+$ 或 $n-n^+$ 类型的高低结,浓度梯度使 $p^+$ 区的能带向上弯曲,$n^+$ 区的能带向下弯曲,以此阻挡少数载流子向高复合的背表面处运动,从而大幅度地降低了光生载流子在背表面处的复合率,提高了电池的开路电压和短路电流。

(4)**异质结电池**。即不同半导体材料在一起形成的太阳能电池,主要包括 $SnO_2/Si$、$In_2O_3/Si$、$(In_2O_3+SnO_2)/Si$ 电池等。由于 $SnO_2$、$In_2O_3$、$(In_2O_3+SnO_2)$ 等半导体材料的带隙较宽,故透光性好,电池制作工艺简单,但其光电转换效率不高。目前 $SnO_2$、$In_2O_3$、$(In_2O_3+SnO_2)$ 仍是许多薄膜电池的重要组成部分。

(5)**金属-绝缘-半导体电池**。金属-绝缘-半导体(Metal Isolator Semiconductor, MIS)电池是在金属-半导体(Metal Semiconductor, MS)肖特基电池的基础上发展起来的。MIS 电池是在金属和半导体之间加入 $1.5\sim3$ nm 的绝缘层,使 MS 电池中多子支配暗电流的情况被抑制,使少子隧穿成为暗电流的决定因素。经过改进的 MIS 电池的正面有 $20\sim40$ μm 的 $SiO_2$ 膜,通过真空蒸发在薄膜表面制备金属栅线,然后在整个表面沉积 SiN 薄膜,以保护电池、增加耐候性、降低光生载流子的复合速度。在此基础上又发展出一种 MIS 电池和 pn 结电池结合的 MINP 电池,其中氧化层主要用来抑制光生载流子在电池表面和晶界上的复合,这种电池对后来的高效电池起到过渡作用。

（6）**聚光电池**。聚光电池的开路电压与辐照强度近似为对数关系,聚光方式可以提高硅基电池的转换效率,因此硅基聚光电池受到广泛的重视。比较典型的是斯坦福大学研制的背面点接触式聚光电池,采用了 200 $\Omega$/cm 的高阻 n 型材料,并使电池厚度降低到 100～160 $\mu m$。这种电池在 140 倍聚光条件下的转换效率达到 26.5%。

20 世纪 80 年代以来,单晶硅电池的研究重点在于减少各种复合损失。在 30 多年的研究过程中,诞生了一系列新技术,主要包括表面钝化技术、刻槽埋栅技术、倒金字塔技术、减反射膜技术,其中,表面钝化技术是单晶硅电池研究中的一项重要进展。随着新技术的引入,一系列新型高效太阳能电池被研制出来,其典型代表为新南威尔士大学(UNSW)的钝化发射区电池(PESC、PERC、PERL)、斯坦福大学的背面点接触电池(PCC)以及德国夫琅禾费太阳能研究所(Fraunhofer ISE)的局域化背场(LBSF)电池等。

（1）**钝化发射区电池(Passivated Emitter Solar Cell, PESC)**。1985 年 PESC 电池问世。在完成发射结的制备之后,在电池背面制备厚度约为 10 nm 的铝薄膜,以此吸除体内杂质和缺陷,然后在电池前表面热生长厚度约为 10 nm 的表面氧化层,以此钝化前表面,降低表面载流子的复合速度,提高开路电压。目前所有效率超过 20% 的电池都采用深结结构。1986 年,使用 V 形槽技术减少了入射光线在太阳能电池表面的反射,并使垂直入射光线经 V 形槽表面折射后以 41°角进入硅片,提高了器件对光生载流子的收集效率;PESC 电池的最佳发射极方块电阻大于 150 $\Omega$,采用 V 形槽技术可使发射极横向电阻降低至 1/3,填充因子达到 83%,转换效率达到 20.8%(在大气质量为 1.5 的太阳光谱 AM1.5 条件下测试)。

（2）**钝化发射区和背表面电池(Passivated Emitter Rear Cell, PERC)**。背面铝吸杂是 PESC 电池的一个关键技术。PERC 电池用背面点接触来代替 PESC 电池的整个背面铝合金接触,并用氯乙烷(TCA)生长 110 nm 厚的氧化层来钝化电池的正表面和背表面,成功地解决了铝吸杂的问题。TCA 氧化产生极低的界面态密度,同时还能排除金属杂质和减少表面层错,从而保持衬底原有的少子寿命。这种电池达到了约 700 mV 的开路电压和 22.3% 的效率。

（3）**钝化发射区和背面局部扩散(Passivated Emitter Rear Locally, PERL)电池**。PERL 电池是在 PERC 电池的背面接触点下增加了一个富硼元素的扩散层,以减小金属接触电阻。由于硼扩散层减小了有效表面复合,接触点间距可以减小到 250 $\mu m$、接触孔径减小到 10 $\mu m$ 而不增加背表面的复合,从而大大减小了电池的串联电阻。PERL 电池达到了 702 mV 的开路电压和 23.5% 的效率。

（4）**激光刻槽埋栅(Laser Grooved Buried Contact, LGBC)电池**。LGBC 电池在完成发射结制备后,用激光在前面刻出宽度为 20 $\mu m$、深度为 40 $\mu m$ 的沟槽,将槽清洗后进行浓磷扩散,然后在槽内镀出金属电极。电极位于电池内部,减少了栅线的遮蔽面积。电池背面与

PESC 电池相同。由于刻槽会引入了损伤,LGBC 电池的效率为 19.6%。

(5)**背面点接触电池(Point Contact Cell,PCC)**。PCC 电池是通过 TCA 生长热氧化层来钝化电池的正反面,并通过光刻在正表面形成倒金字塔(绒面)结构,但把金属电极设计在电池的背面,以减小金属栅线的遮光效应。位于背面的发射区被设计成间距 50 $\mu$m、扩散区为 10 $\mu$m、接触孔径为 5 $\mu$m 的点状,基区也采用相同的形状,以减小背面复合。为了进一步降低体内复合,PCC 电池采用 n 型低阻材料作基底,其厚度可以减薄到 100 $\mu$m 左右。这种电池的转换效率在 AM1.5 条件下可达 22.3%。

(6)**深结局部背场(Local Back Surface Field,LBSF)电池**。LBSF 电池与 PERL 电池类似,也采用 TCA 氧化层钝化和倒金字塔正面结构。由于背面硼扩散容易造成比较高的表面复合率,所以局部铝扩散被用来制作电池的表面接触。目前,LBSF 电池的最高转换效率达到 23.3%。

(7)**异质结(Heterojunction with Intrinsic Thin-layer,HIT)电池**。为了解决 p 型硅太阳能电池高温工艺带来的不良影响,人们提出了用 n 型硅作衬底,采用氢化非晶硅(a-Si:H)或氢化微晶硅($\mu$c-Si:H)作为发射层和缓冲层的太阳能电池。该电池中 n 型晶体硅衬底的厚度远小于常规的晶体硅电池的厚度,制备过程中不存在高温过程,工艺相对简单。

**2. 单晶硅制备技术**

单晶硅制备作为单晶硅太阳能电池的头道工序,主要是将多晶硅材料转换为无错位单晶硅材料,生产电池的原料基础。而制备过程中需要用到单晶炉。单晶炉(全自动直拉单晶生长炉)是一种在氩气和氦气为主环境中,用石墨加热器将多晶硅等多晶材料熔化,用直拉法生长无错位单晶的设备。

单晶直拉法生产单晶硅的工序:加料→熔化→缩颈生长→放肩生长→等径生长→尾部生长,如图 3-14 所示。

图 3-14 单晶直拉生长工序

(1)**加料**。将多晶硅原料及杂质放入石英坩埚内,杂质的种类依电阻的 n 或 p 型而定。常见杂质种类有硼、磷、锑、砷。

(2)**熔化**。加多晶硅原料于石英坩埚内后,关闭长晶炉并抽真空后充入高纯氩气使之维持在一定压力范围内,然后加热至熔化温度(1420 ℃)以上,将多晶硅原料熔化。

(3)**缩颈生长**。当硅熔体的温度稳定之后,将籽晶慢慢浸入硅熔体中。由于籽晶与硅熔体触时的热应力会使籽晶产生位错,必须利用缩颈生长使之消除,产生零位错的晶体。

(4)**放肩生长**。在完成细颈工序之后，须降低温度与拉制速度，使得晶体的直径渐渐增大到所需的大小。

(5)**等径生长**。在完成细颈和肩部工序之后，借着拉速与温度的不断调整，可使晶棒直径维持在±2 mm 之间，这段直径固定的部分即称为等径部分。单晶硅片取自于等径部分。

(6)**尾部生长**。在完成等径生长之后，如果立刻将晶棒与液面分开，将由于晶棒生长界面突然脱离熔硅温度使得晶棒出现位错与滑移线。为了避免此问题的发生，必须将晶棒的直径慢慢缩小，直到成一尖点而与液面分开。这一过程称为尾部生长。长完的晶棒被升至上炉室冷却一段时间后取出，即完成一次生长周期。

**3. 单晶硅太阳能电池制造**

单晶硅太阳能电池制造工序包括：原材料准备→硅片预处理→硅片制绒→硅片清洗→扩散制结→硅片清洗→边缘刻蚀→制备减反射层→印制上下电极→共烧电极→检测→包装等，如图 3-15 所示。

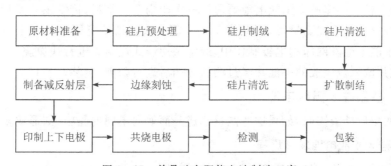

图 3-15 单晶硅太阳能电池制造工序

(1)**原材料准备**。工业制作硅电池所用的单晶硅材料，一般采用坩锅直拉法或无坩埚悬浮区熔法制备的太阳能电池单晶硅棒，原始的形状为圆柱形，然后加工成方形硅片（或多晶方形硅片），硅片一般是边长为 10~15 cm、厚度为 200~350 μm、电阻率约 1 Ω·cm 的 p 型（掺硼）。

(2)**硅片预处理**。硅片在切割加工过程中会出现大量的表面缺陷，不仅导致表面的质量较差，而且会导致在电池制造过程中碎片增多。因此要将切割损伤层去除，一般采用碱或酸腐蚀，腐蚀的厚度约 10 μm。

(3)**硅片制绒**。硅片制绒，就是把相对光滑的原材料硅片的表面通过酸或碱腐蚀，使其凸凹不平，变得粗糙，形成漫反射，减少直射到硅片表面的太阳能的损失。单晶硅一般采用 NaOH 加醇的方法腐蚀制绒，利用单晶硅的各向异性腐蚀，在表面形成无数的金字塔结构。通常碱液的温度约 80℃，浓度为 1%~2%，腐蚀时间约 15 min。

(4)**扩散制结**。扩散的目的在于形成 pn 结，目前普遍采用磷作 n 型掺杂。由于固态扩散需要很高的温度，在扩散前硅片表面的洁净非常重要，因此要求硅片在制绒后要进行清洗，即用酸来清理硅片表面的碱残留和金属杂质。扩散后清洗的目的是去除扩散过程中形成的磷硅玻璃。

(5)**边缘刻蚀**。扩散过程中,在硅片的周边表面也形成了扩散层。周边扩散层使电池的上下电极形成短路环,以致成为废品,须将它除去。工业化生产常用等离子干法刻蚀,在辉光放电条件下通过氟和氧交替对硅作用,去除含有扩散层的周边。

(6)**制备减反射层**。制备减反射层的目的在于减少表面反射,增加折射率。目前广泛使用等离子体增强化学气相沉积(Plasma Enhanced Chemical Vapor Deposition,PECVD)淀积 SiN,由于 PECVD 淀积 SiN 时,不光是生长 SiN 作为减反射膜,同时生成了大量的氢原子,这些氢原子对多晶硅片具有表面钝化和体钝化的双重用途,可用于大批量生产。

(7)**印制上下电极**。电极的制备不仅决定了发射区的结构,也决定了电池的串联电阻和电池表面被金属覆盖的面积。最早采用真空蒸镀或化学电镀技术,而现在普遍采用丝网印刷法,即通过特殊的印刷机和模版将银浆铝浆(银铝浆)印刷在太阳能电池的正背面,以形成正负电极引线。

(8)**共烧电极**。晶体硅太阳能电池要通过三次印刷金属浆料,传统工艺要用两次烧结才能形成良好的金属电极欧姆接触,而共烧工艺只需一次烧结就可同时形成上下电极的欧姆接触。在太阳能电池丝网印刷电极制作中,通常采用链式烧结炉进行快速烧结。

(9)**电池片测试**。完成的电池片经过测试分档后进行归类、包装。

### 3.4.2　多晶硅太阳能电池

当熔融的单质硅凝固时,如果这些晶核长成晶面取向不同的晶粒,则形成多晶硅。

**1. 多晶硅太阳能电池发展历程**

多晶硅的质量虽然不如单晶硅,但无须耗时耗能的拉单晶过程,生产成本只有单晶硅的 1/20,而且通过吸杂、钝化、建立界面场等技术可以维持较高的少子寿命,因此多晶硅组件具有更大的成本下降空间,提高多晶硅电池效率的研究工作也因此受到普遍重视。近十年来,多晶硅太阳能电池发展很快,其中具有代表性的研究机构是佐治亚理工学院、新南威尔士大学和(日本)京瓷集团。

(1)**佐治亚理工学院**。佐治亚理工学院(Georgia Tech.)光伏研究与教育卓越中心(Center of Excellence for Photovoltaic Research and Education)以热交换法(Heat Exchange Method,HEM)制备的多晶硅片作为衬底(电阻率为 0.652 $\Omega \cdot cm$、厚度为 280 $\mu m$),通过磷吸杂去除部分杂质,并通过磷扩散形成 $n^+$ 发射极,采用快速热过程制备铝背场,采用剥离工艺(lift-off)制备了 Ti/Pd/Ag 前电极,并复合成双层减反射膜,制备的面积为 1 $cm^2$ 的电池效率达到 18.6%。

(2)**新南威尔士大学**。新南威尔士大学(The University of New South Wales,UNSW)太阳能产业研究中心以多晶硅片为衬底,制备出结构与 PERL 电池类似的多晶硅电池,不同之处在于通过光刻和腐蚀工艺制备了蜂窝结构的表面织构。采用该工艺的面积为 1 $cm^2$ 的电池的转换效率达到 19.8%,该工艺打破了多晶硅电池不适合采用高温过程的传统观念。

（3）**（日本）京瓷集团**。日本京瓷集团（Kyosera）对多晶硅衬底进行了晶界钝化和表面钝化，采用反应粒子刻边技术形成织构化表面，采用等离子体化学气相沉积工艺制备了 SiN 减反射钝化膜，采用丝网印刷法制备了铝背场电极和前面栅线，以此形成多晶硅太阳能电池。采用上述工艺制备的面积为 15 cm×15 cm 的多晶硅电池的效率达到 17.1%。

目前，实验室多晶硅太阳能电池的最高转换效率已经达到 20.3%，工业上生产的多晶硅太阳能电池的转换效率也可以达到 13%～16%。

多晶硅薄膜太阳能电池是兼具单晶硅电池的高转换效率和长寿命以及非晶硅薄膜电池的材料制备工艺相对简化等优点的新一代电池，其转换效率一般为 12% 左右，稍低于单晶硅太阳能电池，没有明显效率衰退问题。同时将多晶硅薄膜生长在低成本衬底材料上，用相对薄的晶体硅层作为太阳能电池的激活层，不仅能够保持晶体硅太阳能电池的高性能和稳定性，而且材料用量下降，成本也随之降低。

**2. 多晶硅的光生载流子控制**

多晶硅太阳能电池的制造工艺与单晶硅太阳能电池基本一致，所用的设备也完全相同，只是在制造过程中要尽量降低光生载流子在多晶硅中杂质和晶界上的复合，目前普遍采用的方法有以下几种。

（1）**磷和铝吸杂法**。磷和铝吸杂法是在多晶硅表面沉积磷层或铝层，或用三氯氧磷液态源在硅片表面预扩散，使其在多晶硅片表面产生缺陷，并使杂质在高温下向高缺陷区富集，然后将该层去掉即可除去部分杂质。研究表明，吸杂的效果主要取决于吸杂材料、杂质的种类及含量。基片中氧和碳的含量越高，吸杂的效果就越差。有学者提出了磷吸杂模型，即吸杂的速率受控于两个步骤：吸杂温度的下限由金属杂质的释放和扩散过程决定；吸杂的最佳温度由杂质的分凝过程决定。常规铝吸杂工艺是在电池背面蒸镀铝膜，然后进行烧结，也可以在吸杂的同时形成电池的背场，该工艺对高效单晶硅电池和多晶硅电池都有一定的作用。

（2）**晶界和表面钝化法**。晶界钝化和表面钝化是提高多晶硅质量的有效方法。在约 450 ℃下，用氮氢混合气体（20% 氢气＋80% 氮气）对晶界进行氢钝化处理，可大大降低晶界中悬挂键的浓度，从而降低光生载流子在晶界上的复合，提高太阳能电池的转换效率。在晶体生长中，受应力等影响造成缺陷越多的硅材料，氢钝化的效果越好。目前，大部分多晶硅太阳能电池采用 PECVD 法制备氮化硅减反射薄膜。在氮化硅减反射薄膜的制备过程中会有等离子态的氢进入基片，对多晶硅的晶界起钝化作用。在高效太阳能电池上，常采用表面氧钝化技术来提高太阳能电池的效率，其中热氧化法具有显著的钝化效果。PECVD 法可以在较低温度下进行表面氧化处理，并且具有一定的钝化效果，近年来逐渐被采用。

（3）**界面结构法**。界面结构法是通过建立界面场在多晶硅太阳能电池的 n 型区重掺杂磷，使磷向 n 型区的晶界两侧扩散形成 $n^+/n^-$ 的界面结构，在 p 型区重掺杂铝，使铝向 p 型区的晶界两侧扩散形成 $p^+/p^-$ 的界面结构，这两种结构在相应边界产生界面场，能够阻止光生载流子在晶界上的复合，从而大大提高太阳能电池的光电转换效率。

### 3. 多晶硅太阳能电池用多晶硅锭制造

多晶硅太阳能电池的制造工艺与单晶硅太阳能电池基本一致,作为电池片原材料源头的多晶硅铸锭的制备就显得尤为重要。

太阳能电池用多晶硅锭是一种柱状晶,晶体生长方向垂直向上,是通过定向凝固(也称可控凝固、约束凝固)过程来实现的,即在结晶过程中,通过控制温度场的变化,形成单方向热流(生长方向与热流方向相反),并要求液固界面处的温度梯度大于0,横向则要求无温度梯度,从而形成定向生长的柱状晶。

多晶硅片的制备流程如图3-13所示,其中铸锭是将各种来源的硅料高温熔融后通过定向冷却结晶,使其形成硅锭的过程。硅料被加热完全熔化后,通过定向凝固块将硅料结晶时释放的热量辐射到下炉腔内壁上,使硅料中形成一个竖直温度梯度。这个温度梯度使坩埚内的硅液从底部开始凝固,晶体从熔体底部向顶部生长。硅料凝固后,硅锭经过退火、冷却后出炉。多晶硅铸锭的制备过程如图3-16所示。

图3-16 多晶硅铸锭制备过程

(1)**备料**。硅料的种类大致有原生多晶硅、多晶碳头硅料、多晶硅锭回收的硅料、单晶棒或单晶头(尾)料、单晶硅坩埚底料、单晶碎硅片、其他半导体工业的边脚料等。对多晶硅的原硅料和回收料可使用 pn 类型测试仪和电阻率进行分档分类。

(2)**装炉**。装入的块料大小要尽量均匀,碎料可用来填缝隙。在装入一半的硅料后,加入掺杂剂,然后继续加入硅料,直至达到规定数量为止。

(3)**加热**。在真空状态下开始加热,按照一定的工艺程序对硅料、热场、坩埚等进行排湿、排杂。

(4)**熔化**。熔化与加热的作用,是将固体硅转化成液体硅,温度最高可达 1560 ℃。

(5)**长晶**。进入长晶阶段,打开隔热笼,坩埚内硅液顺着温度梯度,从底部向顶部定向凝固。

(6)**退火**。因在长晶阶段硅锭存在温度梯度,内部存在应力,若直接冷却出炉,硅锭存在隐裂,在开方和线切阶段,外力作用会使硅片破裂,需要经过退火使硅锭内部温度一致,消除硅锭内的应力。

(7)**冷却**。冷却阶段隔热笼慢慢打开,压力逐渐上升。冷却阶段时间较长,其作用与退火一样重要,直接影响硅锭的性能。

### 3.4.3　非晶硅薄膜太阳能电池

硅基薄膜太阳能电池包括非晶硅、微晶硅、多晶硅薄膜电池及多结叠层电池,其中,非晶硅基单结电池和非晶/微晶叠层电池是硅基薄膜电池的主流,已经得到大规模的生产和应用。

非晶硅薄膜太阳能电池是一种以非晶硅化合物为基本组成的薄膜太阳能电池。1976年美国 RCA 实验室 Spear 等人在形成和控制 pn 结工作的基础上利用光生伏特效应制成世界上第一个 a-Si 太阳能电池,揭开了 a-Si 在光电子器件或 PV 组件中应用的帷幕。

因为非晶硅对太阳光的吸收系数大,故非晶硅太阳能电池可以做得很薄,通常硅膜厚度仅为 $1~\mu m$ 左右,是单晶硅或多晶硅电池厚度(0.3 mm 左右)的 1/300,所以制作非晶硅电池资源消耗极少。由于它在降低成本方面的巨大潜力引起了世界各国研究机构、企业和政府的普遍重视。

#### 1. 非晶硅薄膜太阳能电池结构与分类

(1)**物理基础**。由于光子、电子、声子的相互作用仅发生在距电池材料表面几微米的深度内,这为制造薄膜太阳能电池提供了物理基础。薄膜电池中半导体材料的厚度一般小于 $3~\mu m$,远小于晶体硅电池片(150～300 $\mu m$)的厚度。大面积沉积的薄膜太阳电池通常以玻璃、不锈钢或聚合物等廉价的材料为基底。制备的薄膜材料通常为非晶或多晶结构,具有较低的迁移率和少子寿命。

(2)**基本结构**。非晶硅薄膜太阳能电池的典型结构如图 3-17 所示,其核心是 p-i-n 三层硅薄膜。其中,p 层(p 型非晶硅层)通常采用磷掺杂,为重掺杂层,一方面与透明导电氧化物(Transparent Conductive Oxide,TCO)层形成良好的欧姆接触,另一方面作为窗口层;p 层的厚度通常为 10 nm。为改善 p/i 界面的质量,通常在 p-i 之间增加一层缓冲层(Superstrate);i 层(本征非晶硅层)为入射光的吸收层,i 层厚度太小将不能对入射太阳光进行充分的吸收,厚度太大又不能对光生载流子进行充分的收集。

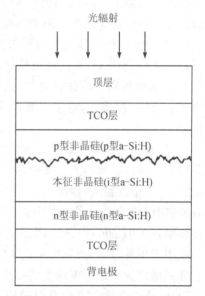

图 3-17　非晶硅薄膜太阳能电池基本结构

研究表明,i 层厚度为 300 nm 时,器件的光吸收与载流子输运达到较好的平衡;n 层(n 型非晶硅层)通常采用硼掺杂,为重掺杂层,与 TCO 层形成较好的欧姆接触。

(3)**主要分类**。与单晶硅和多晶硅相比,非晶硅中原子的配位数、最近邻原子之间的键长和键角基本不变,但其 X 射线衍射谱和电子衍射谱出现模糊的晕环,也就是说,非晶硅具有短程有序性,而不具有长程有序性,其电子态仍然可以用能带来表征,但有定域化的带尾态和带隙态出现。纳米硅和微晶硅由尺寸为几纳米至几十纳米的硅晶粒自镶嵌在非晶硅基质中构成,其电子衍射谱呈现一些结晶的环状特征,故称为纳米硅或微晶硅。习惯上不对纳米硅和微晶硅进行严格的区分,而将二者划归非晶硅基类材料。

**2. 非晶硅薄膜太阳能电池主要优缺点**

非晶硅薄膜电池主要有以下优点。

(1)**质量轻、比功率高**。在不锈钢衬底或聚合物衬底上制备的非晶硅薄膜电池质量轻、柔软,具有很高的比功率,其中,在不锈钢衬底上的比功率可达 1000 W/kg,在聚合物衬底上的比功率最高可达 2000 W/kg,而晶体硅的比功率一般仅 40~100 W/kg。

(2)**抗辐照性能好**。晶体硅太阳能电池和砷化镓太阳能电池在受到宇宙射线粒子辐照时,少子寿命明显下降。如单位面积上电子能量达到 $1 \times 10^{16}$ eV/cm$^2$ 时,其输出功率下降60%。非晶硅太阳能电池则表现出良好的抗辐照能力,这是因为宇宙射线粒子的辐照不会或很少影响非晶硅电池中载流子的迁移率,但却能大大减少晶体硅太阳能电池和砷化镓太阳能电池中少子的扩散长度,使电池的内量子效率下降。在相同的粒子辐照通量下,非晶硅电池的抗辐照能力(效率为 10%,AM0 条件下)约为单晶硅或太阳能电池的 50 倍,具有良好的稳定性。多结的非晶硅太阳能电池比单结的非晶硅太阳能电池具有更高的抗辐照能力。

(3)**高温性能好**。非晶硅材料带隙更宽,比单晶硅和砷化镓材料有更好的温度特性。在同样的工作温度下,非晶硅电池的饱和电流远小于单晶硅电池和砷化镓电池,而短路电流的温度系数却高于晶体硅电池,这十分有利于在高温下保持较高的开路电压($V_{oc}$)和填充因子($f_{FF}$)。在盛夏,电池表面温度达到 60~70℃ 是常态,因此具有良好的温度特性十分重要。

(4)**光学带隙较宽**。非晶硅薄膜的光学带隙较宽,可利用的太阳辐射主要是可见光及部分紫外光。非晶硅薄膜为直接带隙结构,在太阳辐射最强的可见光谱范围内吸收系数比晶体硅高 1~2 个数量级,因此 400~500 nm 的厚度即可对入射的太阳辐射进行充分的吸收。非晶硅薄膜中载流子的迁移率和少子寿命都比较小,自由电子的迁移率为 1~10 cm$^2$/(V·s),空穴迁移率为 0.01 cm$^2$/(V·s),少子寿命约为 0.1~1 $\mu$s,扩散长度仅为几百纳米,因而 pn 结不易收集光生载流子,实际的非晶硅电池都是采用 p-i-n 结构的漂移型器件。

非晶硅薄膜太阳能电池主要存在以下两方面的问题。

(1)**光致衰退大**。光致衰退效应(Light-induced Degradation)使电池的稳定性变差,电池效率衰减可达 30% 以上。光致衰退效应是 a-Si:H 薄膜经较长时间的强光照射或电流通过,在其内部产生缺陷而使薄膜的使用性能下降,又称为 Staebler-Wronski (S-W)效应。

(2)**可利用的光谱范围窄**。光学带隙较宽(约 1.65 eV),最长吸收波长约为 700 nm,可利用的太阳光谱的范围较窄,限制了电池效率的进一步提高。

由于光致衰退大、可利用的光谱范围窄导致非晶硅薄膜电池稳定之后的光电转换效率较低,限制了单结非晶硅薄膜电池的大面积推广和应用。

**3. 非晶硅薄膜太阳能电池制备技术**

1）制备方法

利用物理气相沉积法制备的非晶硅薄膜中，硅悬挂键的密度高达 $10^{19}$ cm$^{-3}$，造成费米能级钉扎，使材料没有掺杂引起的敏感效应，因而难以通过掺杂形成 p 型和 n 型半导体，没有实际应用价值。

因此制备非晶硅薄膜主要采用化学沉积的方法，包括等离子体增强化学气相沉积（PECVD）、光化学气相沉积（Photo-CVD）和热丝化学气相沉积（Hot Wire-CVD，HW-CVD）。通过采用 PECVD 法分解硅烷（SiH$_4$）或乙硅烷（Si$_2$H$_6$）是制备非晶硅薄膜最常用的方法。利用等离子体增强化学气相沉积法分解硅烷或乙硅烷可以制备出含氢的非晶硅薄膜（a-Si：H）。进入非晶硅薄膜中的氢与非晶硅中的悬挂键形成了硅氢键，补偿了非晶硅薄膜中的缺陷态，使非晶硅中悬挂键的态密度降低到 $10^{16}$ cm$^{-3}$ 以下，因此可以利用磷或硼进行掺杂，控制电导率变化达 10 个数量级，使其具有掺杂后所应具备的敏感效应。此外，氢的存在还有增加薄膜光学带隙的作用。利用 PECVD 法制备非晶硅薄膜时，为了优化薄膜的性能，通常用氢气对硅烷进行稀释，在硅烷和氢气的混合气中，硅烷的摩尔分数约为 5%，所制备非晶硅薄膜中氢的含量通常为 5%～20%。

2）技术改进

经过 30 多年的发展，非晶硅薄膜太阳能电池在技术上取得了很大的进展，主要包括：用非晶碳化硅薄膜或微晶碳化硅薄膜来替代非晶硅薄膜作窗口材料，以改善电池的短波方向光谱响应；采用梯度界面层，以改善异质界面的输运特性；采用微晶硅薄膜作 n 型层，以减少电池的串联电阻；用绒面 SnO$_2$：F 代替平面 In$_2$O$_3$：Sn；采用多层背反射电极，以减少光的反射和透射损失，提高短路电流；采用激光刻蚀技术实现电池的集成化加工；采用分室连续沉积技术，以消除反应气体的交叉污染，提高电池的性能。

采用上述技术，非晶硅薄膜太阳能电池的光电转换效率从 2% 提高到 15%。目前，氢化非晶硅薄膜的制备技术已经相当成熟，通过改进材料质量来增加电池效率的空间已经非常小，因此，非晶硅电池的研究主要集中在陷光结构方面。

通过对 TCO 表面进行腐蚀来增加 TCO/p-Si 界面的粗糙度，使穿过 TCO/p-Si 的太阳辐射被充分散射，以此增加入射光在 i 层中的平均光程，在不增加 i 层厚度的前提下提高 i 层对入射太阳光的吸收率。硅薄膜太阳能电池常用的 TCO 材料为 SnO$_2$：F（简写为 FTO）和 ZnO：Al（简写为 AZO）材料。通过盐酸腐蚀，可以在 FTO 或 AZO 表面形成绒面，在该绒面上淀积 p-Si 时，可以形成具有绒面结构的界面。影响陷光效果的主要因素包括表面粗糙度、p 层结构与厚度。表面粗糙度越大，光散射效果越好；p 层的吸收系数和厚度越小，对入射太阳光的吸收损耗就越小，使更多的太阳辐射进入 i 层被吸收利用。除此之外，通过增加 ZnO：Al/Ag 背电极的反射率也可以提高 i 层的吸收率。

**4. 薄膜非晶硅/微晶硅叠层电池**

微晶硅薄膜既具有晶体硅的光学带隙小、稳定性高等特点，又具有非晶硅薄膜的节省材料、制备工艺简单、便于低温大面积沉积等优点,是制备薄膜太阳能电池的理想材料之一。但微晶硅电池的光学带隙较小,对短波太阳辐射的利用效率不高。

薄膜非晶硅/微晶硅叠层电池是以非晶硅薄膜电池为顶电池,微晶硅薄膜电池为底电池的叠层电池,是目前获得高效率、高稳定性的硅基薄膜电池的最佳途径。这是因为,顶层的非晶硅电池的本征吸收层比单结非晶硅电池的吸收层薄,可以大幅度降低电池的 S-W 效应的影响,提高电池的稳定性;底层的微晶硅电池可以将电池的光谱吸收从 700 nm 移动至 1100 nm 附近,提高电池的长波响应。由于微晶硅薄膜系具有较小的扩散长度和吸收系数,因而微晶硅底电池同样采用 p-i-n 结构。

在多结叠层电池中,子电池间的电流匹配是影响电池整体效率的重要因素。非晶硅/微晶硅叠层电池中,非晶硅顶电池的厚度为 200～300 nm,微晶硅底电池的厚度通常为 1～2 μm,顶电池的电流密度略低于底电池,根据电流连续性原理,整个叠层电池的短路电流密度受到顶电池的限制。提高顶电池密度的方法主要包括:增加顶电池吸收层的厚度,但厚度的增加会加剧光致衰退;在非晶硅和微晶硅之间引入中间反射层,增加非晶硅本征层的吸收。中间反射层为 TCO 材料,具有较高的电导率,其厚度由反射效果和电导率共同决定,目前研究较多的为 $ZnO$：$Al(AZO)$ 材料。

非晶硅/微晶硅叠层电池研究方面的关键问题包括以下三个。

(1)**n/p 隧穿结**。非晶硅顶电池 n 层和微晶硅底电池 p 层之间存在着 n/p 隧穿结,有较弱的整流特性,对电流传输起反向阻挡作用。此外,n/p 隧穿结还影响叠层电池的开路电压 $V_{oc}$ 和电池的热稳定性。

(2)**窗口层**。p 层是太阳电池的窗口层。一般来说,太阳电池的窗口材料应具有高电导率、低激活能以及较宽的光学带隙,以允许更多的太阳光透射到本征吸收层,增加电池的短路电流和内建电势,减少串联电阻。

(3)**p/i 界层**。决定叠层电池性能的关键是材料和界面。p/i 界面之间缓冲层可以有效降低界面的缺陷态密度,提高载流子的收集效率。

**5. 硅基太阳能电池对比**

表 3-2 与表 3-3 总结了硅基太阳能电池的优缺点与结构特点。

表 3-2 硅基太阳能电池比较

| 种类 | 优点 | 缺点 |
|---|---|---|
| 单晶硅太阳能电池 | 技术最成熟,转换效率最高 | 成本高,大幅度降低其成本很困难 |
| 多晶硅太阳能电池 | 与单晶硅相比,成本低廉,且效率高于非晶硅薄膜太阳能电池 | 转换效率低于单晶硅电池 |
| 非晶硅薄膜太阳能电池 | 成本低,质量轻,转换效率较高 | 不稳定,其材料会引发光致衰退问题 |

表 3-3　硅基太阳能电池结构特点

| 种类 | 特点 |
| --- | --- |
| 单晶硅太阳能电池 | 特性稳定,效率高;厚度为 300 $\mu m$ 以下;质硬,不可弯曲;由圆柱形单晶硅棒切割成圆片后再加工,使硅片呈矩形;拉单晶时所需温度为 1400 ℃;黑色;外形单一 |
| 多晶硅太阳能电池 | 特性稳定,效率较高;厚度为 300 $\mu m$ 以下;质硬,不可弯曲;由立方体硅锭切割,使硅片呈正方形;生产时温度为 800~1000 ℃;深蓝色;外形多样化 |
| 非晶硅薄膜太阳能电池 | 结晶初期不稳定,效率低;容易大批量生产;厚度在 1 $\mu m$ 以下;质软,可弯曲;生产温度接近 200 ℃;在软质基板上形成;表面印制透明电极;暗红色 |

## 3.5　新生代的异军突起:化合物太阳能电池

### 3.5.1　碲化镉化合物太阳能电池

碲化镉(CdTe)属于 Ⅱ-Ⅵ族化合物半导体材料,具有很好的化学稳定性和热稳定性。CdTe 属于直接带隙材料,室温下的禁带宽度为 1.45 eV,高于硅禁带宽度 1.12 eV,很接近太阳能电池所需的理想带隙。CdTe 在可见光部分的吸收系数约为 $10^4$ $cm^{-1}$,2 $\mu m$ 的厚度即可吸收 90% 以上的光子。在 AM1.5 条件下,CdTe 电池的理论转换效率高达 27%,而且 CdTe 容易沉积成大面积的薄膜,沉积速率也高,因此 CdTe 薄膜太阳能电池的制造成本较低,相对光电转换效率高,是一种具有光明应用前景的薄膜太阳能电池。CdTe 薄膜电池使用的半导体材料只有晶体硅电池的 1%。在制备 CdTe 薄膜电池时,添加禁带宽度为 2.4 eV 的 CdS 异质节结构,可以根据需要调节电池整体的禁带宽度。

**1. 碲化镉太阳能电池发展过程**

CdTe 太阳能电池的研究可以追溯到 20 世纪 50 年代。20 世纪 50 年代中期确定了 Cd-Te 的相平衡和缺陷与其半导体性质之间的关系;20 世纪 60 年代早期,制备出基于 n 型单晶和多晶 CdTe 的 CdTe/Cu₂Te 薄膜太阳能电池;20 世纪 60 年代中期,制备出基于 p 型单晶 CdTe 和 n 型 CdS 薄膜的太阳能电池;20 世纪 70 年代中期,美国无线电公司(Radio Corporation of America, RCA)实验室在 CdTe 单晶上镀 In 的合金制得 CdTe 太阳能电池,光电转换效率达 2.1%。

到 20 世纪 80 年代早期,Kodak 实验室用化学沉积法在 p 型的 CdTe 上制备一层超薄的 CdS,制备出的 CdTe/CdS 薄膜太阳能电池的转换效率达到 10% 以上;2003 年,美国 First Solar 公司采用其与美国国家可再生能源实验室(National Renewable Energy Laboratory, NREL)合作开发的高速气相传输沉积(High-Rate Vapor Transport Deposition,HRVTD)技术制备 CdTe 薄膜电池,可以在 40 s 内快速沉积一层 CdTe 或 CdS 薄膜;2004 年,基于顶层配置的 CdTe 薄膜太阳能电池的最高转换效率为 16.5%;2008 年,First Solar 公司开始大规模生产的 CdTe 组件的转化效率已达到 18.6%。

**2. 碲化镉太阳能电池结构**

CdTe 多晶薄膜电池主要有顶层配置和底层配置两种结构(见图 3-18),其中,顶层配置的薄膜电池转化效率较高,更适合制作低成本电池和多结叠层电池。

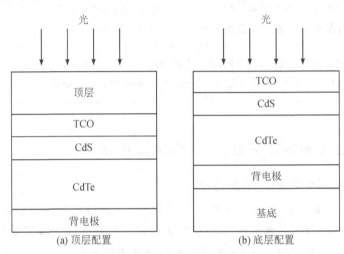

图 3-18　CdTe 顶层与底层配置结构示意图

在顶层配置结构中,CdTe/CdS 层通常沉积在透明导电氧化物(TCO)覆盖的玻璃基底上。当 CdTe/CdS 的生长温度低于 550℃ 时,可选用钙钠玻璃为基底,掺硒氧化铟($In_2O_3$:Sn,ITO)作为透明导电膜。当 CdTe/CdS 的生长温度高于 550℃(<600℃)时,可选用无碱玻璃作为基底,掺氟氧化锡($SnO_2$:F,FTO)作为透明导电膜。

在底层配置结构中,基底材料可以是玻璃、金属(钼、不锈钢)箔片或聚合物(聚酰亚胺)。采用底层配置结构的 CdTe 电池的主要优点是可以采用非透明基底制备各种轻便电池。目前,基于玻璃基底的 CdTe 电池的效率为 10%~16%,基于聚酰亚胺基底的 CdTe 电池的效率约为 11%,基于金属箔片的 CdTe 电池的效率约为 7.8%。由于轻便型薄膜太阳能电池具有很多潜在的用途,因而基于金属箔片和聚合物基底的 CdTe 薄膜太阳电池逐渐成为研究的热点。

典型的底层配置 CdTe 薄膜电池结构如图 3-19 所示,其是由玻璃/$SnO_2$/CdS/CdTe/电极组成,包括:①盖板玻璃,常用钠钙玻璃;②透明导电氧化物

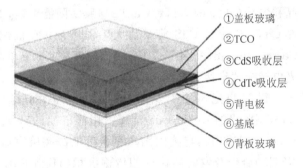

①盖板玻璃
②TCO
③CdS吸收层
④CdTe吸收层
⑤背电极
⑥基底
⑦背板玻璃

图 3-19　底层配置 CdTe 薄膜电池的结构

（TCO），氧化锡（$SnO_2$）；③CdS 吸收层，用化学水浴沉积法（Chemical Bath Deposition，CBD）制备；④CdTe 吸收层，用近空间升华、气体输运沉积或电沉积制备；⑤背电极，常用含有 CuTe 和 HgTe 的碳糊；⑥基底，乙烯-醋酸乙烯酯共聚物（Ethyl Vinyl Acetate，EVA）；⑦背板玻璃，常用钠钙玻璃。

晶体硅电池在较高的工作温度下电压下降，导致转换效率下降。而 CdTe 薄膜电池的转换效率受高温的影响并不太大，输出功率相对稳定。在阴雨天或清晨、黄昏，入射太阳光以散射光为主。在这样的弱光条件下，相同额定功率的 CdTe 薄膜电池的输出功率仍然高于晶体硅电池，所以其具备更好的温度稳定性。

在 CdS/CdTe 薄膜电池中，CdS 有直接带隙 2.4 eV，在入射光进入 CdTe 吸收层之前，它吸收紫外光和蓝绿光，使这些高能量的光子不能够有效地产生光伏作用。所以，CdS/CdTe 薄膜电池在短波长范围内量子效率较低。

加入荧光有机染料的混合层可以改善这个问题。荧光有机染料廉价且光学稳定性高，也不需要改变 CdS/CdTe 薄膜电池的基本结构。染料层的作用，是把易被 CdS 吸收的短波长的光子，转换成高量子效率的长波长光子，发生荧光红移。荧光有机染料可以使 CdS/CdTe 薄膜电池的短路电流密度提高 3.1 $mA/cm^2$，AM1.5 时的转换效率从 9.6％提高到 11.2％。

**3. 碲化镉薄膜的制备**

CdTe 薄膜的制备是发展碲化镉太阳能电池的关键，人们先后开发出原子层外延法、电化学沉积法、喷雾法、近空间升华法、气相输运法、阳极电镀法、化学气相沉积法、真空蒸镀法、丝网印刷法、电子束蒸发法、激光融覆法、分子束外延和磁控溅射法等一系列 CdTe 薄膜制备技术，其中，近空间升华法（Close Space Sublimation，CSS）和气相输运法是最主要的制备方法。到目前为止，在玻璃衬底上制备出的最高效率的 CdTe 电池都是采用这两种方法。

1）近空间升华法

CSS 法沉积设备如图 3-20 所示。CSS 采用金属卤素灯（卤钨灯）作为加热源，石墨作为吸

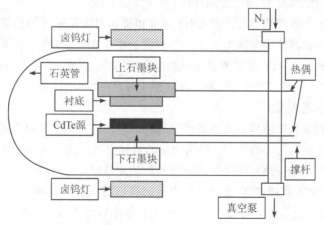

图 3-20　CSS 法沉积设备示意图

热材料,高纯 CdTe 薄片或粉料作为源材料,石墨块之间的距离为 1～30 mm,基底温度为550～650℃,源材料温度比基底高 80～100℃。反应室中充入氮气(或氩气)作为保护气体,腔室气压为 750～7500 Pa。

采用 CSS 法制备 CdTe 薄膜的过程中,影响薄膜质量的主要因素为:衬底温度及衬底与原材料之间的温度梯度。CdTe 薄膜中的晶粒尺寸通常为 2～5 $\mu$m,并随衬底温度和薄膜厚度的增加而增加。当衬底温度高于 600℃时,CdS 与 CdTe 将发生组分互扩散,其结果是在 CdS/CdTe 界面两侧形成 CdTe$_{1-y}$S$_y$ 三元相,使 pn 结的分界面偏离 CdS/CdTe 界面,形成 CdTe 同质结光电池,降低了光生载流子的复合率,提高了少子寿命和收集概率,优化了器件的电学性能。当衬底温度低于 600℃时,可使用廉价的钠钙玻璃替代硼硅玻璃,降低生产成本。CdTe 薄膜的沉积速率通常为 1.6～160 nm/s,最高可达 750 nm/s,主要由原材料温度和腔室气压决定。

CSS 法也可以用于 CdS 薄膜的制备。在制备 CdS 薄膜时,可以在沉积室中通入适量氧气,促使 CdS$_{1-y}$Te$_y$ 三元相形成,采用高温形核、低温生长的工艺形成带隙渐变结构,可以增加器件的开路电压和填充因子,降低反向电流,提高器件的光电转换效率。

2)气相输运法

气相输运法采用适当气体把气相 Cd、Te 单质输运至热衬底上直接化合沉积生长 CdTe。常用的输运气体是 H$_2$、He。该技术可以通过控制掺杂剂的浓度和分布精确控制膜的组分,以及进行衬底表面原位清洗。薄膜的沉积速率取决于 Cd、Te 分压和衬底温度。Te/Cd 摩尔比值略高于化学计量比时,膜为 p 型半导体;略低于化学计量比时,膜为 n 型半导体;接近化学计量比时为高电阻率(约 10000 $\Omega$·cm)的 p 型或 n 型半导体。当 Te/Cd 的摩尔比值为 1.15 时,膜的电阻率最低(约 200 $\Omega$·cm)。在反应气体中掺入 PH$_3$ 或 AsH$_3$,可使 p-CdTe 薄膜的电阻率降低至 200 $\Omega$·cm。

**4.碲化镉薄膜太阳能电池制备工艺改进**

为了进一步提高 CdTe 薄膜电池的性能,常采用以下措施。

(1)**采用较小的 CdS 厚度和较大的 CdTe 厚度以提高对太阳辐射的利用率**。CdS 薄膜为直接带隙的半导体材料,其禁带宽度为 2.42 eV,对波长小于 510 nm 的太阳辐射具有较大的吸收系数。因此,为了提高 CdTe 薄膜对太阳辐射的利用率,需要采用较小的 CdS 厚度(30～200 nm)和较大的 CdTe 厚度(2～10 $\mu$m),以减少入射光在窗口层的损失,从而增加电池的短波响应,以提高短路电流密度。

(2)**采用合适的费米能级以控制界面形成极性**。合适的费米能级可以避免在 TCO/CdS 界面形成极性区,导致生成与 CdS/CdTe 界面相反的自建电场。适当的制备工艺可以制得费米能级在 0.3～0.5 eV 的 CdS 薄膜,使器件的能带匹配达到最佳。

(3)**采用低阻 TCO/高阻 TCO 复合层作为前电极以防止局部短路**。CdTe 电池也采用低阻 TCO/高阻 TCO 复合层作为前电极,其目的是为了避免 CdS 太薄引起的局部短路。除了 ITO 和 FTO 外,低阻 Cd$_2$SnO$_4$/高阻 Zn$_2$SnO$_4$ 复合层也常用作前电极的透明导电层。

(4)**采用重 p 型掺杂或高载流子浓度的缓冲层以降低接触势垒**。背电极金属要与 p-CdTe

形成欧姆接触,它的功函数需要大于 5.7 eV,但没有这样的金属材料(金属中 Pt 功函数最高,为 5.39 eV),这必然会导致在背电极处形成肖特基势垒。背电极势垒高度超过 0.5 eV 会导致电池填充因子迅速下降。为了解决这一问题,采用化学刻蚀法对 CdTe 表面进行重 p 型掺杂,或者使用高载流子浓度的缓冲层,并通过退火使一些缓冲层材料扩散进入 CdTe,改变其带隙和界面态,以此降低接触势垒。通常用作缓冲层/金属联合体的材料有 Cu/Au、Cu/石墨,或者掺 Hg 和 Cu 的石墨,掺 Cu 的 ZnTe、Cu/Mo 等,另外,无 Cu 的背电极有 Ni:P、ZnTe、Au/Ni、$Sb_2Te_3$/Ni 等。

**5. 碲化镉薄膜太阳能电池未来的发展**

CdTe 薄膜太阳能电池的制备方法简单,生产成本低,因而商品化进展快。未来,CdTe 薄膜太阳能电池研究将重点关注以下方面。

(1)**进一步提高光电转换效率**。通过优化电池结构和各层材料的制备工艺提高光电转换效率,可采取的措施有:适当减小 CdS 窗口层厚度;用含铁量低的高透过率玻璃作顶板玻璃;在 $SnO_2$:F 前电极和 CdS 之间增加 $SnO_2$ 本征层;使用 $CdSnO_4$ 膜作前电极等。

(2)**进一步降低生产成本**。降低生产成本的途径包括降低各层的沉积温度(<600 ℃);使用廉价的钠钙玻璃作为衬底;开发湿法刻蚀工艺(沉积金属背电极前采用)的替代工艺;发展气相氯化物热处理工艺。

(3)**进一步提高电池背电极的稳定性**。提高电池背电极的稳定性是影响 CdTe 电池稳定性的主要因素,在重掺杂过渡层和 CdTe 间蒸镀本征薄层,发展新的电极材料,可解决其稳定性问题。

(4)**进一步提高环保性**。CdTe 电池的商业化程度与镉化合物造成的环境污染及对生产操作人员的健康的危害有必然的联系。用常规化学反应方法可以回收利用生产废料、不合格电池及使用寿命已到的电池中的碲和镉元素,使电池的生产和使用对环境的影响符合环保要求。

### 3.5.2　铜铟镓硒化合物太阳能电池

铜铟硒薄膜太阳能电池是以多晶 $CuInSe_2$(CIS)半导体薄膜为吸收层的太阳能电池,金属镓元素部分取代铟,又称为铜铟镓硒(CIGS)薄膜太阳能电池。CIGS 材料属于 I-III-VI 族四元化合物半导体,具有黄铜矿的晶体结构。CIGS 薄膜太阳能电池自 20 世纪 70 年代出现以来,得到非常迅速的发展。和非晶硅相比,CIGS 晶体内部缺陷少,性能更稳定,组件寿命达 25 年。在组件使用过程中,铜离子的移动可以修复缺陷,因此组件性能会不断地提高,这和非晶硅的光致衰退效应或 S-W 效应恰恰相反。

**1. 铜铟镓硒太阳能电池发展过程**

1976 年,缅因大学首次报道了 CIS/CdS 异质结薄膜太阳能电池,CIS 薄膜材料由单晶 $CuInSe_2$ 与 Se 二源共蒸发制备。厚度 5~6 μm 的 p-CIS 薄膜沉积在覆有金膜的玻璃衬底上,然后蒸发沉积 6 μm 的 CdS 作为窗口层形成异质结,电池的效率达到了 4%~5%,开创了 CIS 薄膜电池研究的先例。

1981年,波音(Boeing)公司制备出转换效率9.4%的多晶CIS薄膜太阳能电池,衬底选用普通玻璃或者氧化铝,溅射沉积Mo层作为背电极。CIS薄膜采用"两步工艺"制备,即先沉积低电阻率的富Cu薄膜,后生长高电阻率的贫Cu薄膜。蒸发本征CdS和In掺杂的低阻CdS薄膜作为n型窗口层,最后蒸发Al电极完成电池的制备,由此奠定了CIS薄膜电池的器件结构基础。

1994年,美国国家可再生能源实验室(NREL)发明了"三步共蒸发工艺",在小面积CIGS电池制备上取得突破,制备的CIGS太阳电池的转换效率达到了15.9%,2008年转换效率达到了19.9%。

2014年,德国巴登-符腾堡太阳能和氢能研究中心(The Center for Solar Energy and Hydrogen Research,Baden-Württemberg,ZSW)宣布研制出的CIGS电池转换效率达到21.7%;2019年,美国MiaSolé Hi-Tech Corp.和欧洲Solliance Solar Research合作研发的新型柔性CIGS太阳能电池转换效率达23%,是该项电池新的世界纪录。

**2. 铜铟镓硒太阳能电池结构**

CIGS太阳能电池结构如图3-21所示。玻璃基板上由钼做成背电极(厚度为$0.4\sim0.8~\mu m$),其上是p型半导体($Cu(InGa)Se_2$,约$2~\mu m$),接着是载流子缓冲层(约$0.05~\mu m$),最后是透光的氧化锌(ZnO)窗。其中最主要的元素是Ga,它可调节半导体的电势壁垒的幅宽($1.0\sim1.7~eV$)。

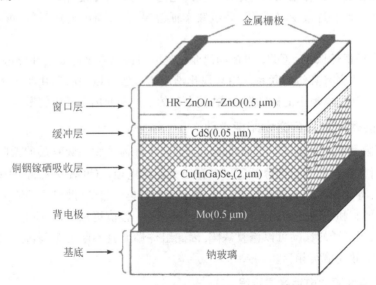

金属栅极

窗口层 → $HR-ZnO/n^--ZnO(0.5~\mu m)$

缓冲层 → $CdS(0.05~\mu m)$

铜铟镓硒吸收层 → $Cu(InGa)Se_2(2~\mu m)$

背电极 → $Mo(0.5~\mu m)$

基底 → 钠玻璃

图3-21 涂有CIGS光吸收膜的玻璃基板光伏电池

CIGS太阳能电池是薄膜型太阳能电池中效率最高的一种,具有以下特点:三元CIS薄膜的禁带宽度是$1.04~eV$,通过适量的Ga取代In,成为多晶固溶体,其禁带宽度可以在$1.04\sim1.67~eV$范围内连续调整;CIGS是一种直接带隙材料,其可见光的吸收系数大致为$10^5~cm^{-1}$;

CIGS 吸收层厚度只需 $1.5\sim2.5\ \mu m$,整个电池的厚度为 $3\sim4\ \mu m$;转换效率高,小面积 CIGS 太阳电池的转换效率已达到 $19.9\%$;制造成本和能量偿还时间将远低于晶体硅太阳能电池;抗辐照能力强,用作空间电源有很强的竞争力;电池稳定性好,基本不衰减;弱光特性好。因此 CIGS 薄膜太阳能电池有望成为新一代太阳能电池的主流产品之一。

**3. 铜铟镓硒太阳能电池制备**

CIGS 薄膜材料吸收层的制备方法包括多元共蒸发法、金属预制层后硒化法、电镀法、喷涂热解法和丝网印刷等,这里重点介绍多元共蒸发法和金属预制层后硒化法。

1)多元共蒸发法

多元共蒸发法是沉积 CIGS 薄膜使用最广泛和最成功的方法,用这种方法成功地制备了最高效率的 CIGS 薄膜电池。共蒸发工艺可分为一步法、两步法和三步法。因为 Cu 在薄膜中的扩散速度足够快,所以无论采用哪种工艺,在薄膜的厚度中,Cu 基本呈均匀分布。相反,In、Ga 的扩散较慢,In/Ga 流量的变化会使薄膜中I族元素存在梯度分布。在三种方法中,Se 的蒸发总是过量的,以避免薄膜缺 Se。过量的 Se 并不化合到吸收层中,而是在薄膜表面再次蒸发。

现在一般采用的是美国可再生能源实验室开发的三步共蒸发工艺沉积方法。首先,衬底温度保持在 $350\ ℃$ 左右,真空蒸发 In、Ga、Se 三种元素,制备 (In,Ga)Se 预置层;其次,将衬底温度提高到 $550\sim580\ ℃$,共蒸发 Cu、Se,形成表面富 Cu 的 CIGS 薄膜;然后,保持第二步的衬底温度不变,在富 Cu 的薄膜表面根据需要补充蒸发适量的 In、Ga、Se,最终得到成分为 $CuIn_{0.7}Ga_{0.3}Se_2$ 的薄膜。

与其他制备工艺相比,三步法沉积得到的 CIGS 薄膜具有更加平整的表面,薄膜的内部非常致密均匀,从而减少了 CIGS 层的粗糙度,可以改善 CIGS 层与缓冲层的接触界面,在减少漏电流的情况下,提高了内建电场,同时也消除了载流子的复合中心。三步法中的富 Cu 过程,主要是为了增加薄膜晶粒的大小,大的晶粒就意味着少的晶界,最后降低了载流子的复合。三步法的另一个优点是能够得到有利于提高器件短路电流和开路电压的 Ga 梯度曲线。Ga 含量在 Mo 电极接触侧更高,这种 Ga 分布有利于载流子向空间电荷区输运,同时减少其在 Mo 背接触电极区域的复合,最终提高电池的开路电压。另一方面,薄膜前部 Ga 的梯度变化,主要是增加禁带宽度,提高器件在长波波段区域的量子效率,也就提高了电池的短路电流。

2)金属预制层后硒化法

金属预制层后硒化法是指首先制备金属合金预制层(CIG),然后对金属预制层进行硒化使之形成 CIGS 吸收层的一种薄膜制备方法。硒化法包括固态源硒化和 $H_2Se$ 硒化等方法。金属预制层后硒化工艺流程如图 3-22 所示。

预置层的沉积有真空工艺和非真空工艺。真空工艺包括蒸发法和溅射法,沉积含 Se 或者不含 Se 的 (Cu,In,Ga) 叠层、合金或者化合物。非真空工艺主要包括电沉积、喷洒热解和化学喷涂等。其中溅射预制层后硒化法已成为目前获得高效电池及组件的主要工艺方法。一般采用直流磁控溅射方法制备 (Cu,In,Ga) 预置层,在常温下按照一定的顺序溅射 Cu、Ga 和 In。溅射过程中叠层顺序、叠层厚度和 Cu-In-Ga 元素配比对薄膜合金程度、表面形貌等影响尤为明

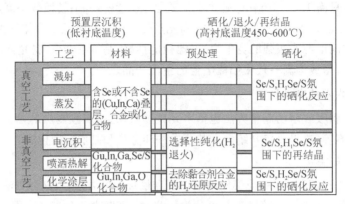

图 3 - 22　金属预制层后硒化工艺流程图

显,并直接影响薄膜与 Mo 电极间的附着力。溅射功率主要影响薄膜的沉积速率、表面粗糙度及预置层中各元素的化学计量比;工作气压主要影响薄膜的晶粒尺寸、表面粗糙程度、致密度和沉积速率;溅射次序则影响预制层的附着力、表面形貌和合金化程度。通过控制溅射气压、溅射功率、溅射顺序等参数可以制备出性能较好的 CIG 金属预制层,通过调节各靶的相对功率可以调节各元素的化学计量比,从而制备出均匀、致密的 CIG 预制层薄膜。

　　溅射后硒化法的难点主要集中在后硒化工艺,后硒化工艺的难点在于硒化过程。硒化过程中,使用的 Se 源有气态硒化氢($H_2Se$)、固态颗粒和二乙基硒(($C_2H_5$)$_2$Se,DESe)等三种。合理控制硒化气氛的气流分布、衬底加热器分布和过程控制等就成了重要问题。

　　由于固态源硒化法的设备简单,操作方便,而且可以避免使用剧毒的 $H_2Se$ 气体,因而逐渐成为主要方法。但该方法的 Se 蒸气压难以控制,易于造成 In 与 Ga 元素损失,降低材料利用率的同时导致 CIGS 薄膜偏离化学计量比,因此,需要对固态的 Se 采用高温活化等措施。

### 3.5.3　Ⅲ-Ⅴ族化合物太阳能电池

　　周期表中Ⅲ族元素与Ⅴ族元素形成的化合物简称为Ⅲ-Ⅴ族化合物。Ⅲ-Ⅴ族化合物是继锗(Ge)和硅(Si)材料以后发展起来的半导体材料。由于Ⅲ族元素与Ⅴ族元素有许多种组合可能,所以Ⅲ-Ⅴ族化合物材料的种类繁多,其中最主要的是砷化镓(GaAs)及其相关化合物组成的GaAs 基系Ⅰ-Ⅴ族化合物,其次是以磷化铟(InP)和相关化合物组成的 InP 基系Ⅲ-Ⅴ族化合物。

**1.Ⅲ-Ⅴ族化合物太阳能电池概述**

　　GaAs 是一种典型的Ⅲ-Ⅴ族化合物半导体材料。GaAs 的晶格结构与硅相似,属于闪锌矿晶体结构;与硅不同的是,Ga 原子和 As 原子交替地占位于沿体对角线位移 1/4 晶格长度的各个面心立方的格点上。

　　GaAs 具有直接带隙能带结构,其禁带宽度 $E_g = 1.42$ eV(300 K),处于太阳能电池材料所要求的最佳禁带宽度范围。由于 GaAs 材料具有直接带隙结构,所以它的光吸收系数大。GaAs 的光吸收系数在光子能量超过其禁带宽度后,急剧上升到 $10^4$ cm$^{-1}$ 以上。当光子能量大

于 $E_g$ 的太阳光进入 GaAs 后,仅经过 1 μm 左右的厚度,其光强因本征吸收激发光生电子-空穴对衰减到原值的 $1/e$ 左右(这里 e 为自然对数的底),经过 3 μm 以后,95% 以上的这一光谱段的阳光已被 GaAs 吸收。所以,GaAs 太阳能电池的有源区厚度多选取在 3~5 μm。

GaAs 基系太阳能电池具有较强的抗辐照性能。辐照实验结果表明,经过 1 MeV 高能电子辐照,即使其单位面积电子能量达到 $1×10^{15}$ $eV/cm^2$ 之后,GaAs 基系太阳能电池的能量转换效率仍能保持原值的 75% 以上,这意味着其在太空中具备更好的稳定性。

GaAs 太阳能电池的温度系数较小,能在较高的温度下正常工作。太阳能电池的效率随温度的升高而下降,而电池的短路电流随温度升高还略有增加。在较宽的温度范围内,电池效率随温度的变化近似线性,GaAs 电池效率的温度系数约为 $-0.23\%/℃$,而 Si 电池效率的温度系数约为 $0.48\%/℃$。

GaAs 基系太阳能电池的优点正好符合空间环境对太阳能电池的要求:效率高、抗辐照性能好、耐高温、可靠性高。GaAs 基系太阳能电池的缺点主要有:GaAs 材料的密度较大($5.32$ g/$cm^3$),为 Si 材料密度($2.33$ g/$cm^3$)的两倍多;GaAs 材料的机械强度较弱,易碎;GaAs 材料价格昂贵,约为 Si 材料价格的 10 倍。

InP 基系太阳能电池的抗辐照性能比 GaAs 基系太阳能电池更好,但转换效率略低,而且 InP 材料的价格比 GaAs 材料更贵。但在叠层电池的研究开展以后,InP 基系材料得到了广泛的应用。用 InGaP 三元化合物制备的电池与 GaAs 电池相结合,作为两结和三结叠层电池的顶电池具有特殊的优越性。近年来,在高效叠层电池的研制中,人们普遍采用Ⅲ-Ⅴ族化合物作为各个子电池材料,如 GaInP、AlGaInP、InGaAs、GaInNAs 等材料,这就把 GaAs 和 InP 两个基系的材料结合在一起了。

**2. 主要Ⅲ-Ⅴ族太阳能电池**

Ⅲ-Ⅴ族化合物半导体材料中最具代表性的是 GaAs 材料,GaAs 的同质结、异质结及多结层结构,是Ⅲ-Ⅴ族太阳能电池的典型代表。

1)GaAs/GaAs 同质结太阳能电池

在研究初期,人们普遍采用液相外延(Liquid Phase Epitaxy, LPE)技术来研制 GaAs 太阳能电池。衬底采用 GaAs 单晶片,生长出的电池为 GaAs/GaAs 同质结太阳能电池。LPE 技术的设备简单,价格便宜,生长工艺也相对简单、安全,毒性较小,是生长 GaAs 太阳能电池材料的简便易行的技术。

用 LPE 技术和金属有机化学气相沉积(Metal-Organic Chemical Vapor Deposition, MOCVD)技术在 GaAs 衬底上生长的 GaAs/GaAs 同质结太阳能电池获得了大于 20% 的高效率,为 GaAs 太阳能电池的空间应用打下了很好的基础。但 GaAs 材料存在密度大、机械强度差、价格贵等缺点,又使 GaAs 太阳能电池的空间应用受到限制。

2)GaAs/Ge 异质结太阳能电池

人们想寻找一种廉价材料来替代 GaAs 衬底,由于在 Si 上生长 GaAs 存在诸多困难,故注意力转向了 Ge 衬底。Ge 与 GaAs 的晶格常数、热膨胀系数比较接近,所以容易在 Ge 衬底上实现 GaAs 单晶外延生长。Ge 衬底不仅比 GaAs 衬底便宜,而且机械强度是 GaAs 的两倍,不易破碎,从而提高了电池的成品率。

3)GaAs 基系多结层太阳能电池

用单一材料成分制备的单结太阳能电池效率的提高受到限制,解决这一问题的途径是寻找能充分吸收太阳光谱的太阳能电池结构,其中最有效的方法便是采用叠层电池。

叠层电池的原理是用具有不同带隙 $E_g$ 的材料做成多个子太阳能电池,然后把它们按 $E_g$ 的大小从宽至窄顺序摞叠起来,组成一个串接式多结太阳能电池;其中第 $i$ 个子电池只吸收和转换太阳光谱中与其带隙宽度 $E_g$ 相匹配的波段的光子,也就是说,每个子电池吸收和转换太阳光谱中不同波段的光,而叠层电池对太阳光谱的吸收和转换等于各个子电池的吸收和转换的总和。因此,叠层电池比单结电池能更充分地吸收和转换太阳光,从而提高太阳能电池的转换效率。根据叠层电池的原理,构成叠层电池的子电池的数目愈多,叠层电池可望达到的效率愈高。理论计算表明,由 1 个、2 个、3 个和 36 个子电池组成的单结和多结叠层电池的极限效率分别为 37%、50%、56%和 72%。

J. Olson 等在 GaInP/GaAs 叠层太阳能电池领域获得了重大成果。生产上使用的 Ge 衬底的厚度通常为 140 $\mu$m。此后,GaInP/GaAs/Ge 叠层太阳能电池结构成为Ⅲ-Ⅴ族太阳能电池领域研究和应用的主流。2006 年底,美国 Spectrolab 公司研制出效率高达 40.7%的三结聚光 GaInP/Ga(In)As/Ge 叠层太阳能电池;德国夫琅禾费太阳能研究所(Fraunhofer ISE)研制出效率为 41.1%的 GaInP/GaInAs/Ge 叠层太阳能电池。

Ⅲ-Ⅴ族多结聚光电池的造价昂贵,主要用于卫星及空间站的电力供应。聚光器件的应用大大提高了 GaAs 基Ⅲ-Ⅴ族化合物电池的光电转换效率和性价比,使其在地面应用成为可能。聚光光伏发电系统利用廉价的聚光材料把太阳辐射汇聚到昂贵的多结电池表面,大幅度降低了多结电池的用量,从而降低了光伏发电的总成本。

**3. Ⅲ-Ⅴ族典型多结电池结构**

目前研究最多的 GaAs 基Ⅰ-Ⅴ族多结级联电池有 AlGaAs/GaAs(Ge)、GaInP/GaAs(Ge) 和 GaInP/Ga(In)As/Ge 等。由于生长高质量高 Al 组分的 AlGaAs 材料工艺难度大,而且 AlGaAs/GaAs(Ge)的界面复合率较高,因此制备高效率的 AlGaAs/GaAs(Ge)太阳能电池较为困难。

相对而言,GaInP 与 GaAs 晶格匹配较好,并具有与高 Al 组分的 AlGaAs 相似的禁带宽度,GaInP/GaAs 的界面复合率是所有异质界面中最低的(<1.5 cm/s),而且 GaInP 在高能辐照条件下存在非辐射电子空穴对复合现象,其对辐射损伤具有显著的修复作用,这使得 GaInP 的性能远远优于 AlGaAs。因此,GaInP 更适合与 GaAs 形成性能优良的级联结构。图 3-23(a)为双结 GaInP/GaAs(Ge)电池的结构示意图。

GaInP/Ga(In)As/ Ge 则是在此基础上进一步改进的高效率的三结级联结构,如图 3-23(b)所示,其是在外延生长 GaInP 顶电池和 GaAs 中间电池之前,通过控制Ⅴ族和Ⅲ族元素向 Ge 衬底扩散,在 Ge 衬底上表面形成一个反型层,与衬底构成 Ge 底电池。Ge 底电

(a) 双结GaInP/GaAs(Ge)

(b) 三结GaInP/Ga(In)As/Ge

图 3 - 23　Ⅲ-Ⅴ族多结级联电池简化结构

池改善了级联电池对太阳光谱长波波段的利用效率,提高了光电转换效率。GaInP/Ga(In)As/Ge 这一级联结构的太阳能电池实现了太阳能光伏技术的新突破。

如果是单 pn 结,最高变换效率为 30%。多 pn 结将分别接收不同波长的光谱。上部 pn 结(GaInP)接收波长为 300~650 nm 的光,而中部 GaAs 的 pn 结接收波长为 650~850 nm 的光,最后下部为锗(Ge)的 pn 结,接收最大波长为 850~1800 nm 的光。三个 pn 结之间由特制的隧道连接,使光、电损耗最小。

**4. Ⅲ-Ⅴ族太阳能电池制备**

Ⅲ-Ⅴ族太阳能电池制备主要有液相外延技术(LPE)、金属有机化学气相沉积技术(MOCVD)、分子束外延技术(MBE)等方法。

(1)**液相外延技术(LPE)**。金属 Ga 与高纯 GaAs 多晶或单晶材料在高温下(约 800℃)形成饱和溶液(称为母液),然后缓慢降温,在降温过程中母液与 GaAs 单晶衬底接触;由于温度降低,母液变为过饱和溶液,多余的 GaAs 溶质在 GaAs 单晶衬底上析出,沿着衬底晶格取向外延生长出新的 GaAs 单晶层。利用该方法制备出效率超过 20% 的 GaAs 电池。

(2)**金属有机化学气相沉积技术(MOCVD)**。MOCVD 是目前研究和生产Ⅲ-Ⅴ化合物太阳能电池的主要技术手段。它的工作原理是在真空腔体中将携带气体 $H_2$ 通入三钾基镓(TMGa)、三钾基铝(TMAl)、三钾基铟(TMIn)等金属有机化合物气体和砷烷($AsH_3$)、磷烷($PH_3$)等氢化物,在适当的温度条件下,这些气体进行多种化学反应,生成 GaAs、GaInP、AlInP 等Ⅲ-Ⅴ族化合物,并在 GaAs 衬底或 Ge 衬底上沉积,实现外延生长。n 型掺杂剂为硅烷($SiH_4$)、$H_2Se$,p 型掺杂剂采用二乙基锌(DEZn)或 $CCl_4$。

(3)**分子束外延技术(Molecular Beam Epitaxy,MBE)**。MBE 技术的工作原理是,在一

个超高真空的腔体中,用适当的温度分别加热各个原材料,如 Ga 和 As,使其中的分子蒸发出来,这些蒸发出来的分子在它们的平均自由程的范围内到达 GaAs 或 Ge 衬底并进行沉积,生长出 GaAs 外延层。MBE 技术的特点是:晶体生长温度低,生长速度慢,可以生长出极薄的单晶层,甚至可以实现单原子层生长;MBE 技术很容易在异质衬底上生长外延层,实现异质结构的生长;MBE 技术可严格控制外延层的层厚、组分和掺杂浓度;MBE 生长出的外延片的表面形貌好,平整光洁。

## 3.6 多彩的电:染料敏化有机太阳能电池

染料敏化有机太阳能电池(Dye-Sensitized Solar Cell, DSSC)是模仿光合作用原理研制出来的一种新型太阳能电池。染料敏化有机太阳能电池是以低成本的纳米二氧化钛和光敏染料为主要原料,模拟自然界中植物利用太阳能进行光合作用,将太阳能转化为电能。

染料敏化有机太阳能电池的原料来源广泛、成本低廉,生产成本较低,仅为硅太阳能电池的 1/10～1/5,工艺技术相对简单,对生产设备要求低,能耗低,在大面积工业化生产中具有较大的优势,同时所有原材料和生产工艺都是无毒、无污染的,部分材料可以得到充分的回收,对保护人类环境具有重要的意义。

### 1. 染料敏化有机太阳能电池发展过程

1887 年,J. Moser 将涂有染料赤藓红的卤化银电极放在溶液中,光照下观测到了敏化的卤化银电极与对电极之间的电流,表明染料增感的概念不仅可用于照相术,也可用于光电转换。

1949 年,Putzeiko 和 Trenin 报道了有机光敏染料对宽禁带氧化物半导体的敏化作用,发现即使不激发半导体,只要用可见光激发染料也同样可以产生光电效应。从此,染料敏化半导体成为该领域的研究热门。

1964 年,Namba 和 Hishiki 的研究指出有机染料在照相术和光电转换体系中的敏化作用机制相同,都是激发的染料与卤化银或半导体之间的电荷转移机制。

1991 年,Gratzel 及其研究组以纳米二氧化钛多孔膜吸附了过渡金属 Ru 络合物染料,选用适当的氧化-还原电解质,制得了一种染料敏化(纳米晶薄膜)太阳能电池,以较低的成本得到了大于 7% 的光电转化效率,开辟了太阳能电池发展史上一个崭新的时代,所以 DSSC 也被称为 Gratzel 电池。

1993 年,Gratzel 等人研制出光电转换效率达 10% 的染料敏化太阳能电池,已接近传统的硅光伏电池的水平。

1997 年,Gratzel 电池的光电转换效率达到了 10%～11%,短路电流达到 18 $mA/cm^2$,开路电压达到 720 mV。

目前,染料敏化太阳能电池的光电转换效率已能稳定在 10% 以上,最新基于铜配合物电解质的染料敏化太阳能电池在室内光照条件下获得了高于 34% 的光电转换效率。

### 2. 染料敏化有机太阳能电池工作原理

染料敏化有机太阳能电池的工作原理如图 3-24 所示,一般包含三个基本过程:染料吸附到半导体表面;吸附态染料分子吸收光子被激发;激发态染料分子将电子注入到半导体导带上。

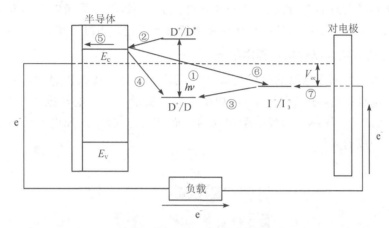

图 3-24　染料敏化有机太阳能电池原理图

染料敏化纳米晶薄膜电池基底一般是由 $TiO_2$ 纳米晶烧结在一起形成的氧化物半导体层,只能够吸收短波长的光能;敏化剂是吸附在半导体层表面的单层染料分子,能够吸收长波长的可见光能量,当染料分子吸收太阳光后,分子跃迁至激发态并产生光电子,处于激发态的光电子不稳定,以非常快的速率注入能级较低的金属氧化物半导体导带中,染料分子得到电子还原回到基态,$I^-$ 变为 $I_3^-$。注入导带中的电子从半导体电极流出,经过外电路流向对电极,形成工作电流。电解质中的 $I_3^-$ 通过扩散作用,在对电极处接受电子被还原成 $I^-$,一个光电化学反应循环就完成了。其中,$TiO_2$ 不仅作为光敏染料的支持剂,而且作为电子的受体和导体。光电流的产生过程表示如下:

①染料分子 D 受光激发由基态跃迁到激发态 $D^*$:

$$D + h\nu \longrightarrow D^* \tag{3-11}$$

②处于激发态的染料分子将产生的电子注入到半导体导带中:

$$D^* \longrightarrow D + e^- \tag{3-12}$$

③处于氧化态的染料分子被电解质中的还原态离子还原,染料再生:

$$3I^- + 2D^+ \longrightarrow I_3^- + 2D \tag{3-13}$$

④半导体导带中的电子与氧化态染料间的复合:

$$D^+ + e^- \longrightarrow D \tag{3-14}$$

⑤进入半导体导带中的电子经过半导体层到达导电基底并流向外电路。

⑥半导体导带中的电子与电解质中的氧化态离子复合:

$$I_3^- + 2e^- \longrightarrow 3I^- \qquad (3-15)$$

⑦电解质氧化态离子扩散到对电极上得到电子,生成还原态电解质:

$$I_3^- + 2e^- \longrightarrow 3I^- \qquad (3-16)$$

电路形成一个完整的循环。在整个过程中,表观上化学物质没有发生变化,而光能转化成了电能。染料激发态的寿命越长,对电子的注入越有利,因为若激发态的寿命短,激发态分子有可能来不及将电子注入到半导体导带中就已经通过非辐射衰减而回到基态。

**3. 染料敏化有机太阳能电池基本组成**

典型染料敏化太阳能电池的组成包括导电基底、半导体光阳极薄膜($TiO_2$)、染料光敏化剂、电解质、对电极等,构成三明治结构,如图 3-25 所示。其光电转换主要在三个界面完成:染料光敏化剂和半导体光阳极薄膜构成的界面;染料光敏化剂和电解质构成的界面;电解质和对电极构成的界面。

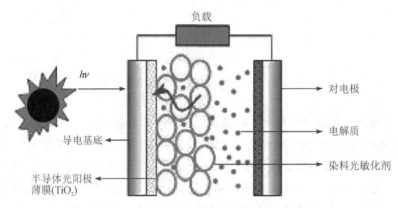

图 3-25 染料敏化太阳能电池结构

1)导电基底

DSSC 中采用的导电基底是氧化铟锡(ITO)导电玻璃或掺氟的氧化锡(FTO)导电玻璃,可在钠钙基或硅硼基基片玻璃上,利用磁控溅射的方法镀上导电膜加工而成,透光率应该大于 85%,热稳定性良好,用于收集和传输电子。

2)半导体光阳极薄膜

半导体光阳极薄膜在 DSSC 中起着重要作用,作为染料分子的载体,它吸附染料、捕获太阳光,同时具有分离电荷及传输光生载流子的功能。

有效的半导体光阳极薄膜应具有以下性质:所用半导体氧化物、染料敏化剂、电解质三者间能级需匹配;半导体光阳极薄膜应具有高比表面积、良好的表面状态及合适的孔隙结构,以尽可能多地吸附染料分子,吸收更多光子;光阳极薄膜与导电基底、光阳极薄膜与电解质、电解质与对电极间需接触良好,具有良好的电子传输与收集能力,实现电子转移。

DSSC 半导体光阳极薄膜主要是具有纳米尺寸的半导体材料,其中以宽禁带的 n 型氧化物半导体为主,包括二元或多元氧化物,常用的如 $TiO_2$、$ZnO$、$SnO_2$、$Nb_2O_5$、$Al_2O_3$ 等,目前应用最多的是 $TiO_2$。$TiO_2$ 具有含量丰富、价格低廉、化学性质稳定、无毒且抗腐蚀性能良好、强紫外线吸收等特点,常温常压下主要包括锐钛矿、金红石和板钛矿三种晶型。一般选用禁带宽度较宽的锐钛矿 $TiO_2$。

为了吸附更多的染料分子,要制备多孔、高比表面积的纳米 $TiO_2$ 薄膜。制备光阳极纳米多孔薄膜的方法很多,包括溶胶-凝胶法、水热/溶剂热法、丝网印刷法、化学沉降法、化学/物理气相沉积法、磁控溅射、静电纺丝、电化学法等。以上方法所制得的都是无序膜,内在的传导率较小,不利于电荷载流子的分离和传输。未来膜电极的发展方向是制备高度有序的薄膜结构,如纳米管、纳米棒、纳米线、纳米阵列等。

为了提高 DSSC 半导体薄膜中电子的传输效率,需要通过表面改性、半导体复合、离子掺杂及紫外诱导等方法对薄膜表面进行修饰。表面改性中的 $TiCl_4$ 表面处理方法,可提高 $TiO_2$ 膜电子注入效率,增加单位体积内的 $TiO_2$ 量,$TiO_2$ 的导带位置降低,提高了电池的开路电压与短路电流;半导体复合敏化是在 $TiO_2$ 膜表面包覆一层导带位置比较高的氧化物半导体,敏化后的薄膜能更有效地吸收光能,复合膜的形成能够改变薄膜中电子的分布,抑制载流子在传导过程中的复合,提高电子传输效率;对 $TiO_2$ 进行离子掺杂,掺杂离子能在一定程度上影响 $TiO_2$ 电极材料的能带结构,使其朝有利于电荷分离和转移、提高光电转换效率的方向移动,目前掺杂离子主要是过渡金属离子或者稀土元素。

### 3)染料光敏化剂

染料敏化一般是将 $TiO_2$ 电极浸泡在染料溶液中,染料经化学键合或物理作用吸附在高比表面积的半导体薄膜表面,染料中的光活性物质可使宽禁带半导体表面敏化,增加光激发的效率,同时也能扩展激发波长至可见光区。作为 DSSC 的重要组成部分,染料起着收集能量的作用,通过吸收太阳光,将处于基态的电子激发至激发态,随后将激发态电子注入半导体导带中。

染料敏化剂的性质对染料敏化太阳能电池的光电转换效率具有十分重要的影响。用于 DSSC 电池的敏化剂染料应满足:染料分子中含有羧基、羟基等极性基团,能牢固吸附于半导体光阳极薄膜表面;其氧化态和激发态要有较高的稳定性和活性;对可见光具有良好的吸收性能;激发态能级与 $TiO_2$ 导带能级匹配,能高效地将电子注入工作电极导带中;激发态寿命足够长,且具有很高的电荷传输效率。

目前用于 DSSC 的染料敏化剂可以分为合成染料敏化剂和天然染料敏化剂两大类。天然染料敏化剂直接从植物中提取,获得染料的过程相对简单,生产成本较低。合成染料敏化剂主要包括有机染料与无机染料,其中有机染料按照分子结构特点又可分为金属-有机配合物,以及不含金属元素的纯有机化合物。无机染料则主要指无机量子点。无机量子点染料虽材料丰富,性能易于控制,但目前主要采用 Cd 的化合物,对于环境与人体健康都具有较大的危害。

4）电解质

在 DSSC 中,电解质体系除了起到传输电子和再生染料的作用,还能引起 TiO$_2$、染料及氧化还原电对能级的变化,导致体系的热力学和动力学特性改变,从而影响电池的光电压和光电转换效率。

电解质分为液态电解质、准固态电解质和固态电解质。目前使用最广泛的是液态电解质,液态电解质具有较高电导率、低黏度、良好的界面润湿性等特点,具有较高的光电转换效率,但也存在电解质本身不稳定、溶剂易挥发、易致敏化染料脱附、电池不易封装等缺点。

液态电解质按照溶剂种类的不同,可分为有机溶剂电解质和离子液体电解质。最早用于 DSSC 的电解质大多是有机溶剂电解质,具有介电常数高、离子传输快、光电转换效率高等特点。这种电解质主要由三部分组成:有机溶剂、氧化还原电对和添加剂。常用的有机溶剂是腈类(如乙腈、丁腈、甲氧基丙腈等)和碳酸酯类,以及它们的混合物。要求溶剂对氧化还原电对和添加剂均有很好的溶解性、对电极的浸润性和渗透性都很好且本身不参与电极反应。在 DSSC 中用离子液体代替有机溶剂,有效地克服了有机溶剂的挥发性问题,有利于提高电池的稳定性。但离子液体通常具有较大黏度,影响电池的光电性能,同时具有较强的流动性,电池不易密封。

准固态电解质是一种介于液态电解质和固态电解质之间的凝胶态电解质,解决了液态电解质流动性太强的问题,具有更高的稳定性,不易挥发,同时又具有较高的离子电导率和良好的界面润湿性能,因而具有较高的光电转换效率,相对固态电解质,与各个电极界面的接触更好。可利用现有的液态电解质制备准固态电解质,对其成分进行控制以达到不同的性能要求。这些优势使得准固态电解质成为 DSSC 研究的一个重要方向。虽然准固态电解质能一定程度上增加 DSSC 的使用寿命,但电解质中仍含有溶剂,热力学上不稳定,还是存在长期稳定性问题。

用固态电解质取代液态电解质是 DSSC 发展的必然趋势。目前全固态电解质研究最多的是 p 型无机半导体固态电解质和有机空穴传输材料电解质。p 型无机半导体材料主要是 CuI 和 CuSCN 等;有机空穴传输材料主要是 OMeTAD、P$_3$HT、P$_3$OT、PEDOT 等取代三苯胺类的衍生物和聚合物、噻吩和吡咯等芳香杂环类衍生物和聚合物。固态电解质应具备的条件是:透明且在可见光区域基本没有吸收;能与染料层界面接触良好,且不破坏染料分子的完整性;空穴迁移率足够高,不易光腐蚀且具有适当的氧化电势和沉积手段。目前固体电解质与染料层接触较差、影响电荷在界面的传输的问题仍是限制研究的关键。

5）对电极

对电极是 DSSC 的重要组成部分,对 DSSC 的光电转换效率等具有较大的影响。对电极在 DSSC 光电转换过程中的主要作用是:作为电池阴极传导电流,形成完整的电路循环;在对电极/电解质界面接受电解质中的氧化组分并将其还原。因此,要求对电极必须具有较低的电阻和较高的催化活性,以减少电子传输过程中产生的能量损失。

目前对电极主要由电催化剂层和导电基底两部分组成。电催化剂包括金属、碳材料、导电聚合物、合金及过渡金属的化合物等;导电基底主要有导电玻璃、沉积有导电层的聚合物基底、金属基底。导电玻璃主要有掺铟氧化锡(ITO)、掺氟氧化锡(FTO)、掺铝氧化锌(AZO)及掺锑氧化锡(ATO)等;聚合物基底主要有 ITO/PET 和 ITO/PEN;金属导电基底主要有不锈钢片、铝片、镍片等。

目前常用的对电极包括镀铂对电极、碳电极、导电聚合物对电极等,最常用的仍是镀铂对电极,因为 Pt 与用 $I^-/I_3^-$ 作为电解质的氧化还原反应电极对的 DSSC 的性能匹配最佳。但是 Pt 是一种稀有金属,价格高昂,而且在 $I^-/I_3^-$ 电解质体系中容易被腐蚀生成 $PtI_4$,影响 DSSC 的稳定性。采用价格便宜、稳定性好、高催化活性、价格低廉、来源丰富的碳材料、导电聚合物及过渡金属化合物代替 Pt 制备 DSSC 对电极是未来发展趋势。

目前制备 DSSC 对电极的方法有热分解沉积法、电化学沉积法、真空溅射沉积法、化学气相沉积法、化学还原沉积法、水热反应沉积法、原位聚合沉积法等,采用不同方法制备的对电极的催化性能也有较大差异。

## 3.7　更便宜的电:其他前沿太阳能电池

### 3.7.1　钙钛矿太阳能电池

#### 1. 钙钛矿太阳能电池发展现状

钙钛矿结构的化合物由于具有优异的光子传导性以及半导体特性,而被应用于薄膜晶体管和有机发光二极管中。2009 年,Miyasaka 等首先制得钙钛矿结构的太阳能电池,它主要是以 $CH_3NH_3PbBr_3$ 和 $CH_3NH_3PbI_3$ 为光敏化剂,成功地跨出了钙钛矿太阳能电池发展的第一步。2011 年,Park 等以 $CH_3NH_3PbI_3$ 为光敏化剂,通过改善工艺及优化原料组分比,成功制备出光电转换效率为 6.54% 的钙钛矿太阳能电池。2012 年,Snaith 等利用 $CH_3NH_3PbI_2Cl$ 作为光吸收剂,并且将结构中的 $TiO_2$ 层用 $Al_2O_3$ 层进行替代,电池的转换效率增加到10.9%。2013 年,Gratzel 等采用两步连续沉积法制备出光电转换效率为 15% 的钙钛矿太阳能电池;Snaith 等采用双源蒸镀法成功制备出平面异质结钙钛矿太阳能电池,其光电转换效率为15.4%。2014 年,Han 等采用全印刷的手段来制备无空穴传输层,同时用碳电极取代金属电极,制备出光电转换效率为 11.6% 的钙钛矿太阳能电池;Kelly 等采用 ZnO 作为电子传输层,空穴传输层采用spiro-OMeTAD 制备的钙钛矿太阳能电池的光电转换效率达到10.2%。2015 年,钙钛矿太阳能电池的光电转换效率突破了 20.1%。2016 年,美国可再生能源国家实验室研制的钙钛矿太阳能电池的最高光电转换效率达到了 22.1%,接近单晶硅太阳能电池的转换效率。

由于钙钛矿太阳能电池载流子的扩散长度和传输特性比较优异,且具有制备温度低、制程简单、成本低、效率高等优势,被认为是最具前景的纳米结构太阳能电池之一。其优良特性在近几年引起了科研人员的强烈关注。目前,阻碍钙钛矿太阳能电池产业化的关键是电池的稳定性较差、电池材料有毒性、电池封装性和生产工艺等问题。总的来说,钙钛矿太阳能电池具有广阔的发展前景。

**2. 钙钛矿太阳能电池结构**

钙钛矿太阳能电池的结构与染料敏化太阳能电池相似,如图 3-26 所示。

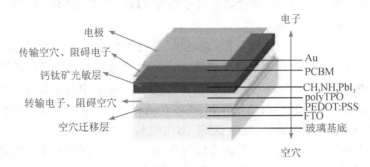

图 3-26 钙钛矿太阳能电池基本结构

一般来说,钙钛矿太阳能电池由六部分组成,分别为玻璃基底、FTO(掺氟的氧化锡)层、电子传输层(ETM)、钙钛矿光敏层、空穴传输层(HTM)和对电极。电子传输层常用致密二氧化钛材料;对电极常使用金、银或者石墨烯;空穴传输层通常为 spiro-OMeTAD 及聚噻吩类等;钙钛矿光敏层则为无机卤化物,如 $CH_3NH_3PbI_3$ 等。

根据钙钛矿活性层是否有介孔骨架支撑层,可以将钙钛矿太阳能电池分为介孔型钙钛矿太阳能电池和平面异质型钙钛矿太阳能电池。

**3. 钙钛矿太阳能电池制造技术**

杂化钙钛矿晶体主要是将无机盐和有机盐充分混合及反应,然后将得到的前驱体溶液在介孔材料的孔隙内组装而形成的。一般来说,制备杂化钙钛矿晶体薄膜的方法有一步溶液旋涂法、双源气相沉积法和两步溶液浸渍法。

(1)**一步溶液旋涂法**是将等物质量比的 $CH_3NH_3I$ 和 $PbI_2$ 的 $\gamma$-丁内酯或 DMF 溶液混合,旋涂在介孔 $TiO_2$ 薄膜上,通过自组装形成杂化钙钛矿,再经过退火获得完整的晶型。一步溶液旋涂法的优点:操作简单;可以制备出完整性比较好的杂化钙钛矿晶体薄膜。一步溶液旋涂法的缺点:不能精确地控制形貌以及厚度;形成的薄膜不但均匀性比较差,而且存在许多形态缺陷;由于原料中同时存在有机组分和无机组分,较难选择同时溶解二者的溶剂;需要考虑金属价态稳定性、溶解性和溶解度等因素,而这些因素将会对效率造成一定的影响。

(2)**双源气相沉积法**首先是把 $PbI_2$ 和 $CH_3NH_3PbI_3$ 按照特定的速度进行蒸发,然后在介孔 $TiO_2$ 上进行沉积,即可得到杂化钙钛矿晶体薄膜。气相沉积法的优点:能够很好地控制薄膜的均匀度和厚度;最终得到的薄膜材料具备较低的单分子复合速率和较高的载流子迁移率。气相沉积法的缺点:难以平衡无机盐和有机盐的蒸发速率;有机阳离子在高温下可能会发生蒸发;不同种类的有机阳离子将会对热蒸发设备造成污染。

(3)**两步溶液浸渍法**首先将 $PbI_2$ 与 DMF 溶液或 $\gamma$-丁内酯进行混合,然后旋涂到介孔

$TiO_2$ 薄膜上，或者在介孔 $TiO_2$ 薄膜上层积 $PbI_2$，然后将其与 $CH_3NH_3PbI_3$ 的 1-丁醇溶液进行混合，最终进行干燥，即可得到产物杂化钙钛矿晶体薄膜。两步浸渍法的优点：可以得到完整性高的薄膜；可以准确地控制薄膜的形貌和厚度；制备出的杂化钙钛矿薄膜具有良好的覆盖率和均匀度；能够适用于无机盐和有机盐互不相溶的组分。两步浸渍法缺点主要为制备条件苛刻，必须在氮气保护的干燥环境中进行，不然难以得到性能良好的器件。

### 3.7.2　频谱转换太阳能电池

**1.频谱转换太阳能电池工作原理**

频谱转换太阳电池是使用频谱转换（spectral conversion）的方式，将太阳光改变成理想形态，达成超高效率太阳能电池的目标，是近几年来的研究热点。

根据太阳能电池能量损失机制的不同，可以选取不同的光谱转换方法来最大化地协调利用太阳光谱的能量。按照能量转换的类型，我们可以将稀土离子的发光简单地分为斯托克斯（Stokes）发光和反斯托克斯发光，也就是下转换发光和上转换发光。对于第三代新型太阳能电池而言，所使用的活性层材料都具有良好的直接带隙，可以很好地吸收可见光，但是可见光在太阳光谱中仅占 44%，剩下有超过 50% 的红外光和紫外光部分，这部分光是太阳能电池无法利用的，如果能够利用光谱中的紫外或者红外部分，拓宽电池的吸光范围，就能够有效提高器件的效率。

**2.频谱转换太阳能电池分类及其结构**

频谱转换的设计可以分为三类，即所谓的频谱向上转换（spectral up-conversion）、频谱向下转换（spectral down-conversion）和频谱集中转换（spectral concentration）。

1）频谱向上转换器

频谱向上转换器放置在太阳能电池之后，其后又放置一个反射镜。其功用是将能量小于太阳能电池材料能隙的入射光子的能量，转变成大于能隙的能量，在背表面全反射镜的作用下，高能量光子被反射进入太阳能电池，并且被电池重新吸收利用产生电子-空穴对，其结果相当于将太阳能电池的光吸收波长范围扩展到了原先无法利用的长波长光谱区域，从而增加了电池的光电流。图 3-27 所示为频谱向上转换太阳能电池的结构图。

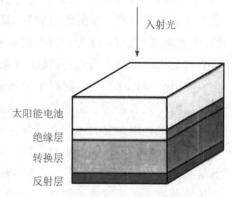

图 3-27　频谱向上转换太阳能电池结构图

向上转换纳米材料发光依赖敏化剂与激活剂的协同作用，迄今为止，几乎所有的上转换发光材料都是稀土化合物，主要以常见的三价稀土离子如铒（$Er^{3+}$）、钬（$Ho^{3+}$）、铥（$Tm^{3+}$）、钕（$Nd^{3+}$）等作为激活剂。为了提高上转换发光效率，在材料中常常加入敏化剂镱（$Yb^{3+}$）离子掺杂，产生高效的上转换发光现象。

2）频谱向下转换器

频谱向下转换器放置在太阳电池之前，其功用是将能量大于太阳能电池材料能隙二倍以上的一个入射光子，转变成能量大于能隙的两个光子，然后再让太阳能电池吸收，产生两个电子-空穴对。向下转换发光遵循 Stokes 定律，指吸收短波光子并将其转换为长波光子发射的过程。向下转换可以分成两种：第一种是下移，即一个高能光子只能被吸收转换成一个低能光子；第二种是量子裁剪，即一个高能光子能被吸收并转换成多个低能光子。

早在 1957 年，Dexter 首次提出了下转换概念：一个紫外光子可以分裂成两个可见光子。直到 1974 年，Piper 和 Sommerdijk 才成功将三价稀土离子 $Pr^{3+}$ 掺杂在 $YF_3$ 中得到下转换材料，证实了下转换技术的可行性。1979 年，Hovel 等就通过在太阳能电池顶部添加下转换材料来提高光伏器件的光电性能，并取得了一定的成果。1999 年 R. T. Wegh 等人在 $Eu^{3+}$、$Gd^{3+}$ 体系中实现可见下转换。2002 年，Trupke 等人首次提出将下转换技术应用于电池的模型，在太阳能电池入射面加一层光转换层，如图 3-28 所示。在转换层下面加入一层绝缘层，该层能够将原本太阳能电池无法吸收的高能光子转换为低能光子，然后进入电池被吸收产生电子-空穴对。2005 年，Vergeer 在 $Yb_xY_{1-x}PO_4$：$Tb^{3+}$ 材料中首次发现了红外下转换现象，可以把 489 nm 的蓝光转换成 1000 nm 左右的红外光。

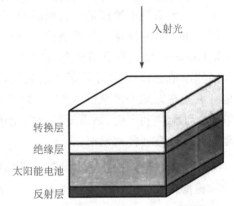

入射光

转换层
绝缘层
太阳能电池
反射层

图 3-28 频谱向下转换太阳能电池结构图

下转换材料大体上可以分为三种：①无机材料：主要是量子点和离子型无机复合物等，这一类材料的吸收和发射主要发生在活性离子的能带跃迁及其之间产生的能量转移，具有很高的光转换效率，但是吸收光谱不宽，强度也不强；②有机荧光染料：这种材料不仅具有高摩尔消光系数，并且可以通过优化结构方便地调节发射光谱和吸收光谱，但自吸收现象比较严重，从而导致下转换效率不高；③无机有机杂化材料：比如稀土配合物，材料中的有机分子通过能级跃迁吸收能量后传递给稀土离子，发射出的特征光谱是稀土离子的。可以通过选择合适的配体或者金属离子来优化这类材料的下转换特性。因为它们往往有着较大的斯托克斯位移，发光效率往往不低。

下转换材料不仅能够吸收对器件造成损害的紫外光，减少紫外光对钙钛矿层的侵害，降低材料的热化损失，同时能够能将其转换成可见光，消除光谱匹配的负担，增强电荷载流子的传输并减少电荷载流子的重组，从而改善了电池的光电性能，有着很高的应用发展前景。

3）频谱集中转换器

频谱集中转换器是结合向上转换与向下转换二者的优点，将入射阳光的频谱转换集中于稍大于太阳能电池材料能隙的附近，也就是说，能量小于能隙的入射光子被向上转换，同时能量大于能隙二倍以上的入射光子被向下转换。

### 3.7.3　量子点太阳能电池

**1. 量子点太阳能电池工作原理及特点**

量子点是指三维方向尺寸均小于相应物质块体材料激子的德布罗意波长的纳米结构。量子点太阳能电池,是第三代太阳能光伏电池,也是目前最新、最尖端的太阳能电池之一。量子点尺度介于宏观固体与微观原子、分子之间,在理论计算时可当作大分子处理。与其他吸光材料相比,量子点具有独特的优势:量子限制效应。通过改变半导体量子点的大小,就可以使太阳能电池吸收特定波长的光线,即小量子点吸收短波长的光,而大量子点吸收长波长的光。

理论研究表明,采用具有显著量子限制效应和分立光谱特性的量子点作为有源区设计和制作的量子点太阳电池,可以使能量转换效率获得超乎寻常的提高,其极限值可以达到 $66\%$ 左右,而目前太阳能电池的主流晶体硅技术的光电转换效率理论上最多仅为 $30\%$。

量子点作为太阳能光伏电池具有以下特点。①吸收系数增大:量子限制效应使能隙随粒径变小而增大,所以量子点结构材料可以吸收宽光谱的太阳光。②带间跃迁,形成子带:其光谱是由带间跃迁的一系列线谱组成,带间跃迁可以使得入射光子能量小于主带隙的光子转化为载流子的动能,可以有多个带隙一起作用,产生电子-空穴对。③量子隧穿效应与载流子的输运:光伏现象的实质是材料内的光电转换特性,与电子的输运特性有密切关系。

**2. 量子点太阳能电池分类及其结构**

目前,量子点太阳能电池主要分为肖特基量子点太阳能电池、耗尽型异质结量子点太阳能电池、极薄吸收层量子点太阳能电池、量子点体相异质结太阳能电池、有机-无机异质结太阳能电池和量子点敏化太阳能电池等。

1)肖特基量子点太阳能电池

肖特基量子点太阳能电池的结构非常简单,在导电玻璃上涂覆量子点层,再在量子点层上加载金属阴极即可。

肖特基量子点太阳能电池的优点在于:结构简单,量子点层可以通过喷雾涂覆或者喷墨打印的方式获得,有利于工业化生产;量子点层的厚度仅为 $100\ nm$ 左右,可以进一步降低电池成本。其缺点在于:少数载流子必须在到达目标电极前穿过整个量子点层,易产生较严重的复合;金属-半导体界面的缺陷态导致费米能级的钉扎现象,降低了电池的开路电压,所以肖特基量子点太阳能电池的开路电压一般较低。

2)耗尽型异质结量子点太阳能电池

耗尽型异质结量子点太阳能电池的主要特点是量子点吸光层像三明治一样夹在金属电极和电子传输层(一般为 $TiO_2$)之间,电子流向 $TiO_2$ 层而不是金属电极,因此其电池的极性是反转的。由于耗尽层存在内建电场,阻止了空穴从 $TiO_2$ 向量子点层的传输,有利于电子、空穴的分离。

耗尽型异质结量子点电池的优点主要有：少数载流子的分离和转移效率得到提高；由于耗尽层存在内建电场，在一定程度上抑制了电子从 $TiO_2$ 回流到量子点层；开路电压得到提高。

3）极薄吸收层量子点太阳能电池

极薄吸收层量子点太阳能电池的基本结构是：极薄的量子点层（约 150 nm 厚，i 型）作为主要的光吸收层，像三明治一样夹在 n 型无机半导体（一般为二氧化钛或氧化锌）和 p 型无机半导体（一般为碘化亚铜、异硫氰酸胍等）中间。半导体和量子点层的接触面积、量子点层厚度对于电池效率影响较大。

4）量子点体相异质结太阳能电池

量子点体相异质结太阳能电池由于非常适合卷对卷生产工艺成为目前研究热点之一。相比于其他聚合物电池，这种基于量子点的聚合物电池可以有效地提高光吸收效率。而量子点的种类、表面形貌和分散性对电池效率影响较大。

5）量子点敏化太阳能电池

量子点敏化太阳能电池与传统染料敏化太阳能电池的工作原理、电池结构特征和电子转移过程基本相同，主要差异在于：以无机窄禁带量子点取代传统的钌染料或有机染料作为敏化剂，即以量子点敏化的多孔 n 型半导体纳晶层（二氧化钛为主）为光阳极，加上含有氧化还原电对的电解质及具有催化活性的对电极构成。当太阳光照射量子点，量子点的电子-空穴对发生分离，电子从价带跃迁到导带并注入到半导体导带中，通过半导体多孔膜扩散到导电玻璃，经由负载到达对电极，在对电极还原电解液中的氧化态物质；同时，量子点中的空穴被电解液中的还原态物质还原而完成一个循环。

### 3.7.4 聚合物型太阳能电池

#### 1. 聚合物型太阳能电池发展现状及特点

聚合物型太阳能电池是采用有机聚合物作为光电转换材料的一种太阳能电池。传统的无机太阳能电池由于受到生产工艺复杂、生产成本高、制作过程能耗太高及转换效率达到极限值等种种因素的影响，进一步的发展受到极大的限制，而有机聚合物柔性好，制作容易，材料来源广泛，成本低，对大规模利用太阳能、提供廉价电能具有重要意义。

1977 年，黑格等人发现，聚乙炔用 $I_2$、$AsF_5$ 掺杂后电导率从 $10^{-6}$ S/cm 增加到 $10^2 \sim 10^3$ S/cm，增幅达 $8 \sim 9$ 个数量级，传统意义上的绝缘体竟然表现出导体和半导体的许多光电性质，这引起了科学界的极大震动，开创了第四代高分子材料——导电聚合物（聚合物半导体）的新时代。1982 年，温伯格等人研究了聚乙炔的光伏性质，制造出第一个真正意义上的太阳能电池，但是当时的光电转换效率极低。紧接着，哥勒尼斯等人制作了各种聚噻吩的太阳能电池，面临的共同问题是极低的开路电压和光电转换效率。1992 年，萨利奇夫奇等人发现 MEH-PPV 与 $C_{60}$ 复合体系中存在快速光诱导电子转移现象，随之共轭聚合物/

$C_{60}$ 复合体系在太阳能电池中的应用得到了迅速的发展。1994 年,Yu 等制作了第一个光伏电池,他们通过将 MEH-PPV:$C_{60}$(质量比为 10:1)的混合物溶液旋涂在 ITO 导电玻璃上,再在上面蒸镀 Ca 电极,获得了 5.5 mA/W 的光密度,比纯聚合物的光密度高了一个数量级。2004 年,Alam 等利用 MEH-PPV 为电子供体,梯形聚合物 BBL 为电子受体制作的纯聚合物双层太阳能电池器件的能量转换效率达到 4.6%。2005 年,黑格课题组采用新颖的器件制作方法制作出聚 3-己基噻吩(P3HT)与富勒烯衍生物(PCBM)掺混的本体异质结电池薄膜,经 150 ℃ 退火后,所得电池器件能量转换效率高达 5%。中科院化学研究所从 2009 年开展新型富勒烯衍生物受体光伏材料的研究,研制的聚合物太阳能电池能量转换效率达到 6.48%。

共轭导电聚合物材料具有柔韧性、易于加工,同时又具有半导体特性,能够在室温下配制成溶液,并通过喷涂、旋涂等方式成膜,使其生产成本降低,所以聚合物太阳能电池具有巨大的商业应用价值和潜力。

**2. 聚合物型太阳能电池结构及材料**

为提高聚合物太阳能电池光电转换效率,从聚合物材料的选择到电池器件结构的优化都有了不同程度的改进和发展。聚合物太阳能电池一般由共轭聚合物供体和富勒烯衍生物受体的共混膜夹在 ITO 透明正极和金属负极之间所组成。在器件结构方面聚合物太阳能电池出现了四种结构:单层、双层或多层、复合层和层压结构,如图 3-29 所示。

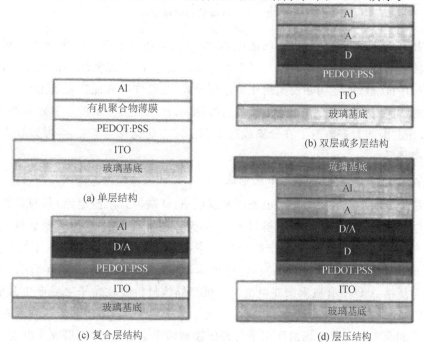

(a) 单层结构

(b) 双层或多层结构

(c) 复合层结构

(d) 层压结构

图 3-29　四种典型聚合物太阳能电池的结构

1)单层结构聚合物太阳能电池

单层结构聚合物太阳能电池也叫作肖特基型电池,其工作原理如图 3-30 所示。在单层结构中,两种不同的电极(如导电玻璃 ITO 和 Al)之间夹着有机材料,有机材料层的厚度基本上都在 40~200 nm 之间。其中 p 型有机半导体与 ITO 电极能够形成欧姆接触,从而和铝电极之间形成良好的肖特基势垒,引起能带弯曲。单层结构聚合物电池的能量转换效率一般较低。

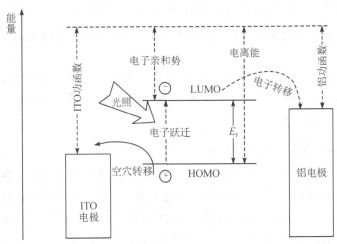

图 3-30 肖特基型电池原理

肖特基电池是最早期的有机太阳能电池,是在真空条件下把有机半导体染料如酞菁等蒸镀在基板上形成夹心式单层结构。对于肖特基型电池而言,光激发形成的激子,在肖特基结的扩散层内被线区的电场驱使实现正负电荷分离;在器件中其他位置上形成的激子,必须先移动到扩散层内才可能形成对光电流的贡献,而有机染料内激子的迁移距离相当有限,通常小于 10 nm,因此大多数激子在分离成电子和空穴之前就发生了复合,导致该类器件的光电转换效率较低。

2)双层结构异质结聚合物太阳能电池

双层结构异质结聚合物太阳能电池也称双层 A/D 结构太阳能电池,其与肖特基型不同之处在于电极之间插入的是两层有机材料,一层为 p 型材料,另一层为 n 型材料。为了提高有机太阳能电池活性层材料中激子的分离效率,在器件结构设计上引入了电子受体材料(electron acceptor material,记为 A)和电子供体材料(electron donor material,记为 D),得到双层膜异质结 A-D 型有机太阳能电池。有机半导体材料吸收光子之后产生激子,激子在供体/受体界面产生快速电荷转移,电子注入到受体材料后,空穴和电子得到有效分离。分离后的电子和空穴在内建电场的作用下分别传输到两个电极上,从而形成光电流。

双层 A/D 结构太阳电池之所以不同于单层结构电池,关键就是聚合物界面决定其光伏性质,而不是有机材料/电极界面。在双层结构中,A 和 D 先后成膜附着在正负极上。D 层或者 A 层受到光的照射而生成激子,当激子扩散到 D 层和 A 层的界面处时,就会电荷分离产生载流子,然后电子经 A 层传输到相应电极,空穴经 D 层传输到另一电极。

单纯的双层异质结结构因为其接触面积较小,导致产生的光生载流子也较少。为了得到较多的光生载流子,必须提高电池的接触面积,所以出现了混合的异质结结构,得到本体异质结电池。在此结构中,因供体和受体分子的紧密接触而形成 D-A 连续网络,因而提高了电荷的分离效率。

3)常用聚合物太阳能电池材料

目前常用于聚合物太阳能电池研究的聚合物材料主要包括聚噻吩(PTH)衍生物、聚苯乙炔(PPV)衍生物、聚苯胺(PANI)以及其他类聚合物材料。这些聚合物都具有大的 π-π 共轭体系,可通过掺杂或化学分子修饰来调整材料的导电性,使带隙降低,可有效吸收太阳光。除了共轭聚合物外,富勒烯族材料由于具有良好的 π-π 共轭体系、高的电子亲和力与离子活化能、较大的可见光范围消光系数以及较强的光稳定性,因而在聚合物光伏电池研究中也颇为活跃。碳纳米管由于其独特的纳米性能也受到青睐。

## 参考文献

[1] GREEN M A.太阳能电池工作原理、技术和系统应用[M].狄大卫,等译.上海:上海交通大学出版社,2010.

[2] 陈哲艮,郑志东.晶体硅太阳电池制造工艺原理[M].北京:电子工业出版社,2017.

[3] 魏光普,张忠卫,徐传明,等.高效率太阳电池与光伏发电新技术[M].北京:科学出版社,2017.

[4] 朱美芳,熊绍珍.太阳能电池基础与应用[M].北京:科学出版社,2014.

[5] 戴松元,刘伟庆,闫金定.染料敏化太阳电池[M].北京:科学出版社,2014.

[6] 肖旭东,杨春雷.薄膜太阳能电池[M].北京:科学出版社,2015.

[7] 冯垛生,王飞.太阳能光伏发电技术图解指南[M].北京:人民邮电出版社,2011.

[8] PAGLIARO M.柔性太阳能电池[M].高扬,译.上海:上海交通大学出版社,2010.

[9] 任新兵.太阳能光伏发电工程技术[M].北京:化学工业出版社,2012.

[10] 赵争鸣,刘建政,孙晓瑛,等.太阳能光伏发电及其应用[M].北京:科学出版社,2005.

[11] 邓长生.太阳能原理与应用[M].北京:化学工业出版社,2010.

## 思考题

(1)试归纳各类太阳能电池的特点,并从材料、效率、可靠性、成本等方面对其优缺点进行比较。

(2)你如何看待光伏电池近年来高速发展存在的风险,例如西北地区弃光、限电问题。

# 第4章 光伏发电技术与装备——光伏"电"亮世界

## 4.1 追光舞曲:光伏发电系统概要

### 4.1.1 光伏系统基本单元

要实现电能的传输与使用,除了设计太阳能电池,还需要构造相应的光伏发电装置。目前,光伏发电系统基本单元主要包括太阳能电池方阵、储能电池、控制器、变换器、负载等。

**(1)太阳能电池方阵**。太阳能电池方阵是由若干个光伏电池板在机械和电气上按一定方式组装在一起并且具有固定的支撑结构而构成的直流发电单元,其合成的容量从数百瓦至数兆瓦不等。在光线照射(如太阳光,或其他发光体产生的光照)条件下,光生伏特效应使太阳能电池板的两端产生电压,太阳能电池板将所吸收的光能转换成电能。目前广泛应用的太阳能电池一般材质为硅材料。

**(2)储能电池**。储能电池是光伏发电系统中的储能装置,其作用是将电池方阵在有光照时发出的多余电能储存起来,在晚间或者阴雨天供负载使用,尤其是在独立光伏发电系统中,更需要配置储能电池。储能电池是光伏系统中除太阳能电池外成本最高的部件,而且也是更需要维护的部件,其性能的优劣直接决定了光伏系统的可靠性和成本。光伏发电系统对储能电池的基本要求是:自放电效率高、少维护或免维护、工作温度范围宽、价格低廉等。目前,在独立光伏发电系统中常用的储能电池有铅酸蓄电池和硅胶蓄电池等,要求较高的场合也有价格比较昂贵的镍镉蓄电池,近来逐步在使用锂电池、钠电池等。

**(3)控制器**。光伏发电系统中控制器的主要作用是针对储能电池的特性,对储能电池的充/放电进行控制,以延长储能电池的使用寿命。在各种不同类型的光伏发电系统中,所采用的控制器各不相同,其功能的多少及复杂程度也会有很大的差别,需要根据发电系统的要求及重要性来确定。控制器的主要作用是保证系统能正常、可靠地工作,延长系统部件的使用寿命。

**(4)变换器**。太阳能光伏系统在不同的应用场合有不同的构成形式,可以分为独立光伏系统和并网光伏系统两大类。对于独立光伏发电系统,由于储能电池的输出电压都有其标称值,不一定能直接满足直流负载的电压匹配要求,因此需要进行直流-直流(DC/DC)变换;另一方面,大多数的负载要求交流供电,需要进行直流-交流(DC/AC)变换。对于并网光伏系统,需要将太阳能电池方阵产生的直流电变换成符合电网要求的交流电后并入电网。所以,在光伏发电系统中必须设计电能变换电路,将储能电池或太阳能电池阵列输出的直流电能进行变换,变换成适合负载使用的电能。

(5)**负载**。太阳能电池的输出特性对光伏发电系统负载有一定的要求,通量较大的负载的启动和停止将对光伏发电系统的输出造成较大的冲击,严重时还会造成感性类的负荷不能正常启动;在某一光照条件下,太阳能电池输出的最大功率电能不能精确地与不同的负载相匹配,需要对负荷加以调整,以实现光伏输出最大功率。

### 4.1.2　光伏系统主要类型

#### 1. 独立光伏发电系统

独立光伏发电系统是指太阳能光伏发电系统不和电网相连接的发电系统,也称离网式光伏发电系统,其直接将所发的电能供给直流负载或经逆变器供给交流负载,如图4-1所示。独立光伏发电系统一般配有储能装置,在外界条件变化时能够持续供电,在一定供电范围内能够实现用户对电能的自给自足。但当太阳能资源较充足时,不能将多余的电能供给其他区域的负载使用,设备的利用效率不高。离网式光伏发电系统主要应用于远离公共电网的无电地区和一些特殊场所,如偏僻农村、牧场、海岛、高原、荒漠,以及相对重要的特殊设施,如通信中继站、沿海与内河航标、输油输气管道阴极保护站、气象台站、公路道班及边防哨所等。

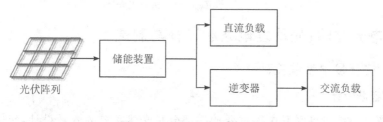

图4-1　独立光伏发电系统

#### 2. 并网光伏发电系统

并网光伏发电系统是指太阳能光伏发电系统与电网相连接,将电能并入电网的发电系统。并网太阳能光伏发电系统是由光伏阵列和并网逆变器组成,如图4-2所示,理论上可不经过储能电池储能,通过并网逆变器直接将电能输入交流电网。并网光伏发电系统相比独立光伏发电系统省掉了储能电池储能和释放的过程,减少了其中的能量消耗,节约了占地空间,还降低了配置成本。但是,当电网发生故障时,光伏发电系统也将停止工作,不能对重要负载进行持续不间断的供电,或当大量光伏阵列接入电网系统,由于光伏发电的波动性,会导致电网的波动,所以在实际将光伏阵列接入电网时需要考虑适当的储能装置,以保证电网的安全可靠运行。

光伏阵列

图 4-2 并网光伏发电系统

**3. 独立/并网光伏发电系统**

独立/并网光伏发电系统,是指太阳能光伏发电系统可以根据不同的工况运行在独立和并网两种模式下,这不但能提高系统的可靠性和太阳能的利用率,还能降低能耗,使系统具有良好的安全性和灵活性。当电网正常运行时,并网开关闭合,系统运行在并网模式,将电能并入电网供更多的用电设备使用;当电网出现故障不能正常运行时,并网开关断开,系统运行在独立模式,为本地交流负载供电(图 4-3)。同样,在这个系统中,理论上不需要储能装置,但实际运行时需要配置适当的储能装置。

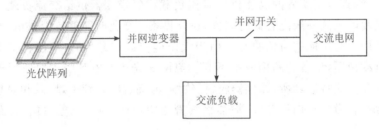

图 4-3 独立/并网光伏发电系统

## 4.2 电光交响:光伏发电系统设计与制造

### 4.2.1 光伏发电系统设计

**1. 系统容量设计**

在进行光伏系统设计时其中很重要的一部分是光伏系统的容量设计,包括确定光伏方阵的倾斜角,以及决定太阳能电池方阵和储能电池的容量。

独立光伏系统容量设计的原则是在充分满足用户负载用电需要的前提下,尽量减少太阳能电池方阵和储能电池的容量,在满足需要、保证质量的前提下节省投资,达到可靠性和经济性的最佳结合。进行容量设计需要的基本数据包括所有负载的名称、性质、额定工作电压、耗电功率、用电时间、有无特殊要求等;太阳能电池组件安装的地理位置,如经度、纬度及海拔高度等;安装地点的气象资料,如年(月)太阳辐射总量或年(月)平均日照时数、年平均气温和极端气温、最长连续阴雨天数等。

1)太阳能电池组件(方阵)的方位角与倾斜角的确定

我国处于北半球,太阳能电池的方位角一般都选择正南方向,此时太阳能电池组件的发电量是最大的,如果受到太阳能电池安装场所的限制,方位角在正南±20°之内变化都不会对发电量有太大影响,条件允许的话,应尽可能南偏西 20°之内,使太阳能发电量的峰值出现在中午稍过的某时,这样有利于多发电。独立太阳能发电系统和并网太阳能发电系统中太阳能电池组件的倾斜角度是不一样的,并网太阳能发电系统要求全年发电量大,而独立太阳能发电系统要综合考虑全年中发电的连续性、均匀性和极大性。

2)太阳能电池组件容量与组合的设计与计算

太阳能电池组件容量的大小要满足负载年平均每日用电量的需求,所以确定太阳能电池组件容量大小的基本方法就是用负载每天所需要的用电量(单位:A・h 或 W・h)为基本数据,参考当地太阳能辐射资源参数如峰值日照时数及年辐射总量等数据,并结合一些相关因素数据或系数综合计算得出。造成太阳能电池组件的功率衰降的因素数据或系数包括由于组件表面灰尘的覆盖、组件功率衰降、传输线路损耗、交流系统中交流逆变器的转换效率因素等,设计时要将造成电池组件功率衰降的各种因素按 10%的损耗计算,交流系统还要考虑交流逆变器转换效率的损失(按 10%计算)。另外,由于太阳能电池产生的电流在转换储存过程中因为发热、电解水蒸发等产生一定的损耗而造成的储能电池充放电损耗,在设计时要将电池组件的功率增加 5%～10%。综合考虑各个因素,得出计算方法如下:

$$并联电池组件数 = \frac{负载日平均用电量(A \cdot h)}{组件日输出(A \cdot h)} \tag{4-1}$$

$$串联电池组件数 = \frac{系统工作电压(V) \times 1.43}{组件峰值工作电压(V)} \tag{4-2}$$

对于季节性负载来说,每个月负载对电力的需求是不一样的,在设计时最好的方法是按照不同的季节或者每个月份分别进行计算,计算出所需的最大太阳能电池组件的数目。

3)储能电池(组)的容量与组合的设计与计算

在光伏发电系统中,确定储能电池容量的基本原则是保证在太阳光连续不足时,用电负载仍可以正常工作,设计时首先要根据当地的连续阴雨天数和负载对电源的要求高低确定出系统的自给天数,即在没有任何外来能源的情况下负载仍能正常工作的天数,这个参数对储能电池容量的设计不可缺少。对一般的负载如太阳能路灯可根据经验或需要在 3～7 天内选取;对于重要的负载如通信、导航、医院等则在 7～15 天内选取;在偏远地区,考虑维修人员到达现场需要很长时间,储能电池容量则要设计得较大。计算储能电池的容量大小要考虑负载每天需要的用电量、自给天数、储能电池允许的最大放电深度、储能电池放电率、环境温度对储能电池容量的影响等因素。当系统负载放电电流大时,储能电池的实际容量会比标称容量小,将造成系统供电不足;而系统负载放电电流小时,储能电池的实际容量会比标称容量大,造成系统成本的无谓增加。储能电池的容量会随着温度的下降有所下降,设计时,储能电池的容量应比正常温度范围的容量大,修正系数可根据工作地点的最低气温来定,一般 0℃可取 0.95～0.9,－10℃取 0.9～0.8,－20℃取 0.8～0.7。另外,气温对放电深度也有影响,气温下降,最大放电深度会减小,计算时要做出调整。综合考虑各种影响,储能电池容量的计算方法如下：

$$储能电池容量 = \frac{负载日平均用电量(A \cdot h) \times 自给天数放电率修正系数}{最大放电深度 \times 低温修正系数} \quad (4-3)$$

$$串联储能电池数 = \frac{系统工作电压}{储能电池标称电压} \quad (4-4)$$

$$并联储能电池数 = \frac{储能电池总容量}{储能电池标称容量} \quad (4-5)$$

在实际应用中,应选择大容量的储能电池以减少并联的数目,因为储能电池并联数目越多则储能电池之间的不平衡对系统造成的不良影响也越大,一般并联数目不超过 4 组。目前,很多光伏发电系统采用两组并联模式,如果其中一组发生故障不能正常工作,另一组还能维持正常电压继续工作。

**2. 组件温度可靠性设计**

在实际应用中,光伏发电系统发电性能受自然环境条件的影响较大,其中系统主要部件——太阳能电池组件和储能电池的工作温度是影响光伏发电系统性能的重要因素之一,在进行光伏系统设计时需要充分考虑组件的温度特性,进行温度可靠性设计。

1)硅太阳能电池的温度效应

太阳能光伏发电核心单元为太阳能电池,目前投入大规模商业化应用的主要是硅太阳能电池:单晶硅太阳能电池、多晶硅太阳能电池和非晶硅太阳能电池。温度对硅太阳能电池的影响,主要反映在太阳能电池的开路电压、短路电流、峰值功率等参数随温度的变化而变化。

**温度对单体太阳能电池的影响:**单体太阳能电池的开路电压随温度的升高而降低,电压温度系数为$-(210 \sim 212)$ mV/℃,即温度每升高 1 ℃,单体太阳能电池开路电压降低 210~212 mV;太阳能电池短路电流随温度的升高而升高;太阳能电池的峰值功率随温度的升高而降低(直接影响到效率),工作在 20 ℃的硅太阳能电池,其输出功率要比工作在 70 ℃的高 20%。

**温度对太阳能电池组件的影响:**单块太阳能电池组件通常由 36 片单体太阳能电池串联组成。以西宁地区实地测量的结果为例,夏天时太阳能电池组件背表面温度可以达到 70 ℃,而此时的太阳能电池工作结温可以达到 100 ℃(额定参数标定均在 25 ℃条件下),峰值功率约损失 30%。

由此可以看出,硅太阳能电池工作在温度较高情况下,开路电压随温度的升高而大幅下降,同时导致充电工作点的严重偏移,易使系统充电不足而损坏;硅太阳能电池的输出功率随温度的升高也大幅下降,致使太阳能电池组件不能发挥最大性能。

2)储能电池温度特性

在独立运行的太阳能光伏发电系统中,储能电池是关键部件,其主要作用是存储和调节电能。温度是影响储能电池使用寿命的主要因素之一。当电解液温度高时(在允许的温度范围内),离子运动速度加快、获得的动能增加,因此渗透力增强,从而使储能电池内阻减小、扩散速度加快、电化学反应加强;当电解液温度下降时,渗透力降低,储能电池内阻增大、扩散速度降低、电化学反应滞缓。

**充电电压与温度的关系**：无论在浮充状态或在循环状态下运行，为了保证储能电池的性能，都需要随储能电池的温度变化来改变充电电压，单体电池电压温度补偿系数为 $-(3\sim7)$ mV/℃。通常储能电池在循环状态使用时，单体电池电压温度补偿系数可取 $-4$ mV/℃；在浮充状态使用时，单体电池电压温度补偿系数取 $-3.15$ mV/℃；在进行均充时，单体电池电压温度补偿系数为 $-5$ mV/℃。

**储能电池容量与温度的关系**：储能电池的运行温度对电池容量的影响较大，在不同的温度范围内，温度对容量的影响系数不一样。在低温时电池的容量随温度的升高而提高，然而过高的温度也会对储能电池产生不利的影响，从而导致储能电池容量下降、寿命缩短。

**储能电池寿命与温度的关系**：储能电池的浮充寿命随温度的变化而变化，基本上是每升高 10℃，浮充寿命减少约一半。高温对储能电池电解液分解、热失控、正极板栅腐蚀和变形等都起到加速作用，低温会引起负极钝化失效，温度波动会加速电池内部短路等，这些都将影响储能电池寿命。

**自放电与温度的关系**：储能电池的自放电除与制造材料、存储时间有关外，温度是影响电池自放电的主要因素，温度越高，储能电池自放电率越高。因此，储能电池要避免在高温环境下长期储存。

**3. 光伏系统电路设计**

1）电能变换电路

在光伏发电系统中必须设计电能变换电路，将储能电池或太阳能电池阵列输出的直流电能变换成适合负载使用的电能。电能变换电路的任务就是将直流电能进行电压升/降变换，以满足直流负载或太阳能电池方阵最大功率点跟踪需求，或者进行逆变变换，将直流电能转变为交流电能，以满足交流负载的需求。

光伏发电系统电能变换电路设计时需要考虑以下几方面因素。

**(1)变换效率**。为尽可能利用太阳能并降低整个系统的成本，要求变换器必须具有较高的变换效率，如功率较大的变换器在满载时效率一般要求在 90% 以上；中小功率的变换器在满载时也要求效率在 85% 以上。效率的提高主要取决于电路的设计、元器件的选择和负载的搭配，不同的元器件和不同的满载率会对变换器的效率产生影响。

**(2)输入电压范围**。由于光伏电池的端电压与负载和光照强度的变化密切相关，即使在独立光伏发电系统中配置有储能部件，但由于目前所用的储能部件主要为储能电池，因此必须要求变换器在较大的直流输入电压范围内都能保证正常工作。

**(3)可靠性**。由于光伏发电系统在很多场合都处于自动工作状态，无须管理，因此要求变换器具有较高的可靠性，即具有较好的抗干扰能力、环境适应能力、过载能力和各种保护功能。这可通过设计合理的电路结构、严格的元器件筛选及设计各种保护功能来实现。

2）充放电控制电路

在储能电池充放电保护控制过程中必须设计电压测量、电压比较和控制开关电路，通过对储能电池端电压的测量,判断储能电池是否需要进行保护,将储能电池端电压与所设定的电压阈值进行比较,当达到所设定的保护电压阈值时,控制器即可控制开关电路停止对储能电池的放电。充放电控制器基本电路包括回差型充/放电保护控制器、脉宽调制型充电控制器和智能型充电控制器。

3)配线设计

光伏发电系统中既有直流又有交流,而直流系统配线与交流系统配线不同,二者不兼容。这两套系统的配线材料不可互换。直流系统和交流系统的配电设备也不应安装在同一电气箱中。

在进行配线设计时需要注意:①导线选型,光伏系统中导线一般选择铜线;②电缆的选择,系统中电缆选择时主要考虑电缆的绝缘性能,电缆的耐热、耐寒、阻燃性能,电缆的防潮、防光性能,电缆芯的类型,电缆的铺设方式,电缆的线径规格,电源馈线与管道配置,阵列至储能电池的电池馈线容量应该按所规划的阵列容量配置,全程的压降应不大于负载电压的3%。阵列至储能电池的电源馈线应选用电力电缆,其他配线型号及芯线截面选择应按《通信电源设备安装工程设计规范(GB 51194—2016)》的相关规定执行。

**4. 防雷和接地设计**

光伏发电系统的安装位置和环境具有特殊性,其设备遭受直接雷击或雷电电磁脉冲损坏的可能性也较大。光伏发电站是三级防雷建筑物,其防雷设计可以参照《建筑物防雷设计规范(GB 50057—2010)》。对直击雷的防护是采用避雷针、避雷线、避雷带和避雷网等作为接闪器,然后通过良好的接地装置将雷电流迅速泄放至大地。安装避雷针时要注意避免避雷针的投影落在电池组件上而造成阴影。安装在屋顶的阵列要将所有电池组件下的钢结构与屋顶建筑的防雷网相连,同时在屋顶电池阵列附近安装避雷针,以达到防雷击的目的。对感应雷的防护主要有:

(1)**电源防护**。光伏配电系统采用浪涌保护器(Surge Protective Device,SPD)三级保护方式,第一级保护一般安装在直流输入端,用于保护直流设备;第二级保护主要安装在直流输出配电柜上,用于保护直流用电设备;第三级保护主要安装在交流输出端,用于保护交流用电设备。

(2)**雷电反击防护**。雷电反击防护采用等电位连接,其目的是减小需要防雷的空间内各金属部件和各系统之间的电位差,防止雷电反击。

(3)**系统接地**。光伏系统正确接地可以保证设备和人身安全。尽可能采用埋地电缆并用金属导线管屏蔽,屏蔽金属管道进入建筑物前须接地,最大限度地衰减从各种线缆上引入的雷电高电压。所有的接地都要连接在一个接地体上,接地电阻应满足光伏系统中设备对接地电阻最小值的要求,不允许各设备的接地端串联后再接到接地干线上。

**5. 场地平面布置与安全防范设计**

1)场地平面布置

工程选址及总平面布置设计应严格按照《变电站总布置设计技术规程(DL/T 5056—

2007)》和《光伏发电站设计规范(GB 50797—2012)》等规程规范进行设计,充分考虑地质情况、自然条件、附近建筑物及设施情况,选择地质条件稳定,光资源丰富,无重大台风、冰雹等恶劣天气,并且远离居民区、公共设施的地区;设计时应结合当地发展规划,避开规划经济开发区、旅游、风景区、规划建筑物、电力通信线路等;总平面布置设计时应综合考虑设备运输方便、生产维护安全方便、运行人员生活方便、布置方案经济、地质条件等因素。

2)自然灾害防范设计

在进行场地平面布置的同时要进行自然灾害防范设计,主要需要考虑如下方面:防洪水设计、防火设计、抗震设计、不良地质作用、设备基础、地基处理。光伏板、支架等设备应根据光伏电站区域的自然条件,采取防强风、防雷、防腐蚀等措施;光伏电站应做好防雷接地措施,接地电阻控制在小于 4 Ω;升压站内应敷设工频接地网和独立避雷针,以防止雷电直击电气设备;在变电站的 110 kV、35 kV 进线段上应设置避雷器。

3)主要建构筑物的防范措施

在光伏电站主要建构筑物设计时,需首先核实设计勘察,择优选址,根据地质合理设计基础,严格按照设计规范设计载荷;光伏支架基础落底至持力层位;支架表面应进行表面预处理、底层处理、中间层喷漆和面层喷漆处理,表面防腐涂层应完好无锈色、无损伤;钢结构高强度的螺栓连接的设计、施工及验收应符合《钢结构高强度螺栓连接技术规程(JGJ 82—2011)》的相关规定;按要求进行防腐施工,加强监督管理。

4)光伏组件的防范措施

在设计选型时应符合以下要求:根据当地的太阳能资源来选择转换效率高、衰减小的光伏组件;选择适应高海拔、高温、强紫外线运行条件的设备;加强光伏板质量监督,必要时进行试验;及时处理组件表面树叶、鸟粪或表面污浊等遮挡物。

## 4.2.2　光伏发电系统主要组件

### 1. 电池方阵

太阳能电池的作用是直接将太阳光能转换成电能,其工作原理是基于半导体 pn 结基础上的光生伏特效应。由于一个太阳能单体电池只能产生约 0.45 V 的电压,因此需要将单体电池按要求串联(及并联)起来,形成太阳能电池组件,以满足所配套的储能电池的额定充电电压的要求。太阳能电池组件按照用户的负载需求再进行串并联就构成了太阳能电池方阵。

太阳能电池的开路电压是负温度系数,约为 $-2\sim3$ mV/℃。因此,在选择组件电池串联数量时,要考虑应用场所的环境温度问题,如在高温地区使用,则应考虑选择电池串联数量较多的组件。这种形式的组件开路电压较高,因此在实际使用时,即使由于温度的升高引起开路电压下降,太阳能电池组件仍可以工作在组件的最佳工作点附近。

在实际工作中,还要注意防止太阳能电池方阵的热斑效应。方阵可能会出现部分被遮挡的情况,当串联组件中局部被遮挡时,被遮挡的组件电流通流能力将下降,它将消耗未被遮挡的组件所发出的功率,从而导致发热。为防止热斑效应的发生,在每个串联组件旁都要并联一个旁路二极管,当组件被遮挡时,电流可通过旁路二极管,使被遮挡的组件不构成负载。

### 2. 二极管

不同二极管起不同作用:屏蔽二极管串联在储能电池或逆变器与光伏阵列之间,防止夜间光伏电池不发电或白天光伏电池所发电压低于供电电压时,储能电池或逆变器反向向光伏阵列倒送电而消耗储能电池能量,并导致光伏电池板发热;旁路二极管并联在光伏电池组件两端,当若干光伏电池组件串联成光伏阵列时,需要在光伏电池两端并联二极管,当其中某组件被阴影遮挡或出现故障而停止发电时,在该二极管两端形成正向偏压,不至于阻碍其他正常组件发电,同时也保护光伏电池免受较高的正向偏压或发热而损坏;隔离二极管用于当光伏阵列由若干串联阵列并联时,在每串中也要串联二极管,最后再并联,以防某阵列出现遮挡或故障时消耗能量和影响其他正常阵列的能量输出。

### 3. 储能装置

光伏电池的输出功率随光照、温度等外界因素变化而不断变化,需要储能装置在光照充足时存储多余的太阳能资源,在光照不足的时候进行补充,提高太阳能的利用效率。目前可选的储能方法包括机械储能、电磁储能、化学储能等,综合考虑价格成本、生产工艺、可靠性等因素,一般在大中型的光伏发电系统中使用免维护式铅酸储能电池作为储能装置。储能电池是整个系统中较薄弱的环节,需要妥善管理,若管理不当,可能会使储能电池提前失效,增加系统的运行成本。

### 4. 变换器(逆变器)

变换器(逆变器)的主要功能是将直流转换为交流。由于太阳能电池和储能电池的输出电能形式均为直流,当负载类型为交流时,需要配置逆变器以满足交流负载的供电要求。依据逆变器是否接入外电网,可将逆变器划分为独立运行逆变器(离网逆变器)和并网逆变器两种。按输出波形的不同,可将逆变器划分为方波逆变器和正弦波逆变器,方波逆变器构造和原理简单、经济性好,但具有较大的谐波分量,一般用于小功率或受谐波影响较小的系统;正弦波逆变器构造和原理复杂,成本较高,但适用于各种交流负载。

逆变器也是光伏电站中最容易因外部输电线路短路、过载、雷电波侵入等原因造成损坏的设备。采用高质量、高可靠性、保护功能完善的设备,再加上采取较为完善的壁垒设计,可以使整个发电系统的可靠性大大提高。

独立光伏发电系统用离网逆变器,它不仅具备常规逆变器的一切性能,由于往往应用在山区、牧区、沙漠、海岛等交通不便的无电地区,还要具备高可靠性。并网型逆变器主要有采用 DC/DC 和 DC/AC 两级能量变换的两级式逆变器和采用一级能量变换的单级式逆变器。对于中小型并网逆变器,主要采用两级式结构,对于大型逆变器,一般采用单级式结构。

逆变器的主要技术指标有:额定容量、额定功率、变换效率、额定输入电压和电流、额定输出电压和电流、电压调整率及可靠性等。在光伏发电系统中工作的逆变器需要具有以下性能。

(1)**输出容量和过载能力**。逆变器应具有足够的额定输出容量和过载能力。额定输出容量表征逆变器向负载供电的能力,逆变器的选用,首先要考虑是否具有足够的额定容量,以满足最大负荷下设备对电功率的需求。额定输出容量值高的逆变器可带更多的用电负载。但当逆变器的负载不是纯阻性(即输出功率因数小于1)时,逆变器的负载能力将小于所给出的额定输出容量值。逆变器应可以承受 150% 的过载。

(2)**输出电压稳定度**。逆变器在规定的输入直流电压允许的波动范围和额定的负载变化范围内,要有稳定的交直流输出电压,如在稳态运行时,电压波动不超过额定值的 ±3%;在动态情况下,电压偏差不超过额定值的 ±8%;在正弦逆变输出情况下,输出电压的总波形失真度值不应超过 5%。这样才能保证光伏发电系统在输入电压变化时仍能以稳定的交流电压供电。

(3)**输出电压波形失真度**。当逆变器输出电压为正弦波时,要规定允许的最大波形失真度。通常以输出电压的总波形失真度表示,其值不应超过 5%。

(4)**额定输出频率范围**。DC/AC 逆变器输出交流电压的频率应是一个相对稳定的值,通常为工频(50 Hz)。正常工作条件下,其偏差应在 ±1% 以内。

(5)**负载功率因数范围**。负载功率因数表征 DC/AC 逆变器带感性负载或容性负载的能力。在正弦波条件下,负载功率因数范围为 0.7~0.9(滞后),额定值为 0.9。

(6)**额定输出电流**。它表示在规定的负载功率因数范围内,逆变器的额定输出电流。逆变器的额定输出容量是当输出功率因数为1(即纯阻性负载)时,额定输出电压与额定输出电流的乘积。

(7)**额定逆变输出效率**。光伏发电系统专用的 DC/AC 逆变器在设计时,应特别注意减少自身功率损耗,提高整机效率。在整机效率方面,对光伏发电专用逆变器的要求是,kW 级以下的逆变器额定负荷效率不小于 85%,低负荷效率不小于 75%;10 kW 级逆变器额定负荷效率不小于 90%,低负荷效率不小于 80%。

(8)**保护功能**。逆变器对外部电路的过电流及短路现象最为敏感,是光伏发电系统中的薄弱环节。因此,在选用逆变器时,要求必须具有良好的过电流及短路保护功能。

**5. 控制器**

控制器是光伏系统的重要设备之一,其最重要的作用是保护储能电池,防止储能电池过充或过放,以避免过早损坏。据太阳电池板的输出特性曲线可知,光照强度和电池结温直接影响太阳能电池板的输出电压与输出功率,所以在不同的气象和工作环境下输出电压具有一定的波动范围,由于逆变器很难高效地将低压直流电压转换为交流电压输出,为降低逆变器设计难度和成本,在太阳能电池板输出侧,需要配置控制器从而将在一定范围内波动的太阳能电池板输出电压稳定在相对固定的电压值之上,为逆变器提供良好的工作条件。

控制器同时还可以采集数据、处理系统工作数据、实现远程通信等功能。

光伏发电系统中一般采用充电控制器来控制充电条件,并对充电进行保护。控制器具有以下主要功能。

(1)**过充保护**：充电电压高于保护电压时，自动关断对储能电池的充电；此后当电压掉至维持电压，储能电池进入浮充状态，当储能电池电压低于恢复电压后浮充关闭，进入均充状态。

(2)**过放保护**：当储能电池电压低于保护电压时，控制器自动关闭输出以保护储能电池不受损坏。当储能电池再次充电后，又能自动恢复供电。

(3)**负载过流及短路保护**：负载短路后，自动关闭电源输出。

(4)**过压保护**：当电压过高时，自动关闭输出，保护电器不被损坏。

(5)**具有防反充功能**：采用肖特基二极管，防止储能电池向太阳能电池充电。

(6)**具有防雷击功能**：当出现雷击的时候，压敏电阻可以防止雷击，保护控制器不被损坏。

(7)**太阳能电池反接保护**：若太阳能电池正负极性接反，纠正后可继续使用。

(8)**储能电池开路保护**：万一储能电池开路，若在太阳能电池正常充电时，控制器将限制负载两端电压，以保证负载不被损伤；若在夜间或太阳能电池不充电时，控制器由于自身得不到电力，不会有任何动作。

最常用的充电控制器有并联调节器、部分并联调节器、串联调节器、齐纳二极管、次级方阵开关调节器、脉冲宽度调制开关、脉冲充电回路等。

**6. 交流配电系统**

交流配电系统主要是起对外分配供电、计量各用电回路的用电量和安全保护等作用。光伏电站交流配电系统一般包括控制电器（断路器、隔离开关、负荷开关等）、保护电器（熔断器、继电器、避雷器等）、测量电器（电流/电压互感器、电压/电流表、电度表、功率因数表），以及母线和载流导体等。在并网光伏系统中，通过交流配电柜为逆变器提供输出接口，配置交流断路器直接并网或直接供给交流负载使用。在光伏发电系统发生故障时，不会影响到自身与电网或负载安全，同时可以确保维修人员的安全。

交流配电系统除在正常情况下将逆变器输出的电力提供给负载外，还应具有在特殊情况下将后备应急电源输出的电力直接向用户供电的功能。因此，独立运行的光伏电站交流配电系统至少有两路电源输入，一路用于主逆变器输入，一路用于后备柴油发电机组输入。在配有备用逆变器的光伏发电系统中，其交流配电系统还应该考虑增加一路输入。为确保逆变器和柴油发电机组的安全，杜绝逆变器与柴油发电机组同时供电的危险局面出现，交流配电系统的两种输入电源切换功能必须有绝对可靠的互锁装置。

在选择交流配电柜时，输出电流应能满足输出功率的需要，同时还具有接触器切离、声光报警等保护方式。

(1)**输出过载和短路保护**。当输出电路有短路或过载等故障发生时，相应断路器会自动跳闸，断开输出。当有更严重的情况发生时，甚至会发生熔断器烧断。

(2)**输入欠压保护**。当系统的输入电压降到电源额定电压的 35%～70% 时，输入控制开关自动跳闸断电;当系统的输入电压低于额定电压的 35% 时,断路器开关不能闭合送电。

(3) **输入互锁功能**。光伏电站交流配电柜最重要的保护是两路输入的继电器及断路器开关双重互锁保护。互锁保护功能是当逆变器输入或柴油发电机组输入只要有一路有电时,另一路继电器就不能闭合,即按钮操作失灵。也就是说,断路器开关互锁保护是只允许一路开关合闸通电,此时如果另一路也合闸,则两路将同时掉闸断电。

### 4.2.3　光伏组件封装

#### 1. 封装工艺流程

光伏组件封装工序是整条太阳能电池组件生产工序中最为严格的工序,封装工艺的好坏直接决定了组件质量的好坏,包括其寿命、抗暴击的能力,尤其对于衰减率影响较大,这些关键的质量指标也直接关系到客户的收益率,所以封装工序对于企业的意义不言而喻。

通常,光伏组件都需要具备一定的三防能力,即防尘、防水、防摔能力,一般市场上的组件防尘、防水能力能够达到 IP(Ingress Protection)65 级别。IP 等级是针对电气设备外壳对异物侵入的防护等级,IP65 当中的数字 6 为防尘的最高级别,代表其能够完全阻止粉尘的进入;IP65 中的数字 5 是防水级别,等级为 5 并不是防水能力的最高级别,它仅能抵挡低压任意角度的喷射,防水最高级别为 8,多数企业综合考虑工艺成本和用途等因素没有选择最高级别的防水。封装工艺流程如图 4-4 所示。

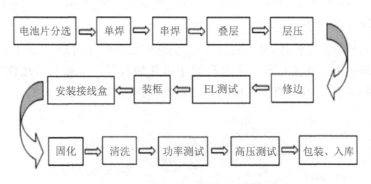

图 4-4　组件封装工艺流程

(1) **电池片分选**:生产线生产出来的太阳能电池片性能不尽相同,有很强的随机性,所以为了有效地将性能一致或相近的电池组合在一起,应根据其性能参数进行分选;电池测试即通过测试电池的输出参数(电流和电压)的大小对其进行分选,以提高电池的利用率,做出质量合格的电池组件。

(2) **单焊**:是将汇流带焊接到电池正面(负极)的主栅线上,汇流带为镀锡的铜带,焊带的长度约为电池边长的 2 倍。多出的焊带在背面焊接时与后面的电池片的背面电极相连。

(3) **串焊**:串焊是将 $N$ 张电池片串接在一起形成一个组件串,并在组件串的正负极焊接出引线。

（4）**叠层**：背面串接好且经检验合格后，将组件串、玻璃和切割好的乙烯-醋酸乙烯共聚物（EVA）、背板按照一定的层次敷设好，准备层压。

（5）**层压**：将敷设好的电池放入层压机内，通过抽真空将组件内的空气抽出，然后加热使EVA熔化将电池、玻璃和背板粘接在一起；最后冷却、取出组件。层压工艺是组件生产的关键一步，层压温度、层压时间根据EVA的性质决定。例如：使用福斯特EVA时，层压循环时间约为17 min，层压温度为142℃。

（6）**修边**：层压时EVA熔化后由于压力而向外延伸固化形成毛边，所以层压完毕应将其切除。

（7）**装框**：类似于给玻璃装一个镜框。给玻璃组件装铝框，可增加组件的强度，进一步密封电池组件，延长电池的使用寿命。边框和玻璃组件的缝隙用硅酮树脂填充。各边框间用角件连接。

（8）**安装接线盒**：在组件背面引线处粘接一个接线盒，以利于电池与其他设备或电池间的连接。

（9）**功率测试**：测试的目的是对电池的输出功率进行标定，测试其输出特性，确定组件的质量等级。

（10）**高压测试**：高压测试是指在组件边框和电极引线间施加一定的电压，测试组件的耐压性和绝缘强度，以保证组件在恶劣的自然条件（雷击等）下不被损坏。

**2. 胶膜层压封装工艺**

光伏组件的核心是电池片，其本身具有长达30年以上的使用寿命，因此，太阳能电池组件在长期室外环境下的性能可靠性主要决定于组件的封装。常见光伏组件封装结构如图4-5所示，即通过EVA胶膜将光伏电池封装到光伏玻璃和光伏背板之间。

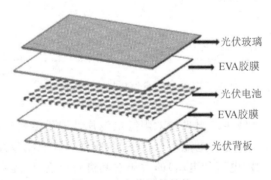

光伏玻璃

EVA胶膜

光伏电池

EVA胶膜

光伏背板

图4-5 光伏组件结构

由于光伏电池本身极易破碎，并且如果直接接触雨雪、风沙和灰尘时会严重影响光伏电池的光电转换效率，因此，采用封装材料EVA胶膜将光伏电池、光伏玻璃和光伏背板封装成光伏组件，不仅可以提高整个光伏组件的使用寿命，同时也可以减缓光伏电池的衰减速率。理想的光伏组件封装应该具有如下特性：低界面导电性、封装材料和基板之间牢固的粘接强度、整个封装结构具有低的吸湿性及一定的导热性。

**3. 封装材料**

封装材料的首要性能是把组件连结和层压在一起,其他的性能包括高透明性、好的粘结性、足够的机械变形性以承受组件中不同物质热膨胀系数不同带来的应力。

高分子树脂材料因其质量轻、成本低、柔软和粘结性能好而成为广泛使用的封装材料。太阳能光伏组件封装材料包括:离子型聚合物、热塑性聚氨酯、热塑性聚烯烃、乙烯-乙烯醋酸酯共聚物(EVA)、聚乙烯醇缩丁醛(PVB)、环氧树脂、聚二甲基硅氧烷(PDMS)等。

1)乙烯-乙烯醋酸酯共聚物(EVA)

EVA 材料是目前广泛用于硅晶和薄膜太阳能电池组件的封装材料。

EVA 材料用于太阳能电池封装需要经过共混(包括聚乙烯、聚乙烯醋酸酯、紫外稳定剂及固化剂等添加剂)、打料(在 90 ℃左右进行)、挤出成型(在 120 ℃左右得到未交联的原胶片)、组件叠放、真空层压(在 110~120 ℃下进行)、高温固化(于 140~150 ℃下进行)等阶段。

EVA 材料在封装加工过程中会发生交联反应,最终形成一种三维网状结构,对太阳能电池起到很好的密封作用。根据固化剂种类及加工时间的长短,EVA 材料的固化成型又分为常规型和快速型两种。

2)聚乙烯醇缩丁醛(PVB)

PVB 有助于解决胶膜变浑浊的问题,非常适合于薄膜光伏、大面积组件和建筑一体化光伏组件(Building Integrated Photovoltaic,BIPV)的封装。PVB 材料用于光伏组件封装也采用层压成型工艺,其过程参数控制比 EVA 材料层压工艺的要求更严格。

PVB 具有与 EVA 相似的介电性能,且其电阻随温度升高而增大,有益于光伏组件在高温工作时保持其电力输出性能。PVB 的玻璃化温度较高(在室温左右),相对较脆,在使用时需要添加大量的塑化剂以降低其力学模量。用于光伏组件封装的 PVB 配方中含有高达 15%~40%的塑化剂。

3)环氧树脂

环氧树脂有着优良的粘结性和机械性能,同时兼具固化收缩率低、透光率高、耐腐蚀等特点,也被用作光伏组件的封装材料。以环氧树脂作为封装材料的光伏电池,能够用于高温工作环境。在外界高温环境下,光伏组件的工作温度仍可处于室温,确保光伏组件的正常工作。

在环氧树脂中加入环氧基-立方低聚倍半硅氧烷(POSS),能明显地提高环氧树脂的耐热、氧、老化性能。在环氧树脂中同时加入 EVA、丙烯-丙烯酸羟乙酯共聚物、α-羟基丙酸钠和硫酸铵作为辅助改性剂,不但可以提高封装材料的耐候性,而且可以有效增强封装材料暴露在户外时的粘结性。将石墨烯加入到环氧树脂中,制备石墨烯改性环氧树脂,再加入一定量的固化剂制得的环氧树脂组合物具有高效水氧隔绝的能力,将其用于太阳能电池的封装,可有效地保护光伏组件,从而提高光伏组件的寿命。

4)聚二甲基硅氧烷(PDMS)

PDMS从结构上可以认为是无机玻璃和有机线型聚合物的"分子杂化",它有一些非常优异的重要性质,如在紫外、可见光波长区域的高透明度,非常低的离子杂质含量,低吸湿性,优异的电性能和宽的使用温度范围。

有机硅材料用于光伏组件封装时可以通过灌封的方式进行反应性加工成型,这要比EVA的层压工艺更为简便,加工成本也相对较低。这种固化系统的优点是能够在各种温度下快速固化,另一个独特功能是线性硅氧烷聚合物在固化之前具有低黏度,而这将赋予材料在独特电池结构上的流动性。通过调整主链单元结构,可以调整设计有机硅材料的折射率,因此,针对不同用途的光伏组件,可以灵活地对有机硅封装材料进行结构设计。

随着光伏的全面应用和发展,"高性能"和"低成本"将是今后光伏组件封装材料发展的两个重要方向。相比于EVA和PVB材料,以PDMS为代表的有机硅材料由于其无机有机杂化的结构特点,在太阳能光伏组件(特别在太空领域)封装中展示了优良的性能,将是今后太阳能光伏组件封装材料发展的一个重要品种。目前的有机硅封装材料的品种结构相对单一,在一定程度上限制了其应用和发展,多样化的单体结构以及功能性官能团的引入将有助于提高有机硅封装材料的加工性能及其他应用性能,从而进一步提高太阳能光伏组件的效率和使用可靠性。

**4. 封装设备**

光伏组件封装设备能够应用于太阳能电池组件封装环节中,其主要产品包括以下几种:打胶机、敷设机、层压机、装框机、组件测试仪、激光划片机、电池片分选仪、焊接机等设备。

打胶机是通过对电池片灌注粘合剂进行封装;敷设机是按照一定的层次将组件串、玻璃、EVA、背板等进行敷设;层压机(单层)是通过加热使EVA熔化,使电池、玻璃和背板三部分能够粘接在一起制成光伏组件;装框机用于给组件安装边框,以此来增加组件的强度和使用寿命;分选仪用于测试电池片参数,以对其进行分类;焊接机用于电池片焊接,将其串接成组件串。

目前我国的光伏组件封装设备生产企业的数量有限,要想形成完全竞争态势还需要一定的时间。国内一些主要的电池组件生产企业已经开始推广实施流水线生产模式,并且有在未来引领行业发展的趋势。封装设备研发生产企业和组件生产企业不仅应将常规组件封装设备智能化、生产线自动化,而且还要坚持创新以此来满足不断发展的市场需求,例如:随着市场建筑一体化光伏应用范围扩大,对安装型光伏组件单体,一方面需要更大面积单体,另一方面为了产生大尺面的单体,需要用到更多的小组件,如双面组件、曲面组件、无边框组件、透明或半透明组件、异形组件、结构特殊的组件等,这对封装材料和封装设备提出了新的要求。

#### 4.2.4　聚光光伏发电系统

把通过聚光器将太阳光汇聚到太阳能电池表面,充分利用光生伏打效应这一特性的发电方式称为聚光光伏发电。

**1. 工作原理**

太阳能聚光光伏(Concentration Photovoltaic,CPV)技术将光学技术与新能源结合,使光伏电池的发电量大大增加,同时效率不断得到提高,是一种有效降低光伏发电成本的途径。它使用透镜或反射镜面等光学元件,将大面积的阳光汇聚到一个极小的面积上,再通过高转化效率的光伏电池直接转换为电能。

在一定范围内,到达聚光太阳能电池表面的光照强度随着聚光倍数的增大而增加,同时聚光太阳能电池转换效率也随之增加。传统非聚光光伏发电高额的成本,成为了其大规模应用的主要障碍。而聚光光伏发电通过使用透镜或镜面取代了大面积太阳能电池,所采用的光学元件的材料通常是透明塑料、玻璃、硅胶等,相比于昂贵的半导体材料更有利于降低成本,而且生产工艺难度大大降低,既节省了半导体太阳能电池的材料消耗,又提高了电池的转换效率,从而可以实现大规模的生产与应用。聚光光伏发电技术具有效率高、成本低、发电量多等优点。

CPV 太阳能发电系统原理比较简单,从原理上讲聚光倍数越高造价就越便宜,但需要克服以下影响聚光效率和可靠性的难题。

(1)**让单晶硅承受较高倍聚光**。虽然砷化镓可以承受 1000 倍的光强,但是目前砷化镓价格昂贵,难以大幅度地降低制造成本,并且砷化镓中的砷是剧毒物质,在以环保为主题的国际环境下也不可能大量使用,目前来看只能使用单晶硅;但是单晶硅一般只能承受 3 到 5 倍的光强,在 CPV 领域,3 到 5 倍的聚光几乎不能降低成本,要想大幅度降低成本,聚光必须达到 10 倍左右,而为了达到 10 倍的聚光必须用特制的单晶硅。

(2)**散热**。普通的硅光电池板在夏日中午时温度能到 75 ℃ 以上,普通的硅电池板在两倍太阳光强下时间一长就会起泡,在 5 倍太阳光强下 10 min 就会起泡,起泡后太阳能电池片就会被氧化,在很短的时间内效率会大幅降低。另外,起泡后由于受热不均匀,常常有电池片炸裂,这样系统就完全不可用。如果太阳能电池板使用铝或者铜制的散热片进行自然散热,需要大量的散热片,造价昂贵;如果使用强制风冷,就要用大量的电能,得不偿失,并且风扇的寿命与可靠性不高。如果使用水冷,除了要使用电力外,造价也不低,由于水冷管路多,连接点多,还需要水泵,故障点必然多,可靠性还不如风冷,当然水冷的效率要高于风冷,但是在故障率决定的一票否决制的太阳能系统中不可用。

(3)**反光板寿命**。普通的镜子、塑料反光板由于反射层与骨架层(比如玻璃)热胀冷缩系数不一样,在室外 2~4 年反射面就会脱落,在沙漠高温差的地方可能几个月就完全不能使用了,并且反光率会慢慢下降。国内外也有用高反射率的薄铝板,但是这种铝板不能经受冰雹,并且不能擦洗,如果擦洗会产生永久性损伤,这种铝板使用期限为 8 年左右,并且反光率逐年降低,8年后就只有40%的反光率,远远不能达到太阳能系统要求的25年;铝板可以贴保护膜,但是保护膜造价高,也不防冰雹,不能解决所有问题。另外,为了降低成本,铝板厚度一般都为0.3 mm左右,这样加工非常困难,加工成本高昂。

(4)**跟踪器寿命**。光伏电池只有在聚光器的焦点才能工作,因为地球和太阳每时每刻都在转动,所以必须使用跟踪器才能保证光伏电池处于聚光器的焦点。跟踪器是CPV系统的主要部件之一,还能使系统比不带跟踪的系统平均多30%~40%的发电量。但跟踪器是机械结构,长年累月地运行会出故障,并且会有磨损。由于CPV系统对跟踪精度是有要求的,磨损会导致精度降低,如果精度降低整个发电系统就不能正常运行。

**2. 系统构成**

聚光光伏发电系统主要由四部分构成:聚光系统、光电转换装置、散热组件、太阳能自动跟踪系统。

1) 聚光系统

聚光系统的作用就是把太阳光汇聚于一点或一个面,提高接收器表面的能量密度。高倍聚光可以提供较高的温度来热力发电,大能量密度可以提高太阳能电池的发电效率,节省昂贵的材料,从而使经济性大大提高。聚光系统主要是指聚光器和二次聚光器,二次聚光器也叫匀光器。

目前聚光器的分类如图4-6所示,主要有三种分类方式,分别依据光学原理、聚光形式、几何聚光比分类。每一种分类都有各自的特点,但又不能完全独立,各个分类相互交叉。

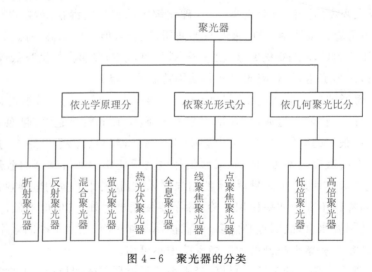

图4-6 聚光器的分类

折射式聚光是一种现阶段比较成熟的聚光模式,如图4-7(a)所示,除了普通的透镜外,最典型的代表是菲涅耳透镜,两者相比较各有特点,例如:在大口径时,菲涅耳透镜具有更低的菲涅耳系数、加工材料便宜方便等优点;小口径时,普通透镜有更高的效率。反射式聚光器如图 4-7(b)所示,是把太阳光反射到太阳能电池上的一种聚光形式,包括平面镜阵列聚光器、抛物面聚光器、复合抛物面聚光器等。用于反射聚光器的反射材料主要是镀银玻璃和镀铝面,镀铝面在硅电池的光谱响应波段范围内的反射率是 85%,而镀银面则是 90%~95%。

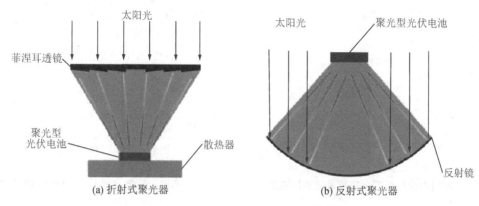

图 4-7　折射式与反射式聚光器

### 2)光电转换装置

光电转换装置——太阳能电池,是把接收到的光能转换成电能输出的一种器件,其转换过程是直接的,相比较于其他形式发电过程来看,具有便捷、环保等优势。

目前较为成熟的光伏电池主要集中在低倍聚光领域(几何聚光比小于 100),如单晶硅、多晶硅等硅太阳能电池,以及 CdTe 薄膜电池、有机薄膜电池等,这个领域生产技术较为成熟,从而使得生产成本显著下降。除了上述硅电池之外,高倍聚光太阳能电池(几何聚光比大于 300)是目前国内外学者主要看好的领域,高倍聚光太阳能电池一般以Ⅲ-Ⅴ族太阳能电池为典型代表,例如砷化镓(GaAs)及其相关化合物。

### 3)散热组件

太阳能聚光发电相比普通的光伏发电具有更高的效率,影响聚光系统发电效率的因素除了最为重要的能流密度外,另一个就是聚光太阳能电池的工作温度。要想提高聚光太阳能电池光电转换效率应从这两方面入手。能流密度主要影响太阳能电池的电子对的激活程度,从而影响发电量的大小。工作温度的影响从两个方面来看:①在恒定的工作温度,低倍聚光时,光伏电池的转换效率随聚光比增大而增大;在高倍聚光时,随聚光比增大而减小,如图 4-8 所示。②在不同温度工作时,随着聚光倍数的增加,太阳能电池转换效率会随着其工作温度的升高而有所下降,如图 4-9 所示。聚光光伏电池的工作条件决定了其工作时会产生较大的短路电流,而聚光光伏电池性能会随着电池温度的升高而下降。研究发现,聚光光伏电池工作温度每下降 1℃,输出电量增加 0.2%~0.5%。如果光伏电池长期在高温下运行,会加快其老化速度,减少其使用寿命,甚至最后失效。

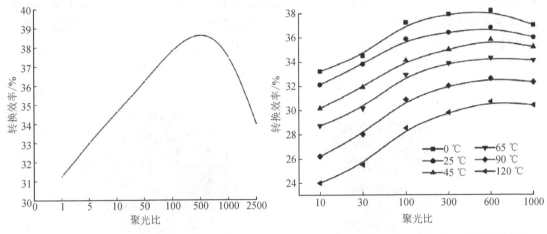

图4-8 不同聚光倍数下太阳能电池的转换效率　　图4-9 不同工作温度下太阳能电池的转换效率

4)太阳能自动跟踪系统

太阳能自动跟踪系统是为了最大限度地接收太阳的辐照,实现太阳能的高效利用,尤其是高倍的聚光系统,对跟踪精度有非常高的要求。跟踪方式主要分为两种:视日运动轨迹跟踪与光电自动跟踪。

(1)视日运动轨迹跟踪。视日运动轨迹跟踪是依据日地之间相对运动轨迹规律设计的一种跟踪方式,分为单轴和双轴跟踪。

单轴跟踪:单轴跟踪方式有两种轴旋、三种跟踪方式,一种是极轴旋转东西跟踪,另外两种为水平轴旋转东西和南北跟踪。轴跟踪不能保持接收面与太阳光线垂直,但全年累计接收太阳辐照大;水平轴跟踪接收面积大,安装位置低,但只有正午太阳光线能与接收面垂直,总体接收效果差。三种单轴跟踪方式各有优缺点。

双轴跟踪:双轴跟踪是一种高度角与方位角同步跟踪的综合跟踪方式,相比单轴跟踪,精度有了很大的改善,可以更大限度地利用太阳能。目前主要分为高度角-方位角跟踪、极轴跟踪两种双轴跟踪方式。极轴跟踪方式中,一根转轴与地球自传轴平行(称为极轴),另一根转轴与极轴垂直(称为赤纬轴),通过双轴相互调节使得接收面与太阳光线始终垂直。这种跟踪方式的缺点是设计支撑比较困难。高度角-方位角跟踪属于地平坐标系跟踪方式,通过方位轴与仰俯轴综合控制,是一种精度比较高的跟踪方式,但对机械精度要求很高。

(2)光电自动跟踪。光电跟踪是目前最为常见的一种跟踪方式,其工作原理是通过光敏元件接收变化的光信号,转换成相应的变化的电信号输出,进而调节并驱动电机使得太阳光最大限度地垂直照射工作面。光电跟踪设计简单,跟踪精度高,但容易受到外界气象条件的影响,阴天光电跟踪效果极差。

对于普通光伏系统,单轴跟踪应用较多,其主要是按太阳的东升西落在一天中自东向西跟踪太阳的运动。自动跟踪系统的加入大幅增加了光伏系统的发电效率,虽然增加了一部分初期投资,负荷的增益会很快弥补。研究表明:对于采用聚光器的发电系统来说,其能接收到光线的角度范围随着聚光比的增大而减小,当系统的聚光比大于 10 时,太阳能电池就只能利用直射阳光,所以在高倍聚光比下工作的砷化镓电池必须实时、准确地对准太阳才能真正发挥其工作效率,提高太阳能的利用率。

## 4.3　光耀四方:基于光伏的分布式发电与微电网

分布式光伏发电因具有清洁无污染、可靠性高、安装地点灵活等优势而备受关注。

分布式光伏电源的入网减轻了传统电网的压力,但随着其渗透率的增加,其易受环境因素制约而产生的发电随机性问题,直接影响到了电网的功率平衡,降低了传统电网的稳定性和供电可靠性。为了提高分布式发电的利用效率,发挥其在能源利用和可持续发展中的优势,协调公共电网与分布电源间的冲突,研究人员提出了微电网的概念。

微电网是将分布式发电、负载、储能单元等结合起来构成的具有独立自治与协调能力的微型供电系统,它可以降低损耗、增加本地供电的可靠性,为提高分布式发电的利用效率提供了灵活的平台。基于微电网的分布式光伏电站在充分利用光伏发电自身优势的基础上,结合微电网的特点,降低了建设输、配电网所需的巨额投资,其内部各电源之间、电源与储能单元间的协同供电克服了传统分布式光伏电源输出不稳定的缺点,是实现智能电网不可或缺的步骤,具有非常重要的意义。

### 4.3.1　微电网典型结构

微电网是由分布式发电、储能单元及其他相关设备等组成的整体,具有一定程度的自我控制能力,既可工作在并网状态,也能在离网状态运行。相比于公共电网来说,微电网将分布式电源与相关负荷按某些特定连接方式进行有效集合,并连接至公共电网,是完成自主式配电网的一种有效方法,是传统电网向智能电网过渡不可或缺的一部分。

微电网结构模式的确定是进行微电网规划设计的前提条件之一。一般来说,微电网结构模式是指微电网的网络拓扑结构,具体包括微电网内部的电气接线网络结构、供电制式(直流/交流供电和三相/单相供电)、相应负荷和分布式电源所在微电网的节点位置等。微电网系统中负荷特性、分布式电源的布局及电能质量要求等各种因素决定了微电网的结构模式,也在一定程度上影响了微电网采用何种供电方式(交流、直流或交直流混合)。微电网采用的供电方式是其网架结构设计的决定性因素之一,因此,微电网按供电制式可以划分为交流微电网、直流微电网和交直流混合微电网 3 种不同类型的结构模式。

典型的微电网结构如图 4-10 所示。

不同供电制式的微电网具有不同的特征与优势。交流微电网要求各分布式电源、储能装置和负荷等均须连接至交流母线,从而具有不用改变原有电网结构、原配电网改造为微电网网架结构时较为容易等优势;直流微电网要求各分布式电源、储能装置和负荷等均连接至直流母线,减少了电力变换环节,具有提高电能利用率、无损耗及无频率控制等优势,但也面临改造原有电网及各种交流设施的重大困境;而交直流微电网包含交流和直流两种母线,从

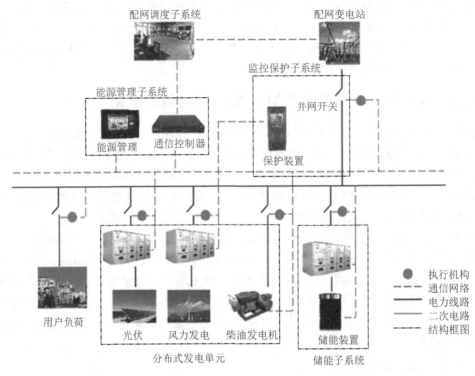

图 4-10　微电网典型结构

而实现了分布式电源、储能装置和负荷分别接入各自同供电制式的母线,具有结构灵活多样、负荷密度大、优势互补等特点。

### 4.3.2　微电网的运行控制

微电网的运行控制是微电网技术的研究核心和热点问题。微电网的运行控制主要是与系统内分布式电源的种类、不同电源装机量、功率输出特性、控制策略和方法、不同负荷特性(可中断负荷和不可中断负荷)、系统的运行模式和结构模式、能量管理要求以及电能质量、经济性、安全性、可靠性等有关,这使得传统的控制方法已经不适应于微电网的运行控制,因此微电网需要有一套全新的、科学有效的运行控制方法和机制对系统内各分布式单元进行协调控制,能够根据特定要求来满足微电网分别在孤网运行、并网运行,以及两种运行方式间切换时的不同运行要求,实现并保证整个系统的安全稳定运行。

分布式电源控制方法主要包含下垂控制(Droop 控制)、恒功率控制(PQ 控制)和恒压恒频控制(VF 控制)3 种,在选择具体控制方法时,应综合考虑该分布式电源自身的出力特性及其入网的目的和作用、微电网系统的整体控制模式等因素,做出相应的合理选择。微电网系统整体控制主要包括主从控制(master-slave)和对等控制(peer-to-peer)两种典型的基本控制模式,以及将主从控制和对等控制相结合的综合控制模式。目前,对等控制模式和综合控制模式的微电网仍停留在实验室研究阶段,而主从控制模式是技术最成熟且应用最广泛的一种微电网控制模式。

　　大量的研究和微电网示范工程项目表明:含多种分布式电源的主从控制结构微电网通常采用分层控制策略来实现系统的正常运行控制。图 4 – 11 是一种典型的基于不同时间尺度的微电网分层控制方案,它借鉴了传统电力系统的三次电压/频率分层控制经验,图中EMS 为能量管理系统。

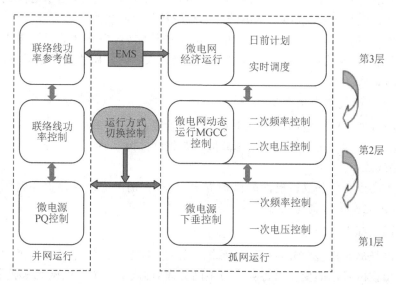

图 4 – 11　微电网的分层控制

　　第 1 层为分布式电源自身的运行控制,分布式电源应结合自身的控制特性和系统运行模式来选择恰当的控制策略。并网运行时,大电网提供系统电压、频率参考值,从而所有分布式电源均采用 PQ 控制方法进行功率输出;而孤网运行时,系统内同步发电机组或电压源逆变型微电源采用下垂控制方法支撑系统电压频率稳定,而可再生能源等其他微电源则选取 PQ 控制方法自行注入电能。第 2 层为微电网动态运行控制,它通常是采用中央控制器(MGCC)实现微电网的并网运行、孤网运行和孤/并网模式切换三种不同状态的运行控制,维持整个微电网系统的稳定运行。第 3 层为微电网经济运行和能量管理层次的控制,它是在保证系统稳定可靠运行的基础上通过优化分配各分布式电源的负荷功率,使系统总运行成本最小化的动态能量管理。

### 4.3.3　微电网的保护与孤岛运行

**1. 微电网的保护**

　　微电网的保护是指当微电网发生故障时,能够快速识别及定位故障、切除故障并恢复微电网安全稳定运行的一种关键技术。目前,微电网的保护技术主要有基于自适应继电器的自适应保护系统、基于电压的保护方法、差动保护、过流保护、距离保护等。由于微电网的并网运行和孤网运行之间的运行控制特性具有较大不同,所以两种运行模式下所呈现的故障特性及所采用的保护方法均有所不同。下面分别给出了在并网运行和孤网运行两种模式下的基本微电网保护方法。

1)并网运行模式下的微电网保护

并网运行模式下的微电网保护主要分为三个阶段:

(1)故障定位,可采用负序功率方向元件、故障分量方向元件或基于电流突变量的定位方法来实现故障定位,确定故障是微电网外部故障还是内部故障。

(2)根据不同的故障位置,选取恰当的故障保护策略(若为外部故障则微电网马上解列而进入孤网运行,而若为内部故障则微电网继续接入大电网并做故障穿越运行)。

(3)排除故障。

2)孤岛运行模式下的微电网保护

孤岛运行模式下的微电网保护主要分为两个阶段:

(1)故障定位,即确定故障是微电源故障还是馈线故障。

(2)排除故障。

在设计孤岛运行的独立微电网的保护方案时,应分别考虑馈线保护和电源保护的具体配置,以及它们之间的协调与配合。

**2. 微电网的孤岛运行**

微电网的孤岛是指包含分布式发电系统的微电网,当主网故障或者其他原因停电时未能及时检测出主网状态的变化而将自身与主网分离,形成了一个主电网无法控制的、由分布式发电系统单独供电的孤立的电网。

在孤岛运行下,孤岛内部分布式电源的容量应与负载的功率保持平衡,一旦功率不平衡必将引起电压和频率的变化,导致电压频率无法稳定,微电网就无法正常运行。

按照事先有无规划好的孤岛区域,孤岛运行分为计划孤岛运行和非计划孤岛运行。

(1)**计划孤岛运行**。为维持孤岛的稳定运行,保证分布式发电系统在主配电网故障停电的情况下正常向孤岛内的负载供电,应依据分布式电源的容量和本地负载容量的大小提前规划好合理的孤岛区域。

(2)**非计划孤岛运行**。当电力系统发生故障引起断路器跳闸,分布式发电系统单独向孤岛内的负载供电,孤岛的范围不确定。一般来说,非计划孤岛内分布式电源的容量与负载容量不匹配,若长时间运行会导致电压频率严重偏离,造成重大的安全隐患。

**3. 微电网非计划孤岛的检测**

为了应对非计划孤岛运行带来的危害,电力公司要求并网的分布式光伏发电系统需要有孤岛检测技术,以便能够及时检测出孤岛的形成并将其与主电网断开连接。目前孤岛检测方法主要有主动检测和被动检测两种。

1)被动式孤岛检测法

与主网断开连接形成孤岛后,电气量会发生变化,被动式检测法通过检测电压、频率、相位或谐波的变化进行孤岛检测。

（1）**电压频率检测法**。孤岛形成时，一般非计划孤岛内部的功率不平衡，会导致电压和频率的变化，当变化超出规定的范围可以认为形成了孤岛。

（2）**相位跳变检测法**。正常情况下，并网逆变器仅控制其输出电流与主电网电压同相，其输出电压则受电网控制。孤岛产生时由于逆变器输出电压不受主网控制，加之孤岛内负载阻抗角的存在，导致电压相位跳变，通过检测逆变器输出端电压和电流的相位差即可判断孤岛的产生。

（3）**电压谐波检测法**。分布式光伏发电系统并网后受电网制约，公共耦合点的谐波含量相对较少，产生孤岛时，孤岛内的非线性负载会向公共耦合点注入谐波电流，产生电压畸变，因此可通过检测公共耦合点电压谐波的变化判断是否产生孤岛。

2）主动式孤岛检测法

通过在光伏逆变器控制的信号中加入一个很小的干扰信号，使之对逆变器输出的电压、频率或者功率产生微小的扰动，在并网运行时，由于受到主电网的制约，干扰信号的作用非常小，当孤岛产生时，干扰信号的作用就比较明显了，可通过检测公共耦合点的响应来判断是否产生孤岛。这种方法检测精度高，但是控制比较复杂，又因为向电网输出了干扰所以会降低电能质量。

（1）**阻抗测量法**。基于电压偏移原理的阻抗测量法，通过对光伏逆变器输出电流幅度周期性地引入干扰信号，当并网运行时公共耦合点的电压不会有显著的变化，当孤岛产生时光伏发电系统端的等效阻抗明显变大，引入的电流扰动信号导致逆变器输出电压也有很大的变化，由此可以判断是否产生孤岛。

（2）**主动频率偏移法**。基于频率偏移原理的主动频率偏移法，通过改变逆变器输出电流的频率，对公共耦合点电压频率产生扰动。在并网运行时公共耦合点的电压频率与工频保持一致，当孤岛产生时电压频率会受到逆变器输出电流频率的影响而发生变化，当变化超出规定范围则可认为产生了孤岛。

（3）**滑模频率偏移法**。基于相位偏移原理的滑模频率偏移法，是在光伏逆变器的输出端引入电流相位的微小变化，当光伏系统并网运行时，由于锁相环的作用，电网提供固定的频率和相位，逆变器工作在工频下，当电网停电时，引入的相位偏移在正反馈的作用下变得越来越大，导致电压频率超出正常范围，以此可以判断孤岛的产生。

除此之外还有移频法、频率突变检测法、自动相位偏移法等。

## 参考文献

[1] 金步平，吴建荣，张士荣.太阳能光伏发电系统[M].北京:电子工业出版社,2016.

[2] 李安定，吕全亚.太阳能光伏发电系统工程[M].北京:化学工业出版社,2012.

[3] 杨金焕.太阳能光伏发电应用技术北京[M].北京:电子工业出版社,2017.

[4] 翁敏航.太阳能电池[M].北京:科学出版社,2013.

[5] 沈辉,曾祖勤.太阳能光伏发电技术[M].北京:化学工业出版社,2005.

[6] 李忠实.太阳能光伏组件生产制造工程技术[M].北京:人民邮电出版社,2012.

[7] 王长贵,王斯成.太阳能光伏发电实用技术[M].北京:化学工业出版社,2009.

## 思考题

(1)太阳能光伏发电系统的构成与分类有哪些?

(2)太阳能光伏发电系统的设计原则有哪些?

# 第四篇
# 热

<<<

## >>> 第5章 储热技术——"储热达人"的华丽变身

### 5.1 热量的时空调度:储热技术概述

能量的存在方式多种多样,如机械能、电磁能、化学能和热能等。然而,大多数能量是通过热能的形式和环节而被转化和利用的。储热最为简单和普遍,储热技术是能源科学技术的重要分支。

地球上的能量从根本上来说都来自于太阳,能源的利用形式主要包括电和热两种,而热能占终端能源的消费需求高于50%,也就是说,储热的价值和发展空间并不比储电小。

储热技术是以储热材料为媒介将热能(如太阳光热、地热、工业余热、低品位废热等)储存起来,在需要的时候释放出来的一种技术,它通过材料内能的改变来实现热量的存储与释放,用于解决热能在时间、空间或者强度上的供需不匹配所带来的问题,可以最大限度地提高整个系统的能源利用率。

依据储热原理,储热技术主要包括显热储热、热化学储热和潜热储热(又称为相变储热),如图5-1所示。其中,显热储热是利用材料物质自身比热容,通过温度的变化来进行热量的存储与释放;潜热储热是利用材料的自身相变过程(固-气、固-液、固-固或者液-气)吸/放热来实现热量的存储与释放,所以潜热储热通常又称为相变储热。热化学储热是利用物质间的可逆化学反应或者化学吸/脱附反应的吸/放热进行热量的存储与释放。

储热技术的开发和利用能够有效提升能源综合利用水平,在太阳能热利用、电网调峰、

143

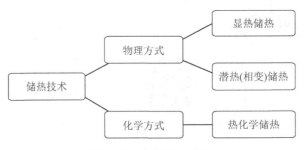

图 5-1　储热技术分类

余热回收、建筑节能与温度调控等领域都具有重要的应用前景和研究价值。相对于锂电池储能、飞轮储能、压缩空气储能、抽水蓄能等储能方式,储热技术在功率和容量两方面都具有较大的经济性优势,每千瓦造价 1900～6500 元(如图 5-2 所示)。储热与抽水蓄能、压缩空气储能一样具有成本低、大容量、长寿命的特征,是一种可以大规模使用的储能技术。

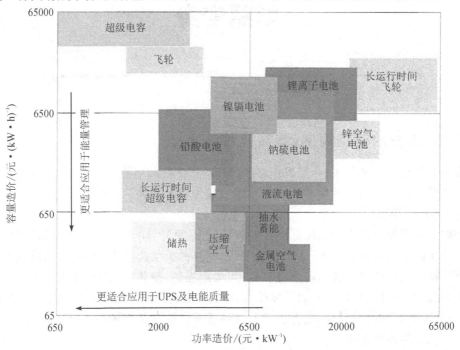

图 5-2　各种储能方式功率和容量经济性比较

国际可再生能源署(International Renewable Energy Agency,IRENA)于 2020 年发布的储热专项报告《创新展望:热能存储》指出,当前全球约有 234 GW·h 的储热系统正在发挥着重要的灵活性调节作用。储热不仅在传统的采暖和制冷领域发挥着不可替代的作用,而且在解决可再生能源消纳、电力系统调节和多能互补等领域承担着越来越重要的角色。

储热技术已成为世界上第二大储能技术,装机量仅次于抽水蓄能。IRENA 预测,到 2030 年,全球储热市场规模将扩大三倍,在未来 10 年,储热装机容量将增长到 800 GW·h 以上。报告统计数据显示,中国储热装机规模目前已达 1.5 GW·h。中国采用储热技术将原本的弃风、弃光电量制热供暖,有效减少了燃煤供暖带来的碳排放,提升了空气质量。

## 5.2 从暖水瓶说起:显热储热技术

### 5.2.1 显热储热基本原理

显热储热是利用材料所固有的热容进行热能存储的技术,通过加热储热材料升高温度、增加材料内能的方式实现热能存储。储热材料的显热储热能力一般可用比热容来衡量,比热容越大,单位温升储存的热能就越多,材料的显热储热能力也就越大。可以通过式(5-1)来计算存储的热量。

$$Q = \int_{T_i}^{T_f} mC_p \mathrm{d}T \tag{5-1}$$

式中:$Q$ 为存储热量;$T_f$ 和 $T_i$ 分别为材料终止和起始温度;$m$ 为材料质量;$C_p$ 为材料比热容。

显热储热材料在储存和释放热能时,只是发生温度的变化,因此,显热储热技术具有储热原理简单、技术成熟、材料来源广泛且成本低廉等优点,广泛应用于化工、冶金、热动等热能储存与转化领域。但显热储热材料储能密度低,系统装置体积庞大,且不适宜在温度较高的环境中工作。因此,其实际应用价值受到一定限制。

显热储热装置一般由储热材料、容器、保温材料和防护外壳等组成。在众多显热储热材料中,水的比热容大、廉价易得,是一种广泛应用的显热储热材料。太阳能热水器的保温水箱是典型的利用水作为储热介质的显热储热装置。当储能过程中使用温度较高时,显热储热材料主要是油、熔融盐或熔融金属。为了使储热装置具有较高的容积储热密度,要求储热材料具有较高的比热容和较大的密度。显热储热材料使用方便,但在储热过程中其温度会随着热能的存储与释放而不断变化,难以实现控制温度的目的。

### 5.2.2 显热储热材料

显热储热材料大部分可从自然界直接获取。目前,常见的显热储热材料包括液态和固态两种。固体显热储热材料包括岩石、砂、金属、混凝土和耐火砖等,液体显热储热材料包括水、导热油和熔融盐等。

水、土壤、砂石及岩石是最常见的低温(<100 ℃)显热储热介质,目前已在太阳能低温热利用、跨季节储能、压缩空气储热储冷、低谷电供暖供热、热电厂储热等领域得到广泛应用。

导热油、熔融盐、混凝土、蜂窝陶瓷、耐火砖是常用的中高温(120~800 ℃)显热储热材料。其中混凝土、蜂窝陶瓷、耐火砖是价格较低的中高温显热储热材料,目前已在建筑领域得到广泛应用,在太阳能热发电、高温储热领域有一些示范装置,但迫切需要解决储热体温度在放热时随时间不断下降的情况下如何保证取热流体温度和流量稳定的技术难题。导热油虽然具有更大的储热温差(120~300 ℃),但蒸气压较高,蒸发严重且价格较贵,目前较少采用。熔盐有很宽的液体温度范围、储热温差大、储热密度大、传热性能好、压力低、储放热工况稳定且可实现精准控制,是一种大容量(单机可实现 1000 MW·h 以上的储热容量)、低成本的中高温储热材料。表 5-1 对比了几种常见显热储热材料的特点。

表 5-1 几种常用显热储热材料的特点对比

| 项目 | 水 | 熔盐 | 导热油 | 液态金属 | 岩石 | 混凝土 |
|------|-----|------|--------|----------|------|--------|
| 适用温度范围/℃ | 0~100 | 250~600 | 20~400 | 100~1550 | 20~700 | 20~550 |
| 比热容 /(kJ·kg$^{-1}$·K$^{-1}$) | 4.2 | 1.2~1.6 | 2.0~2.6 | 0.14~1.3 | 1.2~1.8 | 0.91 |
| 密度 /(kg·cm$^{-3}$) | 992 | 1800~2100 | 700~900 | 780~10300 | 2000~3900 | 2400 |
| 材料成本 /(千元·t$^{-1}$) | 0.005 | 4~91 | 25~45 | 13~85 | 0.4~1 | 0.2 |
| 主要问题 | 适用温度范围小,低温易凝固膨胀,高温易汽化 | 价格较高,腐蚀性强部分有毒性,需要辅热防止凝固 | 价格较高,易燃,蒸气压大,高温运行中易氧化、易结焦劣化 | 价格较高,腐蚀性强,有毒性及氧化性 | 稳定性不佳,强度随时间会降低 | 导热系数不高,需增加传热性能,容易开裂 |
| 技术成熟度 | 高 | 高 | 高 | 低 | 高 | 中 |

储热材料的熔点、密度、比热容、导热性、流动性是衡量储热材料综合储热性能的关键。

(1)**熔点**。为了便于传输,一般要求储热材料维持在液态。材料熔点会影响储热时的最低保持温度。如果熔点较高,材料与环境的温差将较大,导致散热很大,为了保持其仍为液态,会增加保温所需的费用。

(2)**密度**。材料的密度越大,则在相同质量的情况下其体积越小,从而可以减小盛装储热材料的容器的体积,减少投资。

(3)**比热容**。材料储热能力越强,在相同的质量下储存的热量就越多,或者是储存相同的热量时所需要的储热材料的量就相对较少,这样不仅减少了储热材料的费用,而且还减小了用来盛装储热材料的容器体积及其他相关费用,从而在整体上大幅降低了投资成本。反映储热能力大小的特性参数就是比热容,比热容越大,则储热材料的储热能力就越大,反之越小。

(4)**导热性**。材料在储热时,受热面和远离受热面的温度往往不同,即存在温度梯度,不利于热量的传输,影响热量传输的效率,增加储热所需时间,影响储热的效率。因此,为了提高储热效率,一般要求储热材料具有较好的导热性。

(5)**流动性**。材料在储存热量和释放热量的过程中一般是不可能一直处在一个容器中的,现在普遍使用的是具有冷罐和热罐的双罐式储热材料储存装置。储热材料会随着储存热量和释放热量的过程变化,从一个罐被泵抽到另一个罐,或是单方向从一个罐抽回到另一罐(比如从冷罐抽回到热罐,而从热罐到冷罐时只是利用重力势能即可),而这时,流动性的强弱就会影响泵的工作,不但会影响其效率、功耗,甚至会影响其寿命。

为了适应大规模显热储热的要求,高温载体应当满足以下性能条件:

(1)**热力学条件**。熔点低(不易凝固)、沸点高(性能稳定)、导热性能好(储热和放热速度快)、比热容大(减少质量)以及储热密度高(易于运输、热传递损失小)。

(2)**化学条件**。热稳定性好、相容性好、腐蚀性小、无毒、不易燃、不易爆。

(3)**经济性**。价格便宜,容易获得。

### 5.2.3　显热储热系统装置及典型应用

目前,规模化显热储热技术主要有热水储热罐技术、熔盐储热技术和固体蓄热技术。

#### 1.热水储热罐技术

热水储热罐技术主要利用水的显热来储存热量。

热水储热罐技术起源于 20 世纪 80 年代初的北欧地区,已有四十年的运行经验。目前,国际上工程应用较多的热水储热罐技术是斜温层储热技术。斜温层的基本原理是利用不同温度下水的密度不同,罐体内的水天然分层,以温度梯度层隔开冷热介质。斜温层储热系统是利用同一个储热罐同时储存高低温两种介质,比起传统冷热分存的双罐系统,投资大大降低。目前斜温层储热技术已经应用于光热发电储热、燃煤供热调峰等系统中,在欧洲发展较为成熟。

储水设备主要采用热水储热罐,储热罐的型式有多种,根据区域供热系统的特点,主要可以分为常压储热罐和承压储热罐两类。常压储热罐结构简单,投资成本相对较低,最高工作温度一般不超过 95 ℃,储热罐内为微正压,如同热网的低压膨胀水箱。承压储热罐最高工作温度一般不超过 120 ℃。通常,储热罐热网循环水管道与热电厂集中供热首站并联,储热罐与热网的连接方式可分为直接和间接连接两种。

采用储热罐的目的主要是打破热电联产机组"以热定电"的传统生产模式,提升火力发电机组的深度调峰能力,解决电力深度调峰时影响供热的问题,满足用电与用热的不一致性,实现火电机组电力生产和热力生产的解耦运行,同时为可再生能源消纳提供必要的发电空间。

对热电厂而言,在储热阶段,储热罐相当于一个热用户,使得用户热负荷需求曲线变得更加平滑,有利于机组保持在较高的效率下运行,提高经济性。在放热阶段,储热罐相当于一个热源,弥补供热负荷的不足。

储热罐应具有如下功能:实现热源与供热系统的优化与经济运行,实现深度调峰、热电解耦;作为热网中热源与用户之间的缓冲器;作为尖峰热源;作为备用热源;紧急事故补水;系统定压。

热水储热罐技术具有以下特点:主要应用水箱、水坑或人造水池等进行热水储热,原理简单、排热取热快、热损失小；储热介质为水，价格低、无毒、无腐蚀、易于运输；储热罐占地面积小；投资成本低。

热水储热罐的关键技术为储热罐及布水器的设计，罐体的合适高径比和布水器的优化设计是罐体内水分层和系统储/放热效率的保证。

大型储热罐是一个大型的储能设施。在白天电负荷高峰期，电厂内停止供热抽汽以增加发电量，而临时由储热罐放热来供热。在夜间，可以通过厂区内的电锅炉生产热水进而减少上网电量，在管网侧可以结合电锅炉实现利用谷电夜间储热的目的。大型储热水罐按罐内压强分为常压罐和承压罐，常压罐内压强为 0.1 MPa，供水温度在 95 ℃左右；承压罐分低压罐和高压罐，目前北欧国家应用最多的是低压罐，内部压强为 0.2 MPa，个别高压罐内部压强可达 1.8 MPa。目前，世界上最大的热水储热罐项目在丹麦，该热水储热罐案例的总体积达 70000 $m^3$，净容积 66000 $m^3$，丹麦菲英岛（Fyn）热电厂供热量达到 7700 TJ。

北京左家庄供热厂的热水储热罐于 2005 年投运，是我国第一座区域供热用常压热水储热罐装置。储热罐直径为 23 m，总高度为 25.5 m，总容积为 8000 $m^3$，储热罐热水区温度为 98 ℃，冷水区温度为 65 ℃，最大储热能力为 628.05 GJ。我国在跨季节储热方面研究和示范应用起步较晚，具有代表性的项目是 2013 年投入运行的河北经贸大学太阳能跨季节储热采暖工程，太阳能集热器面积为 11592 $m^2$，水箱储水量为 20000 t。

**2. 熔盐储热技术**

熔融盐（又称熔盐）是熔融态的液态盐。高温熔盐导热系数大、黏度小、储热量大，在一定温度范围内热稳定性和化学稳定性好，被认为是一种较好的储热材料，可以通过冷热流体的温差进行热能的储存和释放。熔盐储热技术一般采用双罐储热方式，低温熔盐储存在低温熔盐罐，高温熔盐储存在高温熔盐罐。在储/放热过程中，利用高、低温熔盐泵将熔盐从罐内抽出进入换热器，可以实现很高的放热效率。

熔盐储热系统一般由高温熔盐罐、低温熔盐罐、泵和换热器等组成。当储热时，可利用不稳定电能或低谷电将低温熔盐罐中的低温熔盐加热至设计工况的高温状态，然后将高温熔盐储存在高温熔盐罐中，此过程实现了电能向热能的转化。当需要用电或在用电高峰期时，高温熔盐罐顶部的熔盐泵启动，将高温熔盐不断输送到盐/水换热器系统即蒸汽发生器中对水进行加热。在夏季可产生过热蒸汽用于发电或工业生产；在冬季产生的蒸汽则进入城市供热换热系统进行供暖，整个系统都是通过控制器实现智能控制的。该控制器通过管路上安装的温度传感器、流量传感器等反馈的信号来智能调节熔盐电加热器的启停及加热功率。调节高温、低温熔盐罐中熔盐泵的频率来控制熔盐的流量以满足用户端的不同需求。熔盐储热技术的原理如图 5-3 所示。

熔盐作为热载体，在储热系统中往往同时起着传热和储热的双重作用。其基本物性包括熔点、结晶点、潜热、比热容、密度、热稳定性、导热系数、表面传热系数、蒸气压、腐蚀性、毒性、可燃性、表面张力、热扩散率、黏度、热膨胀系数等。熔盐的热物性决定了熔盐的流动与传热特性，进而直接关系到熔盐储热循环系统的软件设计和布置，最终影响储热系统的效

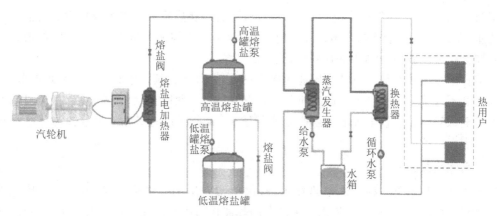

图 5 - 3　熔盐储热技术原理示意图

率。熔盐的种类很多,常见的熔盐主要包括碳酸盐、硝酸盐、氯化盐、氟化盐和混合盐。考虑熔点、密度、导热系数、比热容、成本等因素,硝酸盐具有最好的综合性能,目前正在运行的太阳能光热电站大多采用硝酸盐系列储热材料。大规模熔盐加热系统应用最为广泛的商业用复合熔盐有二元熔盐 Solar Salt (40％KNO$_3$ - 60％NaNO$_3$)、三元熔盐 Hitec (40％NaNO$_2$ - 7％NaNO$_3$ - 53％KNO$_3$)和 HitecXL[48％Ca(NO$_3$)$_2$ - 45％KNO$_3$ - 7％NaNO$_3$]等。

熔盐储热储能的主要优点是规模大、可配合常规汽轮机发电机组使用,目前实践已经证明了熔盐储热在太阳能光热发电站中的应用价值。目前,国际上已有二十多座商业化运行的太阳能热发电电站(总装机容量达到了 4 GW 以上)采用大容量的熔盐显热储热技术,最长的已有十年的运行时间。熔盐储热技术的发展趋势主要是突破与热量储存和输送有关的关键设备材料及工质的选择。此外,高温熔盐储罐的罐体设计、基础的保温设计及罐体的热应力分析也是熔盐储热需要突破的关键技术。

2009 年,西班牙 Andasol 1 号槽式光热发电厂成为全球首个成功运行的配置熔盐储热系统的商业化太阳能光热电站。2010 年,意大利阿基米德 4.9 MW 槽式太阳能光热电站运行,成为世界上首座使用熔融盐作为传热介质和储热介质的光热电站。2011 年,西班牙 Torresol 能源公司 19.9 MW 的塔式光热电站 Gemasolar 投入运营,是世界上第一个可 24 h 持续发电的太阳能光热电站。美国新月沙丘塔式光热电站于 2016 年在内华达州正式并网发电,装机 110 MW,配置了 10 h 熔盐储热系统,首次在 100 MW 级规模上成功验证了塔式熔盐技术的可行性。

中国储热市场刚刚起步,也是随着光热发电的发展而发展的。在太阳能光热技术领域,高温熔盐技术与国外先进技术相比,尚存在较大差距。中科院电工研究所于 2012 年在北京市延庆县建设了塔式太阳能热发电实验电站,该电站的发电功率为 1 MW,采用主动型的直接蒸汽储热与双罐间接储热相结合的二级储热系统,储热介质为熔盐和高温水蒸气。在高温熔盐蓄热方面,江苏太阳宝新能源有限公司于 2014 年建成了 20 MW·h 熔盐储热发电系统,高温熔盐被加热至 550 ℃,可实现温度在 350 ℃以上的过热蒸汽输出。2016 年,我国开始了第一批 20 座太阳能热发电示范电站的建设工作,储热系统也将配套建设。目前我国已有两座 10 MW 太阳能光热发电站在运行,分别为浙江中控德令哈 10 MW 熔融盐塔式光热电站和首航节能敦煌 10 MW 熔融盐塔式光热电站。

配置熔盐储热系统可以使太阳能光热电站实现 24 h 持续供电和输出功率可调节,解决了太阳能不连续、不稳定、不可调的问题,实现平滑波动、跟踪计划、调峰填谷,使其可以与传统的煤电、燃气发电、核电等电力生产方式相媲美,具备了作为基础支撑电源与传统火电厂竞争的潜力。

### 3. 固体储热技术

固体储热技术是一种显热储热技术,采用单罐斜温层的储热方式,由电阻直接加热固体,利用热空气作为传热介质将固体中储存的热能传递给水。在低负荷条件下,该技术可以通过加热储热介质将多余的电能转化为热能进行储存,并在高负荷下利用热交换技术,把储存的热能向采暖或生活热水系统释放。其储热介质一般都具有比热大、密度大、耐高温等特点,常见的固体储热介质有耐高温固体合金材料、MgO 含量为 90% 以上的压缩砖等。

固体储热系统设备由储热体、绝热保温层、电加热元件、内循环系统和热交换系统组成,储热体温度最高可达到 800 ℃。在负载需要热量供给时,设备可按预先设定的温度和供热量,由自动变频风机提供循环高温空气。通过 PLC 程序控制,汽水换热器对负载循环水进行热交换,由循环水泵将热水提供至末端设备中。固体储热锅炉结构如图 5-4 所示。

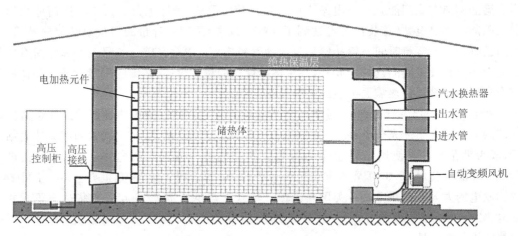

图 5-4 固体储热锅炉结构示意图

相比于水储热最高储热温度在 90 ℃左右,固体储热锅炉出力更足。同时,使用固体储热锅炉,锅炉本体外部不需要再配备储热设备(如水储热锅炉要配体积庞大的水池),因此占地面积比水储热锅炉小得多,应用在寸土寸金的大城市或空间较小的办公楼、医院、小区等,更具针对性。在白天峰电或平电时,固体储热锅炉不仅可以稳定地供给热水,还可以稳定地供给热风、导热油和蒸汽,因此,应用范围比水储热锅炉大得多。由于固体储热电锅炉灵活的模块化设计,使得锅炉本身能够适应用户间歇式的使用需求,并可以针对不同时段、不同用热单位,输出热水、热风、蒸汽和导热油等。热水温度可以在 100 ℃以下任意设定,热风温度可以在 400 ℃以下任意设定,导热油温度可以在 300 ℃以下任意设定。固体储热技术的缺点在于,在放热过程中存在死角,无法将所储存的热能完全释放。因此,如何提高固体储热系统储/放热效率是未来要解决的关键技术。

## 5.3　通过化学键锁住热量:化学储热技术

### 5.3.1　热化学储热基本原理

热化学储热是利用材料在受热和受冷时发生可逆化学反应的反应焓进行储能,实现对外储能和释能。当储热材料吸收热量时,分解出两种及两种以上易于分离的物质,需要使用热量时,只需将分解物充分混合,在适宜条件下使其发生逆反应,释放出储存的热量,若能将储能介质构成闭式循环,并妥善储存,其无热损的储能时间就可以很长,且能量密度和效率很高,特别适用于兆瓦级太阳能的高温高密度储能。热化学储热的热量 $Q$ 与储热材料质量 $m$、反应焓 $\Delta h_r$ 和热反应效率 $a_r$ 有密切关系,如式(5-2)所示。

$$Q = a_r m \Delta h_r \tag{5-2}$$

按照反应类型的不同,热化学储热可以分为热化学吸附储热和热化学反应储热。热化学吸附储热与热化学反应储热的区别在于储、释能过程中不发生物质分子结构的破坏与重组。其原理为:储热材料对特定物质进行捕获和固定并释放出反应热,其实质为吸附分子与被吸附分子之间接触并形成强大的聚合力,如范德瓦耳斯力、静电力、氢键等,并释放能量。热化学吸附储热对热源品质要求不高,适合以家庭为单位的太阳能跨季节储能的应用,同时还能用于收集低品位的热能,并可以广泛应用于分布式冷热联动系统及低品位余热废热收集。一般水合物体系属于热化学吸附储热类型,如 $MgSO_4 \cdot 7H_2O$ 体系,此外,还有一些以 $H_2O$ 和 $NH_3$ 作为吸附质分子的吸附工质也属于这种类型。

按照能源品位不同,热化学储热又可以分为高温热化学储热、中温热化学储热和低温热化学储热。

### 5.3.2　热化学储热材料

热化学储热系统的性能在一定程度上由所选的储热材料决定,比如工作条件、动力学特性及可逆性等,因此,选取一种合适的储热材料至关重要。

理想的热化学储热材料应当具备以下几个特征:

(1)能量密度高;

(2)导热系数高,正、逆反应速率快;

(3)无毒无害,对环境友好,温室效应低,不破坏臭氧层;

(4)循环稳定性好且反应物转化率高,副反应较少;

(5)材料反应压力不能太高,也不能是高度真空;

(6)材料费用低;

(7)反应物和生成物都能很容易地分离和储存。

常见的热化学储热材料主要包括:

(1)无机氢氧化物,如 $Ca(OH)_2/CaO$、$Ca(OH)_2/CaO$、$Ba(OH)_2/Ba$、$Sr(OH)_2/SrO$ 等;

(2)有机物,如甲烷;

(3)氨;

(4)金属氢化物,如 $Mg_2NiH_4$、$MgH_2$ 等;

(5)金属氧化物,如 $BaO$、$Co_3O_4$、$MnO$、$CuO$、$Fe_2O_3$ 和 $V_2O_5$ 等;

(6)碳酸盐,如 $CaCO_3$、$MgCO_3$、$K_2CO_3$、$SrCO_3$、$Li_2CO_3$ 和 $Na_2CO_3$ 等;

(7)结晶水合盐,如 $LiOH \cdot H_2O$、$Ba(OH)_2 \cdot 8H_2O$、$Na_3PO_4 \cdot 12H_2O$、$Na_2S \cdot nH_2O$、$H_2SO_4 \cdot H_2O$、$MgCl_2 \cdot H_2O$、$NH_4NO_3 \cdot 12H_2O$ 等。

### 5.3.3 热化学储热系统装置

化学反应器是热化学储热系统的核心部件,所有的热化学反应都是在化学反应器内完成的。按物料的聚集状态可以分为均相反应器和非均相反应器;按操作方式可以分为间歇操作反应器和连续操作反应器;按物料在反应器内是否固定可分为固定床反应器和动态床反应器,其中动态床反应器又可分为流化床反应器和动力辅助反应器。

(1)**固定床反应器**又称为填充床反应器,是填装固体催化剂或固体反应物以实现多相反应的一种反应器。固体反应物通常呈颗粒状,堆积成一定高度的床层。床层静止不动,流体通过床层进行反应。固定床反应器主要用于实现气-固相催化反应,如催化重整、氨合成等。此外,不少非催化的气-固相反应也都采用固定反应床。

(2)**流化床反应器**是一种利用气体或液体通过颗粒状固体层而使固体颗粒处于悬浮运动状态,并进行气-固相反应过程或液-固相反应过程的反应器。在用于气-固系统时,又称沸腾床反应器。

太阳能热化学反应器根据操作方式不同,可以分为直接操作式反应器和间接操作式反应器。

(1)**直接操作式反应器**。直接操作式反应器中,传热流体直接流过反应床的表面并将热量直接传递给反应物,所以传热效果比较好,但带来反应床内部的高压降,尤其当系统被放大时,这种操作方式很不经济。

(2)**间接操作式反应器**。间接操作式反应器中,传热流体通过热交换器将热量传递给反应物,避免了反应床内的高压降。但是采用间接操作式反应器也有一定的缺陷,比如由于某些储热材料的低导热系数所导致的反应床内较差的传热性能。

根据反应物受热方式不同,可以将热化学反应器分为间接辐射式反应器和直接辐射式反应器。

(1)**间接辐射式反应器**。在间接辐射式反应器中,吸收的太阳辐射用于加热传热流体,然后高温的传热液体再将热量传递给反应物。

（2）**直接辐射式反应器**。对于直接辐射式反应器,所吸收的太阳辐射直接加热反应物,无需换热器。

与间接辐射式反应器相比,直接辐射式反应器能够给反应物提供充足的太阳辐射,但需要一个透明的窗口,这就使反应器结构较间接辐射式结构复杂。直接辐射式反应器中最典型的就是回转窑反应器,已被应该用于多个领域。与其他的反应器相比,回转窑反应器具有很多优点:

①旋转会加强反应物间的传热传质,增强颗粒的运动,有效缓解颗粒聚集的问题;

②可以有效地减少辐射热损失,并且获得相对均匀的内壁温度。

因此,回转窑反应器在太阳能热化学储热系统研究中已经引起越来越多的关注。

热化学储热是三种储热技术中储能密度最大的(约为显热储热的 10 倍、相变储热的 5 倍),通过化学键之间静电引力实现热能长期储存、季节性储存。但热化学储热的应用技术和工艺较为复杂,其安全性、转化效率、经济性等问题目前难以突破。大多数热化学储热材料体系处于早期研发阶段,距离规模化、商业化仍然有很长一段时间。热化学储热的关键技术是如何控制热化学反应的速度,从而控制热化学储热的储热和放热速率。当前研究热点包括:选择合适的储热体系,要求反应可逆性好、腐蚀性小、无副反应;完善反应器和换热器的设计;加快热化学储热系统能量储放循环的动态和稳态特性及建模;深入热化学储热式发电系统中试及技术经济性分析等。

热化学储热可以应用于太阳能热力发电。太阳能热化学储热发电系统主要包括太阳能集热器、热化学储热系统和热电转换装置。热化学储热系统中的热化学反应器是太阳能热化学储热发电系统的主要部件。对于特定的化学反应,需要复杂的反应器是限制热化学储热应用的重要原因之一。太阳能热化学储热系统将太阳能和反应器相结合,所以热化学反应器不同于传统的反应器。

## 5.4　滴水成冰中的热量变化:相变储热技术

### 5.4.1　相变储热基本原理

相变储热是利用储热材料在相变过程中吸收和释放相变潜热的特性来存储和释放热能的方法,因此又称为潜热储热,而利用相变潜热进行储热的储热介质常称为相变材料。通常认为,物质的存在有三态,即固态、液态和气态。物质从一种相态变到另一种相态称为相变。相变的形式有以下四种:固-固相变、固-液相变、固-气相变和液-气相变。相变过程一般是一个等温或近似等温的过程,过程中伴有能量的吸收和释放,这部分能量称为相变潜热。材料的相变潜热值通常比其比热值大得多,甚至超出几个数量级。以水为例:水在固-液相变(1 atm①,0 ℃)和液-气相变(1 atm,100 ℃)时的相变潜热分别为 335.2 kJ/kg 和 2258.4 kJ/kg,而水的比热容仅为约 4.2 kJ/(kg·K)。

----

① atm 为 atmosphere 的缩写,压强的一种计量单位,指标准大气压。1 atm＝1.01325×10⁵ Pa。

如图 5-5 所示,在相变过程中,相变温度恒定,可以很好地控制体系的温度,有利于控温实现。其存储的热量 $Q$ 可以由式 5-3 计算得出。式中,$m$ 为储热材料的质量;$c_p$ 是比热容;$T$ 是温度;$a_m$ 是热反应效率;$\Delta h_m$ 是反应焓。

$$Q = \int_{T_i}^{T_m} mc_p \mathrm{d}T + ma_m \Delta h_m + \int_{T_m}^{T_f} mc_p \mathrm{d}T \tag{5-3}$$

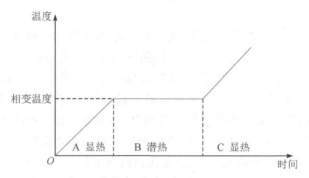

图 5-5 不同状态下相变储热材料的显热和相变潜热比较

相变储热具有在相变温度区间内相变热焓大、储热密度高和系统体积小等优点,此外,其储/放热过程近似等温,因此有利于热源与负载的配合,过程更易于控制。但是由于相变储热介质通常扩散系数小且存在相分离现象,导致储热、放热速率较低,以及储热介质老化导致储热能力降低的问题,需要通过一定技术途径解决和优化。

### 5.4.2 相变储热材料

**1. 相变储热材料的分类**

相变储热材料的种类很多,可按相变形式、化学成分、相变温度 3 种方式进行分类,如图 5-6 所示。

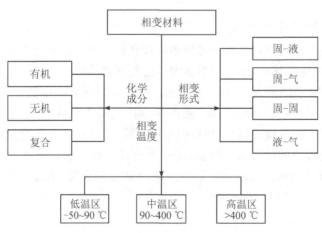

图 5-6 相变储热材料的分类

根据相变形式可分为固-固相变材料、固-液相变材料、固-气相变材料和液-气相变材料。其中固-液相变材料的研究起步最早,具有高潜热值、相变体积变化小等优点,是目前相对成熟且应用最广泛的一类材料。

根据材料化学成分可分为有机相变材料和无机相变材料。

(1)**有机相变材料**主要有石蜡、脂肪酸和高分子化合物等,其特点是相变热焓大、过冷度小、腐蚀性弱,但高温稳定性差、导热系数小、成本较高等。

(2)**无机相变材料**主要有水合盐、无机盐和金属合金等。水合盐的特点是容易相分离、过冷度大等;无机盐的特点是相变热焓高、性价比好,但导热系数较低,且大多数盐高温腐蚀性强;金属合金的特点是导热系数高、密度大,但高温腐蚀性强、易被氧化、成本高等。

单一的储热材料往往具有自己的优点,同时具有自身的缺点,解决这些问题需要采用复合技术。因此,通常实际应用的相变材料是由多组分构成的,包括主储热剂、相变温度调节剂、防过冷剂、防相分离剂、相变促进剂等组分。

根据相变温度范围的不同,可分为低温、中温和高温三类相变储热材料。

(1)**低温相变储热材料**。低温相变储热材料相变温度低于 90 ℃,此类材料在建筑和日常生活中应用较为广泛,包括空调制冷、太阳能低温热利用及供暖空调系统。常用的低温相变材料主要包括聚乙二醇、石蜡和脂肪酸等有机物、水和无机水合盐等。冰储冷技术已经普遍用于建筑空调的储冷中;有机相变材料的特点是相变热焓大、过冷度小,但高温稳定性差、导热系数低、成本较高等;水合盐的特点是容易相分离、过冷度大等。

(2)**中温相变储热材料**。中温相变材料相变温度范围为 90～400 ℃。中温相变储热适合于规模化应用,可用于太阳能热发电、移动储热等相关领域,这类材料有硝酸盐、硫酸盐和碱类。

(3)**高温相变储热材料**。高温相变储热材料相变温度在 400 ℃ 以上,主要应用于小功率电站、太阳能发电、工业余热回收等方面。其材料一般分为三类:盐与复合盐、金属与合金、高温复合相变材料。无机盐的特点是相变热焓高、性价比好,但导热系数较低、且大多数盐高温腐蚀性强;金属合金的特点是导热系数高、密度大,但高温腐蚀性强、易被氧化、成本高昂等。大容量相变储热需要解决导热系数低、储放热流体管路投资大等技术瓶颈。

**2. 相变储热材料的筛选原则**

相变材料作为储热器是储存热量的载体,针对不同的应用场合和应用目的,应选择不同的相变储热材料。选择性能优良的相变材料关系到储热装置设计的成败。具体而言,在相变储热过程中,理想的相变材料应具有下列性质:

(1)具有合适的熔点;

(2)有较大的熔解潜热,可以使用较少的材料储存所需热量;

(3)密度大,储存一定热能时所需要的相变材料体积小;

(4)具有较高的导热系数,使得储(放)热过程具有较好的热交换性能;

(5)能在恒定的温度或温度范围内发生相变,使得储(放)热过程易于控制;

(6)相变过程中不应发生熔析现象,避免相变材料化学成分的变化;

(7)凝固时无过冷现象,熔化时无过饱和现象;

(8)热膨胀小,熔化时体积变化小;

(9)无毒,腐蚀性小;

(10)蒸气压低;

(11)原料易购,价格便宜。

实际上很难找到能够满足所有这些条件的相变材料,在应用时主要考虑的是相变温度合适、相变潜热高和价格便宜,并注意过冷、相分离和腐蚀问题。

目前,相变储热材料的导热性能普遍较差,且存在相分离现象,导致储(放)热速率较低,因此如何有效地提高相变储热材料的储(放)热效率,解决相变材料的相分离问题是推广相变储热材料应用中亟待解决的问题。另一方面,相变储热材料在长期循环使用过程中会出现渗漏和挥发等现象,会对附属设备产生一定程度的腐蚀。因此,能否找到具有合适的相变温度、相变焓和一定结构强度的相变材料已成为制约相变储热材料发展的一个关键问题。此外,不断优化系统设计,改进工艺条件、降低生产成本也是今后相变储热工业化应用面临的一大难题。

### 5.4.3 相变储热系统装置及典型应用

#### 1. 冰储冷空调

冰储冷是利用冰融化过程的潜热来进行冷量存储的。冰的储冷密度比较大。储存同样的冷量所需冰的体积仅为水的几十分之一。由于冰储冷具有以上优点,再加上冰的价格低廉,因此冰储冷已经在储冷空调等方面取得了广泛的研究和应用。

冰储冷空调的工作原理是在夜间电力负荷的低谷时段采用电制冷技术,利用水的潜热和显热,以冰或水的形式将冷量储存起来,在用电高峰时段将其释放。在满足建筑物空调降温或生产工业制冷需求的同时,达到转移高峰期电力负荷的目的。

冰储冷空调利用冰水相变潜热,通过制冷储存冷量,并在需要时融冰释放出冷量。冰储冷空调系统通常以体积分数为25%的乙二醇水溶液作为载冷剂,由冷水机组、储冰装置、板式换热器、自动控制系统,以及泵和阀门组成。目前我国冰储冷空调中使用最多的是冰球和盘管式储冰装置。

由于高峰用电量中空调用电一般占30%以上,为建筑物用电的40%~60%左右,采用冰储冷空调后可大大缓解由于空调用电负荷在用电峰谷时段的不均衡而造成的电网不均衡。冰储冷空调技术是实现电网削峰填谷的主要方法之一,目前该项技术在世界上属于成熟的技术,正被世界各国广泛应用于各个领域,已有1.5万个冰储冷工程在全球各地正常运行,国内目前也有150个冰储冷空调系统工程在运行或建设之中,发展势头十分迅猛。国家电网有限公司也提出积极推广冰储冷空调技术,转移高峰电力,提高电网经济运行和资源综合利用水平,以达到节能和环境保护的目的。

#### 2. 相变储热式换热器

工业过程的余热既包括连续型余热又包括间断型余热。对于连续型余热,通常采取预热原料或空气等手段加以回收,而间断型余热因其产生过程的不连续性未被很好地利用,如有色金属工业、硅酸盐工业中的部分炉窑在生产过程中具有一定的周期性,造成余热回收困难,因此,这类炉窑的热效率通常低于 30%。

相变储热技术突出的优点之一就是可以将生产过程中多余的热量储存起来并在需要时提供稳定的热源,它特别适合于间断性的工业加热过程或具有多台不同时工作的加热设备的场合。利用相变储热技术进行热能存储和利用可以节能 15%～45%。根据加热系统工作温度和储热介质的不同,应用于工业加热的相变储热系统有储热换热器、储热室式储热系统和显热/潜热复合储热系统等多种形式。

储热换热器适用于间断性工业加热过程,是一种储热装置和换热装置合二为一的相变储热换热装置。它采取管壳式或板式换热器的结构形式,换热器的一侧填充相变材料,另一侧则作为换热流体的通道。当间歇式加热设备运行时,烟气流经换热器式储热系统的流体通道,将热量传递到另一侧的相变介质使其发生固-液相变,将加热设备的余热以潜热的形式储存在相变介质中。当间歇式加热设备重新工作时,助燃空气流经储热系统的换热通道,与另一侧的相变材料进行换热,储存在相变材料中的热量传递到被加热流体,达到预热的目的。相变储热换热装置另一个特点是可以制造成独立的设备,作为工业加热设备的余热利用设备使用时并不需要改造加热设备本身,只要在设备的管路上进行改造就可以方便地使用。

三种不同的储热技术在价格、密度和存储期限上各有不同,表 5-2 对这三种技术的主要特征进行了比较分析。从目前的应用情况来看,显热储热因其价格较低且装置结构简单所以应用范围较广,特别是在太阳能热发电中采用了大容量的熔盐储热,但固体显热储热存在温度波动大的缺陷。而相变储热技术可以较好地克服固体显热储热温度波动大的缺点,目前也有一些示范应用项目,但大容量储热还存在一些技术瓶颈。热化学储热技术具有储能密度高、储能周期长等优点,是目前储热技术研发工作的热点,但是还存在稳定性差、规模化难度高等问题,距离工业化推广应用尚远,还有大量的研究工作要做。

表 5-2　三种储热技术的特征比较

| 特征 | 储热技术 | | |
|---|---|---|---|
| | 显热储热 | 潜热储热 | 热化学储热 |
| 能量密度 | 低 (0.2 GJ/m³) | 中等 (0.3～0.5 GJ/m³) | 高 (0.5～3 GJ/m³) |
| 热损失 | 较大 | 较大 | 低 |
| 工作温度 | 水:110℃<br>混凝土:400℃<br>地下含水层:50℃ | 水合盐:30～80℃<br>石蜡:20～40℃ | $Ca(OH)_2$:500～600℃<br>$CaCO_3$:800～900℃ |
| 寿命 | 长 | 有限 | 取决于副反应及反应物的衰减 |
| 运输距离 | 短距离 | 短距离 | 理论上无限制 |

| 特征 | 储热技术 | | |
|---|---|---|---|
| | 显热储热 | 潜热储热 | 热化学储热 |
| 储能价格 /(元·kW⁻¹·h⁻¹) | 1~600 | 4~600 | 80~1000 |
| 单机储热容量 /(MW·h) | 0.001~4000 | 0.001~10 | 0.001~4 |
| 储能密度 /(kJ·kg⁻¹) | 数十到近千 | 数百,甚至近千 | 上千 |
| 储能周期 | 10 min 至数月 | 10 min 至数周 | 几天至数年 |
| 技术优点 | 储热系统集成相对简单;储能成本低,储能介质通常对环境友好 | 在近似等温的状态下放热,有利于热控 | 储能密度大,非常适用于紧凑装置;储热期间的散热损失可以忽略不计 |
| 技术缺点 | 系统复杂;储、释热都需要很大的温差 | 储热介质与容器的相容性通常很差;热稳定性需强化;相变材料热导率低;价格较贵 | 储、释热过程复杂,不确定性大,控制难;循环中的传热传质特性通常较差 |
| 技术成熟度 | 高;工业、建筑、太阳能热发电领域已有大规模的商业运营系统 | 中;处于从实验室示范到商业示范的过渡期 | 低;处于储热介质基础测试、实验原理机验证阶段 |
| 未来研究重点 | 高性能低成本储热材料的开发、储热系统运行参数的优化策略创新;储、释热过程中不同热损的有效控制等 | 新型相变材料或复合相变储热材料的开发;已有相变材料的相容性改进;储、释热过程的优化控制等 | 对新型储热介质的筛选、验证;储、释循环的强化与控制;技术经济性的验证,以及适用范围的拓展 |

## 5.5 冷暖大用途:储热领域未来发展方向预测与展望

### 5.5.1 产业未来发展方向预测与展望

储热涉及的产业链如图 5-7 所示。上游主要是熔盐、混凝土、陶瓷、相变及复合相变等储热原料、部件的生产和销售,属于材料和化学工业的一部分。中游主要是关键设备(储热罐、熔盐泵、换热器、电加热器、相变或固体储热单元等)设计制造、系统集成控制相关的行业,属于技术密集型的高端制造业,具有多学科、技术交叉等特性。下游主要是用户对储热系统的使用和需求,涉及常规电力、可再生能源、分布式能源系统、智能电网与能源互联网、工业余热、暖通空调等多个行业领域。

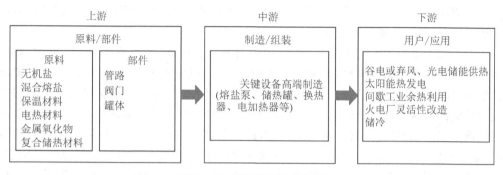

图 5-7 储热涉及的产业链

上游储热材料是科技创新的重点,主要围绕着材料的储能密度和功率密度的提高进行研发。开发高热导、高热容的耐高温混凝土、陶瓷等固体储热材料,研发低熔点、高分解温度混合熔盐配方和可提高混合熔盐比热容的熔盐纳米流体是显热储热材料的发展趋势;目前采用的多数相变储热材料导热系数比较低,制约了其储热、释热速率,影响了材料的功率密度,采用在相变储热材料中复合各种高导热添加剂是提升功率的有效途径,高导热添加剂包括金属颗粒、石墨、碳纳米管等多种物质,而借助高导热的框架结构对相变储热材料进行封装,可以同时实现封装和导热性能提高,泡沫金属、泡沫碳和石墨烯都属于这一类技术。在储能系统提升的同时,降低材料的制备成本,实现规模化制备,也是高性能储热材料发展的主要趋势。相较成熟的显热储热技术来说,潜热储热技术在材料成本上还有一定的劣势。发展廉价的原材料和可规模化的生产工艺也成为潜热储热材料推广应用的一个关键问题。

储热工质的工作温度范围向着超高温(800 ℃以上)和深冷方向(−100 ℃以下)发展。通过提高储热温度与环境温度的温度差,可实现能源的高品位热储存。热储存品位的提高可以改善热能释放时的能源转化效率,提升储热系统的应用范围,在太阳能光热发电系统和压缩空气储能系统中具有很好的应用前景。液化天然气(Liquefied Natural Gas, LNG)的大规模开发利用、超临界压缩空气储能和液态空气储能技术的发展迫切需要高性能的深冷储冷材料。

中游产业也是科技创新的重点,主要围绕储热设备的能效和可靠性开展研发。大容量储热材料电加热装置是目前煤改电对储热设备提出的新需求,目前主要的研发方向是10~1000 MW 大容量、万伏以上高电压的水、熔盐和固体电加热装置;大容量储热罐主要围绕高性能保温技术、地基防变形技术及长寿命焊接技术等方面开展研发;长轴高温熔盐泵、大容量高温熔盐换热器等也是大容量熔盐储热的关键设备。对于相变和固体储热装置,主要是通过对单模块的性能分析和优化,研制出具有较好储热性能的储热模块,模块结构的优化和模块化系统装置的集成有利于装置的结构设计和放大。针对大规模储热模块阵列,开发阵列化运行先进控制技术,通过对模块储释热过程的协调控制,有利于提高储热的效率和温度稳定性;结合储热装置的结构和运行特点提出新的热力学循环方案,包括开发新型的系统传热工质,以获得更好的系统循环效率,提高能源的利用率,提升储热技术商业应用前景,如通过在现有固定床储热系统中采用高效喷淋分流结构,可大幅降低传热流体用量和储热成本,显著提高传热、储热效率和稳定性。

下游产业主要包括了前面所叙述的多种能源技术行业,涉及风能、太阳能、电网、热用户等多个领域和行业。整体来看,目前可再生能源(包括风电和太阳能)对储能技术的需求非常强烈,而作为一种较为成熟的能源储存技术,储热技术的应用对于消纳可再生能源和提高新能源的电能质量都有着积极的作用;而对于电网和热用户来说,储热技术是一种有效的电能替代技术,通过合理的运营价格机制,可以部分替代传统的化石能源,实现用户侧的清洁用能,也是电网削峰平谷的主要手段之一。储热技术的应用提高了可再生能源的利用率,同时将清洁的可再生能源用于供暖空调领域,可以提高工业企业的能源利用率,部分替代传统的化石能源,有利于节能减排工作,社会效益是正面的。储热技术的应用还可以降低以往电制热供暖的运营成本,有利于该技术方案的推广和应用,同样具有积极的作用。可再生能源的就地消纳和电网虚拟调峰也可以极大地提高目前电网对波动性较大的可再生能源的接纳能力,缓解风电上网的矛盾,具有很好的社会效益。

2016 年 4 月,国家发展改革委和国家能源局发布《能源技术革命创新行动计划(2016—2030 年)》,把研究太阳能光热高效利用高温储热技术、分布式能源系统大容量储热(冷)技术作为能源技术革命创新行动的重点任务,强调要研究高温(≥500 ℃)储热技术,开发高热导、高热容的耐高温混凝土、陶瓷、熔盐、复合储热材料的制备工艺与方法,研究 10 MW·h 级以上高温储热单元优化设计技术,开展 10~100 MW·h 级示范工程,示范验证 10~100 MW·h 级面向分布式供能的储热(冷)系统和 10 MW 级以上太阳能光热电站用高温储热系统,研究热化学储热等前瞻性储热技术,探索高储热密度、低成本、循环特性良好的新型材料配对机制等。2016 年 12 月,国家发展改革委和国家能源局发布《能源生产和消费革命战略(2016—2030)》,文件中把发展可变速抽水蓄能技术,推进飞轮储能、高参数高温储热、相变储能、新型压缩空气储能等物理储能技术的研发应用作为推动能源技术革命、抢占科技发展制高点的重要方向。2017 年 9 月,国家发展改革委、财政部、科学技术部、工业和信息化部、国家能源局五部委联合发布《关于促进储能技术与产业发展的指导意见》,明确把相变储热材料与高温储热技术研发、大容量新型熔盐储热装置试验示范、推进风电储热试点示范工程建设作为重点任务。

储热技术在其应用中既可以作为一项单独的技术使用,实现电网用户侧的削峰平谷,同时也可以与其他能源技术(如太阳能光热和压缩空气储能技术等)相结合,以提升这些能源技术的调峰能力,同时也是这些能源技术提效的关键技术之一。针对不同的领域应用的情况,对储热技术市场需求情况和预期规模进行分析如下。

1)可再生能源消纳及谷电加热储热式供热

2019 年我国的弃风电量有约 16900 GW·h,弃光电量达到 4600 GW·h,若在电网用户侧建立起基于储热技术的虚拟调峰电站,可以有效地消纳这部分可再生能源,并利用这部分能源进行供暖,实现可再生能源的清洁供暖需求。通过用户侧的储热能源站的建立,并提供一定的功用储能容量,满足电网的用户侧虚拟调峰的需求。利用散煤供热供暖是造成我国大面积雾霾的主要原因之一,在居民采暖、工农业生产、交通运输等领域,因地制宜发展谷电加热储热式供热技术,是解决我国大面积雾霾的主要技术途径。近年来,我国大力推广实施煤改电工程,为大容量储热技术提供了巨大的市场空间。

2)太阳能光热发电的需求

集成大容量熔盐储热的太阳能热发电可产生连续稳定可调的高品质电能,克服了光伏和风力发电不连续、不稳定和不可调度的缺陷,极大地提升了光热电站的利用小时数,实现了新能源的消纳,并可以承担电网的基础负荷,有望成为将来的主力能源。要建成 5 GW 的太阳能热电站,共需 $150\sim300$ 万 t 的熔盐。按照国际能源署的预测,到 2050 年,世界太阳能热发电的装机容量可达 1000 GW 以上,即 2015—2050 年的 35 年内每年安装 28 GW 以上,每年对熔盐的需求量在 $840\sim1680$ 万 t 左右。

3)热电厂的灵活性改造

随着经济发展,社会对电能的需求不断增长,电网容量不断扩大,用电结构亦发生变化,各大电网的峰谷差日趋增大,电网目前的调峰能力和调峰需求之间的矛盾愈发尖锐,低谷时缺乏调峰手段的问题将更为突出。电力市场化改革的深入及波动性、可再生能源的增多,将使煤电机组逐步由提供电力、电量的主体性电源,向提供可靠电力、调峰调频能力的基础性电源转变。针对燃煤发电机组弹性运行控制的严峻形势,可增加储热装置实现"热电解耦",在调峰困难时段通过储热装置的热量供热,降低供热强迫出力;在调峰有余量的时段,储存富裕热量。

4)压缩空气储能的需求

目前我国正在开展压缩空气储能系统的示范工作,随着电力生产端对于大规模储能技术需求的增长,压缩空气储能技术也将得到进一步的发展和重视。储热系统作为压缩空气储能系统的关键部件之一,可以回收压缩过程的热能及膨胀过程中的冷能,也是压缩空气储能系统循环效率提升的关键部分,因此,随着压缩空气储能技术的发展,对于储热技术的需求也会相应增长。

5)分布式能源的需求

截至 2021 年底,全国风电和光伏并网装机 6.34 亿 kW,并实现分布式能源装备产业化。分布式能源系统中将会依据应用需求的变化,采用多种储能形式。冷热联供是分布式能源系统中重要能量存储与转化利用形式,通过储热装置解决生产者和用户在时间空间上的不匹配问题。

6)工业节能的需求

工业用能是目前我国能源消耗的主体(占社会总能耗的 70%),每年的能源消费量近

40 亿 t 标准煤。工业余热资源利用率低是造成工业能耗高、能源资源浪费问题严重的主要原因,能源产生端和消费端之间的匹配问题也是制约余热资源利用的主要矛盾,发展具有高储热密度的储热技术,实现余热资源在空间和时间上的有效调度,将为工业节能提供重要帮助。

7) 冷链运输技术的需求

储冷技术在农副产品及药品等运输过程中能够均匀稳定地释放冷量,温度波动小,且可集中利用夜间低谷电储冷。通过储冷剂携带的冷量来维持车厢内的储藏温度,替代冷链车中的制冷压缩机,从而对农副产品及药品进行保鲜,并减少冷链运输过程中的油耗和电耗。

8) 储热发电技术

储热发电是针对大容量储电发展起来的前沿技术,在该技术领域存在几种不同的路径,包括热泵储电技术(Pumped Heat Electricity Storage,PHES,该技术将电能储存为高品位的热能和冷能,以获得高的储能密度和循环效率)、电储热技术(Electric Thermal Energy Storage,ETES,是一种利用 $CO_2$ 为循环工质的热能存储技术,需要同时存储冷能和热能,其利用 $CO_2$ 超临界态下的特殊性质,提升系统循环效率)。几种储热发电技术都没有特别的地理位置要求,对环境破坏小,被认为是一种容量大、适用于电网级的能量型储存技术。目前其主要问题在于如何减少系统的㶲(exergy)损失,降低由于系统每个循环需要经过多次膨胀压缩及传热、换热过程造成的能量损失;研制高温和深冷储热技术,提高工质间换热效率;研发绝热的压缩膨胀技术等方面。

### 5.5.2 发展方向预测与展望

储热涉及传热传质、热力循环理论与系统仿真、动力机械及工程、流体机械、燃烧、多相流、制冷空调、金属材料、无机非金属材料、高分子材料、耐磨材料、化学工程、机械工程和电气控制工程等学科领域。预期未来将重点发展以下方向。

1) 开发宽液体温度范围、低凝固点、高比热容、腐蚀性小的高温液体显热储热材料

通过在现有二元混合硝酸盐中添加新的组分,可降低混合熔盐的凝固点,提高混合熔盐的分解温度,拓宽熔盐的液体温度范围;通过在混合熔盐中添加纳米粒子,可提高比热容 20％以上,以进一步提高液体显热储热材料的储热密度,降低储热成本,研究熔盐储热材料的强化储热和腐蚀机理。

2) 研发高热导、高热容固体显热储热/储冷材料、潜热储热/储冷材料及显热/潜热复合储热/储冷材料

研究开发高热导、高热容耐高温混凝土、陶瓷、氧化镁等固体储热/储冷材料,高潜热、高热导潜热储热/储冷材料,以及显热/潜热复合储热/储冷材料的制备工艺和制备方法。研究储热/储冷材料抗热冲击性能及力学性能之间的关系,探究大温差热循环动态条件下材料性能演变规律,研究改性无机相变和固体显热储热/储冷所构成的两类复合储热/储冷材料设计原理及微结构对储热性能的作用机理,研究储热材料的静态和动态腐蚀机理。

3)开发新型的化学储热材料

开发新型的储热材料是进一步提高能源密度和功率密度的关键,也可以减少储热技术的能量损失,提高响应时间,降低技术成本,这里要解决的关键问题包括:力学性能衰减,循环使用过程中材料体积随着吸附/解吸过程和化学反应过程而发生变化;化学腐蚀,主要是由于传热工质或者包覆材料腐蚀储热材料,以及反复化学反应循环;储热材料的快速成像和测试技术。

4)储热单元和系统装置的研究

大部分传统的储热单元和储热系统都是采用了固定床、流化床和双罐系统的设计方案。这类系统或是响应比较慢(固定床和双罐系统),或者热能衰减大(流化床)。热能衰减大就意味着系统㶲损失高,以及循环效率低。新的设计方案需要克服这些问题,这方面的研究工作需要解决的关键问题有:单元装置的放大技术;强化传热技术,减小储释热过程的换热温差以减小换热过程㶲损失,开发高效绝热材料和结构,采用低导热材料和结构可减小向环境的漏热损失;开发出新的热力学过程,从而降低循环过程中传热传质的阻力损失,提高热电能量转化效率。

5)将储热系统与电网相集成

储热技术的好处在于可以在电源侧和用户侧建立起与用能行为匹配的大容量分布式储能系统,可以提高电网系统效率等级,减少投资,并提升削峰平谷的容量。要实现以上这些优势,储热技术在能源系统中的集成与优化是必不可少的,包括热网与电网的互联互通及其耦合储热装置的系统仿真模型。这方面的研究工作需要解决的关键问题是发展一套基于大量关键特征参数的简单算法,以实现在电网应用时快速计算分析和过程控制,并建立基于能源互联网的信息通信网。

总的来说,储热属于新兴产业,未来,储热技术的商业化推广将极大地激发传热传质、热物性、复合材料、高低温材料力学等学科方向上新方法、新理论、新技术的涌现,在提升交叉学科创新能力的同时,为学科的持续发展提供有力的支撑。

### 5.5.3　我国储热领域发展趋势

目前,我国中低温水、固体储热已在建筑空调、太阳能热利用、清洁能源供暖、热电厂储热等领域得到广泛的应用,并进入大规模商业化推广阶段。近年来,随着"煤改电"政策、火电厂灵活性改造和风电消纳工程的推进,固体储热技术在我国也得到了大规模的应用,以华能长春热电厂、丹东金山热电厂为代表的一批储热容量高达 1000 MW·h 的大型固体储热电锅炉相继投入运行,在北方地区也建成一批谷电加热固体储热供暖的示范工程,固体储热式电暖气也在北方农村地区得到了大规模的推广应用。

近年来,高温熔盐储热在太阳能发电和储热式供热领域的研究和应用在我国也得到了快速发展,已进入示范和推广阶段。我国科研机构在高性能低成本熔盐材料配制、熔盐传热储热特性及其强化,以及储热设备等方面开展了系统的研发工作,在国际上产生了重要的影响。在河北分别建成 37 MW·h 和 20 MW·h 的双罐熔盐储热谷电加热供暖示范系统,并建成了双罐熔盐传热储热槽式太阳能分布式单螺杆有机朗肯(Rankine)循环热电联供系统。此外,在山西绛县、辽宁阜新市海州区韩家店镇等地也相继建成了小型熔盐储热供暖系统。我国 2018 年先后有青海德令哈 50 MW 槽式、50 MW 塔式和甘肃敦煌 100 MW 塔式 3 个千兆瓦时大容量熔盐储热太阳能热电站相继投运。

在相变储热方面,无论是中低温的相变储热材料,还是高温复合相变储热材料研究都取得了明显的进展,并有相应的示范应用工程。我国多个高校和科研机构均在相变储热材料的研制方面开展了大量工作。在相变储热装置的研制方面,在北京、天津和固安县等地采用相变储热装置实现了清洁能源供暖。高温复合相变储热技术也在风电消纳、用户侧清洁供暖等领域开展了应用示范,并在我国的三北地区得到了较广泛的应用,包括在新疆、张家口等地建立的风电清洁供暖示范工程,以及青海果洛州高海拔地区的大容量电热储热工程等。

储冷技术方面,我国从 20 世纪 90 年代初开始建造水储冷和冰储冷空调系统,至今已有建成投入运行和正在施工的工程 833 项,分布在 4 个直辖市和 22 个省。目前新型储冷技术的研究工作有水合物储冷技术和冰储冷技术。此外,基于相变储热等技术的低温储冷技术在食品和药品的冷链运输中得到了部分的应用,目前已有公路冷藏车和便携式储冷设备等得到推广应用。

为了推动我国储热技术与产业的快速发展,未来仍需解决两大层面的问题:一方面,要进一步提升系统性能(储能效率)、降低系统成本;另一方面,要进行储热完整产业链的构建,尤其是下游市场的培育。针对储热系统进一步提效、降成本的问题,主要的解决方案为:将储热系统向大规模发展,并通过关键技术的突破来实现。具体来讲,就是突破低成本、高性能储热材料研发、大容量储热装置的性能强化与高可靠性设计制造技术、系统优化集成与控制技术瓶颈,在深度挖掘系统性能潜力的同时通过规模化制造大幅度降低系统成本。针对储热系统产业链的构建与完善问题,主要的解决方案为:通过技术创新和技术标准化体系的建设,并积极借助于智能制造手段加速先进储热材料和大容量储热装置的规模化制备,进而完善中游产业;依托国家针对储能领域的部署及配套政策,积极推广储热系统在不同应用场景下的大规模商业应用,通过应用模式及盈利模式的创新与示范验证,不断完善下游产业。结合上述分析,国内先进储热(冷)技术发展的规划路线如表 5-3 所示。

表 5-3　先进储热(冷)发展路线

| 项目 | 时间节点 | |
| --- | --- | --- |
| | 2025 年 | 2050 年 |
| 主要任务 | 攻克材料和装置技术难题,建立共性标准体系,建立比较完善的产业链 | 探索新材料、新方法,突破热化学和其他新技术瓶颈,实现产业化、系列化 |
| 技术经济指标 | 实现全面推广,整体赶超国际先进水平,系统初投资为 60~250 元/(kW·h) | 全面建成技术及标准体系,整体达到国际领先水平,初投资为 40~150 元/(kW·h) |

预计 2025 年前,攻克低成本、高性能储热材料研发和大容量、高可靠性长寿命储热装置的设计制造技术难题,初步建立储热共性技术标准体系,建成比较完善的储热技术产业链,实现绝大部分储热技术在其适用领域的全面推广,整体技术赶超国际先进水平;储热系统初投资降至 60～250 元/(kW·h)。

2050 年前,积极探索新材料、新方法,实现具有优势的先进储热技术储备,突破高储能密度、低保温成本热化学储热和其他新型储热技术瓶颈,实现储热系统产业化、系列化和推广使用,力争完全掌握材料、装置与系统等各环节的核心技术,全面建成储热技术体系和标准化体系,整体达到国际领先水平,引领国际储热技术与产业发展,储热系统成本降至 40～150 元/(kW·h)。

## 参考文献

[1] 葛维春.电制热相变储热关键技术及应用[M].北京:中国电力出版社,2020.

[2] 刘臣臻,饶中浩.相变储能材料与热性能[M].徐州:中国矿业大学出版社,2019.

[3] 陈海生,吴玉庭.储能技术发展及路线图[M].北京:化学工业出版社,2020.

[4] 杨晓西,丁静.中高温蓄热技术及应用[M].北京:科学出版社,2014.

[5] 华志刚.储能关键技术及商业运营模式[M].北京:中国电力出版社,2019.

[6] 张仁元,等.相变材料与相变储能技术[M].北京:科学出版社,2009.

[7] 朱洪洲,何丽红,唐伯明.相变储热沥青路面材料开发及降温机理[M].北京:科学出版社,2018.

## 思考题

(1)简述储热技术的种类及其优缺点。

(2)储热对于能源综合利用的意义是什么?

(3)储热技术的实际应用场景有哪些?

# >>> 第6章 热电材料——从"小众"华丽逆袭的神奇材料

不用发电机,有温差它就可以发电;不用压缩机,施加一个电压它又可以实现热量的定向输运和耗散,从而用来制冷或制热,在 2003 年好莱坞大片《地心危机》(*The Core*)中能够找到它的身影,让其成为在危难时刻拯救主人公命运的最关键的救命稻草,这种神奇的材料就是热电材料(thermoelectric materials)。

## 6.1 变废为宝:热电材料与装备

我国目前能源消费结构仍然是以化石燃料为主,化石燃料燃烧必然要向环境中排放大量的废热和 $CO_2$,因此要在 2030 年达到碳达峰的目标,压力十分巨大,能源消费结构需要做出重大变革和调整。从政策层面看,"双碳"目标并不是要完全放弃化石燃料消费,而是需要提高能源利用效率,增加可再生能源的比例。

### 6.1.1 废热回收的价值与贡献

其实废热形式在人类生产和生活中是无处不在的,特别是当前全球主要的能源消费形式仍然是燃烧化石燃料将化学能转换为热能进行发电,这个过程能源利用效率仅为 34%,其余 66% 全部以各种形式的废热排放。显然,如果能够将剩余的废热回收利用,特别是直接转换为电能,则可以极大地提高化石燃料的能源利用率,减少化石燃料的使用量,对于节能和减排具有重大意义。

利用废热发电,其经济价值也是非常巨大的。2017 年,全球废热总量达到 $1.04 \times 10^{11} MW \cdot h$,若将其中的 5% 转换为电能(目前热电材料和器件热-电转换效率的平均水平),则其电能总市值可以达到 2200 亿美元。如果包含整个废热回收产业链如材料制造、器件、研发等的价值,总量是一个超过 10000 亿美元的巨大市场。

### 6.1.2 热电器件废热回收的普适性

热电器件回收废热,并将其直接转换为电能,在各种工业生产活动中具有普适性。表

6-1中列举了不同形式的废热及其对应的温度范围,可以看到废热形式按照温度可以分为高温(>650℃)、中温(230~650℃)和低温(<230℃)三种。废热回收的方式以热电器件最为通用,对不同废热热源形式普适性最强。

表6-1　废热形式及其回收技术

| 类别 | 热源 | 温度/℃ | 能源转换技术 |
|------|------|--------|--------------|
| 低温 | 化工过程蒸汽冷凝液 | 50~90 | 空气加热 |
|      | 冷却水 | 32~55 | 热电 |
|      | 内燃机 | 66~120 | 热泵 |
|      | 退火炉 | 32~232 | 热交换 |
|      | 干燥、烘烤和固化炉 | 93~230 | 吸收/吸附冷却 |
|      | 焊接和注塑机 | 32~88 | 卡琳娜(Kalina)循环 |
|      | 轴承 | 32~88 | 压电 |
|      | 空气压缩机 | 27~50 | 热电 |
|      | 成型模具和泵 | 27~88 | 热电 |
| 中温 | 蒸汽锅炉排气 | 230~480 | 蒸汽朗肯(Rankine)循环 |
|      | 燃气轮机排气 | 370~540 | 有机朗肯循环 |
|      | 烘干 | 230~600 | 热交换 |
|      | 催化裂化装置 | 425~650 | 空气预热、热电 |
|      | 往复式发动机排气 | 315~600 | 热电 |
|      | 干燥烘箱 | 230~600 | 热光伏 |
|      | 退火炉冷却系统 | 425~650 | 热电 |
| 高温 | 固体废物焚化炉 | 650~1000 | 空气预热 |
|      | 烟气焚烧炉 | 650~1450 | 蒸汽朗肯循环 |
|      | 镍精炼烟气 | 1370~1650 | 蒸汽发动机 |
|      | 玻璃熔化烟气 | 1000~1550 | 热交换 |
|      | 铝/铜精炼炉/反射炉 | 650~760 | 热电 |
|      | 锌精炼炉 | 900~1100 | 热光伏 |
|      | 水泥窑 | 760~815 | 热电 |
|      | 制氢工厂 | 620~1000 | 热电/蒸汽朗肯循环 |

## 6.2　利用温差:热电材料工作原理

### 6.2.1　热电材料的泽贝克(Seebeck)效应和佩尔捷(Peltier)效应

目前热电材料主要有两种效应:泽贝克效应和佩尔捷效应。

**1. 热电材料的泽贝克效应**

　　热电材料两端存在温度差异的时候,该温差可以驱动热电材料产生电势,温差产生热电势的现象被称为泽贝克效应。泽贝克效应是 1823 年由德国物理学家托马斯·约翰·泽贝克(Thomas Johann Seebeck,1770—1831)发现的,其工作原理见图 6-1。

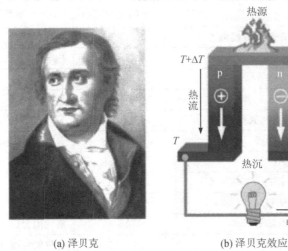

<table>
<tr><td>(a) 泽贝克</td><td>(b) 泽贝克效应</td></tr>
</table>

图 6-1　热电材料的泽贝克效应

**2. 热电材料的佩尔捷效应**

　　对恒温的热电材料两端施加电压的时候,可以驱动热流在热电材料内部流动,从而在施压两端产生温度差异,这种现象称为佩尔捷效应。佩尔捷效应是 1834 年由法国科学家让·查尔斯·阿塔纳西斯·佩尔捷(Jean Charles Athanase Peliter,1785—1845)发现的,其工作原理见图 6-2。

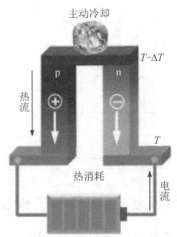

<table>
<tr><td>(a) 佩尔捷</td><td>(b) 佩尔捷效应</td></tr>
</table>

图 6-2　热电材料的佩尔捷效应

### 6.2.2　温差产生电势的基本原理

对于热电器件单元,在开路条件下,器件材料两侧总是存在高温端和低温端,材料内部也存在连续变化的温度梯度。对于本征或者掺杂半导体材料(p 型或者 n 型),载流子浓度 $n$ 与温度 $T$ 的关系一般满足式(6-1)所示的经典指数关系。

$$n(T) = n_0 \exp[-E_a/(k_B T)] \qquad (6-1)$$

式中,$E_a$ 为禁带宽度;$k_B$ 为玻尔兹曼常数。

显然,热电器件的高温端和低温端载流子浓度存在差异,当两端温度差异增大时,载流子浓度的差异也随着增加。高温区载流子浓度高,高温区载流子会向浓度较低的低温区扩散,形成扩散电流(diffusion current);载流子扩散会导致高温区同性电荷浓度减小,而异性电荷浓度增加,这会产生一个内部电场,载流子在内部电场作用下产生迁移电流(drift current),其方向与扩散电流相反,最终导致开路时实际上不会在热电材料高温和低温端产生净电流,而是会形成一个稳定的热电势。

一般规定,p 型半导体热电材料的泽贝克系数为正值,热电势由热端指向冷端;n 型半导体材料的泽贝克系数为负值,热电势由冷端指向热端。由于 n 型和 p 型半导体热电器件的泽贝克系数和热电势对应物理机制是相反的,所以对 n 型和 p 型热电器件元件结构设计和集成提出了如何将 n 型和 p 型热电元件集成在一起的问题。

从泽贝克效应产生的物理机制来看,如果要维持热电材料两端的热电势,必须要保证热电材料内部始终存在一个温度梯度,即总是存在冷端和热端。热电材料本身可以通过晶格原子振动和电子-声子碰撞等机制导热,最终让热电器件温度均匀,这种情况下热电势会消失,热激发载流子浓度也趋于均匀。在实际利用热电材料实现热向电的转换时,必须有外部的附带散热系统和附件维持热电元件两端温度梯度,才能保证热电转换器件连续工作。

热电逆向效应即佩尔捷效应的物理机制更为复杂,主要涉及载流子在两种费米能级不同的材料界面、在外部电场作用下实现定向跳跃和迁移的过程,需要考虑两种机制,如图 6-3 所示。如果载流子是从界面费米能级比较高的材料一端跳跃到费米能级比较低的一侧(n 型半导体到金属),这种载流子的输运宏观表现为放热;第二种机制是载流子从能级较低的一侧跳跃到能级稍高的一侧(如金属到 p 型半导体)这个过程宏观表现为吸热。因此通过改变电流方向,可以实现放热或吸热的过程。

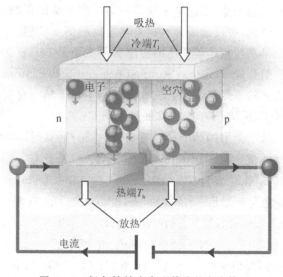

图 6-3　佩尔捷效应实现热流的定向输运

## 6.3 评价温差:热电材料主要性能参数

### 6.3.1 热电材料的品质因子

热电材料的能量转化能力由无量纲的热电材料品质因子 $ZT$ 来衡量,其中 $Z$ 代表热电材料本身的综合热学和电学性质,$T$ 代表材料所使用的环境热力学温度。热材料的品质因子 $ZT$ 值是影响其发电效率的最关键参数,$ZT$ 值可通过表达式(6-2)计算

$$ZT = \frac{S^2 \sigma T}{\kappa_e + \kappa_1} \qquad (6-2)$$

式中,$S$ 为材料的泽贝克系数;$\sigma$ 为电导率;$\kappa_e$ 和 $\kappa_1$ 分别为电子热导率和晶格热导率;$T$ 为材料使用的热力学温度。$ZT$ 值越大,热电材料的热电转换性能就越好。一般而言,优异的热电材料一般具有比较大的泽贝克系数、适宜的电导率和极低的热导率。金属及其合金一般电导率和热导率都比较高,且大部分泽贝克系数很小,不是理想的热电材料。

如何优化材料的晶体结构、微观组织及化学成分等来获得最佳的 $ZT$ 值是目前提升发电效率的主要研究方向。热电材料 $ZT$ 系数优化的主要机制有能带简并、电子共振态、合金固溶、声子共振散射、类液态效应。通过上述机制主要是实现对电子能带和声子能带的调控,实现对电子和声子输运性质的优化,最终实现较高的 $ZT$ 值。这些用于调整 $ZT$ 值的机制和手段统称为能带工程(band engineering)。20 世纪 90 年代后期,美国物理学家 G. Slack 提出了非常著名的 $ZT$ 优化策略,称为"声子玻璃-电子晶体"(phonon glass-electron crystal)理念。鉴于固体结构中声子自由程(数十 nm~几 $\mu m$)一般比电子自由程要高 1~2 个数量级,因此通过引入与声子自由程尺度相当的缺陷结构,如晶界、析出相和纳米晶等,可以十分有效地增强声子与上述缺陷的散射率,削弱声子热导率;同时,由于电子自由程仍然小于这些典型缺陷结构尺寸,因此电子输运不会受到严重的影响,保持一个适宜的电导率数值。综合上面两个效果,有可能极大地提升热电材料的 $ZT$ 值。

早期使用比较广泛的热电材料主要是 PbTe、PbTeSe 合金、Si-Ge 合金体系,美国国家航空航天局(National Aeronautics and Space Administration,NASA)早期的深空探测器和无人登陆飞船的能源系统大量采用了基于热电材料的核电池动力系统。热电材料在 1960—2016 年的 50 多年间的发展参见图 6-4。

目前新型的热电材料主要包含:拓扑绝缘体类型,如 $Bi_2Te_3$ 和 $Bi_2Se_3$($ZT = 0.8 \sim 2.5$);多面体笼型(Clathrate)结构化合物 $A_xB_yC_{46-y}$(第一类)和 $A_xB_yC_{136-y}$(第二类),如 $Ba_8Ga_{16}Ge_{30}$ 合金($ZT = 0.7 \sim 0.8$);方钴矿(Skutterudite)结构 $CoSb_3$ 和 $LM_4X_{12}$($ZT > 1.0$);金属氧化物超晶格材料,如 $(SrTiO_3)_n(SrO)_m$-Ruddlesden-Popper 相和 $Ca_3Co_4O_9$($ZT = 1.4 \sim 1.7$);Zintl 相,如 $Sr_{21}Mn_4Sb_{18}$、$Ca_{21}Mn_4Sb_{18}$、$Ca_{21}Mn_4Bi_{18}$ 等;半霍伊斯勒(Half-Heusler)合金,如 NbFeSb、NbCoSn 和 VFeSb 等($ZT = 0.5 \sim 1.0$);非晶体系,如 Cu-Ge-Te、$NbO_2$、In-Ga-Zn-O、Zr-Ni-Sn、Si-Au 和 Ti-Pb-V-O 等;有机热电材料,如 Poly(3,4-ethylenedioxy-thiophene) polystyrene sulfonate($ZT = 0.4$);二维材料,如石墨烯氧化物(GO)及 MXenes

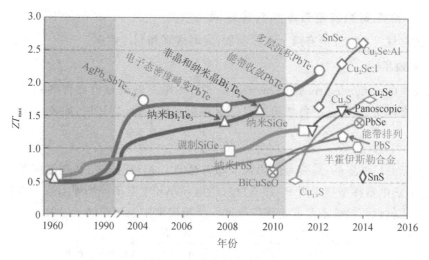

图 6-4 热电材料发展史

（$ZT > 2.0$）。除了实验研究发现了全新的热电材料化合物结构外，通过引入纳米微结构设计，也可以大幅度提升已知的热电材料 $ZT$ 值，如在 SnS 和 SnSe$_2$ 等材料的微结构中引入纳米晶的方式可以有效降低材料的热导率，提升其 $ZT$ 值。目前，商业化的热电材料基本都是重元素构成的半导体材料，通过对其掺杂元素的种类和浓度进行控制和优化，协调载流子迁移率和热导率，最终可以获得比较高的 $ZT$ 值，如 PbTe 及其合金的 $ZT$ 值可以达到 1.5~2.2。

温度对热电材料有较大影响，典型热电材料在不同温度下的 $ZT$ 值如图 6-5 所示。

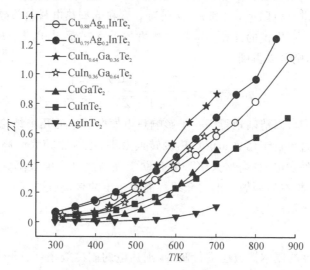

图 6-5 典型热电材料 $ZT$ 值随温度的变化

### 6.3.2 热电材料发电效率和制冷效率

评价热电材料热电性能有两个重要参数:发电效率和制冷效率。

**1. 发电效率**

发电效率(thermoelectric efficiency)$\eta$ 是表征热电材料或热电器件利用温差转换电能的最重要的指标参数,定义为负载功率 $P$ 与高温端吸热量 $Q_h$ 的比值,如表达式(6-3)所示。

$$\eta = \frac{P}{Q_h} \qquad (6-3)$$

对于实际的热电器件,需要考虑的因素有高温($T_h$)端和低温($T_l$)端温度差 $T_h - T_l$,负载电阻 $R_l$ 和热电器件整体内阻 $R$,热电材料的电导率和电阻率等物理参数。表达式(6-3)可以基于上述材料和器件本身的物理参数进一步精确地用表达式(6-4)表示。

$$\eta = \frac{T_h - T_l}{T_h} \frac{R_l/R}{(1 + R_l/R) - \frac{T_h - T_l}{2T_h} + \frac{(1 + R_l/R)^2}{ZT_h}} \qquad (6-4)$$

式中,$Z$ 是热电单偶的热电品质因子,与 p 型和 n 型热电材料的电导率、热导率以及构造热电器件的几何结构直接相关,可以表示为

$$Z = \frac{S_{np}^2}{\left( \frac{l_n}{A_n}\rho_n + \frac{l_p}{A_p}\rho_p \right)\left( \frac{A_n}{l_n}\kappa_n + \frac{A_p}{l_p}\kappa_p \right)} \qquad (6-5)$$

式中,$S_{np}$ 为热电器件的泽贝克系数;$l_p$ 为热电器件单元结构 p 型热电结长度;$l_n$ 为热电器件单元结构 n 型热电结长度;$A_p$ 和 $A_n$ 分别是 p 型和 n 型热电结材料横截面积;$\rho_p$ 和 $\rho_n$ 分别是 p 型和 n 型热电结电阻率,$\kappa_p$ 和 $\kappa_n$ 分别为 p 型和 n 型热电材料热导率。

从表达式(6-4)所提供的计算热电器件的发电效率来看,若以 $R_l/R$ 为自变量,寻求发电效率 $\eta$ 的最大值,则可以得到

$$\eta_{max} = \frac{T_h - T_l}{T_h} \frac{\sqrt{1 + ZT} - 1}{\sqrt{1 + ZT} + T_l/T_h} \qquad (6-6)$$

从表达式(6-6)可以清晰地得到关于影响热电发电效率的几个结论:首先,热电发电器件工作效率不会超过等价卡诺(Carnot)热机转换效率;维持比较大的高温端和低温端的温差可以提升热电器件发电效率;增大 $ZT$ 值有助于提高热电发电效率。何种策略可以增加热电材料的 $ZT$ 值,将在后面做详细的介绍。需要指出的是,表达式(6-6)中定义了冷热端平均温度 $T = (T_h - T_l)/2$。

**2. 制冷效率**

若利用热电器件的佩尔捷效应进行制冷,则热电的制冷效率(Coefficient of Performance,COP)$\eta_{COP}$ 可以定义为低温端吸热量 $Q_c$ 与热电器件输入功率 $P$ 的比值,如表达式(6-7)所示。

$$\eta_{COP} = \frac{Q_c}{P} \qquad (6-7)$$

类似于计算热电发电效率,制冷效率也可以直接和工作电流 $I$、热电器件电阻 $R$,热电材料物理性质(热导率 $\kappa$、泽贝克系数 $S_{np}$)以及热端和冷端温度($T_h$ 和 $T_1$)建立直接的联系,具体计算可以用表达式(6-8)。

$$\eta_{COP} = \frac{S_{np} T_1 I - \frac{1}{2} I^2 R - K(T_h - T_1)}{I^2 R + S_{np}(T_h - T_1) I} \qquad (6-8)$$

热电制冷效率的最大值在冷热端温差一定的情况下,可以通过对工作电流 $I$ 求最值获得,具体结果为

$$\eta_{COP,max} = \frac{T_1}{T_h - T_1} \frac{\sqrt{1+ZT} - \dfrac{T_h}{T_1}}{\sqrt{1+ZT} + 1} \qquad (6-9)$$

当制冷效率最大时,对应的最佳工作电流、工作电压和输入功率见表达式(6-10)。

$$\left.\begin{array}{l} I_\eta = \dfrac{S_{np}(T_h - T_1)}{R[\sqrt{1+ZT} - 1]} \\[3mm] V_\eta = \dfrac{S_{np}(T_h - T_1)\sqrt{1+ZT}}{[\sqrt{1+ZT} - 1]} \\[3mm] P_\eta = \dfrac{\sqrt{1+ZT}}{R}\left[\dfrac{S_{np}(T_h - T_1)}{\sqrt{1+ZT} - 1}\right]^2 \end{array}\right\} \qquad (6-10)$$

若采用热电器件的热端作为加热元件,其加热效率可以用表达式(6-11)进行计算。

$$\eta_{COP} = \frac{S_{np} T_1 I + \frac{1}{2} I^2 R - K(T_h - T_1)}{I^2 R + S_{np}(T_h - T_1) I} \qquad (6-11)$$

类似地,可以通过对工作电流求最值的方法得到加热效率最大的时候对应的最佳工作电流、工作电压和输入功率。

## 6.4　创制温差:热电材料分类与晶体结构

### 6.4.1　热电材料的分类

热电材料分类目前主要遵循两个分类标准。第一种分类标准是按照化学成分或者对应晶体结构特点分类,如 $Bi_2Te_3$ 合金家族、PbX(X=S、Se 和 Te)、硅基热电材料($SiGe/Mg_2X$ 等)、笼型化合物($CoSb_3$ 笼型化合物)、快离子导体热电材料、氧化物热电材料、霍伊斯勒合金、类金刚石结构。新型的热电材料体系还包括低维热电材料、有机导电聚合物热电材料,以及上述材料对应的纳米复合结构热电材料等。第二种分类标准是按照热电材料最佳的工作温度范围划分,可分为高温(700~1000 K)、中温(400~700 K)和低温(<400 K)热电材料三类,如表 6-2 所示。需要指出的是,热电材料本身的价格一般随着工作温度范围的增加而升高,这会直接影响热电器件整体的生产成本和大规模的商业应用。

表 6-2　基于服役温度的热电材料分类

| 分类 | 材料 | 最佳温度/K | ZT 值 |
|---|---|---|---|
| 高温（700～1000 K） | $CoSb_3$（n 型） | 650～1100 | 0.9 |
| | PbTe（n 型） | 600～850 | 0.8 |
| | SiGe（n 型） | >1000 | 0.9 |
| | $Zn_4Sb_3$（p 型） | >600 | 1.4 |
| | $CeFe_4Sb_{12}$（p 型） | >850 | 1.5 |
| | SiGe（p 型） | 900～1300 | 0.5 |
| | TAGS（p 型） | 650～800 | 1.3 |
| | $Mg_2Si$（n 型） | 645 | 1.1 |
| 中温（400～700 K） | $Tl_9BiTe_6$（p 型） | >400 | 1.3 |
| 低温（300～400 K） | $Bi_2Te_3$（n 型） | <350 | 0.7 |
| | $Bi_2Te_3$（p 型） | <450 | 1.1 |
| | $(Bi,Sb)_2Te_3$（p 型） | 375 | 1 |

### 6.4.2　典型热电材料晶体结构

已经商业化和目前研究较多的热电材料体系晶体结构主要有以下几种。

### 1. Si-Ge 热电材料

Si 和 Ge 在常温和常压下的晶体结构与金刚石晶体结构类似，属于面心立方结构。Si 和 Ge 热电功率因子（power factor）$S^2\sigma$ 比较大，但同时由于 Si 和 Ge 晶体结构较为简单，声子热输运也十分高效，因此总体而言它们的热导率还是偏大，导致 Si 和 Ge 单质相的热电品质因子 ZT 值比很小，实际应用价值不大。Si 单质晶体结构及其声子谱和电子能带结构如图 6-6 所示。

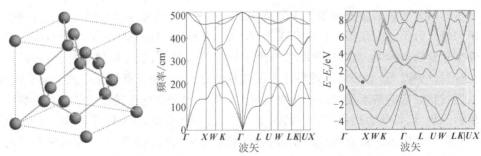

图 6-6　Si 单质晶体结构及其声子谱和电子能带结构

通过将两种单质合金化,制备出 Si-Ge 合金,特别是成分为 $Si_{80}Ge_{20}$ 的合金,是目前研究或者使用最为广泛的高温热电材料,其工作温度范围可以从室温到 1300 K。Si-Ge 合金化之后其晶格热导率由于原子质量失配导致点的缺陷散射而大幅度降低,比如热导率可以降低到 5 W/(m·K) 以下,$ZT$ 值在 1000 K 的时候可以达到 1.0 以上。Si-Ge 合金结构设计时 Si 元素多、Ge 元素少,是因为 Si 熔点高、高温抗氧化性优于 Ge;Si 元素实现重质量掺杂更有利于降低晶格热导率;Si 元素丰度高,生产成本及原料价格远远低于 Ge。

### 2. 拓扑绝缘体类型热电材料

$Bi_2Te_3$、$Bi_2Se_3$ 和 $Sb_2Te_3$ 等属于由重元素构成的窄带隙半导体材料,通过掺杂可以获得 n 型和 p 型的载流子输运特性。这些半导体能带结构均存在狄拉克锥(Dirac cone)结构,近年来被认为均属于拓扑绝缘体(topological insulators)类型,带隙一般不大于 0.5 eV,掺杂之后可以获得较高的电导率。

从晶体结构上看,这些热电材料为三方晶体类型(trigonal crystal class)。原子排列以 $Bi_2Te_3$(其晶体结构及其对应的电子能带结构如图 6-7 所示)为例,属于 Te-Bi-Te-Bi-Te 的层状结构,Te 和 Bi 原子层之间存在比较强的化学键结合,而在相邻 Te 原子层之间主要是静电力和范德瓦耳斯力结合,因此晶体结构比较容易在 Te-Te 层发生解离。由于构成这类晶体结构的原子质量很大,晶格声子振动频率低,声子输运速度很慢;此外,上述材料单质熔

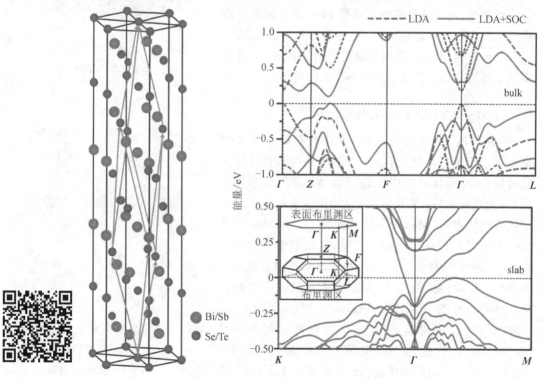

图 6-7　$Bi_2Te_3$ 晶体结构及其对应的电子能带结构

点也很低,导致化合物晶格高温下的非简谐效应强烈,声子-声子散射率比较大,因此上述拓扑绝缘体类型的热电材料总热导率很低(<2 W/(m·K))。同时,它们的泽贝克系数很大,可以达到 100 μV/K 以上,ZT 值在室温下就可以接近 1.0,是目前商业化最成功的室温热电材料。

上面提到的几种拓扑绝缘体热电材料元素可以实现相互掺杂,这样可以进一步通过增加声子-点缺陷之间的散射率降低总体的热导率,可能有助于提升热电性能。

### 3. 岩盐结构 PbX(X=S,Se,Te)类型热电材料

在 PbX 类型材料中 PbS 是最早被发现(泽贝克,1822)的热电材料,这类材料晶体结构较为简单,属于面心立方晶体结构,原型结构为 NaCl 晶体类型(如图 6-8 所示)。

PbS、PbSe 和 PbTe 晶体带隙小于 0.5 eV,材料不透明,是具有金属光泽(类似于 Si 单晶的金属光泽)的固体($Bi_2Se_3$、$Bi_2Te_3$ 等也是具有金属光泽的材料)。PbX 的化学键类型属于离子键-共价键混合型。虽然其晶体结构较为简单,但由于元素比较重,声子频率比较低,声子群速度小,晶格热导率普遍不高。

PbX 可以通过元素掺杂获得 n 型和 p 型的载流子输运特性,这也是普遍用来调控 PbX 化合物热电性质的手段,例如 Al 掺杂 PbSe 得到 n 型半导体,其 ZT 在 850 K 时达到 1.3;采用 I 取代 PbTe 中的 Te 可以实现 n 型掺杂,ZT 系数在 700～850 K 时最高可以达到 1.3～1.4。

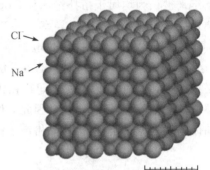

图 6-8 岩盐矿物代表性物质 NaCl 晶体结构

### 4. $Mg_2X$(X=Si,Ge,Sn)热电材料

$Mg_2X$ 属于一类环境友好型热电材料体系,其晶体结构属于反萤石类型(面心立方晶体结构),即 Mg 元素占据 $CaF_2$ 晶体结构中 F 原子位置,而 X 元素则占据 Ca 的位置。$Mg_2X$ 晶体结构如图 6-9 所示。从电子能带结构来看,$Mg_2Si$ 带隙最大(0.75～0.80 eV),$Mg_2Ge$ 次之(0.7～0.75 eV),$Mg_2Sn$ 带隙最小(0.3～0.4 eV),但带隙相较于 $Bi_2Te_3$ 和 $Bi_2Se_3$ 等室温热电材料要大一些,因此 $Mg_2X$ 主要是作为中温热电材料使用。此外,$Mg_2Si$ - $Mg_2Sn$、$Mg_2Ge$ - $Mg_2Sn$、$Mg_2Si$ - $Mg_2Ge$ 等可以形成固溶体,这个性质可以用来调控 $Mg_2X$ 的电子能带结构和声子输运性质。

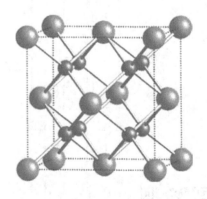

图 6-9 具有反萤石晶体结构的 $Mg_2X$ 热电材料

$Mg_2Ge_{0.25}Sn_{0.75}$ 的固溶体结构的 ZT 值在 723 K 时可以达到1.4,热电性能较为突出。

**5. 高锰硅化物**

高锰硅化物主要是 Mn-Si 元素形成的一系列成分接近的化合物,代表性的有 $Mn_4Si_7$、$Mn_{11}Si_{19}$、$Mn_{15}Si_{26}$ 和 $Mn_{27}Si_{47}$,成分通用表达式为 $MnSi_x$。研究发现,$x=1.72\sim1.75$ 时高锰硅化物热电性能达到最佳。其中,最具代表的 $Mn_4Si_7$ 的晶体结构如图 6-10 所示。

**6. 方钴矿结构 $CoSb_3$**

方钴矿(skutterudite)结构名称源于挪威小镇 Skutterud 出产的矿物 $CoAs_3$ 晶体结构。方钴矿的通用化学成分表达式为 $MX_3$(M＝Co,Rh,Ir;X＝P,As,Sb)。方钴矿晶体结构较为复杂,晶体晶胞包含 32 个原子,即 8 个分子单位的 $MX_3$。晶体结构最关键的特征是 12 个 X 原子构成顶点,形成二十面体的晶体孔洞结构。晶体孔洞可以填充其他外来原子,填充后即可形成填充方钴矿结构,填充后方钴矿晶体结构如图 6-11 所示。

图 6-10　高锰硅化物 $Mn_4Si_7$ 晶体结构　　　图 6-11　填充后方钴矿晶体结构

众多方钴矿热电材料中研究最多的是 $CoSb_3$。方钴矿 $CoSb_3$ 属于性能优异的中高温热电材料,具有较低的原料成本、适宜的电子能带带隙(约 0.2 eV)和较高的载流子迁移率,其 $ZT$ 值通过掺杂和晶体结构原子填充等改性手段可以达到 1.7 左右,但纯净的 $CoSb_3$ 晶体结构热导率偏高[约 10 W/(m·K)],这成为其 $ZT$ 的一个限制因素。

1996 年,Sales 等人发现将 Fe 掺杂 Co 进入 $CoSb_3$ 晶格,可以将稀土元素如 La 引入 X 元素构成的二十面体笼型孔洞中,获得 p 型的 $La(FeCo)_4Sb_{12}$,可以将 $ZT$ 提升到 0.9。该研究提出了一种全新的声子热导率降低机制,即通过将外来原子引入笼型晶体孔洞结构中,实现外来原子与 $MX_3$ 晶格骨架结构之间的静电力和范德瓦耳斯力作用,产生极强的非简谐效应,实现对晶格低频声子的强烈散射,以此降低晶格热导率。外来原子除了单一元素原子填充,还可以实现多种元素原子填充,这会进一步导致晶格热导率的下降,例如单一原子填充方钴矿的热导率约为 3 W/m·K,三种元素原子填充结构的热导率降低至约 1.0 W/m·K。

通过元素掺杂和多元素原子填充,$CoSb_3$ 的 $ZT$ 值普遍可以达到 1.0 以上,是目前最具有应用价值的中高温热电材料。

### 7. 笼型结构热电材料

笼型(clathrate)化合物是一种结构比较特殊的化合物,其晶体结构具有以下特点:晶体晶胞结构很大,但对称性普遍很高(比如立方晶体对称性);晶体结构存在比较大的晶格空洞,十分类似于方钴矿热电材料。晶格空洞可以被分子和离子填充;填充分子和离子与构成晶格空洞的主框架之间的相互作用一般为静电力或者范德瓦耳斯力,强度弱;晶体主体框架构成元素一般为 Al、Si、Ga、Ge 和 Sn,填充外来元素为碱金属、碱土金属以及中性分子如 $H_2O$ 等。笼型结构热电材料的晶体结构如图 6-12 所示。

图 6-12 笼型热电材料晶体结构

笼型无机热电材料填充原子与晶体晶格框架原子数需要满足一定的化学计量比,这个规律被称为 Zintl-Klemm 规则。目前已知的晶体结构化学计量比有 $A_2B_6E_{46}$($K_8Ge_{46-x}$、$Ba_8Al_{16}Ge_{30}$)、$A_{16}B_8E_{136}$、$A_{10}B_{20}E_{172}$、$A_6B_8E_{80}$、$A_8B_4E_{68}$、$B_{16}E_{156}$、$B_2E_{12}$、$A_8E_{46}$、$A_xB_8E_{100}$。

笼型无机热电材料 $Ba_8Ga_{16}Ge_{30}$ 单晶体的 $ZT$ 值在 900 K 时可以达到 1.35,$Ba_8Au_{5.3}Ge_{40.7}$ 单晶体在 680 K 时测试的 $ZT$ 值为 0.9。笼型化合物降低热导率的机制十分类似于方钴矿,即通过外来填充原子或者分子来扰动主晶体框架原子振动过程,降低声子迁移群速度,同时增加声子-声子散射率。笼型化合物由于晶胞结构复杂,单胞原子个数非常多,导致光频声子个数远远高于低频的声频声子模式,而光频声子群速度小,致使笼型化合物晶格热导率降低,有助于 $ZT$ 值提升。目前受关注的笼型化合物热电材料主要是针对中高温应用场景。

### 8. 快离子导体类型热电材料

快离子导体(fast ion conductor)的主要特征是声子液体-电子晶体,即晶体结构存在类似于液体扩散特性的元素分布位置,在有限温度下这些晶格位置原子与其他晶格骨架的原子作用力比较弱,可以发生较大范围内的扩散和迁移,表现出类似于液体流动的扩散特性,这种机制会十分有效地降低固体的热容和热导率。

比较典型的此类材料有 $Cu_2Se$ 和 $Cu_2S$,它们的晶体结构属于 $Mg_2X$ 类型,即反萤石晶体结构。$Cu_2Se$ 的 $ZT$ 值在 1000 K 时可以达到 1.5,而 $Cu_2S$ 的 $ZT$ 值在相同温度下可以达到 1.7。快离子导体 $Cu_2S$ 中 Cu 原子在 4b 和 192l 两个晶体学轨道上的跳跃过程的分子动力学模拟结果如图 6 - 13 所示。类似结构的 $Cu_2Te$ 在 1000 K 时 $ZT$ 值为 1.0。

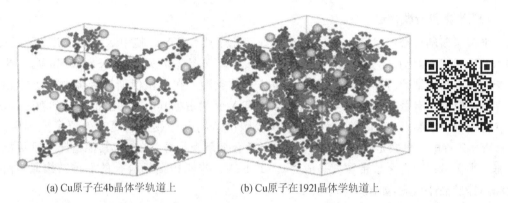

(a) Cu原子在4b晶体学轨道上　　　　(b) Cu原子在192l晶体学轨道上

图 6 - 13　快离子导体 $Cu_2S$ 中 Cu 原子在不同晶体学轨道上的跳跃过程模拟

### 9. 氧化物热电材料

对氧化物热电材料的研究相比其他传统热电材料起步较晚,其研究起始于 20 世纪 90 年代。氧化物热电材料主要的优势是高温稳定性好、高温抗氧化性优异、价廉、无毒以及制备方法简单。

氧化物热电材料的代表性结构是 $Na_xCoO_{2-y}$(其 $ZT$ 值在 800 K 时大于 1.0),以及钙钛矿复合超晶格结构(如 $CaMnO_3/SrTiO_3$)和 BiCuSeO 类型结构。钙钛矿类型的热电材料 $ZT$ 值目前已经报道的都在 0.5 以下,而 BiCuSeO 类型结构的 $ZT$ 值最大可以达到 1.0 以上。典型氧化物热电材料晶体结构如图 6 - 14 所示。

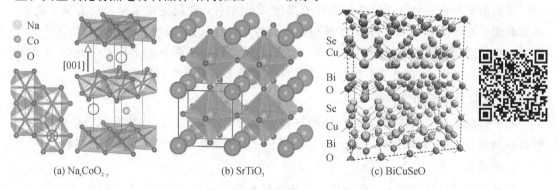

(a) $Na_xCoO_{2-y}$　　　　　(b) $SrTiO_3$　　　　　(c) BiCuSeO

图 6 - 14　典型氧化物热电材料晶体结构

氧化物类型热电材料晶体结构多样,但比较普遍的特征是具备层状结构,即晶体结构整体是由不同的结构单元组装而成的,不同的结构单元之间一般通过比较强的化学键结合,其中离子键最为普遍,但也可能是比较弱的范德瓦耳斯键。层状结构特征导致晶体物理性质各向异性显著,而且原子层单元属性差异可能很大,比如 $Ca_3Co_4O_9$ 热电材料,其结构单元为 $[Ca_2CoO_3]_m[CoO_2][Ca_2CoO_3]_m$ 堆叠,其中 $[CoO_2]$ 单元层是导电的,而 $[Ca_2CoO_3]$ 单元则是绝缘体。

### 10. 半霍伊斯勒合金

半霍伊斯勒合金(half-Heusler alloys)通用化学式为 XYZ,其中 X 为 Hf、Zr、Ti、Er、V 和 Nb,Y 元素一般为 3d 过渡金属(如 Fe、Co 和 Ni),Z 是主族元素(如 Sn 和 Sb 等)。半霍伊斯勒合金晶体结构对称性高,属于面心立方晶体类型。在半霍伊斯勒合金中 Y 元素占据的晶体学轨道只有总数量的一半,因此得名。若 Y 元素占据其所有对应的晶体学轨道位置,则获得全霍伊斯勒合金,化学式为 $XY_2Z$。半霍伊斯勒合金成键满足有效原子数规则,即 X+2Y+Z 价电子总数是 18 的时候半霍伊斯勒合金呈现半导体特性,其他情况下则可能是金属。半霍伊斯勒合金禁带宽度一般为 $0 \sim 1.1$ eV。半霍伊斯勒合金的晶体结构通常由岩盐和闪锌矿晶体构成,如图 6-15 所示。

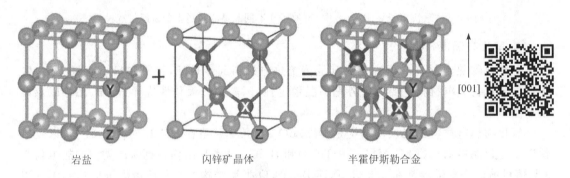

岩盐　　　　　　　　　闪锌矿晶体　　　　　　　半霍伊斯勒合金

图 6-15　半霍伊斯勒合金的晶体结构与岩盐和闪锌矿晶体比较

半霍伊斯勒合金热电性质主要决定于:能带结构中费米面附近主要是过渡金属 d 轨道,导致载流子有效质量比较大,有利于获得比较大的泽贝克系数;通过元素掺杂和纳米合金化等手段可以降低晶格声子热导率。目前,实验研究的半霍伊斯勒合金 $ZT$ 值在 1000 K 左右时可以达到 0.8 以上,最大 $ZT$ 值可以达到 1.4,属于中高温热电材料类型。

### 11. 其他类型的热电材料

除了传统的三维晶体结构材料,低维材料也受到广泛的关注。比较有代表性的低维材料有超晶格、过渡金属碳化物 MXenes、基于有机导电聚合物的有机高分子热电材料。

#### 1)超晶格

两种以上材料沿着特定方向交替生长获得超晶格(super-lattice),例如横向或者纵向重复生长 Si 和 $Si_{1-x}Ge_x$ 都可以获得量子阱超晶格点阵。超晶格结构可以同时实现对热电材料电子和声子输运的调控。对于电子能带结构而言,超晶格结构的平移对称性质会直接产生晶体布里渊区折叠效应和由两种材料界面产生的晶格势突变,上述物理效应会对价带和导带的电子能级轨道成分和能带色散关系有直接的调控作用,这种作用直接影响能带的简并度和能带电子有效质量,这两个参数的改变对电子输运性质和泽贝克系数有直接的影响。超晶格结构存在两种材料构成的界面,界面对电子和声子的输运都会产生类似于边界散射的效应,可能会导致电导率和热导率的降低。因此通过制备超晶格调控电子和声子输运性质,以此来优化热电材料的 $ZT$ 值是目前研究的一个前沿方向。目前关注比较多的超晶格热电材料有 $Bi_2Te_3/Sb_2Te_3$、$PbTe/PbTe_{0.75}Se_{0.25}$ 和 $Si/Ge$。

### 2)过渡金属碳化物 MXenes

MXenes 是由过渡金属碳化物构成的一大类二维材料家族,其电子能带结构主要由过渡金属和表面修饰原子基团共同调控,可以是金属导电类型,也可以是半导体导电类型。MXenes 结构大多包含重过渡金属元素(如 Mo、W、Zr、Hf 等)或者强磁性过渡金属元素(如 Cr 和 V),同时配合表面修饰基团(如—O、—OH、—H 和—F 等),其电子能带结构可能包含狄拉克锥结构,基于第一性原理理论预测为非平凡拓扑绝缘体(Non-trivial Topological Insulators,NTIs)结构。这类 MXenes 材料由于费米面附近存在狄拉克锥色散,其电导率很高($10^4 \sim 10^6$ S/m)。在声子输运方面,由于这类 MXenes 材料包含原子量很大的元素,而且表面修饰基团的存在往往导致声子色散产生频率较低的光频支,晶格热导率可以获得大幅度的降低。美国德雷塞尔大学(Drexel University)的 Yury Gogotsi 等人研究了几种包含 Mo 的 MXenes,如 $Mo_2CT_2$、$Mo_2TiC_2T_x$ 和 $Mo_2Ti_2C_3T_x$ 等的电子输运和热电性质,其中 $Mo_2CT_x$ 在 798 K 下获得最大的泽贝克系数为 $-30.5$ $\mu V/K$,电导率为 $10^5$ S/m;$Mo_2TiC_2T_x$ 在 803 K 获得最大泽贝克系数为 $-47.3$ $\mu V/K$,电导率为 $1.4 \times 10^5$ S/m;$Mo_2Ti_2C_3T_x$ 的泽贝克系数在 803 K 达到最大,数值为 $-27.5$ $\mu V/K$,对应电导率为 $0.6 \times 10^5$ S/m。

### 3)基于有机导电聚合物的有机高分子热电材料

常见的导电聚合物热电材料有聚乙炔(polyacetylene)、聚苯胺(polyaniline)、聚 3,4-乙烯二氧噻吩(PEDOT)和聚 3-己基噻吩($P_3HT$)。导电聚合物从化学键合结构特点来看一般都包含离域共轭 $\pi$ 键,通过化学或者电化学掺杂的方式可以进一步改善其导电性能,比如聚乙炔通过掺杂 $I_2$ 单质或者 $AsF_5$,可以获得类似于金属的电导率。有机导电聚合物热导率一般小于 $1.0$ W/(m·K),虽然较小的热导率有利于提升其热电性质,但其电导率一般都小于 $10^4$ S/m,泽贝克系数在 $1 \sim 100$ $\mu V/K$,因此整体热电功率因子和 $ZT$ 都远远低于无机热电材料,通常这时的 $ZT$ 值在 $10^{-6} \sim 10^{-3}$ 之间。目前提升有机导电聚合物热电性能的主要措施就是通过制备有机/无机复合材料的方法提升材料整体的电导率,例如聚苯胺/石墨烯复合材料电导率可以较纯聚苯胺的 $0.02 \sim 280$ S/cm 提升至 $700 \sim 800$ S/cm;聚苯胺/碳纳米管复合材料电导率可以进一步提升至 $1000$ S/cm 以上,泽贝克系数达到 $120 \sim 130$ $\mu V/K$。与此同时,上述有机/无机复合材料的热导率仍然低于 $1.0$ W/(m·K)。通过制备有机/无机复合材料,基于有机导电聚合物的热电材料品质因子 $ZT$ 可以在 $0.003\sim0.12$,较纯净的导电聚合物有几个数量级的提升,但与典型无机热电材料 $ZT$ 值相比仍然很低。

## 参考文献

[1] 陈立东,刘睿恒,史迅.热电材料与器件[M].北京:科学出版社,2018.

[2] 赵昆渝,葛振华,李智东.新热电材料概论[M].北京:科学出版社,2016.

[3] 吕树申,王晓明,陈楷炫.纳米材料热电性能的第一性原理计算[M].北京:科学出版社,2019.

[4] 朱道本,等.有机热电:从材料到器件[M].北京:科学出版社,2020.

## 思考题

(1)通过查阅文献调研一种高性能热电材料,总结和归纳导致其热电性能优异的物理机制是什么。

(2)基于你通过本课程对热电材料性质的认知,提出一种热电材料的潜在应用可能性,并分析其工作特点和使用热电材料的优势。

(3)好莱坞电影《地心危机》中主人公驾驶的进入地心的飞船的外壳是由一种超级热电材料制造而成,从电影对白中得知这种热电材料具有"遇强则强"的特点,即温度越高、压力越大其结构强度反而越大,热电转换效能也越高,这保证了船体能够在地幔和地核交界处环境(根据目前地球内部结构模型推测,地核-地幔交界处温度达到 $4000$ K,外部压力则在 $150$ GPa 中完成拯救地球磁场的任务。请思考,在现实中是否有可能实现这种材料?如果有可能,这种热电材料可能的工作机制是什么?

>>> # 第7章 热电转换装备——
# 让废热也"发光"

基于热电材料应用而诞生的热电发电机是可以直接实现将热能转换为电能的装置,与传统发电机相比具有几个显著的特征:绝缘结构设计及其涉及的化学材料相对简单;热电发电机无可活动部件,不存在一般发电机涉及的复杂力学结构设计及其破坏过程;热电材料器件可以涂覆在多种材料表面(如纺织品、聚合物及陶瓷等)。

## 7.1 让热高效流动:热电器件的结构与设计

### 7.1.1 热电器件的基本结构类型

热电器件基本的结构单元就是一对 n 和 p 型的热电臂通过金属电极结构串联起来构成的一个热电单元。但单个热电单元的热电势是很小的,将许多个热电单元进行串并联组合之后就可以构成基本的热电器件核心结构了。热电单元最典型的结构是 Π 形(Π shape)链接,这种链接方式也称为混合链接类型(mixing type),其他常见的热电器件单元链接方式还有横向链接(lateral type)和纵向链接(vertical type),如图 7 - 1 所示。从热流传输产生的温度梯度上来看,Π 形和纵向链接的热电器件,冷热端分别位于器件的上下表面;而在横向链接器件结构中,热流流向是水平方向。Π 形链接的热电器件的工业生产工艺十分成熟,其中基于 $Bi_2Te_3$ 的热电器件已经获得广泛的工业应用。

典型 Π 形热电器件生产工艺流程包括热电材料制备阶段、块体热电材料切片、切片表面镀镍、切片切粒、导热陶瓷基板表面电极上料、热电 p 粒子/n 粒子定位和装料、压力下加热焊接、焊接导线引出等。

热电器件单元基本的链接结构除了图 7 - 1 所示的三种类型以外,还有将不同工作温度范围的 Π 形热电器件进行并联或者串联,搭建堆叠热电单元(segmented thermoelement),如图 7 - 2 所示。这种多级堆叠结构可以产生一个温度范围很广的梯度分布,通过服役温度不同的热电材料实现多级热电转换,显著提高热电器件的转换效率。如图 7 - 2(b)所示,这种多级堆叠热电单元之间可以通过串联或者并联来连接,以满足对工作电压或者电流的需求。

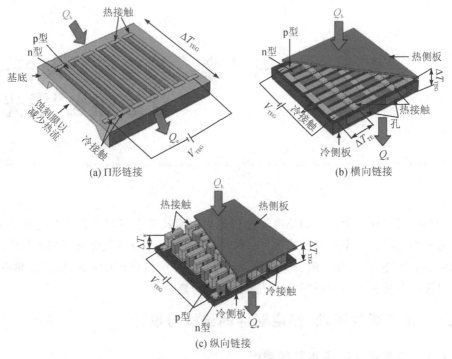

(a) Π形链接　　　　　　(b) 横向链接

(c) 纵向链接

图 7 - 1　热电器件单元链接方式的主要结构类型

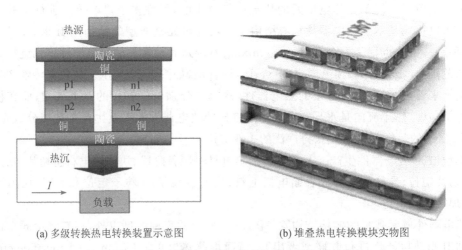

(a) 多级转换热电转换装置示意图　　　(b) 堆叠热电转换模块实物图

图 7 - 2　堆叠结构多级温差半导体热电转换器件结构

### 7.1.2　热电器件单元辅助结构常用的材料

热电器件单元除了热电材料本体,还包含众多的附属结构和材料。比如热电冷端和热端需要采用热导率比较高且热稳定性好的材料,目前常用的是无机陶瓷材料(如 AlN 和 $Al_2O_3$ 陶瓷片)。热电单元集流体电极材料可以选用导电性能很好的 Cu 或者 Al,但 Al 的熔点低,不常用。对于高温端,Cu 的力学强度不够,需要通过合金强化的方式提升其力学强度(比如 $Mo_{50}Cu_{50}$)。粘接和封装热电模块还需要用到导热胶,目前市场上常用的为导热硅胶,其电绝缘、热导率、热稳定性及化学稳定性非常优异。表 7 - 1 给出了常用热电器件单元辅助结构材料及其性能参数。

表 7 - 1　热电器件单元辅助结构材料及其性能参数

| 材料名称 | 热导率/$(W \cdot m^{-1} \cdot K^{-1})$ | 电阻率/$(\Omega \cdot m)$ | 用　途 |
|---|---|---|---|
| AlN | 200 | — | 陶瓷绝缘片 |
| $Mo_{50}Cu_{50}$ | 250 | $2.67 \times 10^{-8}$ | 高温端电极材料 |
| Ag-Cu-Zn | 401 | $1.68 \times 10^{-8}$ | 高温端焊料 |
| Ti-Al | 21.9 | $5.26 \times 10^{-7}$ | 阻挡层 |
| Ni | 90 | $6.25 \times 10^{-8}$ | 连接层 |
| SnSb 焊料 | 55 | $1.14 \times 10^{-7}$ | 低温端焊料 |
| Cu | $260 \sim 380$ | $1.68 \times 10^{-8}$ | 低温端电极和热流计 |
| $Al_2O_3$ | $9.1 \sim 30.3$ | — | 绝缘陶瓷片 |
| 导热胶 | 1.7 | — | 导热材料 |

### 7.1.3　热电器件结构设计与性能模拟

热电器件转换效率与器件结构以及材料等的关系十分复杂,目前在一些商业用的有限元模拟软件(如 COMSOL)中带有热电器件结构设计及性能优化计算模块(结构设计模块、热电效应模块、热传导模块以及 AC/DC 模块),允许用户自行设计和定义热电器件的基本结构单元,并且有数百个以上基本结构单元搭建起来的复杂热电器件模块,通过最终建立的3D 模型,结合能量守恒、电荷守恒以及热电耦合方程的有限元仿真计算,可以对热电器件在工作过程中的热电势、温度、电流等的分布进行模拟和仿真,同时可以评估和预测热电器件的有效泽贝克系数、热电品质因子 $ZT$ 值、能积因子和热电转换效率等关键的热电器件参数。图 7 - 3 给出了热电单元结构的温度及热电势的模拟例子。除了 COMSOL 以外,有限元计算软件 ANSYS Workbench 也带有热电计算模块。

由于目前主流的热电器件模拟仿真均采用了有限元计算方法,这种方法允许对任意几何形状的结构进行网格划分和物理性质的计算,因此虽然热电器件或装备本身的结构可能十分复杂,但基于有限元的模拟仿真方法也能够很好地完成对器件真实结构各个尺度(几何

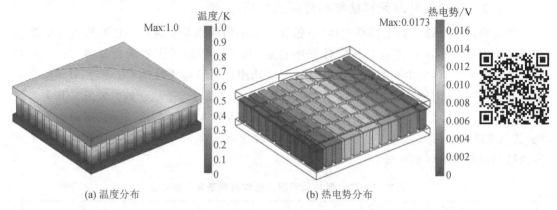

(a) 温度分布　　　　　　　　　　　(b) 热电势分布

图 7 - 3　基于 COMSOL 多物理场热电模块的热电单元结构的温度及热电势模拟

结构和尺寸)层面的详细的建模和描述。采用有限元模拟热电器件的准确和可靠程度,除了器件结构本身建模的结构细节还原程度以外,在求解热电器件电荷输运和热输运等物理场分布和演化过程中,构成热电器件的各种材料物理性质参数如电导率、热导率、泽贝克系数、界面电阻率和界面热阻率等参数本身的可靠性也是关键性的因素。

## 7.2　上天入地利用热:常见的热电器件和装备

### 7.2.1　用于深空探索的放射性同位素核电池

1913 年,英国物理学家 H. G. J. Moseley(1887—1915 年)采用 20 mCi① 的放射性元素镭(Ra)设计并组装了全世界第一个基于放射性同位素衰变热效应的核电池(nuclear battery)。第二次世界大战之后美国军方曾认真考虑开发基于核燃料电池动力系统的卫星及飞行器。到了 20 世纪 50 年代,美国原子能协会(Atomic Energy Commission,AEC)则与数个开发商签署了研究和制造 1 kW(电功率)基于反应堆或者放射性同位素核电池的太空发电系统。截至 2010 年,NASA 过去 50 年的太空探索项目中有 26 次深空探索项目采用了放射性同位素核电池(Radioisotope Thermoelectric Generator,RTG),这些发射任务累积使用了 45 个 RTG。

一些众所周知的 NASA 太空探索项目如先驱者 10、11 号(Pioneer 10、11,木星、土星及太阳系外围空间探索项目)、旅行者 1、2 号(Voyager 1、2,太阳系行星及星际空间探索项目)、伽利略号(Galileo,太阳系巨行星探测项目)、尤利西斯号(Ulysses,太阳极区及恒星际环境探测项目)、卡西尼号(Cassini,土星探测器)和新地平线(New Horizons,冥王星探测项目),使用了 RTG 技术。NASA 在一些载人飞船或者无人登陆飞船太空探索项目中也广泛采用了 RTG 作为辅助动力系统,如阿波罗(Apollo)登月项目及海盗号(Viking)无人火星登

────────────

①　Ci(居里),放射性活度单位,1 Ci=3.7×10$^{10}$ Bq(贝可)。

陆探测器。NASA 在未来的太空探索项目(如载人火星登陆项目)中会部署更多、更先进的多任务放射性同位素核燃料发电机(Multi-Mission Radioisotope Thermoelectric Generator, MMRTG)来作为登陆飞船、生活服务设施和科学研究设备的主能源。

放射性同位素核电池装置/设备主要由放射性同位素热源(radioisotope fuel capsule)、热电转换材料模块(thermoelectric converter)、散热器(radiator fins)组成,典型的放射性同位素核电池结构如图7-4 所示。

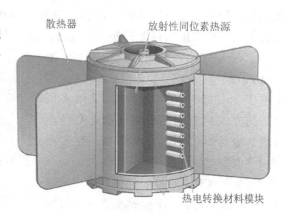

图 7-4 放射性同位素核电池结构

放射性同位素热源,主要燃料为钚238(Pu-238),该同位素半衰期为 89.6年,可以满足太阳系内各种太空探索项目中飞船、探测器和登陆舱的长期电力供应需求。其他可能的放射性同位素热源还包括钋 210(Po-210)、锶 90(Sr-90)和钷 147(Pm-147)等,但上述同位素半衰期较 Pu-238 要短很多,因此不适用于飞行时间或者执行周期较长的太空探索项目。最后值得指出的是,放射性同位素热源目前生产成本很高,比如Pu-238 每克价格在 6000 美元左右,对于 RTG 研发和制造,核燃料生产成本可以占到 RTG整个装置总体制造费用的 70%。

热电转换材料方面,针对服役温度在 900 K 以下的放射性同位素核电池,NASA 使用了Pb-Te 合金热电材料体系;对于高于 900 K 的应用场景,NASA 则成功开发了 Si-Ge 系列高温热电合金体系,可以将使用温度提升到 1300 K。当前,NASA 正致力于将高温全新热电材料体系[如方钴矿($CoSb_3$)和霍伊斯勒合金等热电材料体系]应用于放射性同位素核电池能量模块中。

### 7.2.2 废热再利用的热电发电机

人类生产生活中会产生大量各种形式的废热,比如热电厂排放的高温废气和汽车尾气都包含废热;炎热夏天居民使用空调降低室内温度,压缩机热交换系统将室内热量排放到环境中;此外,人体散热过程也是一个废热的排放过程。如果能够设计某种基于热电材料的废热回收装置,则完全可以将不同形式的废热转换为电能,从而大大提高能源的利用效率,这样做显然是十分环保的。

欧美日等地区和国家目前在废热发电技术和设备研制方面处于领先地位,近年来开发了众多针对垃圾焚烧废热、钢铁厂高炉炼钢废热、火力发电厂废气排放产生的废热、汽车发动机及尾气余热等废热形式进行热电转换的技术,例如废热回收热电发电机就是其中代表性的热电转换电力设备。

值得一提的是,汽车发动机尾气余热热电转换装置研发取得了重要进展。欧美国家相关汽车生产商与热电材料研发机构紧密合作,已经针对 Renault、BMW、Toyota、Honda 等汽车发动机动力系统废热回收开发了 kW 级的热电发电系统,其中具有代表性的是 BMW 公司开发的高档轿车发动机废热热电发电系统。考虑到汽车发动机内燃机工作温度很高,其散热系统和尾气热交换系统温度梯度分布范围很大,BMW 公司设计的热电发电模块采取了将不同工作温度的热电转换模块进行堆叠的设计方案,即选用高温(p-CeFe$_3$RuSb$_{12}$ 和 n-CoSb$_3$,500～700 ℃)、中温(p-TAGS 和 n-PbTe,250～500 ℃)和低温(n-Bi$_2$Te$_3$ 和 p-Bi$_2$Te$_3$,<250 ℃)热电材料,采用多层堆叠的方式构建能在较宽的温度范围内实现热电转换的热电发电模块。废热再利用热电发电机如图 7-5 所示。

目前车载热电转换装置的功率一般都在 1 kW 以下,热电转换效率在 1.0%～5.0% 之间,大部分原型机处于开发阶段,技术成熟度和制造成本尚未达到商业化目标。

图 7-5　废热再利用热电发电机

### 7.2.3　地热发电技术与热电装备

地球内部放射性同位素衰变产生大量的热量,随着这些热量由地核内向外运输,在地表会产生地热资源。地热资源在全球分布十分广泛,按照地热流温度,可以进一步分为高温(>150 ℃)、中温(90～150 ℃)和低温(<90 ℃)三种地热资源类型。

#### 1. 地热发电的增长

2015 年世界地热发电总装机容量为 12.28 GW,发电量为 735.5 亿 kW·h/a,到 2020 年地热发电总装机容量增长至 15.95 GW,发电量增长至 950.98 亿 kW·h/a。其中,美国的地热发电装机容量和发电量最高,2020 年装机容量为 3.714 GW,发电量为 183.66 亿 kW·h/a;其次是印度尼西亚,装机容量为 2.133 GW,发电量为 153.15 亿 kW·h/a;第三为菲律宾,装机容量为 1.918 GW,发电量为 98.93 亿 kW·h/a。世界地热发电装机排前十的国家如图 7-6 所示。我国在地热开发方面尚比较落后,截至 2020 年,装机容量仅为 34.89 MW,发电量为 174 GW·h/a。

#### 2. 地热发电技术

热泵技术在地热利用技术中较为成熟,已进入商业化发展阶段,目前国际上地热能研究的热点是干热岩地热资源开发与地热发电技术,经济高效的干热岩开发利用是地热利用技术未来重要的攻关方向之一。

1)热泵技术

地源热泵是通过输入少量的高品位能源(如电能),实现陆地浅层能源由低品位热能向高品位热能转移的装置。20 世纪末,地源热泵技术设备趋于完善,欧美国家开始大力推广

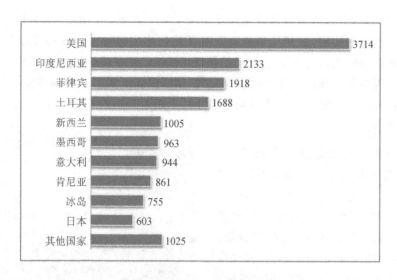

图 7 - 6 截至 2020 年的世界地热装机情况(单位:MW)

地源热泵的应用。21 世纪以来,地源热泵得到大面积推广应用,国内地源热泵产业也呈现出高速发展态势。整体看,我国地源热泵产业发展无论是研发还是应用都走到了世界前列,地源热泵的从业企业已从最初的寥寥数家增加到数千家,应用地域已从北京、沈阳等试点城市扩大到天津、河北、辽宁、江苏、上海等众多省市。

2)地热发电技术

地热发电技术是地热科研的主要研究领域。全球地热发电模式主要包括适用于高温热田的干蒸汽发电系统、适用于中高温热田的扩容式蒸汽发电系统、适用于中低温热田的双循环发电系统,其中扩容式蒸汽发电系统在地热发电市场占比约 57%,是地热发电的主力。法国市场调研公司 Reportlinker 预计,2020—2027 年间,上述三种发电系统的年均复合增长率将分别达到 8.4%、10.6%、8.8%,到 2027 年,扩容式蒸汽发电系统仍将占据全球地热发电市场的主要份额。

3)干热岩开发利用技术

干热岩地热资源开发是地热研究的热点,未来的发展方向是经济高效干热岩开发利用技术。干热岩内部不存在或仅存在少量流体,全球探明的地热资源多数为干热岩型地热资源。干热岩温度高,开发利用潜力大,应用前景广阔。目前涉及干热岩的高温钻完井技术、压裂技术、换热和发电技术均处于试验阶段。增强型地热系统是开发干热岩型地热资源的有效手段,通过水力压裂等储层刺激手段将地下深部低孔、低渗岩体改造成具有较高渗透性的人工地热储层,并从中长期经济地采出相当数量的热能加以利用。增强型地热系统的概念不仅仅局限于干热岩内,一些传统的地热储层,如温度较高的富水岩层,也可以经过适当的改造而形成增强型地热系统加以利用。

目前我国在中高温地热发电领域技术最成熟、成本最低,中低温地热发电技术成熟度和经济性还有待提高,干热岩发电系统则处于研发阶段。随着中低温地热发电及增强型地热发电系统关键技术的突破,我国地热能开发利用将逐步向地热发电高端业务延伸。我国陆区干热岩资源勘查已确定几个利于开发的靶区,未来开发深部干热岩资源无疑是我国地热资源开发的一项重要课题。考虑到储层深度大、储层低孔低渗且赋存条件复杂等因素,储层改造和高温深井的钻井完井技术依然是我国今后干热岩开发的核心问题。

### 3. 热电发电机

目前国内外已经设计和开发出基于热电效应的地热发电机原型装备,图7-7所示为总功率1 kW的热电发电模块。这类装备采用双循环系统维持冷、热端的温度差,地热流接入热端循环系统,而冷端则需要来源稳定、可靠的冷却介质(如浅层地表水源)来作为冷却介质。由于目前热电转换装置转换效率普遍都低于5.0%,热电品质因子性能相对比较突出的热电材料的生产原料和制造成本也较高,从经济效益的层面上极

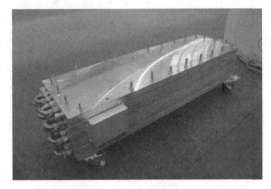

图7-7 功率为1 kW的地热热电转换发电模块

大地限制了热电转换发电机在地热资源开发和利用方面的大规模商业应用。

## 7.2.4 医用及个人可穿戴的热电设备及器件

韩国、日本和德国等国针对便携式个人消费电子产品(consumption electronics),陆续开发了基于人体散热进行热电转换的能量存储装置,将其用于诸如环保手表和柔性可穿戴热电功能性电子产品(如柔性穿戴式热电充电宝等)中,如图7-8所示。

未来,随着新型高性能热电材料的开发和热电转换装备的不断革新,类似的产品将逐渐

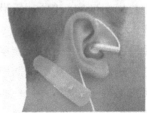

图7-8 典型可穿戴式热电转换器件

进入人们的日常生活中。

### 7.2.5  半导体热电制冷器件

近年来,市场上陆续出现了一些体积纤小、静音环保的家电,如车载空调和电冰箱(如图 7-9),这类微型家电工作电压低(一般低于 12 V)、功率小,且没有传统的制冷家电所必需的冷媒和压缩机,这类新型的高科技家电产品主要用到的"黑科技"就是半导体制冷技术。

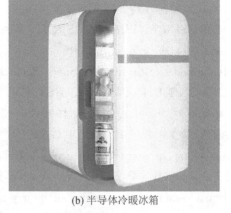

(a) 半导体制冷空调　　　　　　　　　(b) 半导体冷暖冰箱

图 7-9  典型消费类半导体热电制冷设备

半导体制冷技术核心是利用热电效应的逆效应即佩尔捷效应,通过外部电压来驱动热电材料内部产生定向的热流运输,以此来与周围环境实现热交换,起到制冷或者制热的作用。基于热电材料的半导体制冷模块如图 7-10 所示。

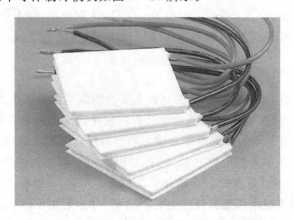

图 7-10  基于热电材料的半导体制冷模块

性能优异的热电材料成本高、制备工艺复杂,同时热电器件单元本身结构十分复杂,制造成本也较高。热电器件或者装备在热电转换效率方面远远低于传统的内燃机发电设备,甚至无法与一些新型的可再生能源发电(例如太阳能或者风能等)相比。总体而言,较高的经济成本和较低的能源利用效率依然是当前制约热电器件和装备大规模商业化的主要因素。热电器件或者装备在未来一段时间预计仍然是以"小众"应用为其核心的发展领域。

## 参考文献

[1] JARIRI N，BOUGHAMOURA A，MULLER J，et al. A comprehensive review of thermoelectric generators：Technologies and common applications[J]. Energy Reports，2020,6(7)：264 - 287.

[2] AMBROSI R M，WILLIAMS R H，WATKINSON E J，et. al. European radioisotope thermoelectric generators(RTGs) and radioisotope heater units (RHUs) for space science and exploration[J]. Space Science Review，2019,215(55)，1 - 41.

[3] GURLONG R R，WAHLQUIST E J. US space missions using radioisotope power systems[J]. Nuclear News，1999,26 - 34.

[4] CATALDO R L，BENNETT G L. US Space radioisotope power systems and applications：Past，present and future[J]. InTech，2011.

[5] LIU C W，CHEN P Y，LI K W. A 1 kW thermoelectric generator for low-temperature geothermal resources：Proceedings of Thirty-Ninth Workshop on Geothermal Reservoir Engineering，Stanford ，California，February 24 - 26，2014[C]. Stanford University,2014.

[6] SZTEKLER K，WOJCIECHOWSKI K，KOMOROWSKI M. The thermoelectric generators use for waste heat utilization from conventional power plant[J]. E3S Web of Conferences，2017,14，01032.

[7] YUSHANOV S P，GRITTER L T，CROMPTON J S. Multiphysics analysis of thermoelectric phenomena：Proceedings of the 2011 COMSOL conference in Boston.

[8] 陈立东,刘睿恒,史迅. 热电材料与器件[M]. 北京:科学出版社,2018.

## 思考题

美国 1977 年发射的旅行者号深空探测器主要的能源系统为 3 个质量均为 36.69 kg 的放射性同位素电池,这种核电池热源完全由具有一定半衰期的放射性同位素衰变产生。现在假设由你来负责设计某个最新深空探索项目的放射性同位素电池,通过阅读相关文献,你会选择哪种放射性元素作为核电池热源,选择哪种热电材料制造热电转换模块单元,为什么? 另外,未来的深空探索飞船搭载 3 组相同的核电池模块,每组核心放射性同位素热源燃料质量为 20 kg,而每组电池需要消耗热电材料质量 5 kg,若对于该能源系统整体开发项目资助金额为 1 亿元,放射性同位素热源和热电材料开发成本初步预算为 5000 万元,请思考这笔材料经费是否足够用来组装整个深空探索飞船放射性同位素衰变热电能源系统,并给出具体的测算依据。

# 第五篇

# 氢

<<<

---

## >>> 第8章 制氢催化材料——华山论剑谁为峰

华山论剑是金庸小说里的虚构故事,武侠巨著《射雕英雄传》中第一次"华山论剑","东邪"黄药师、"西毒"欧阳锋、"南帝"段智兴、"北丐"洪七公、"中神通"王重阳五人在华山顶斗了七天七夜,争夺《九阴真经》,最终王重阳击败四人获胜。金庸先生用"华山论剑谁为峰,一见重阳道成空"形象表达了江湖高手对天下第一的梦想和追求,以及王重阳武功境界的出神入化。

氢气制备的方法主要有化石能源制氢、热化学分解水制氢、电催化分解水制氢、光催化分解水制氢、生物质催化制氢等。目前,90%以上的氢能是通过化石能源制氢(烃类水蒸气转化法)获得的,这种制氢方式要消耗大量的不可再生的化石能源,同时还会排放大量的$CO_2$气体和其他有毒污染物,造成环境污染。热化学分解水制氢需要高达2500℃的高温,水才能够发生分解反应,这种苛刻的反应条件和所造成的过多能源消耗大大限制了其在实际生产中的应用。

电催化分解水制氢、光催化分解水制氢、生物质催化制氢都是利用可再生能源的制氢技术,对于解决能源危机和环境污染问题具有重要意义。那么,它们各自的"武功"究竟如何呢?让我们来一场"华山论剑"式的"比武",看看谁才是那个"险峰",谁才是那个"天下第一"。

### 8.1 "氢"的身世:氢的基本特性与应用价值

#### 8.1.1 氢的基本性质与分布

**1. 氢的基本性质**

氢气,化学式为$H_2$,相对分子质量为2.01588,是一种无色透明、无臭无味且难溶于水的气体。氢气是世界上已知的密度最小的气体,密度只有空气的 1/14,即在 1 标准大气压和 0℃,氢气的密度为 0.089 g/L。同时,氢气也是相对分子质量最小的物质,还原性较强,常作为还原剂参与化学反应。常温常压下,氢气极易燃烧,着火点为 500 ℃,燃烧焓变为 −285.8 kJ/mol,当空气中氢气的体积分数为 4.0%~75.6%时,遇到火源,可引起爆炸。

在标准大气压下,当温度降低到 −252.87 ℃时,氢气可由气态转变成液态,当温度低于 −259.193℃时,氢气就会由液态转变为固态。同时,氢气的气液相转变温度会随着压强的增大有所增加,当氢气压强增大到 13.3 bar[①](1.33 MPa)时,氢气的气液相变的临界点为 −239.96℃,如图 8-1 所示。

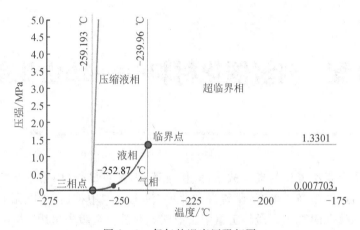

图 8-1 氢气的温度压强相图

### 2. 氢的分布

氢是宇宙中分布最广泛的物质,占宇宙质量的 75%。在地球上和地球大气中只存在极稀少的游离状态氢;在地壳里,如果按质量计算,氢只占总质量的 1%,而如果按原子百分数计算,则占 17%。氢在自然界中分布很广,水便是氢的"仓库"——氢在水中的质量分数为 11%,如把海水中的氢全部提取出来,将是地球上所有化石燃料热量的 9000 倍;泥土中约有 1.5%的氢;石油、天然气、动植物体内也含氢。在空气中,氢气只占总体积的一千万分之五。在整个宇宙中,按原子百分数计,氢是含量最多的元素;在太阳的大气中,按原子百分数计算,氢占 81.75%。在宇宙空间中,氢原子的数目约比其他所有元素原子的总和大 100 倍。在所有气体中,氢气的导热性最好,比大多数气体的导热系数高出 10 倍,在能源工业中氢是很好的传热载体。氢能被称为人类的终极能源。

### 3. 氢的分类

氢气可以从水、化石燃料等含氢物质中制取,但能够提供全程无碳的技术路线是有限的。目前,通常根据氢气的来源将氢气分为灰氢、蓝氢和绿氢。"灰氢"是指由以焦炉煤气、

---

① 1 bar=0.1 MPa=$10^5$ Pa。

氯碱尾气为代表的工业副产气制取的氢气；"蓝氢"是指由煤或天然气等化石燃料制取的氢气，制取过程中将二氧化碳副产品捕获、利用和封存，以实现碳中和；"绿氢"是指通过使用可再生能源或核能电解水制取的氢气。

目前工业中产生的氢气主要是灰氢，面临着无碳的绿氢和碳中和的蓝氢制备技术的挑战。蓝氢不是绿氢的替代品，而是一种必要的技术过渡，可以加速向绿氢过渡。

### 8.1.2 氢的特殊性质与氢经济

#### 1. 氢的燃烧特性

氢能是一种可以再生的永久性能源。它可以用各种一次性能源，特别是核能和太阳能将水直接分解来获得，氢燃烧后产生的水蒸气又可以重新恢复为水，这种水—氢/氧—水之间的永久性循环，使氢成为最理想的能源。氢气很轻，单位能量体积很大，达 390 L/kcal，是石油的 4000 倍；氢的发热量为 $1.4 \times 10^5$ kJ/kg，其热值为煤炭的 4 倍、汽油的 3 倍、天然气的 2.6 倍。氢燃烧后的生成物具有更高的温度，氢的火焰传播速度比石油燃料的火焰传播速度快得多。氢比煤油或汽油有更宽的着火界限，氢混合气最小点火能量为 0.02 mJ，为汽油混合气点火能量的十分之一。

#### 2. 氢的安全特性

氢在使用和储运中是否安全可靠，是人们普遍关注的。氢的独特物理性质决定了其不同于其他燃料的安全性问题，如更宽的着火界限、更低的着火能量、更容易泄漏、更高的火焰传播速度、更容易爆炸等。

一般来说任何燃料都有危害，需要正确处理。但氢的危害不同，通常它比那些碳氢化合物燃料更易处置。氢非常轻，空气的质量是它的 14.4 倍（空气是天然气质量的 1.7 倍）；氢的扩散性比天然气高 4 倍，比汽油蒸气的挥发性高 12 倍，氢发生泄漏后会很快从现场扩散；点燃氢会很快产生不发光的火焰，在一定距离外不易对人造成伤害，散发的辐射热仅及碳氢化合物的十分之一，燃烧时比汽油温度低 7%；氢易燃，着火所需能量是天然气的十四分之一；在绝大多数情况下，氢泄漏遇到火源更可能是燃烧而不是爆炸，因为氢燃烧的浓度大大低于爆炸底限，其着火所需要的最小浓度比汽油蒸气高 4 倍，在极少数情况下可能会爆炸，但是其单位体积氢气爆炸的理论能量不到汽油蒸气爆炸产生能量的二十二分之一。

20 世纪 80 年代末，德国、英国和日本的三家大型汽车公司对氢能汽车中氢燃料的使用进行了试验和评估。三家公司一致认为，氢能燃料和汽油一样安全，即使撞车起火燃烧，至多也不过引起一场大火，能很快熄灭。也有试验表明，其他方面可类比的两辆汽车遭遇氢气着火和汽油着火时，燃料电池汽车由于三重保护性装置全部失灵导致氢气泄漏，所储存的氢气全部泄漏大约需要 100 s，燃起的火焰导致车内温度升高最多只有 1～2 ℃，而且火焰的外部温度也不会高于汽车在太阳下炙烤所达到的温度，因此乘客车厢和驾驶位都不会受到损害；而燃油汽车导油管 1.6 mm 小孔所产生的低能泄漏就能使汽车内部温度迅速升高，并吞噬车内所有的生命。实验也发现了三个问题：一是氢燃料"逃逸"率高，即使是用真空密封燃料箱,也可以每 24 小时 2% 的速率"逃逸",而汽油一般的"逃逸"速率为每月 1%;二是加氢过程比较危险,也很费时;三是液氢温度太低,容易对人体造成严重冻伤。

氢能使用常见事故可归纳为:未察觉的泄漏;阀门故障或泄漏;安全阀失灵;排空系统故障;管道或容器破裂;材料损坏;置换不良,空气或氧气等杂质残留在系统中;氢气排放速率太高;管路接头或波纹管损坏;输氢过程中发生撞车或翻车事故等。这些事故需要补充两个条件才能发生火灾,一是火源,二是氢气与空气或氧气的混合物要处于当时、当地的着火或爆震的极限当中,没有这两个条件,不会酿成事故。严格管理和认真执行操作规程,绝大多数事故是可以避免的。

**3. 氢能利用与氢产业链**

氢能的利用形式主要可分为以下两大类:一是以燃烧的形式转化为热能,进而在热力发动机中转化为机械能;二是可以作为能源材料应用于燃料电池转化为电能。

1)氢气的燃烧

凭借氢气燃烧热值高、火焰传播速度快、点火能量低的优点,氢能汽车总的燃料利用效率比传统汽油汽车高 20%,且无汽油燃烧时产生的一氧化碳、二氧化硫等污染环境的有害成分,是一种清洁的能源。现有的氢能发动机主要有两种工作模式,一种是全燃氢发动机模式,另一种为氢气与汽油等其他燃料混烧的掺氢发动机模式。掺氢的发动机只要稍加改变或不改变,便可提高燃料利用率、减轻尾气污染。例如,使用掺氢 5% 左右的发动机,平均热效率可提高 15%,节约汽油 30% 左右。因此,近期可多应用掺氢发动机模式,待氢气可以大量供应后,再推广全燃氢发动机模式。

2)氢能发电

氢气与氢燃料电池二者结合起来的氢能发电模式是氢气利用的重要途径。利用氢和氧直接经过化学反应而产生电能,是进行水电解产生氢和氧的逆反应。20 世纪 70 年代以来,日美等国加紧研究各种燃料电池,现已进入商业性开发阶段,其中美国有 30 多家厂商在开发燃料电池,德、英、法、荷、丹、意和奥地利等国也有 20 多家公司相继投入了燃料电池的研究,日本目前已建立起万千瓦级燃料电池发电站。随着能源危机的不断加重,这种新型发电方式将会越发引起世界的关注。

氢产业链可分为资源制氢、转化储存与运输、抵达目的地后的配送与应用三个主要环节,其中大宗氢气储运技术的储存能力和经济性是决定氢供应链价值实现的最关键因素。

**4. 氢经济**

近现代的工业文明均以化石燃料为基础,化石能源大量使用导致全球环境变化和资源枯竭,引发人们对可持续发展和环境保护的追求,氢能源作为一种高效、清洁、可持续的"无碳"能源已得到世界各国的普遍关注,"氢经济"的概念因此浮出水面。氢经济是一种未来的,甚至是理想的经济结构形式,可以理解为是以氢能等清洁能源为主的清洁经济,是充分利用氢能众多的优越性质,以人类需求和市场为目标所进行的氢能研发、生产、储存、运输、经营、管理等经济活动的总称。

发展氢经济是因为氢气是一种极高能量密度与质量比值的能源,它是一种极为优越的新能源:①资源丰富,氢气可以由水制取,而水是地球上最为丰富的资源之一,从制取到燃烧,演绎了自然物质循环利用、持续发展的经典过程;②氢燃烧的产物是水,不给环境带来任何污染,是世界上最干净的能源;③氢能是可再生能源,氢气燃烧产生水,而水又可以通过光解等方式分解成氢气和氧气,取之不尽、用之不竭;④氢气的能量密度高,在同等质量条件下,氢气燃烧后产生的能量是汽油的 3 倍、酒精的 3.9 倍、煤炭的 4 倍、焦炭的 4.5 倍、木材的 8 倍;⑤氢能的运用形式多样,它几乎可以完全代替目前所有能源利用方式,比如发电、交通运输、工业应用及燃烧使用,氢燃料电池的效益高过诸多内燃机;⑥氢气比空气轻,所以氢气的火焰倾向于快速上升,故其产生事故时造成的危害小于碳氢化合物;⑦氢气具有无毒、燃烧性能好、导热性好等特点。氢能被普遍认为是最理想的替代能源,发展氢经济可以使人类部分摆脱对化石能源的依赖,有望在未来社会中充当重要角色,实现人类社会的可持续发展。

## 8.2　水分子的电场之旅:电催化分解水制氢

在众多的制氢方式中,电催化分解水制氢技术发展成熟、清洁无污染、获得的氢气产物纯度高,是最具有潜力的能够大规模发展的制氢技术,对于解决现阶段大规模氢气需求具有重要意义。虽然电催化分解水制氢仍需要消耗电能,但是随着风能、太阳能等可再生资源被用于发电,有效利用这些天然能源可将电解水制氢的成本大大降低。

### 8.2.1　电催化分解水的基本原理

在标准温度和压力条件下,水分解是一种非自发的耗能反应,1 mol 的水分子全部分解成氢气和氧气所需要的自由能变化为 237.2 kJ。理论上分解水所需要的最小电压为 1.23 V(相对于可逆氢电极,Reversible Hydrogen Electrode,RHE)。但是通常由于要克服电极内部的激活势垒、溶液电阻和接触电阻,因此需要施加大于 1.23 V 的电压才能实现纯水的电解。电催化分解水装置如图 8-2 所示。

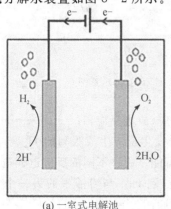
(a) 一室式电解池

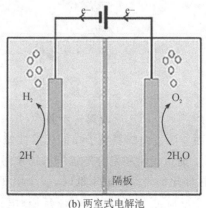
(b) 两室式电解池

图 8-2　电催化分解水装置图

　　水电解的装置包含了阴极、阳极和电解液。当阴阳极间施加的电压满足分解水的要求时,水就会被分解产生氢气和氧气。电催化分解水通常包含两个半反应,也就是阴极上的析氢反应(Hydrogen Evolution Reaction,HER)和阳极上的析氧反应(Oxygen Evolution Reaction,OER)。电催化分解水在不同的电解液介质中,其两个半反应的反应过程是不同的。

　　在酸性介质中:

$$\text{HER 的反应式}\quad 4H^+ + 4e^- \longrightarrow 2H_2$$

$$\text{OER 的反应式}\quad 2H_2O \longrightarrow O_2 + 4H^+ + 4e^-$$

　　在中性和碱性介质中:

$$\text{HER 的反应式}\quad 4H_2O + 4e^- \longrightarrow 4OH^- + 2H_2$$

$$\text{OER 的反应式}\quad 4OH^- \longrightarrow 2H_2O + O_2 + 4e^-$$

电催化分解水总的反应式为 $2H_2O \longrightarrow O_2 + 2H_2$。

　　HER 是一个发生在阴极电极材料表面的多步骤过程。在酸性介质中,HER 有两种可能的反应机理,福尔默-海罗夫斯基(Volmer-Heyrovsky)机理或者福尔默-塔费尔(Volmer-Tafel)机理,如图 8-3 所示。

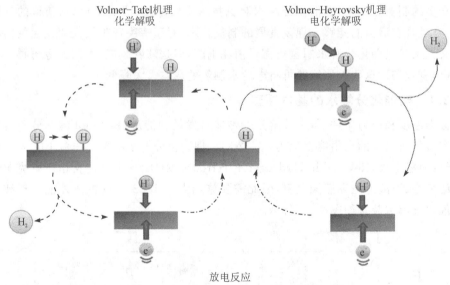

图 8-3　酸性条件下电极表面 HER 机理示意图

　　在酸性条件下,HER 反应第一步是 Volmer 反应(放电反应,$H^+ + e^- \longrightarrow H_{ads}$),电子转移到电极表面与溶液中的氢质子在催化活性位点上发生反应生成吸附的 $H_{ads}$。第二步反应是吸附的 $H_{ads}$ 通过脱附和聚合产生 $H_2$,这个过程可能是通过不同的反应过程进行的。一种是,当 $H_{ads}$ 在催化剂表面占据率低时,一个电子转移到 $H_{ads}$ 与溶液中的另一个氢质子结合产生 $H_2$,这个反应过程为 Heyrovsky 反应(电化学脱附过程,$H_{ads} + H^+ + e^- \longrightarrow H_2$);另一种是,当 $H_{ads}$ 在催化剂表面占据率高时,两个相邻的 $H_{ads}$ 会在电极表面结合产生 $H_2$,这个反应过程称为 Tafel 反应（化学脱附过程 $H_{ads} + H_{ads} \longrightarrow H_2$）。

在碱性条件下，HER 反应与酸性介质中的 HER 反应的不同之处就在于第一步的 Volmer 反应，酸性介质中的氢质子来源于水合氢离子（$H_3O^+$），而碱性介质中的氢质子来源于水分子（$H_2O$），水分子放电产生 $H_{ads}$（$H_2O + e^- \longrightarrow OH^- + H_{ads}$）。$H_{ads}$ 的脱附和聚合产生 $H_2$ 的步骤与在酸性介质中相似。

OER 作为电催化分解水的另一个半反应，涉及四电子转移过程，动力学较为迟缓，需要的过电位大，是制约电催化分解水的主要因素。同样的 OER 在酸性和碱性介质中的反应过程是不同的，OER 在酸性或碱性介质下可能的反应途径如图 8-4 所示。

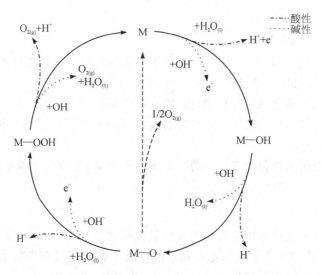

图 8-4　酸性和碱性下的 OER 反应机理图

图 8-4 中，点划线表示酸性环境下的反应，点线表示碱性环境下的反应，黑实线表示反应过程中涉及生成 M—OOH 过氧化物中间体的氧气析出过程，虚线表明 OER 反应过程中的另一种途径，即两个相邻的 M—O 中间体直接结合生成氧气。其中 M 代表催化剂表面上的活性位点。

酸性条件下的 OER 反应过程为

步骤 1　$M + H_2O \longrightarrow M-OH + H^+ + e^-$

步骤 2　$M-OH \longrightarrow M-O + H^+ + e^-$

步骤 3　$2M-O \longrightarrow 2M + O_2$

　　　　或为另一条反应路径　$M-O + H_2O \longrightarrow M-OOH + H^+ + e^-$

步骤 4　$M-OOH \longrightarrow M + O_2 + H^+ + e^-$

总反应式为 $2H_2O \longrightarrow O_2 + 4H^+ + e^-$

碱性条件下的 OER 反应过程为

步骤 1    $M + OH^- \longrightarrow M—OH + e^-$

步骤 2    $M—OH + OH^- \longrightarrow M—O + H_2O + e^-$

步骤 3    $2M—O \longrightarrow 2M + O_2$

或为另一条反应路径    $M—O + OH^- \longrightarrow M—OOH + e^-$

步骤 4    $M—OOH + OH^- \longrightarrow M + H_2O + O_2 + e^-$

总反应为 $4OH^- \longrightarrow 2H_2O + O_2 + e^-$

不管是在酸性条件下还是在碱性条件下,在步骤 3 中都存在两种反应路径,一种是通过两个相邻的吸附氧原子中间体(M—O)直接结合生成氧气,另一种是通过进一步产生过氧化物中间体(M—OOH)再分解产生氧气。

### 8.2.2　电催化制氢材料

经过大量科研工作者的努力,已经开发出了一系列的电催化制氢材料,根据材料组成元素的物理和化学特性可以大致分为三组。

第一组:贵金属电催化制氢材料,如铂(Pt)、钌(Ru)。

第二组:非贵金属电催化制氢材料的过渡金属组成元素,如铁(Fe)、钴(Co)、镍(Ni)、铜(Cu)、钼(Mo)、钨(W)等。

第三组:非贵金属电催化制氢材料的非金属组成元素,如硼(B)、碳(C)、氮(N)、磷(P)、硫(S)、硒(Se)等。

#### 1. 贵金属催化剂

目前,在电解水制氢技术中常用的阴极析氢催化剂主要由 Pt、Ru 等贵金属及其氧化物或合金组成。尽管 Pt、Ru 等贵金属电催化剂的高成本影响了其在电解水制氢当中的使用,但 Pt 仍是析氢性能最好的电催化剂。

目前主要采用以下几种方法以提高 Pt 基贵金属的析氢性能:①制备具有纳米结构的 Pt 表面,使得原子在表面排列以暴露更多的[110]晶面,从而增加活性位点的数量;②在低成本材料上沉积单层的 Pt 作为贵金属电催化剂的替代物,降低制氢成本;③将贵金属电催化剂与其他材料合金化以增加位点的特定活性。

目前只有 4% 的氢气是由电解水产生的,主要原因是系统效率低,而不是成本问题。事实上,工业电解槽的电费远远超过贵金属电催化剂的费用。在理想情况下,Pt 电催化剂的粒度具有几何效应,可以用一组不同粒度的电催化剂计算电化学反应尺寸。然而,析氢反应是基于一系列的表面过程,电催化剂形态在析氢性能中起着重要作用。除了物理结构外,化学结构也起着重要的作用,常用的方法是用廉价的过渡金属代替部分 Pt 原子来降低 Pt 的负载。此外还有通过化学方法在不同溶剂体系中合成出具有可控晶面的 Pt 纳米晶催化剂,这种催化剂对于 Pt 基贵金属催化剂的析氢活性有很大提升,也扩大了反应选择性。另外,为了减少 Pt 的负载量,在廉价的材料上沉积一层 Pt,可得到与 Pt 类似的催化剂。

尽管已经对贵金属催化剂进行了大量研究,并且在降低材料成本和改善催化剂性能方面取得了显著成果,但是贵金属基催化剂仍然不能满足大规模应用的需求。因此,寻找能够有效降低析氢过电位的非贵金属催化剂对于实现电解水制氢技术的大规模应用具有非常重要的意义。

**2. 金属硫化物催化剂**

过渡金属硫化物具有成本低、制备简单等优点,具有广阔的应用前景。但是金属硫化物的结构并没有金属催化剂的那么简单,为了得到更优的析氢效果还需要仔细地设计金属硫化物的结构。该类电催化剂的一个共同问题是,在低 H 包覆时性能良好,但随着 H 包覆量的增加,电导率显著降低。硫化钼是 HER 电催化剂中最常见的一种,由于其成本低、设计灵活,因此被广泛应用于 HER 研究中。理论计算显示,$MoS_2$ 边缘钼原子吸附氢离子过程的吉布斯自由能变 $\Delta G$ 与贵金属 Pt 十分接近,表明 $MoS_2$ 可能是一种优秀的电解水阴极催化剂,制备出的石墨负载 $MoS_2$ 的电催化剂,其析氢反应的起始过电位只比 Pt 高 0.1 V。一种采用简单水热法合成的二硫化钼/还原氧化石墨烯复合物($MoS_2/RGO$,如图 8 - 5 所示)在析氢反应中的催化活性优于其他的 $MoS_2$ 催化剂,其起始过电位仅为 100 mV,塔费尔(Tafel)曲线斜率约为 41 mV/dec。

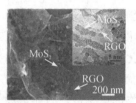

图 8 - 5　水热合成 $MoS_2/RGO$ 示意图

垂直排列生长的 $MoS_2$ 薄层的合成方法,可以最大程度地暴露催化剂表面上的边缘部位,提供了更多的催化活性位点。一个更实用的方法是在基底平面内形成活性位点,这可以通过掺杂来实现,掺杂所形成的缺陷可以破坏 $MoS_2$ 的惰性基底平面,在基底平面上形成活跃的边缘活性位点。

层状结构的 $MoS_2$ 是一种典型的 HER 电催化剂,但对 OER 活性较差。一种共价掺杂 Co 到 $MoS_2$ 中的方法可以显著增强 HER 活性,同时诱发显著的 OER 活性,该催化剂活化方法还可用于其他过渡金属双卤代烃的双官能化。

**3. 金属硒化物催化剂**

硒(Se)和硫(S)都是Ⅵ族元素,最外层具有相同的电子数。通常元素的最外层电子结构决定了由该元素组成的化合物的性质,所以,过渡金属硒化物与相应的硫化物具有相同的电催化活性。近年来金属硒化物逐渐成为了金属硫化物的替代品。

$MoSe_2$ 是电催化剂的最佳选择之一,其过电位最小,塔费尔斜率最小。$MoSe_2$ 的电催化活性受边缘活性位点个数的限制,可以通过切割基面来产生更多的活性位点,如通过氧化辅助切割法在整个薄片上开孔,在破坏基底平面的均匀结构的同时,分离单个的 $MoSe_2$ 薄片,制造出更多的活性位点,提高析氢性能;还可以合成垂直排列的 $MoSe_2$ 以增加电极表面的活性位点数量,这种结构不仅会使催化活性位点的数量增加,而且提升了催化剂的导电性。一种在碳纤维表面沉积 $MoSe_2$ 纳米片的方法制造的 HER 电催化剂,在氢吸附区具有良好的假电容,由于其活性位点众多,故电催化能力强;用还原氧化石墨烯制备的 $MoSe_2$ 导电纳米复合材料,其电催化活性与工业铂/碳电催化剂相当。

除 $MoSe_2$ 以外,另一种常见的过渡金属硒化物是硒化钨($WSe_2$),它作为一种非常有潜力的电催化剂被广泛研究。一种在 FTO 基板上制备的由层状 $MoS_2$ 和 $WSe_2$ 组成的异质结构,表现出了优良的析氢效果,在电流密度为 $10\ mA/cm^2$ 时具有 $116\ mV$ 的过电位,塔费尔斜率为 $76\ mV/dec$。优良的电催化效果是由于增加了界面空穴-电子分离,通过界面分散活性面,叠层结构为能量采集装置的二维异质结构提供了新的途径。一种在碳布(CC)上的 $CoSe_2/WSe_2/WO_3$ 杂化纳米线(Nano Wire,NW)是一种高效的 HER 催化剂,对 HER 具有良好的催化性能,过电势小,塔费尔斜率小,在电解水领域中具有潜在的应用前景。

**4. 金属磷化物催化剂**

Ni-P 合金一直被认为是具有潜力的电催化剂材料。金属磷化物的物理性质类似于碳化物、氮化物等化合物,均具有优良的导电性、机械强度和化学稳定性。然而,磷化物相对于碳化物和氮化物的结构复杂,磷原子的半径较大,磷化物的晶体结构属于三角棱柱型。金属磷化物相对于金属硫化物容易形成更多的各向同性的晶体结构,金属硫化物则更易于形成层状结构。由于这种结构之间的差异,导致金属磷化物的表面不饱和配位原子数比金属硫化物的更丰富。因此,金属磷化物的催化活性相比于金属硫化物可能更高。

在过渡金属磷化物中,表面的 P 原子不仅具有捕获质子的负电荷,而且为氢分子的解离提供了很高的活性。在所有过渡金属磷化物催化剂中,磷化镍 $Ni_2P$ 因其独特的电子结构和良好的耐久性而具有较高的活性和广泛的应用前景。金属与金属磷化物之间的协同作用可以加速催化剂表面电荷的聚集和分离,因此 $Ni-Ni_2P$ 应该具有非常好的析氢效果。

在催化活性位点上涂覆碳纳米管形成密闭效应是一种有效抑制团聚的方法,碳纳米管不仅可以保护金属-金属磷化物的结构,使其具有良好的稳定性,而且还可以提高催化性能,进一步产生更好的导电性,从而增强其析氢活性。使用还原氧化石墨烯(RGO)作为基底生长出的碳纳米管(CNT)约束的 $Ni-Ni_{12}P_5$($Ni-Ni_{12}P_5$@CNTs/RGO),在酸性条件下具有优异的析氢效果。过渡金属磷化物上的活性位点总是受到表面氧化物的阻碍,一种将表面氧化的磷化钴转化为 $Co_2(P_2O_7)$-CoP 杂结构的简便方法,在酸性和碱性电解液中实现了高效的析氢反应。

## 8.3　光与水的交响:光催化制氢

### 8.3.1　光催化分解水的基本原理

**1. 半导体光解水制氢的基本过程**

光催化分解水制氢简称为光解水制氢,指利用催化剂将光能和水资源转化为绿色清洁可再生的氢能源的过程,光解水制氢是实现能源循环利用的直接途径,主要包括以下三步。

1)光生载流子的产生

半导体材料通常具有一定的禁带宽度,当光照能量大于半导体的带隙能量时,电子($e^-$)受激发从价带(Valence Band,VB)跃迁到导带(Conduction Band,CB),而光生空穴($h^+$)留在价带上,形成具有极高活性的光生电子-空穴对。光生电子和空穴统称为光生载流子。

半导体催化剂受到光照激发产生光生电子和空穴的过程中,对光的吸收和转换能力直接决定了其对光能的最大利用率。通常,半导体的禁带宽度越小、对光的响应范围越大,就越容易被激发产生光生电子和空穴。

2)光生载流子的分离

在光照条件下,半导体中源源不断地产生具有还原性的光生电子和具有氧化性的光生空穴,光生电子和空穴在内电场的作用下发生分离,向半导体的不同部位迁移。载流子在迁移过程中,一部分电子和空穴会在半导体内部或表面发生复合,以光或热的形式释放能量,导致半导体中能够有效用于光催化制氢的载流子减少。载流子的复合对光催化过程是不利的,要尽量减少或避免载流子的复合。

3)表面催化反应

当光生空穴和电子迁移到催化剂表面时,分别在相应位置发生氧化和还原反应生成 $O_2$ 和 $H_2$,这一过程是影响光催化释放 $O_2$ 和 $H_2$ 的关键。通常会在反应体系中加入其他物质避免光生电子和空穴在催化剂表面的复合,如:加入 Pt、氧化镍(NiO)等电子捕获能力较强的助催化剂提供新的产氢活性位;加入甲醇($CH_3OH$)、三乙醇胺($C_6H_{15}NO_3$)等作为牺牲剂,以消耗催化剂表面的光生空穴,从而保证光解水制氢过程的顺利进行。

**2. 光解水制氢对半导体材料的基本要求**

从光解水制氢的基本过程来看,要实现产氢,半导体材料是关键。因此,半导体材料需要具有以下性质。

1)合适的禁带宽度和能带位置

并非所有的半导体材料都可以作为光催化剂,合适的禁带宽度和能带位置是保证半导体在光照下产生光生电子、实现光催化反应的基本前提。一般而言,禁带宽度较小的半导体通常具有较宽的光吸收范围,对太阳光的利用率较高。为了同时满足驱动水分解及反应中过电势的要求,半导体的禁带宽度要大于 1.9 eV。另外,只有在半导体的导带位置低于水的还原电势时,才能将质子氢还原生成 $H_2$。因此,在选择半导体材料作为光解水制氢催化剂时,应充分考虑禁带宽度和能带位置对催化活性的影响,从而保证催化剂具有较宽的光响应范围和较强的电子还原能力。

2)良好的载流子传输能力,光生电子和空穴要能够有效地分离

光催化反应属于表面反应,只有顺利迁移到半导体表面的光生电子才能有效参与反应。半导体的晶体结构与结晶程度对光生载流子的分离和传输效率有重要影响。一般而言,半

导体尺寸越小、结晶程度越好、材料内部产生的缺陷越少,光生电子与空穴在半导体内部的复合概率就越低,光生电子越容易传输到催化剂表面发生还原反应。与此同时,某些半导体如二氧化钛($TiO_2$)、氧化锌($ZnO$)等,光生电子在特定的极性晶面上具有较快的传输速率,而在其他晶面上的传输则受到抑制。光生电子的寿命越长,则迁移到半导体表面发生催化反应的概率就越高,越有利于氢气的产生。

3)高比表面积和亲水性表面

半导体催化剂需要有较高的比表面积和亲水性表面,从而为光催化过程提供丰富的反应活性位点,保证水分子与催化剂充分接触及光催化产生的氢气能从催化剂表面快速脱除,实现光解水制氢的持续、快速、高效进行。

### 8.3.2 光催化制氢材料

#### 1.无机化合物半导体

自 Fujishima 和 Honda 开启了半导体光催化这一研究领域以来,研究重心就一直集中在开发和研究光催化材料上。五十年来,人们基于元素周期表找出了数百种能够用于光催化过程的光催化材料,且绝大多数光催化材料为无机化合物半导体,如金属氧化物、硫化物、氮化物、磷化物及其复合物等。已知的能够用于光催化过程的半导体材料的元素组成有以下的特点:利用具有 $d^0$ 或 $d^{10}$ 电子结构的金属元素和非金属元素构成半导体的基本晶体结构,并决定其能带结构;碱金属、碱土金属或镧系元素可以参与上述半导体晶体结构的形成,但对其能带结构几乎无影响;一些金属离子或非金属离子可以作为掺杂元素对半导体的能带结构进行调控;贵金属元素一般作为助催化剂使用。

根据组成半导体化合物的金属离子(阳离子)的电子特性,单一光催化材料可以分为两大类:一类是金属离子的 d 电子轨道处于无电子填充状态($d^0$),如 $Ti^{4+}$、$Zr^{4+}$、$Nb^{5+}$、$Ta^{5+}$、$W^{6+}$;另一类是金属离子的 d 电子轨道处于满电子填充状态($d^{10}$),如 $In^{3+}$、$Ga^{3+}$、$Ge^{4+}$、$Sn^{4+}$、$Sb^{5+}$。

与 $d^0$ 金属离子相配的非金属元素主要是氧元素,它们之间组合成的氧化物(如 $TiO_2$、$ZrO_2$、$Nb_2O_5$、$Ta_2O_5$、$WO_3$)都是被广泛应用的光催化剂。如前所述,一些碱金属、碱土金属或其他金属离子可以引入到上述化合物中组成一些盐类(如钛酸盐、铌酸盐、钽酸盐、钨酸盐、钒酸盐),并且这些盐类也被证明具有良好的光催化能力。

与 $d^{10}$ 金属离子相配的非金属元素主要也是氧元素,它们之间组合成的氧化物(如 $In_2O_3$、$Ga_2O_3$、$GeO_2$、$SnO_2$)也都被应用于光催化反应中。$d^{10}$ 金属离子也可组成具有光催化活性的盐类(如铟酸盐、镓酸盐、锗酸盐、锡酸盐、锑酸盐)。

依据组成半导体材料的非金属元素(阴离子)的类型,单一光催化剂又可分为氧化物、硫化物、氮化物、氮氧化物、氧硫化物等。除了上段提到的氧化物之外,$CuO$、$Cu_2O$、$Fe_2O_3$ 等也是常见的光催化材料。硫化物除了简单的 $CdS$ 和 $ZnS$ 可作为光催化材料外,一些多元硫化物(如 $ZnIn_2S_4$,$AgInZn_7S_9$ 等)也可用于光催化作用中。硫化物大多需要在有牺牲剂(通

常为 $Na_2S$ 和 $Na_2SO_3$)参与的情况下才能分解水制氢,并且都有很高的催化效率,但因为硫化物存在光腐蚀效应,即使有牺牲剂存在,硫化物在长时间的光催化反应中也不稳定,因此提高硫化物光催化材料的稳定性是一个重要的研究方向。氮化物应用于光分解水反应的有 $Ge_3N_4$、$Ta_3N_5$ 等,其中 $Ge_3N_4$ 是第一种被报道的具有全分解水能力的非金属氧化物。一般稳定的金属氧化物带隙相对较大,只能吸收紫外光,而氧氮金属化合物大多具有较小的带隙,具有可见光吸收的特性,并且展现出较高的光催化活性,如 $TaON$ 在牺牲剂存在下就具有较高的光解水产氧的催化活性。

**2. 聚合物半导体**

一种完全由非金属元素组成的聚合物半导体材料 $g-C_3N_4$,具有类似石墨的层状结构,C、N 原子通过 $sp^2$ 杂化形成一个高度离域的 π 共轭电子能带结构,禁带宽度为 2.7 eV,并且导带底在氢的氧化还原电位之上,价带顶在氧的氧化还原电位之下。因此,$g-C_3N_4$ 可以在牺牲剂(如三乙醇胺或硝酸银)存在下光催化分解水产氢或产氧,实现全分解水。

由于聚合物的材料特性,$g-C_3N_4$ 展现出比表面积小、产生的光生载流子的激子结合能高且复合严重等特点,这都不利于其在光解水制氢中的应用,因此科研人员提出了一些提高其光催化活性的方法:①制备方法的改进,如利用手性介孔氧化硅为模板制备了螺旋 $g-C_3N_4$ 纳米棒;②掺杂,利用硫掺杂和随之引起的量子尺寸效应对 $g-C_3N_4$ 的能带结构进行调控,使其光解水制氢效率提高 8 倍左右;③与半导体复合,$g-C_3N_4$ 可与多种半导体材料组成Ⅱ型半导体异质结构,从而提高其光催化活性。

**3. 单质半导体**

除了无机化合物半导体和聚合物半导体以外,一些具有可见光吸收特性的单质元素(Si、P、B、Se、S)也具有一定的光催化活性,这些单质材料丰富了光催化材料家族,但这些单质光催化剂的催化活性都很低,还需要进一步研究以提高它们的光催化效率。

## 8.4 微生物大用途:生物质制氢

生物质是指直接或间接利用光合作用形成的各种有机体的总称,具有可再生性、储量丰富、低污染性和可储存性等优点。农业及林业废弃物如秸秆、稻壳、纤维素、锯屑、动物粪便等是常见的生物质,均可通过一定的技术手段和方法实现二次利用。将生物质能转化为清洁的氢能来替代化石能源是氢能发展的重要方向。生物质制氢方法主要有生物质热化学制氢法、生物制氢法、电解生物质制氢法。电解生物质制氢法是一种新型的制氢技术,与其他制氢方法相比,具有反应温度低、能耗低和氢气纯度高等优点,表现出非常好的开发潜力。

### 8.4.1 生物质热化学制氢法

生物质热化学制氢法是指在一定的热力学条件下,将生物质转化为富含氢的可燃性气体。按照具体制氢工艺的不同,生物质热化学制氢又可以分为生物质热裂解制氢、生物质气化制氢和生物质超临界水转换制氢。

1)生物质热裂解制氢

生物质热裂解制氢是在隔绝空气和氧气的条件下,对生物质进行间接加热,使其转化为生物焦油、焦炭和气体,对烃类物质进一步催化裂解,得到富含氢的气体并对气体进行分离的过程。在热裂解过程中,可以通过升高温度、提高加热速率和延长挥发组分的停留时间来提高气体产率。生物质热裂解的效率主要与反应温度、停留时间和生物质原料特性有关。生物质热裂解制氢工艺流程简单,对生物质的利用率高。在使用催化剂的前提下,热解气中$H_2$的体积分数可达30%～50%。在热解过程中会有焦油产生,腐蚀设备和管道,造成产氢效率下降。目前研究的热点主要集中在反应器的设计、反应参数、开发新型催化剂等方面,以提高产氢效率。

2)生物质气化制氢

生物质气化制氢与热裂解制氢不同,它不需要隔绝空气和氧气,高温下生物质与气化剂在气化炉中反应,产生富氢燃气。生物质气化制氢过程要用到气化剂,常用的气化剂有空气、氧气、水蒸气等,使用的气化剂不同,气体和焦油的产量也不同,在气化剂中添加适量的水蒸气可提高$H_2$的产率。气化制氢技术具有工艺流程简单、操作方便和产氢率高等优点。生物质气化制氢在反应过程中会产生焦油,焦油的产生不仅会降低反应效率,还会腐蚀和损害设备,阻碍制氢的进行。催化剂可以降低反应所需的活化能,低温下分解焦油,降低焦油含量。

3)生物质超临界水转换制氢

生物质超临界水转换制氢是在超临界的条件下,将生物质和水反应,生成含氢气体和残炭,将气体分离得到氢的过程。与热裂解制氢和气化制氢相比,超临界水制氢反应效率高、产氢率高,产生的高压气体便于储存和运输,且在反应中不生成焦油和木炭等副产物。超临界水制氢的缺点是设备投资和运行费用高,超临界水氧化性高,容易腐蚀设备。超临界水制氢目前还处于研发阶段,没有进行大规模的工业应用。

除了上述传统的热化学制氢技术外,在其基础上还衍生出生物质微波热解气化制氢、高温等离子体制氢等新型的制氢技术,这些技术也都处于实验室研发阶段。

## 8.4.2　生物制氢法

生物制氢法是利用微生物降解生物质得到氢气的一项技术。生物制氢法的工艺流程简单,具有清洁、节能和不消耗矿物资源等诸多优点,引起越来越多的关注。根据生物质生长所需的能量来源,可将生物制氢法分为光合微生物制氢法和发酵生物制氢法。

1)光合微生物制氢法

光合微生物制氢法是以太阳能为输入能源,利用光合微生物将水或者生物质分解产生氢气。研究最多的光合微生物主要是光合细菌和藻类。该方法无法降解大分子有机物,太阳能转换利用率低,产氢率低,可控制能力差,运行成本高,难以实现工业化生产,还处于实验室研究阶段。

2）发酵生物制氢法

发酵生物制氢法是指发酵细菌在黑暗环境下降解生物质制氢的一种方法。发酵细菌主要有兼性厌氧菌和专性厌氧菌两类。发酵生物制氢过程较光合微生物制氢过程稳定，发酵过程不需要光源，易于控制，产氢能力高于光合细菌，综合成本低，易于实现规模化生产。

上述制氢方法均存在一些技术难题，比如热效率低下，催化剂的持久性较差并且产物中掺有杂质等。电解生物质制氢法为解决这些难题提供了一个新的思路，它提供了一种方便、快捷的方法来产生纯氢。

### 8.4.3 电解生物质制氢法

电解生物质制氢法是可以在较低温度下直接从原生生物质（如木质素、淀粉、纤维素）中获取氢气的一种新型技术。与其他制氢法相比，电解生物质制氢法可以在较低温度下进行，而且可以直接得到纯氢。

1）电解生物质制氢的工作原理

质子交换膜电解池（Proton Exchange Membrane Electrolysis Cell，PEMEC）主要由石墨流场板、石墨毡、全氟磺酸膜和聚四氟乙烯（PTFE）管构成，其阳极和阴极均采用石墨电极，但在阴极表面需涂覆一层 Pt/C（催化剂可使 $H_2$ 更好地产生）。

电解过程如下：在阳极槽内放入多金属氧酸盐（POM）和生物质反应完全的混合液，通过蠕动泵将混合液循环通入到阳极，阴极槽内放入磷酸溶液，通过阴极蠕动泵将其通入阴极。在阳极和阴极两端加载电压，还原态的 POM 在阳极失去电子变成氧化态，$H^+$ 通过质子交换膜由阳极传递到阴极，在阴极得到电子，转化为 $H_2$，并通过排水法收集。若电解时间足够长，还原态 POM 可全部变为氧化态。

2）液相催化剂

POM 在整个电解过程中既是液相催化剂，又是电荷载体。光照和加热均可以诱导 POM 与生物质的氧化还原反应。在电解之前，POM 和生物质需要进行预处理反应，即将 POM 和生物质在光照或者循环水浴加热的条件下反应一段时间，生物质被 POM 氧化释放出电子、氢离子等；氧化态的 POM 捕获电子变成还原态的 POM，电子传递到 POM 分子中并被储存；在电解过程中，电子又能被 POM 释放出来，POM 重新恢复成氧化态，所以它既是催化剂又是电荷载体。

采用磷钼酸和硅钨酸作为液相催化剂是最新的研究方向。通过磷钼酸与生物质（葡萄糖、纤维素、半纤维素、淀粉）的加热诱导反应和硅钨酸与生物质的光照诱导反应，得到了施加电压与电流密度的关系。当光照诱导硅钨酸与生物质反应时，与电解水制氢相比节约了83.3%的电能。利用液相色谱、气相色谱和核磁共振氢/碳谱分析了电解过程中的中间产物和最终产物中的有机物，得出了葡萄糖、纤维素和淀粉的主要氧化残留物是甲酸、乙醇酸和醋酸，阳极反应释放的气体仅有 $CO_2$。

3）液相催化质子交换膜燃料电池

液相催化质子交换膜燃料电池不仅能够用于从生物质中提取 $H_2$，若将设备稍加改动，还能用于生物质发电。一种新型液相催化燃料电池(Liquid Catalyst Fuel Cell，LCFC)，采用甲醇、乙二醇、丙三醇、赤藓糖醇、木糖醇、山梨醇和葡萄糖作为燃料发电，探究了羟基的数目和浓度对 LCFC 的影响后发现，与传统燃料电池相比，在 LCFC 中，大分子量燃料的功率密度高于小分子量燃料。羟基数目越多，POM 与醇燃料之间的预缔合作用就越强，氢键作用越强，LCFC 的反应性能越好，POM 和燃料之间的反应就越快，POM 的还原度越高，LCFC 的输出功率就越高。

## 参考文献

[1] LIU X, CHI J, DONG B, et al. Recent progress in decoupled $H_2$ and $O_2$ production from electrolytic water splitting[J]. Chem Electro Chem, 2019, 6:2157.

[2] MORALES-GUIO C G, STERN L-A, HU X L. Nanostructured hydrotreating catalysts for electrochemical hydrogen evolution[J]. Chem Soc Rev, 2014, 43:6555.

[3] SUEN N T, HUNG S F, QUAN Q, et al. Electrocatalysis for the oxygen evolution reaction: Recent development and future perspectives[J]. Chem Soc Rev, 2017, 46:337.

[4] HINNEMANN B, MOSES P G, BONDE J, et al. Biomimetic hydrogen evolution: $MoS_2$ nanoparticles as catalyst for hydrogen evolution[J]. J Am Chem Soc, 2005, 127: 5308.

[5] LI Y, WANG H L, XIE L M, et al. $MoS_2$ nanoparticles grown on graphene: an advanced catalyst for the hydrogen evolution reaction[J]. J Am Chem Soc, 2011, 133:7296.

[6] KARUNADASA H I, MONTALVO E, SUN Y J, et al. A molecular $MoS_2$ edge site mimic for catalytic hydrogen generation[J]. Science, 2012, 335: 698.

[7] 孙世刚.电催化纳米材料[M].北京:化学工业出版社,2018.

[8] 朱永法,姚文清,宗瑞隆.光催化:环境净化与绿色能源应用探索[M].北京:化学工业出版社,2015.

[9] 李敦钫,郑菁,陈新益,等.光催化分解水体系和材料研究[J].化学进展,2007,(04): 464-477.

## 思考题

(1)电催化制氢、光催化制氢、生物质制氢各自的优缺点有哪些？

(2)将电催化和光催化结合的技术——光电催化制氢具有哪些特点？

# >>> 第9章　氢气存储——"魔童"氢之降服记

氢能被视为 21 世纪最具发展潜力的清洁能源,然而其化学性质非常活泼,易燃易爆炸,难以"降服"。人类自 200 年前就对氢能应用产生了兴趣,20 世纪 70 年代以来,世界上许多国家和地区更是广泛开展了氢能研究。

## 9.1　氢的"降服"方法:氢的存储与输运

### 9.1.1　氢的储运方法

氢能体系的三个环节(生产、储存和运输、应用)中,储存是关键,也是目前氢能应用的主要技术障碍。氢气可以被储存,但是很难被高密度地储存,这直接制约了氢能的开发利用。为解决这个问题,许多国家和科研机构都将高效、安全的储氢技术作为氢能源研究的重点,并提出了明确的研发目标。但到目前为止,我国氢气储运技术水平仍较低,存储和运输企业较少,产业化水平较低。氢储运是我国氢能布局发展和应用的主要瓶颈。

氢气的储存主要分为两大类:一类为物理基储存,包括压缩气体储存、深冷高压储存和低温液氢储存;另一类为材料基储存,包括化学材料和物理材料方式,化学材料包括含氢化合物(如氨、甲酸、氨硼烷等)、金属氢化物以及有机溶剂等,物理材料包括金属有机骨架(如Metal Organic Frameworks,MOFs)、多孔材料(如碳纳米管、T-碳、沸石等)以及过渡金属配合物等,如图 9-1 所示。

早在 1880 年,氢气就以高压气体的形式储存在金属气瓶中并应用于军事领域。由于氢气较为活泼,易燃易爆,因此储罐的材质与制造工艺是高压储氢中的核心技术。

### 9.1.2　氢的储运成本

氢气的运输方式根据氢气状态不同分为:气态氢气输送、液态氢气输送和固态氢气输送。我国氢气输送方式主要有气氢长管拖车、液氢槽车以及管道运输等。选用何种运输方式取决于运输过程中的能量效率、氢的损耗、运输历程和运输量。对比气氢长管拖车、管道和液氢槽车三种运氢方式的成本,在 0~1000 km 管道成本最低,可以控制在小于 10 元/(kg·100 km);液氢槽车成本为 12~15 元/(kg·100 km);20 MPa 长管拖车成本随着里程

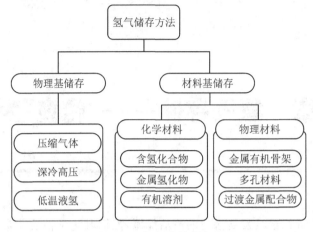

图 9-1　氢气的储存方法

变化差异较大,大约在 5~20 元/(kg·100 km)。在 250 km 内时,长管拖车运输费用低于液氢槽车,超过 250 km 后液氢槽车更具经济优势。

　　运输距离在 300 km 以上时,运输成本排序为固态储氢材料<液态有机氢<低温液氢<管道输氢<高压氢气管束车。有机氢和液氢运输成本最具优势,且适合于国际氢供应链的长距离、大规模氢的跨洋船运;高压氢气管束车的单位运输成本高,但运输方式灵活,适合短距离、小规模运输,在 100 km 以内的短距离下,20 MPa 高压氢气管束车的氢气综合储运成本约 10 元/(kg·100 km);固态储氢材料和液态有机氢在 300 km 以上的中长距离、大规模存储与运输中具有成本优势;低温液氢因液化能耗和投资过高,用于大规模、远距离输送的可行性还需进一步探讨;管道运氢受到基础设施投入大的限制,目前主要应用于化工氢工业,以欧洲大型管道供应为例,规模大多在 500 t/h 以上。考虑氢气不同终端用途和运输距离,加氢站等终端用户还是以 20 MPa 高压氢气管束车进行短距离运输为主;固态储氢材料和液态有机氢在中长距离、大规模的储运中具有较强优势;低温液氢槽车储运目前受到投资、液化能耗等影响,正在探索在大规模、长距离储运中的应用;而随着产业规模的扩大,管道输氢是未来氢能输运的重要发展方向。

## 9.2　当前的主流:高压气态储氢

　　高压气态储氢技术是指在高压下将氢气压缩,以高密度气态形式储存,具有成本较低、能耗低、易脱氢、工作条件较宽松等特点,是发展最成熟、最常用的储氢技术。氢气可以在高压下装盛在高压气体瓶中运输,通过调节安装在气体瓶口的解压阀来释放氢气。高压气态储运方便可靠,是最普通和最直接的储氢方式。

　　现阶段高压气态储氢的主要问题是长距离运输以及加氢站建设。

### 9.2.1　氢气压缩技术

高压气态储氢技术的关键之一是氢气压缩技术。目前,高压气态储氢一般采取分级充气和增压压缩两种氢气压缩方案,其中,分级充气是传统的压注方式;增压压缩会降低储氢系统储罐的耐压级别,从而降低其部分成本,但会使压缩机的运行成本提高。

高压气态储氢系统中的氢气压缩装置,一般采用隔膜式压缩机和离子液压缩机。

1)隔膜式压缩机

隔膜式压缩机是一种往复压缩机,依靠隔膜在气缸中往复运动压缩和运输气体。隔膜通过两个限制板沿周边夹紧并构成一个气缸,隔膜在气缸内往复运动来压缩和输送气体,其动力通过机械或液压来提供。压力高于 20 MPa 的高压氢气可采用隔膜式压缩机。对于加氢装置所需要的高压,一般采用三级压缩装置。三级压缩装置具有产物纯度、可靠性较高等优点。

2)离子液压缩机

离子液压缩机的基本原理是使用一种具有特殊物理及化学性质的几乎不可压缩的盐分子——离子液替代传统压缩机中的活塞,气体在气缸中随着离子液的上下运动所产生的容积变化而被压缩。采用离子液技术对氢气进行压缩,可应用于 35～70 MPa 氢燃料汽车加氢。

### 9.2.2　高压储氢罐

高压气态储氢主要是基于储氢罐技术的一种氢气的存储与输运方法,高压储氢罐是高压气态储氢技术的关键。储氢罐既要保证强度,又要防止氢脆以及满足质量小的要求。

**1. 不同材质与结构的高压储氢罐**

高压气态储运氢气,罐体材料是关键。高压储氢罐通常需要承受 35～70 MPa 的压力,目前主要有金属储罐、金属内衬纤维缠绕储罐和全复合轻质纤维缠绕储罐。随着材料科学的发展,已开发出碳纤维缠绕的铝制内胆高压气瓶,大大降低了气瓶的自身质量,提高了容量装载效率,使高压储氢成为较有竞争优势的车载储氢方式。

1)金属储罐

金属储罐采用性能较好的金属材料(如钢)制成,受其耐压性限制,早期钢瓶的储存压力为 12～15 MPa,氢气质量密度低于 1.6%(质量分数)。通过增加储罐厚度,能一定程度地提高储氢压力,但会导致储罐容积降低,例如 70 MPa 时的最大容积仅 300 L,氢气质量较低。储罐多采用高强度无缝钢管旋压收口而成,随着材料强度提高,对氢脆的敏感性将增强,失效的风险有所增加。

2)金属内衬纤维缠绕储罐

金属内衬纤维缠绕储罐是利用不锈钢或铝合金制成金属内衬,用于密封氢气,利用纤维增强层作为承压层,储氢压力可达 40 MPa。由于不用承压,金属内衬的厚度较薄,大大降低了储罐质量。常用的纤维增强层材料有高强度玻纤、碳纤、凯夫拉纤维等,缠绕方案主要依据层板理论与网格理论。由于金属内衬纤维缠绕储罐成本相对较低,储氢质量密度相对较大,也常被用作大容积的氢气储罐。

3)全复合轻质纤维缠绕储罐

全复合轻质纤维缠绕储罐的筒体一般包括 3 层:塑料内胆、纤维增强层、保护层。全复合轻质纤维缠绕储罐的质量更低,约为相同储量钢瓶的 50%,储存压力高达 70 MPa,氢气质量密度约为 5.7%,其在车载氢气储存系统中有较大竞争力。为了将储罐进一步轻质化,提出了一些缠绕方法,如强化筒部的环向缠绕、强化边缘的高角度螺旋缠绕和强化底部的低角度螺旋缠绕,能减少缠绕圈数,减少 40%纤维用量。

**2. 不同类型的高压储氢罐**

根据储氢罐罐体材料与结构的不同,将高压储氢气罐分为四种:Ⅰ型、Ⅱ型、Ⅲ型及Ⅳ型。

Ⅰ型储罐由钢制成;Ⅱ型储罐采用钢材为内胆,外层缠绕玻璃纤维复合材料;Ⅲ型储罐则是铝制内胆,内胆外缠绕碳纤维复合材料;Ⅳ型储罐则是以塑料为内胆,内胆外缠绕碳纤维复合材料。在国外,生产商不同,Ⅳ型储氢罐内胆材质也存在差异,如美国 Quantum 公司、Lincoln Composites 等公司的内胆选择了高密度聚乙烯,而法国 Ullit 公司的内胆则选择PA6(尼龙 6)。Quantum 公司采用了碳纤维环氧树脂复合材料为外层,高分子聚合物为内胆的结构。

无论是 35 MPa,或是 70 MPa,总体而言Ⅲ型高压储氢罐的成本都要略高于Ⅳ型,其主要原因在于Ⅲ型储罐采用大量金属铝材料,与之相比,Ⅳ型储罐采用的高分子聚合物价格较低,而且聚合物用量也较少。

1)全复合轻质纤维缠绕储罐(Ⅳ型储罐)

为了进一步降低储罐质量,人们利用具有一定刚度的塑料代替金属,制成了全复合轻质纤维缠绕(Ⅳ型)储罐。这类储罐的筒体一般包括 3 层:塑料内胆、纤维增强层和保护层。塑料内胆不仅能保持储罐的形态,还能兼作纤维缠绕的模具,同时,塑料内胆的冲击韧性优于金属内胆,且具有优良的气密性、耐腐蚀性、耐高温和高强度、高韧性等特点。

由于全复合轻质纤维缠绕储罐的质量更低(约为相同储量钢瓶的 50%),因此,其在车载氢气储存系统中的有较大竞争力。日本丰田公司新推出的碳纤维复合材料新型轻质耐压储氢容器就是全复合轻质纤维缠绕储罐,储存压力高达 70 MPa,储氢质量密度约为 5.7%(质量分数),容积为 122.4 L,储氢总量为 5 kg。

2)碳纤维复合材料Ⅳ型储氢罐

碳纤维复合材料的使用可使储氢罐质量大大低于所有金属压力容器的质量,但是,由于Ⅳ型储氢罐中高成本碳纤维复合材料应用,也相应增加了其生产成本。

从储氢质量均为 5.6 kg 的 35 MPa、70 MPa 高压储氢Ⅳ型罐成本组成来看,主要成本贡献者是碳纤维复合材料,碳纤维复合材料成本分别占系统总成本的 75% 和 78%。相比较 35 MPa 压力Ⅳ型罐总成本 2900 美元,压力增至 70 MPa 时,相应成本提高到 3500 美元,成本增加 21%。其主要原因在于,随着压力增加,碳纤维复合材料应用比例大幅提升。以 35 MPa、70 MPa 高压储氢Ⅳ型罐质量分布看,由于Ⅳ型罐中碳纤维复合材料为承载压力的主要材料,因此随着 70 MPa 压力Ⅳ型罐中承载压力提升,其碳纤维复合材料质量占比达到 62%,较之 35 MPa 时的 53% 有明显提升。

目前各国均大力开发全复合轻质纤维缠绕储罐,然而,真正实现商业化的国家仅日本和挪威。总的来说,全复合轻质纤维缠绕储罐在经济和效率方面均优于金属储罐与金属内衬纤维缠绕储罐,然而其在研发与商业化过程中,还主要面临以下技术问题:如何避免高压条件下氢气易从塑料内胆渗透;塑料内胆与金属接口的连接、密闭问题;如何进一步提高储氢罐的储氢压力、储氢密度;如何进一步降低储罐质量。

## 9.3　极具发展前途:低温液态储氢

低温液态储氢先将氢气液化,然后储存在低温绝热容器中。液氢密度为 70.78 kg/m³,是标况下氢气密度(0.08342 kg/m³)的 850 倍,单从储氢密度角度考虑,低温液态储氢是一种十分理想的方式。但由于液氢的沸点(20.37 K)极低,与环境温差极大,对容器的绝热要求很高,且液化过程耗能极大,因此只有对于大量、远距离的储运,采用低温液态的方式才可能体现出优势。

对于物理储氢方式来说,低温液态储氢技术具有单位质量和单位体积储氢密度大的绝对优势,但目前储存成本过高,主要体现在液化过程耗能大,以及对储氢容器的绝热性能要求极高两个方面,目前低温液态储氢技术多用于航天领域,但也越来越有向民用发展的趋势。

低温液态储氢技术主要包括低温绝热技术与低温储罐设计。

### 9.3.1　低温液态储氢的绝热方式

低温绝热技术是低温工程中的一项重要技术,也是实现低温液体储存的核心技术手段。按照是否有外界主动提供能量,可将低温液态储氢分为被动绝热和主动绝热两大类。

被动绝热技术已广泛运用于各种低温设备中;而主动绝热技术由于需外界的能量输入,虽能达到更好的绝热效果,甚至做到零蒸发(Zero Boil-Off,ZBO)存储,但也势必带来一些问题,如因需要其他的附加设备而增加整套装置的体积与质量,制冷机效率低、能耗大、成本高、经济性差等。

#### 1)被动绝热技术

被动绝热技术不依靠外界能量输入来实现热量的转移,而是通过物理结构设计,来减少热量的漏入从而减少冷损。一种重要的设计思路是通过增加热阻来减少漏热,如传统的堆积绝热、真空绝热等。此外,一种新型的变密度多层绝热技术(Variable Density Multilayer Insulation,VD-MLI),也是以类似的基本思路来减少漏热。

2) 主动绝热技术

主动绝热技术是以耗能为代价来主动实现热量转移,常见的手段是采用制冷机来主动提供冷量,与外界的漏热平衡,从而达到更高水平的绝热效果。主动绝热技术常用在一些闪蒸气(Boil-Off Gas,BOG)再液化流程中,如液化天然气船的再液化流程及核磁共振仪中液氦的再液化等。在航天领域,主动绝热技术常用来提供低温液体推进剂的零蒸发储存,即在被动绝热基础上,通过制冷机主动耗能提供冷量来进行热量转移,实现低温液体零蒸发。此技术最早由 NASA 在 20 世纪末,为实现火星探测需低温推进剂长期在轨储存提出。目前这项技术在地面上已能实现液氧及液氢的 ZBO 储存,但在空间中受限于低温制冷机的效率问题,液氢在轨 ZBO 还没取得突破,但也能大大减少其蒸发量。

### 9.3.2 低温罐体的设计

#### 1. 低温罐体结构的设计

一般认为储罐漏热量与容器的比表面积成正比,常见的储罐外形有球形和柱形两类。低温储罐的日蒸发率一般随着储罐的尺寸增大而减小,对于同规模的储罐,球形容器的日蒸发率最小。

由几何学可知,球体比表面积最小,同时也具有应力分布均匀、机械强度好等优点,但大尺寸的球形储罐造价昂贵,制造难度大。相对而言,柱形储罐比表面积稍大,相比于球形储罐,漏热量与日蒸发率也相应较大。柱形储罐通常作为公路或铁路车辆运输容器,对容器的高度、宽度有严格要求。

支撑结构主要指内胆和外壳之间的支撑,这部分结构是主要的漏热途径,该部分的导热漏热量往往超过总漏热量的 30%。设计时应选用导热系数低的材料,尽量减少支撑截面面积、增大支撑有效绝热长度,以尽可能减少漏热。

#### 2. 低温罐体材料性能要求

低温下,工程材料的物理及力学性能与常温下有很大差别,其在低温环境(≤120 K)中表现出来的特有性质对低温储罐的设计选材至关重要,对保障系统可靠性、减少事故发生等方面具有重要意义。低温下主要关注的材料性能如下所示。

(1)**极限强度与屈服强度**:随着温度降低,材料原子振动减弱,需更大的力才能将位错从合金中分开,因此材料的极限强度和屈服强度将增大。

(2)**疲劳强度和持久极限**:疲劳现象的产生是由于裂纹的产生和扩大。温度降低时,需更大的应力才能使裂纹扩大,因此材料的疲劳强度和持久极限将增大。

(3)**冲击强度**:抗冲击性的好坏主要取决于材料的晶体结构。面心立方晶格在低温下抗冲击性较好,体心立方晶格较差。碳钢在低温下冲击强度急剧下降,而玻璃钢材料在低温下冲击强度会提高。

(4)**硬度和延展性**:与极限强度一样,温度降低,金属材料硬度将增大。对无低温塑-脆性转变现象的材料,延展性随温度下降而上升。有低温塑-脆性转变的材料,延展性在低温下会急剧下降,不能应用于低温环境。

(5)**弹性模量**:弹性模量是原子和分子间作用力的体现,因此当温度下降时,弹性模量增大。

### 9.3.3 低温液态储氢目前存在的主要问题

低温液态储氢发展目前还面临一些关键技术问题需要突破。

(1)**低温制冷机的效率问题还需进一步突破**,特别是航天领域的 20 K 或更低温区小型低温制冷机效率较低,且需考虑散热、能耗、质量及振动等问题。

(2)**储罐自增压与热分层机理与模型有待进一步完善**。自增压与热分层是低温储罐中的重要现象,直接影响到储罐的热力学性能。针对两者机理与模型的研究很多,对于自增压使用较为广泛的模型主要是多区域模型;目前,对于热分层使用较为广泛的模型是 Daigle M. T. 等提出的简化热力学模型,使用了集总参数法。此外,针对储罐的自增压与热分层现象还有一些 CFD 研究,但目前的理论模型与实验结果符合程度有限,且泛用性不高,还有待进一步研究。

(3)**空间复杂的微重力传热问题尚待进一步研究**。在航天领域,还需考虑空间中复杂的微重力传热问题。目前微重力传热理论还不完善,且缺少在微重力环境下的传热研究数据,实验难度大。

## 9.4 未来的希望:材料固态储氢

材料固态储氢方法是通过氢与材料发生化学反应或物理吸附将氢储存于储氢材料中,具有体积储氢密度高、储氢压力低、安全性高、成本低、能耗低、氢气纯度高、运输方便等优点。缺点是传统储氢合金的储氢质量密度低,且密度高、质量轻的氢化物工作温度高、充放氢速度慢。

储氢材料种类繁多,按材料分主要可分为金属氢化物、非金属氢化物和金属有机骨架。金属氢化物和非金属氢化物属于化学储氢材料,金属有机骨架属于物理储氢材料。国外的储氢技术已经进入商业化阶段,欧盟研制出储氢量达 1 t 的储氢容器,储氢材料是其核心技术。不同储氢材料的特点如表 9 - 1 所示

表 9 - 1 不同储氢材料的特点

| 储氢材料 | 特点 |
| --- | --- |
| 金属氢化物 | 体系可逆,多含重金属元素,种类多样,复杂金属储氢容量高 |
| 非金属氢化物 | 储氢容量高,温度适宜,体系不可逆 |
| 金属有机骨架 | 体系可逆,操作温度低 |

### 9.4.1　基于物理吸附的储氢材料

物理吸附储氢材料主要依靠高比表面积的多孔材料通过范德瓦耳斯力的作用进行氢气的吸附,具有吸附热低、活化能小、吸放氢速度快、储存方式简单等优点。用这种材料储氢时,氢分子一般会吸附在多孔材料的孔道的表面,材料的比表面积越大,其储氢量也越大。物理吸附储氢材料包括碳质储氢材料、金属有机骨架储氢材料、无机多孔储氢材料和微孔高分子储氢材料。

**1. 碳质储氢材料**

碳质储氢材料具有很强的气体吸附能力,一般通过改进合成方法改变碳基材料的组成、孔大小、比表面积与形状等,可以提高氢气的吸附量。碳质储氢材料包括活性炭(AC)、石墨纳米纤维(GNF)、碳纳米管(CNT)和碳纳米纤维(CNF)。

活性炭(Actived Carbon,AC)又称碳分子筛,它具有吸附容量大、循环寿命长、储氢密度高、成本价格低等优点。活性炭储氢是利用其非常高的比表面积在中低温(77~273 K)、中高压(1~10 MPa)的条件下以吸附方式储氢。氢气的吸附量与碳材料的比表面积呈正比,比表面积越大,吸附量越高;储氢量也与温度和压力密切相关,温度越高、压力越小,储氢量越少。

石墨纳米纤维(Graphite Nano Fiber,GNF)是由含碳化合物经金属催化剂分解后一层层沉淀再堆积在一起的石墨材料。研究表明,改变石墨纳米纤维的形状可以改变储氢容量。由于石墨纳米纤维结构特征及复合特性的特殊性,其在储氢领域的发展前景很广阔。

碳纳米管(Carbon Nano Tube,CNT)是一种具有微孔结构的特殊材料,其内部的窄孔道可以吸附气体。其具有纳米尺度中空孔道、高活性等特性,是一种非常好的储氢材料。

碳纳米纤维(Carbon Nano Fiber,CNF)主要是通过裂解乙烯的方法(需用 Cu、Ni 等一些金属作为催化剂)产生。材料表面是分子级的细孔,比表面积很大,表面能吸附大量的氢气,且便于氢气进入碳纳米纤维,因此储氢密度较高。

**2. 金属有机骨架储氢材料**

金属有机骨架化合物(MOFs)是由金属离子通过刚性有机配体配位连接而形成的 3D 骨架结构。该材料具有很多优异的特性,如结构可设计、材料密度低、比表面积与孔体积大、空间规整度高等。近 10 年 MOFs 才被用作新型储氢材料,与最初的 MOFs 相比,用作储氢材料的 MOFs 的比表面积更大。目前,MOFs 材料的储氢性能与储氢机理、结构的关系,以及影响机理等仍有待研究,常温常压下 MOFs 材料的储氢性能有待提高,这些问题大大影响了 MOFs 材料在储氢领域的实际应用及未来发展。

共价有机骨架化合物(Covalent Organic Frameworks,COFs)储氢材料是近年来新开发的一种在储氢领域应用前景较广阔的多孔材料,优点为比表面积高、密度低、结构可调控性强以及热稳定性高等。研究表明,COFs 对氢气的吸附无论在低压范围、高压范围、低温范围、高温范围内都是一个可逆的物理过程,COFs 的储氢性能都比较理想。不过对 COFs 的研究工作目前还欠缺实际的实验数据,仅仅处于计算机模拟阶段,对 COFs 的储氢机理的研究也有待完善,常温下的储氢性能亦有待提高。

### 3. 无机多孔储氢材料

无机多孔材料指在结构上具有纳米孔道的多孔材料,代表材料为沸石、海泡石等。沸石有着规整的孔道结构、同分子一样大小的孔径尺寸、可观的内表面积与微孔体积,因而拥有许多特殊的性能,其储氢质量密度一般在 3%(质量分数。若无特殊说明,以下储氢密度的百分数均为质量分数)以下。但因为沸石材料本身的单位质量比较大,且需要在温度较低的环境下使用等一些原因,所以它在储氢应用方面存在不足。

### 4. 微孔高分子储氢材料

微孔高分子材料是指由刚性和非线性的有机单体组装而成的具有微孔结构的网状高分子材料。对于储氢材料的实际应用而言,如果可以合成出一种完全由 C、H、O、N 等比较轻的元素构成、且具有微孔结构的新型材料,那么这种新合成的材料就有可能表现出比 MOFs 材料更加优异的储氢性能。微孔高分子材料的储氢密度可达 3.04%,其孔道结构都是无规则排布的,材料本身也具有无定形的特点,加之其稳定的化学性质与较高的热力学性能,在未来会有更大的发展前景。

### 9.4.2　基于化学反应的储氢材料

基于化学反应的储氢材料可根据释氢方式分为热解和水解释氢两种。

### 1. 热解释氢储氢材料

热解储释氢技术是利用储氢介质在一定条件下与氢气反应生成稳定的化合物,再通过加热实现释氢的技术,热解释氢储氢材料主要包括金属基储氢合金材料与无机非金属储氢材料。

**金属基储氢合金材料**一般在最开始时不具备储释氢的性能,需要在高温高压的氢气环境中进行多次减压抽真空循环实现储氢,单位体积内的储氢质量密度是气态储氢材料的 1000 倍,且安全、储氢量大、无污染、工艺成熟。金属基储氢合金材料主要包括稀土储氢材料、钙系合金储氢材料、镁基合金储氢材料、钛系合金储氢材料、钒基合金储氢材料等。

**无机非金属储氢材料**是氢元素与金属/非金属等化合形成的无机非金属储氢材料,其储氢密度有的可高达 19%(质量分数),主要包括金属氢化物(单质金属氢化物、配位铝复合氢化物、金属氮氢化物、金属硼氢化物)和非金属氢化物。

这里介绍一些典型的热解释氢储氢材料。

(1)稀土储氢材料。荷兰某实验室在研究永磁材料 $SmCo_5$ 时首先发现了 $AB_5$ 型 $LaNi_5$ 稀土储氢材料,其稳定氢化物为 $LaNi_5H_6$,储氢密度为 1.38%。$LaNi_5$ 储氢合金材料在常温下储释氢速度快、平衡压差小、初期易活化、抗毒化性能好、平衡压适中及滞后小,然而其储释氢的容量低,且储氢后的氢化物体积膨胀 23.5%,易导致粉化现象。

(2)**钙系合金储氢材料**。在稀土储氢材料 $LaNi_5$ 的基础上研制出一种钙系合金储氢材料 CaNi$_5$,是 Ca-Ni-M 体系储氢合金的代表。CaNi$_5$ 的储氢量达到 1.9%,比 LaNi$_5$ 提高了大约 0.5%。但 CaNi$_5$ 材料在储释氢循环过程中的循环寿命与稳定性极差,因此业界对 CaNi$_5$ 基材料的关注度不高。在 CaNi$_5$ 基材料的基础上,又研发出 Ca-Mg-Ni 体系储氢合金,代表材料为 Ca$_3$Mg$_2$Ni$_{13}$,其在储释氢过程中体现出良好的动力学性能,但热力学性能不是很好。

(3)**镁基合金储氢材料**。Mg-Ni 体系合金是镁基合金储氢材料的代表,主要指储氢密度为 3.62% 的 Mg$_2$Ni 合金。Mg$_2$Ni 在常温常压下难以发生储氢反应,其储氢温度大约为 250℃,而释氢温度则为 300℃。由于 Mg 在制备中会持续挥发,纯净的 Mg$_2$Ni 化合物很难被合成。此外,镁基合金储氢材料还包括 Mg-Co 体系和 Mg-Fe-H 体系等。以氢化物 Mg$_2$CoH$_5$ 为例,其储氢密度为 4.5%,但该材料需要在十分苛刻的条件下才能储释氢;又如 Mg$_2$FeH$_6$ 的储氢密度为 5.4%,其制备过程极其困难。

(4)**钛系合金储氢材料**。钛系合金储氢材料主要包括 Ti-Fe 系、Ti-Co 系、Ti-Mn 系和 Ti-Cr 系合金材料。TiFe 合金的理论储氢密度为 1.86%,具有价格成本低、制备方便、资源丰富、可在常温下循环地储释氢且反应速度快等众多优点,然而,TiFe 合金的活化需要较高的温度与压强,且抗气体毒化能力很差,在储释氢过程中还伴随有滞后现象。与 TiFe 合金的储氢密度相似的 Ti-Co 系合金则更易被活化,且抗毒化性也大大提高,但释氢温度要比 Ti-Fe 系合金高。Ti-Mn 系合金材料储氢密度达到 2%,且容易活化、抗毒化性能好、价格适中,在常温下也具有很好的储释氢性能。Ti-Cr 系合金材料可在较低的温度下进行储释氢循环实验,为该材料在室温下的实际应用提供了极大的可能。深圳佳华利道新技术开发有限公司研制出低压(5 MPa)合金储氢燃料电池系统,系统储氢容量为 16 kg,系统总体积为 786 L,公交车单次充氢续航里程超过 370 km,百公里耗氢量不超过 4.5 kg,与该公交车配套的低压加氢站无需加压、储存环节,可直接用长管拖车对车辆加氢,5 min 内的加氢量可达 8.15 kg。

(5)**钒基合金储氢材料**。钒基合金储氢材料主要为钒基固溶体合金,包括 V-Ti-Fe、V-Ti-Cr、V-Ti-Ni、V-Ti-Mn 等。钒基固溶体合金的储氢密度大、平衡压适中、可在室温下实现储释氢等,是当下最为热门的一种储氢材料。V-Ti-Fe 体系合金的可逆储氢密度大,但由于 V 价格昂贵,不适于投入产业化应用。V-Ti-Cr 体系合金的储氢密度约为 3%,当 Ti/Cr 的比值为 0.75 时,该材料拥有最大的储氢量与可逆的储释氢量。V-Ti-Cr 体系合金的抗粉化性强、储氢性能好,适合用于循环储释氢,但其储释氢过程也伴有滞后现象。V-Ti-Ni 体系合金是具有特殊双相结构的储氢材料,一般用作电池储氢合金,其主相为 VTi,可大量储释氢,第二相为 TiNi 合金,可参与电化学反应。

(6)**单质金属氢化物储氢材料**。金属氢化物具有储氢体系可逆、多含重金属元素、种类多样等特点。

以 MgH$_2$ 储氢材料为例,其原料镁的质量轻、价格更具经济性,储氢密度可达 7.6%,是大型储运氢系统的重要材料。目前,国内以镁格氢动能源技术有限公司为代表的企业已经研发出商业化应用的储氢系统,该系统可在 1.4 MPa 压强与可控温的条件下实现可逆储释氢和材料的可逆循环使用,其储释氢循环测试已达到 3500 次,储氢密度达到了 6.5%(55 g/L),且储运氢整体的氢质量分数达到 4%(15 MPa 高压储氢的储氢量尚不到储氢瓶质量的 3%)。

北京有研工程技术研究院有限公司研制出了基于金属氢化物的静态氢压机,可用于车载 35 MPa 氢罐加氢。不同于机械氢压缩,该技术是利用储氢材料在低温时储氢压力低、高温时释氢压力高的特性对氢气进行增压,具有无运动部件、可靠性高、氢气品质高等特点,运行能耗和维修成本亦可大幅下降。有研工程技术研究院利用该技术将储氢材料与高压氢罐复合,系统总储氢量为 288.5 m³(标准状态),比纯高压罐体提高了 74.8%;系统 35 MPa 的释氢量为 172 m³(标准状态),而纯高压罐 35 MPa 的释氢量仅为 32.4 m³,该混合罐的释氢量是纯高压罐的 5.3 倍;系统的释氢速率为 10.17~15.09 m³/min,满足加氢速率要求。

(7)**配位铝复合氢化物储氢材料**。配位铝氢化物的表达通式为 M(AlH₄)ₙ,其中 M 为 Li、Na、K、Mg、Ca 等。NaAlH₄ 与 Na₃AlH₆ 是配位铝氢化物的代表。NaAlH₄ 的储氢密度为 7.4%,释氢过程分多步进行,释氢温度约为 210℃,储氢温度约为 270℃。添加少量的 Ti 催化剂可将 NaAlH₄ 的储释氢温度显著降低至 150 ℃左右。但 NaAlH₄ 释氢后的产物不易进行再氢化,储氢可逆性较差,暂时无法得到全面应用。

(8)**金属氮氢化物储氢材料**。金属氮氢化物的表达通式为 M(NH₂)ₙ,其中 M 为 Li、Na、K、Mg、Ca 等,LiNH₂/LiH、Mg(NH₂)₂/LiH、LiNH₂/LiBH₄ 体系等是金属氮氢化物储氢材料的代表。LiNH₂/LiH 的释氢温度在 150℃以上,科学家们认为 LiNH₂/LiH 体系有两种释氢机理:一是 LiNH₂/LiH 之间的协同作用机制;二是氨气充当媒介机制。Mg(NH₂)₂/LiH 体系的释氢温度较低,释氢密度可达 9.1%,通过调节 Mg(NH₂)₂ 与 LiH 的成分占比可改变其反应过程。当 LiNH₂ 与 LiBH₄ 的摩尔比为 2∶1 时,LiNH₂/LiBH₄ 的理论储氢密度可高达 11.9%,但其储释氢温度高、速度慢,无法满足实际应用的需求。

(9)**金属硼氢化物储氢材料**。金属硼氢化物的表达通式为(Mₙ＋(BH₄)ₘ),M 为 Li、Na、K、Mg 等。它是由金属氢化物与乙醚反应得到的,这类材料的理论储氢密度基本都高于 10%。LiBH₄ 和 Mg(BH₄)₂ 是金属硼氢化物储氢材料的代表。LiBH₄ 的理论储氢密度可达 18.5%,释氢过程为多步反应,其分解至少包括两步吸热分解过程。Mg(BH₄)₂ 的储氢密度为 14.9%,具有较好的热稳定性,在室温下可以满足质子交换膜燃料电池的使用要求。在 400℃和 95 MPa 氢压条件下,将 MgB₂ 长时间放置在氢气氛围中,可直接生成 Mg(BH₄)₂。由于金属硼氢化物 B—H 之间的强键合作用和较高的取向性,其在储释氢反应时会面临一些热力学与动力学问题。

(10)**非金属氢化物储氢材料**。以氨硼烷(NH₃BH₃)为代表的非金属氢化物具有超高的理论储氢密度(19.6%),且释氢速度快、释氢温度低、热稳定性好,是目前极具发展前景的储氢材料。但 NH₃BH₃ 在释氢过程中会产生环状杂质,使燃料电池的质子交换膜中毒。通过掺杂一些碱金属元素得到的混合碱金属硼烷氨可以提高释氢量,但是也产生了较多的副产物,其中一些副产物有剧毒。因此,当前研究工作主要集中在降低释氢温度、提高释氢速度及抑制杂质的产生。对硼烷氨的释氢产物进行再生利用是非常有必要的,其过程由消解、还原、氨化三步组成,经过这三步后的产物将重新变成 $NH_3BH_3$,再生率一般为 60%。目前非金属氢化物储氢材料尚处于研究阶段。

典型高容量热解储氢材料的储氢密度及优缺点如表 9-2 所示。可见,储氢密度高的材料普遍存在氢气纯度低、可逆性差且释氢温度高等问题,其实际释氢量远远低于理论释氢量。以可逆性较好、氢气纯度较高的 $MgH_2$ 储氢材料为例,其释氢温度常常达到 300 ℃以上,而采用合金化等方式改善其释氢热力学、动力学的同时,也往往降低了其储氢密度,限制了储氢材料的高效利用。

表 9-2　典型高容量储氢材料热解性能对比(按理论储氢质量密度排序)

| 材料 | 类型 | 理论储氢质量密度/% | 性能评价 | |
|---|---|---|---|---|
| | | | 优点 | 缺点 |
| $LiBH_4$ | 可逆 | 18.5 | 理论质量密度高,600 ℃释氢13.6% | 可逆性差(600 ℃、15~35 MPa),产生有害副产物 |
| $Mg(BH_4)_2$ | 可逆 | 14.8 | 理论质量密度高 | 释氢温度高(熔融态300~500 ℃),可逆性差,产生有害副产物 |
| $NaAlH_4$ | 可逆 | 7.4 | 可用质量密度5.6% | 多步反应,动力学缓慢,可逆性差 |
| $2LiBH_4-MgH_2$ | 可逆 | 14.4 | 较高的可逆储氢质量密度(11.4%) | 储氢反应条件(350 ℃、10 MPa)有待进一步改善 |
| $LiNH_2-2LiH$ | 可逆 | 10.4 | 高储氢质量密度 | 多步反应,动力学缓慢,可逆性差 |
| $MgH_2$ | 可逆 | 7.6 | 较高的可逆储氢质量密度,产物清洁 | 热力学稳定,反应温度较高,动力学缓慢 |
| $NH_4B_3H_8$ | 不可逆 | 20.7 | 160 ℃释氢10% | 产生挥发性副产物 |
| $NH_3BH_3$ | 不可逆 | 19.6 | 150 ℃释氢13% | 释氢诱导期较长、有杂质气体副产物 |
| $N_2H_3(BH_3)_3$ | 不可逆 | 16.9 | 150 ℃释氢10% | 快速加热和 160 ℃以上会爆炸分解 |
| $N_2H_4BH_3$ | 不可逆 | 15.4 | 140 ℃释氢6.5% | 产生大量肼 |
| $LiNH_2BH_3$ | 不可逆 | 13.7 | 92 ℃释氢10.9% | 释氢速率慢 |

**2. 水解释氢储氢材料**

固态水解储氢材料是指与水反应产生高纯氢气的材料,得到的氢气可以直接作为氢燃料电池的氢源。水解释氢是一种可移动制氢技术。

与高压及低温液态储氢相比,水解释氢技术不受高压、特定温度等技术条件的约束,因此采用水解释氢作为氢源的释氢装置具有结构简单、便携等优点。与储氢材料热解释氢相比,储氢材料水解释氢操作简单、制取方便、反应所需条件更为温和,并且水解释氢在释放氢气的同时,会混杂少量水蒸气,可以替代很多燃料电池技术中的加湿环节。但是,水解释氢技术目前在安全可控性、制氢效率等方面尚存在一些亟待解决的问题,也正是这些问题制约了水解释氢技术的发展。在实际应用中需综合考虑反应效率、反应可控性、安全性及生产成本等因素。

可用于水解释氢的原材料来源广泛,目前研究比较多的主要可以分为两大类:活泼金属水解储氢材料和氢化物水解储氢材料。

1)活泼金属水解储氢材料

碱金属如 Li、Na、K 属于元素周期表中第ⅠA 族元素,因为最外层电子较少,容易失去电子,因此拥有很好的还原性,极容易与水反应还原出 $H_2$。但是,作为释氢技术中一个重要指标,释氢的可控性必须要加以考虑。碱金属接触水即发生爆炸式反应,瞬间释放大量氢气和热量,反应不可控,极易造成危险。一些碱金属价格高昂,经济性较差,因此虽然其是很活泼的制氢源,在实际应用中仍有诸多问题需要解决。

另一些活泼金属,如 Mg、Al 等,因为在地球上储量丰富,且储氢量高,在常温常压下即可与水发生水解反应,反应条件温和,副产物对环境友好,受到了广泛的关注和研究,目前研究的主要有 Mg 基和 Al 基两个体系。由于随着反应的进行,Mg、Al 会在反应物表面形成致密的氢氧化物钝化层,阻碍反应的进一步进行,同时因为铝循环的能源效率问题,也使得铝基材料 $Al/H_2O$ 制氢的商业化受到限制。目前已有大量研究针对提高 Mg、Al 水解释氢动力学展开,研究表明,在 1 mol/L KCl 溶液条件下,$Cl^-$ 可取代 $OH^-$ 与 $Mg^{2+}$ 结合,形成 $MgCl_2$,从而在 $Mg(OH)_2$ 钝化层表面形成点状腐蚀,破坏钝化层的致密性,加速水解反应的进行。对这些金属进行合金化,如将 Mg – Al 合金球磨 0~4 h,并在 Bi/Co 的催化下与海水进行水解反应,获得了很好的水解动力学。利用 Mg 对杂质的敏感性,在纯镁中加入一定量的其他元素如 Ni,能与 Mg 形成原电池,从而加速 Mg 的腐蚀。总之,通过对金属合金进行改性以及改变水溶液成分等方法,可以有效改善这一类活泼金属水解动力学受阻等问题。

2)氢化物水解储氢材料

金属氢化物水解制氢,大致可分为三大类:配位型氢化物,如 $LiAlH_4$、$NaBH_4$、$LiBH_4$ 等ⅢA 族元素形成的氢化物;离子型氢化物,如 LiH、NaH、KH、$CaH_2$ 等ⅠA 和ⅡA 族金属氢化物;过渡型(金属型)氢化物,如 $BeH_2$、$MgH_2$ 等。这些金属氢化物大多可在一定条件下与水溶液发生简单的水解反应从而制取氢气。典型高容量金属氢化物水解储氢材料的优缺点如表9 – 3 所示。

表 9 - 3　金属氢化物水解释氢性能对比

| 材料 | 理论储氢质量密度/% | | 性能评价 | |
|---|---|---|---|---|
| | | | 优点 | 缺点 |
| LiAlH$_4$ | 计水 | 10.8 | 反应生成氢气纯度高,除水外无其他杂质成分 | 反应速度过快,释氢不可控 |
| | 不计水 | 21.0 | | |
| NaAlH$_4$ | 计水 | 8.9 | | 反应速度过快,释氢不可控 |
| | 不计水 | 14.8 | | |
| LiBH$_4$ | 计水 | 8.5 | | 释氢慢,且随反应进程的推进进一步受到抑制 |
| | 不计水 | 36.7 | | |
| NaBH$_4$ | 计水 | 7.3 | | 释氢慢,且随反应进程的推进进一步受到抑制 |
| | 不计水 | 21.1 | | |
| AlH$_3$ | 计水 | 7.1 | | 不稳定,表面形成钝化层,抑制可持续释氢过程,反应需加热 |

(1)**NaBH$_4$**。NaBH$_4$ 是目前研究较多的水解释氢材料,其水解反应释氢速率可通过添加催化剂和控制剂,或者控制反应物与催化剂接触面积来调整,具有储氢量高、氢纯度高、反应可控、安全无污染等优点。2000 年,美国千年电池公司以 NaBH$_4$ 催化水解作为燃料电池氢源,设计制造出供氢装置,并应用于戴姆勒-克莱斯勒燃料电池汽车("钠"概念车),福特越野车、维多利亚皇冠轿车,以及标致-雪铁龙汽车。对 NaBH$_4$ 水解释氢反应的大量研究表明,pH 值是影响 NaBH$_4$ 水解反应的主要因素,产氢速度随着反应体系 pH 值的升高而降低,动力学性能较差,使用 Rh、Ru、Pt、Co 等贵金属作为催化剂,可以改善反应动力学,使反应完全进行。但是,NaBH$_4$ 离广泛的工业化应用还存在一些问题,主要是其生产成本高昂,如 NaBH$_4$ 生产制备的副产物 NaBO$_2$ 的回收利用工艺存在技术障碍,生产工艺中所用催化剂多为 Ru、Pt 等贵金属,增加了成本。

(2)**MgH$_2$、AlH$_3$**。MgH$_2$、AlH$_3$ 是常见的水解储氢材料,水解时会在表面形成主要成分为 Mg(OH)$_2$、Al(OH)$_3$ 的钝化层,从而阻止进一步反应,需要添加其他金属纳米颗粒或者在水中添加其他调整 pH 值的材料来促使反应的进行,这些处理过程会进一步降低其储氢质量密度。

(3)**LiH、NaH、LiAlH$_4$**。LiH、NaH、LiAlH$_4$ 等是一类高活性水解储氢材料,由于反应活性太高,与水剧烈反应放出大量的热,存在放氢速率过快、不可控等问题。为了解决这些问题,一些研究者采用了不同的方法,如在反应物表面包覆一层有机树脂,或者采用水蒸气水解,都可有效降低反应放热,控制反应速率。但是,采用这些方法需要对释氢装置进行改进,会增加释氢成本。西安交通大学的研究者通过在这类高活性储氢材料不同组分界面构建石墨烯界面纳米阀结构,利用界面纳米阀间隙调控储氢材料不同组分之间的传质过程,进而实现固态储氢材料释氢的非催化动力学调控。石墨烯界面纳米阀结构还可把活性材料与外部环境隔离开来,防止空气中的水蒸气和氧气与活性储氢材料直接接触从而发生反应,提高了储运安全性。将经过处理的活性储氢材料置于液体环境中时,石墨烯与石墨烯之间的层间结构缓慢打开,实现储氢材料在不同条件下的释氢。该固态储氢材料可实现在 100 ℃以下可控稳定释氢,甚至 −40 ℃启动释氢,可以在不同氢气压强下释氢以适配质子膜燃料电池的工作压强,同时由于释氢纯度高,可大大提高燃料电池的寿命,并实现材料的安全储运和可在空气中开放操作。

### 3. 有机液态氢化物储氢材料

有机液态氢化物储氢技术是借助某些烯烃、炔烃或芳香烃等储氢材料和氢气的可逆反应来实现储氢和释氢的。研究发现,不饱和芳烃与对应氢化物等有机物可以在不破坏碳环主体结构的情况下储氢和释氢,即在 C—H 键断裂的同时不影响 C—C 骨架的结构,这是结构非敏感的反应,而且反应是可逆的。目前研究者们正在通过化学键合的加氢反应实现氢的储存,通过 C—H 键断裂的释氢反应实现氢的释放,通过进一步提高其释氢转化率和选择性以达到循环利用储氢介质的目的,进而实现氢能在液态有机物质中的循环存储。

1) 特点

有机液态氢化物储氢有以下特点:

(1) 催化过程可逆,反应物与产物可循环利用,储氢密度高(都在美国能源部要求指标以上)。

(2) 氢载体储存、运输和维护安全方便,储存设备简单,尤其适合于中长距离氢能输送。对于中国西部与东部地区等供求相对不平衡的地区,以有机液体形式用管道进行长途输送或有望解决能源的地区分布不均匀问题。

(3) 储氢效率高。以苯储氢构成的封闭循环系统为例,如果苯加氢反应时放出的热量可以完全回收,整个循环过程的效率可以达到 98%。

(4) 原则上可同汽油一样在常温常压下储存和运输,具有直接利用现有汽油输送方式和加油站构架的优势。

2) 性能

有机液态氢化物中作为储氢介质的环烷烃通常有甲基环己烷、环己烷、萘烷、四氢化萘、环己基苯、双环己烷、1-甲基萘烷等。

这些环烷烃 1 mol 能存储 3~6 mol 氢气,具有很高的存储能力。释氢反应所需的热量在 64~69 kJ/mol $H_2$,而氢气完全燃烧的热能为 248 kJ/mol,燃烧热能比释氢所需热能大很多,可以提供 179~184 kJ/mol 的净能量。环己烷、甲基环己烷、萘烷和四氢化萘这几种环烷烃溶沸点区间合适,而且原料易得,释氢转化效率也相对较好。表 9 - 4 比较了部分有机液态氢化物储氢介质的储氢密度以及它们的物性。相对于其他储氢方式,环烷烃在储氢密度上有较大优势,质量分数在 6%~7%,符合国际能源署规定的指标。常压下,这些环烷烃在室温下都处于液态,因此可以利用现有的石化管道、槽车等基础设施实现氢的中长途运输。从表 9-4 可以看出,这些环烷烃脱氢后所产生的芳烃常压常温下大部分也处于液态,尤其是带甲基的芳烃产物,即使在冬天气温较低情况下也处于液态。因此,作为储氢介质,其可在较宽的温度范围应用。

表 9-4 部分有机液态氢化物的储氢质量密度及其物性

| 储氢介质 | 储氢质量密度/% | 浓度/mol·L$^{-1}$ | 反应物沸点/熔点/℃ | 产物沸点/熔点/℃ |
|---|---|---|---|---|
| 环己烷/苯 | 7.2 | 27.77 | 80.7/6.5 | 80.1/5.5 |
| 甲基环己烷/甲苯 | 6.2 | 23.29 | 100.9/126.6 | 110.6/-95.0 |
| 双环乙基/联苯 | 7.3 | 32.0 | 235/3.9 | 254/70 |
| 顺式 1-甲基萘烷/1-甲基萘 | 6.6 | 29.31 | 213.2/-68 | 242/-29 |
| 反式 1-甲基萘烷/1-甲基萘 | 6.6 | 28.52 | 204.9/-68 | 242/-29 |
| 顺式-十氢化萘 | 7.3 | 32.44 | 194.6/-43 | 218/80.3 |
| 反式-十氢化萘 | 7.3 | 31.46 | 185.5/-30.4 | 218/80.3 |

目前该技术的瓶颈是如何开发高转化率、高选择性和稳定性的脱氢催化剂。同时,由于该反应是强吸热的非均相反应,受平衡限制,还需选择合适的反应模式、优化反应条件,以解决传热和传质问题。此外,还要解决此储氢技术整体过程的经济性问题,例如如何降低催化剂中贵金属用量,如何提高随车释氢的能量转换效率等问题。

3)应用

和高压储氢相比,有机液体储氢材料在常温常压下单位体积储氢更多,每升液体约储存 60 g 氢气,相较于高压储氢 35 MPa(约 19 g/L)和 70 MPa(约 39 g/L)储氢容量大幅提升,续航里程更长;可实现在常温常压下规模化安全运输,相对高压储氢,储存运输每百公里综合成本下降约 40%以上;可充分利用现有加油站等基础设施。

目前,美国、德国、日本等国家已广泛开展对新型稠杂环有机储氢材料的研究。据报道,瑞士、日本等国已于 2005 年前后开始研制有机液体储氢材料释氢反应器,以解决该技术的工程化应用问题。日本的研发是基于甲苯等传统有机材料的储氢技术,在甲基环己烷-甲苯系统中,氢化反应阶段和运输的效率很高,但释氢温度过高(>350 ℃),会产生副产物,并且释氢反应阶段的转换率和寿命问题有待解决。德国提出利用可以作为导热油使用的二苄基甲苯分子和苄基甲苯等混合体系作为新型液体储氢载体。二苄基甲苯型导热油是由甲苯加成反应生成的三倍体化合物,且苯环外连有一个甲基。其沸点为 390 ℃,具有较高耐热性和极佳的热稳定性和抗氧化性能,同时黏度低、蒸气压低,凝固点为-30 ℃,低温流动性好。二苄基甲苯释氢温度较高(大于250℃),同时需使用大量贵金属铂作为催化剂,目前文献报道的催化效率较低。

武汉氢阳能源有限公司最早在国内开展常温常压有机液体储氢技术的商业化开发与示范。目前,氢阳能源有限公司正在基于常温常压液态储运氢技术打造氢能产业链,催化储氢/释氢中试工作已结束。针对不同应用的供氢系统(匹配1~100 kW燃料电池)的工艺设计过程已经完成,并已制成1 kW、5 kW、30 kW级别供氢系统样机,商业化过程已经开始。此外,氢阳能源有限公司与江淮汽车集团股份有限公司共同研发的全球首款基于有机液体储氢供氢技术的燃料电池乘务车已完成路跑实验。

## 9.5 降服"魔童"为我所用:氢的应用前景

### 9.5.1 氢能在未来能源结构中的作用

氢能是未来能源中的重要一极,是取之不尽用之不竭的清洁能源。

氢能和电能均属于二次能源,目前电能应用广泛,已经深入到国民经济的方方面面之中,电网构架日趋成熟、电网建设日趋完善,逐步形成以特高压交流、特高压直流为引领的构架坚强的智能电网。而氢能应用仍处于起步阶段,氢能应用仍面临诸多瓶颈问题,如氢能网络尚未规划建设(能否构建氢网是未来发展的关键)、氢气储运技术尚未突破,电解水制氢成本仍很高,光催化制氢效率较低,燃料电池膜成本过高,加氢站建设布点困难,缺乏各种应用场景开发等。

氢能可以充当能量转化的媒介,如图9-2所示。可再生能源产生的电能可以通过电解水制氢的方式进行消纳,进而以氢的形式进行储存和运输,以解决可再生能源消纳、并网困难的问题;化石能源结合碳捕集、利用与封存(Carbon Capture Utilization and Storage, CCUS)技术可将传统化石燃料中的能量转化为清洁的氢能加以利用。氢能一方面可以直接以氢气的形式被利用,如和天然气混烧、燃气轮机发电等;另一方面可以供给燃料电池转化成电能,应用于热电联产(如图9-3所示)、移动装置等多种场合。

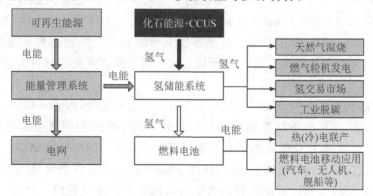

图9-2 氢能在未来能源结构中的作用

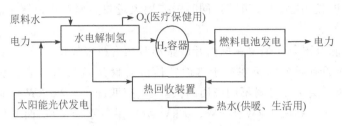

图 9-3　氢能分布式热电联产示意图

### 9.5.2　国外氢能领域发展情况

近年来,世界各国对以氢为新型能源的研究颇为重视,美国、德国、日本等国家相继将氢能产业纳入国家能源战略规划。各国政府对燃料电池应用的鼓励措施力度不断加大,氢燃料电池在热电联产系统、燃料电池车、备用电源等方面的应用持续增加。

2020 年 11 月 12 日,美国能源部(Department of Energy,DOE)发布《氢能计划发展规划》,提出未来十年及更长时期氢能研究、开发和示范的总体战略框架。该方案更新了 DOE 早在 2002 年发布的《国家氢能路线图》以及 2004 年启动的"氢能行动计划"提出的氢能战略规划,综合考虑了 DOE 多个办公室先后发布的氢能相关计划和文件,如化石燃料和碳管理办公室的氢能战略、能效和可再生能源办公室的氢能和燃料电池技术多年期研发计划、核能办公室的氢能相关计划、科学办公室的《氢经济基础研究需求》报告等,明确了氢能发展的核心技术领域、需求和挑战以及研发重点,并提出了氢能计划的主要技术经济目标。"氢能计划"设定了到 2030 年氢能发展的技术和经济指标,主要包括:①电解槽成本降至 300 美元/kW,运行寿命达到 8 万 h,系统转换效率达到 65%,工业和电力部门用氢价格降至 1 美元/kg,交通部门用氢价格降至 2 美元/kg;②早期市场中交通部门氢气输配成本降至 5 美元/kg,最终扩大的高价值产品市场中氢气输配成本降至 2 美元/kg;③车载储氢系统成本在能量密度 2.2 kW·h/kg、1.7 kW·h/L 下达到 8 美元/kW·h,便携式燃料电池电源系统储氢成本在能量密度 1 kW·h/kg、1.3 kW·h/L 下达到 0.5 美元/kW·h,储氢罐用高强度碳纤维成本达到 13 美元/kg;④用于长途重型卡车的质子交换膜燃料电池系统成本降至 80 美元/kW,运行寿命达到 2.5 万 h,用于固定式发电的固体氧化物燃料电池系统成本降至 900 美元/kW,运行寿命达到 4 万 h。

欧盟的氢能利用方案中,在制氢方面,主要通过电力转氢气(Power to Gas,PtG)技术来最大限度地解决欧洲可再生能源利用和运输问题。PtG 技术利用富余的可再生能源电解水,将电能转化为氢气,以化学能的形式实现可再生能源的利用与长期储存。电解得到的氢气可直接多样化应用于交通运输、工业或燃气发电等领域,也可将氢气混入天然气管网后进行储运,此外,还可将氢和二氧化碳转化为甲烷后再输入天然气管网。目前,全欧洲已有超过 128 个各类型 PtG 示范项目正在德国、英国、西班牙、荷兰、丹麦等国广泛开展。此外,德国计划于 2022 年建成为一座 100 MW 规模的 PtG 项目;欧洲能源宏伟计划(100 GW 北海风电枢纽计划)也将在枢纽人工岛上配建 PtG 项目,2030 年建成后将有约 10000 台风力发电机组向电解制氢装置供能。除了氢能燃料电池汽车外,欧盟正在发展将氢气混入欧洲天然气管网中形成混合气的技术。将混合气通过天然气管网直接输送至居民用户作为燃料,是欧洲氢能利用的主要发展方向之一。目前,欧洲的示范项目包括混入氢气体积分数为 20% 的法国敦克尔克 GRHYD 项目和英国 HyDeploy 项目。此外,H21 Leeds Citygate 项目计划到 2028 年将英国利兹市建成一座 100% 使用氢燃料的城市。该项目作为英国将氢能源向全国推广的示范项目,已完成将现有天然气管网升级成 100% 氢气管网的技术与经济可行性研究。在欧洲燃料电池和氢能联合组织(The Fuel Cells and Hydrogen Joint Undertaking,FCHJU)等的支持下,欧洲正在开展 66 个示范项目,涉及投资 4.26 亿欧元。

日本根据《氢能与燃料电池战略路线图》的规划,也已正式开展 PtG 项目的示范验证。其中"福岛氢能源研究基地(FH2R)"项目,以建成全球最大的可再生能源制氢、储氢、运氢和用氢的"氢能社会"示范基地和智能社区为目标,在福岛县浪江町建设运营 10 MW 的水电解装置。为了向全世界展示氢能发展成果,日本政府还斥资 3.5 亿美元为东京奥运会修建地下输送管道,将福岛氢能直接输入奥运村,使至少 100 辆氢燃料电池公交车以及训练设施、运动员宿舍等 6000 余座奥运村建筑全部通过氢燃料供能。除了"FH2R"项目,日本还开展了氢气直接燃烧发电技术的开发及示范。日本企业大林组株式会社和川崎重工于 2018 年 4 月在全球率先实现以 100% 氢气作为 1 MW 级燃气轮机组的燃料,在测试期内即向神户市中央区人工岛 PortLand 内 4 个相邻设施(神户市医疗中心综合医院、神户港岛体育中心、神户国际展览馆和港岛污水处理厂)提供了 1.1 MW 的电能和 2.8 MW 的热能。在政府补助金支持下,企业按照市场价格向 PortLand 地区的酒店、会议中心等供能,目前能够提供该地区电力和热力年需求量的一半,不足的部分由关西电力公司进行补充。按照日本《氢能与燃料电池战略路线图》的目标,2030 年氢能发电将实现商用化,发电成本低于 17 日元/(kW·h),氢气发电用量达到每年 30 万 t,发电容量相当于 1 GW;最终目标是发电成本低于 12 日元/(kW·h),在考虑环境价值的情况下,与 LNG 火力发电保持同等竞争力,氢气发电用量达到每年 500 万~1000 万 t,发电容量相当于 15~30 GW。

### 9.5.3　国内氢能领域发展情况

我国非常重视氢能的发展,现已将氢能产业发展纳入国家能源战略规划。由国家能源投资集团有限责任公司(简称国家能源集团)牵头,国家电网有限公司、中国东方电气集团有限公司、中国航天科技集团有限公司、中国船舶重工集团有限公司、中国宝武钢铁集团有限公司、中国中车股份有限公司、中国长江三峡集团有限公司、中国第一汽车集团有限公司、东风汽车集团有限公司、中国钢研科技集团有限公司等多家央企参与的中国氢能联盟已经正式成立。中国汽车工程学会编制的《长三角氢走廊建设发展规划》,以"长三角氢经济一体化"为落脚点,以长三角高速公路为纽带,通过创新模式引领区域产业聚焦、升级,打造具备世界先进水平的氢能与燃料电池汽车产业经济带。上海将作为先行示范区,率先发展氢能产业化示范,成为国内领先的燃料电池汽车技术示范城市,打造包含关键零部件、整车开发等环节的产业集群,聚集超过 100 家燃料电池汽车相关企业。推动环上海加氢站走廊、嘉定汽车城、迪士尼、虹桥机场、金山化工区、临港等示范区域加氢站的规划与建设,建设加氢站 5 至 10 座、乘用车示范区 2 个,运行规模达到 3000 辆。配合示范线路和示范区域建设,研究加氢终端补贴等政策,降低消费者使用成本,推动上海市氢能与燃料电池汽车产业协同发展。成都、武汉、苏州、佛山、云浮等地区也在积极推进氢能产业的应用示范。我国目前已具备一定氢能工业基础,全国氢气产能超过 2000 万 t/a;相比之下,氢能储运和加注产业化整体滞后。

2019 年 11 月 6 日,中国石油化工集团有限公司(以下简称中国石化)在习近平主席和法国总统马克龙的共同见证下,与法国液化空气集团签署加强氢能领域合作备忘录,中国石化将成立氢能公司,致力于氢能技术研发以及基础设施网络建设,引入国际领先的氢能企业作为战略投资者,联合打造氢能产业链和氢能经济生态圈,建立氢能制-储-运-加一体化供应链。2019 年 7 月,中国石化佛山樟坑油氢合建站正式建成,如图 9-4 所示,这是中国首座集油、氢、电能源供给及连锁便利服务于一体的新型网点。依托遍布全国的加油站网络,中国石化油氢合建站可在很大程度上解决加氢站的用地问题。国家能源投资集团有限责任公司也是氢能及燃料电池的推进与践行者,继发起中国氢能源及燃料电池产业创新战略联盟后,2019 年 6 月,如皋加氢站正式落成,采用 35 MPa/70 MPa 双模式加氢,日加氢能力 600 kg。2019 年北京市的第二座商业化运营加氢站延庆园加氢站举行了开工仪式,规划为日加氢能力 500 kg,每日可为近 33 辆氢能公交车提供加注服务,该站建成后,将作为延庆区氢能交通重要基础设施。

图 9-4 中国石化佛山樟坑油氢合建加氢站

2022 年 3 月,国家发展改革委、国家能源局联合发布了《氢能产业发展中长期规划(2021—2035 年)》,明确"氢能是未来国家能源体系的重要组成部分;氢能是用能终端实现绿色低碳转型的重要载体;氢能产业是战略性新兴产业和未来产业重点发展方向"的战略定位,提出"创新引领,自主自强;安全为先,清洁低碳;市场主导,政府引导;稳慎应用,示范先行"的基本原则,通过持续提升关键核心技术水平、着力打造产业创新支撑平台、推动建设氢能专业人才队伍、积极开展氢能技术创新国际合作,系统构建支撑氢能产业高质量发展创新体系;通过合理布局制氢设施、稳步构建储运体系、统筹规划加氢网络,统筹推进氢能基础设施建设;通过有序推进交通领域示范应用、积极开展储能领域示范应用、合理布局发电领域多元应用、逐步探索工业领域替代应用,稳步推进氢能多元化示范应用;通过建立健全氢能政策体系、建立完善氢能产业标准体系、加强全链条安全监管,加快完善氢能发展政策和制度保障体系。

## 参考文献

[1] 蔡颖,许剑轶,胡锋,等.储氢技术与材料[M].北京:化学工业出版社,2018.

[2] 王艳艳,徐丽,李星国.氢气储能与发电开发[M].北京:化学工业出版社,2017.

[3] 中国国际经济交流中心课题组.中国氢能产业政策研究[M].北京:社会科学文献出版社,2020.

[4] 吴朝玲,李永涛,李媛,等.氢气的储存和输运[M].北京:化学工业出版社,2021.

[5] 黄国勇.氢能与燃料电池[M].北京:中国石化出版社,2020.

[6] 毛宗强.氢能:21 世纪的绿色能源[M].北京:化学工业出版社,2005.

## 思考题

请对魔童"氢"之不同降服方法的优缺点进行比较,并指出其使用场景。

# >>> 第 10 章　燃料电池——高效冷酷的"燃烧"机器

## 10.1　氢-电的"魔法转换"：燃料电池基本工作原理

燃料电池(Fuel Cell)是一种能量转换装置，它将燃料中的化学能通过电化学反应直接转化为电能，是继水力发电、热能发电、核能发电之后兴起的第四种发电技术。燃料电池工作时，携带能量的燃料和氧化剂被源源不断地输入到燃料电池中，经过电化学反应转化为电能，并不断排出产物，理论上，只要能够连续地供应燃料和氧化剂，燃料电池就能连续发电。这种工作方式与传统热机接近，即不断地从外部获得燃料，不断输出电能，不断排放反应产物，且电化学反应后生成的产物与燃烧反应相同。但与传统热机相比，它不受卡诺循环的限制，能量转化效率高、环境友好(排放的 $NO_x$、$SO_x$ 等污染物极少)、噪声小(无机械传动装置)，因此可以称之为高效冷酷的"燃烧"机器。

20 世纪 80 年代末，由于化石能源日趋贫乏以及生态环境保护日益受到重视，燃料电池发电技术出现研究和开发的热潮，燃料电池电站、电动车用燃料电池、燃料电池小型移动电源和微型燃料电池的开发都得到迅速发展。在当前"碳达峰、碳中和"的背景下，燃料电池作为一种高效环保的能量转换装置吸引了更多的关注，其中，氢燃料电池可将氢能转化成电能，是氢能产业中必不可少的一环，正在迎来新一轮的发展热潮。

### 10.1.1　燃料电池工作原理

燃料电池的核心部分由阳极、阴极、电解质这三个基本单元构成，燃料电池从化学能到电能的全部转换过程都是通过这三个基本单元来完成的。阳极是燃料发生氧化反应的场所；阴极是氧化剂发生还原反应的场所；电解质位于阳极和阴极之间，具有传导离子及阻止燃料和氧化剂直接接触的作用。

下面以酸性电解质的氢-氧燃料电池为例说明燃料电池的工作原理(见图 10-1)。

氢气作为燃料被输送到燃料电池的阳极，在催化剂的作用下发生氢氧化反应(阳极反应)：

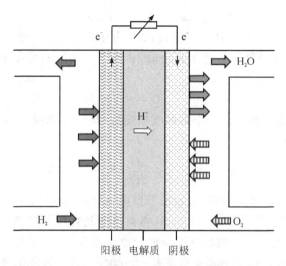

图 10 - 1　酸性电解质氢-氧燃料电池的工作原理

$$H_2 \longrightarrow 2H^+ + 2e^- \quad (E^0 = 0 \text{ V}) \tag{10-1}$$

在生成质子的同时释放两个电子。质子通过酸性电解质由阳极传递到阴极,自由电子通过电子导体由阳极流经负载后到达阴极。

在阴极处,氧气在催化剂的作用下发生电化学氧还原反应(阴极反应):

$$\frac{1}{2}O_2 + 2H^+ + 2e^- \longrightarrow H_2O \quad (E^0 = 1.23 \text{ V}) \tag{10-2}$$

即与从电解质传来的质子和从外电路传来的电子结合生成水分子。总的电池反应为

$$H_2 + \frac{1}{2}O_2 \longrightarrow H_2O \quad (E^0_{cell} = 1.23 \text{ V}) \tag{10-3}$$

电池的总反应与氢气的燃烧反应相同,但是发生燃烧反应时,氢气与氧气直接接触发生反应释放热能,热能需要进一步转化成电能。而在燃料电池中,氢气与氧气无直接接触,其氧化和还原反应在各自的电极上进行。由于两个电极的反应电势不同,电子可从电势低的阳极流向电势高的阴极,并直接释放电能。

电极反应过程通常需经历气相扩散、吸附、液相扩散、溶解、电化学反应等步骤。为使这些步骤顺利进行,不仅需要高活性、长寿命的催化剂,还需要有良好的多孔扩散电极材料,以增大气态反应物、电解质和电极三者的三相接触界面,促使电化学反应顺利完成。

除阳极、阴极、电解质外,为使电池正常工作,燃料电池还必须有反应剂供应系统、排热系统、排水系统、电性能控制系统、安全系统等辅助系统,以确保电池持续获得燃料和氧化剂,并及时排走反应生成的水和热。

### 10.1.2　燃料电池的效率

燃料电池通常在恒温恒压条件下工作,因此其吉布斯自由能变化量可以表示为

$$\Delta G = \Delta H - T \Delta S \tag{10-4}$$

其中，$\Delta H$ 为体系的焓变；$T$ 为体系的温度；$\Delta S$ 为体系的熵变。焓变 $\Delta H$ 为燃料电池释放出来的全部能量。当体系处于可逆条件下时，吉布斯自由能的变化量就是系统所能做出的最大非体积功：

$$\Delta G = -W \tag{10-5}$$

其中，$W$ 为系统最大非体积功。对于燃料电池而言，最大非体积功即为最大电功。因此，燃料电池的理论效率为

$$\eta_r = \frac{W_r}{-\Delta H_r} = \frac{\Delta G_r}{\Delta H_r} = 1 - T \frac{\Delta S_r}{\Delta H_r} \tag{10-6}$$

其中，$\eta_r$ 即为燃料电池的理论效率，也就是燃料电池可能实现的最大效率。

将标准条件（25℃,0.1 MPa）下的氢氧燃料电池及直接甲醇燃料电池的焓变及熵变数据代入公式（10-6），可得氢氧燃料电池的理论效率为 83%，直接甲醇燃料电池的理论效率为 97%。可以看到，燃料电池的理论效率接近 100%。对于传统的通过燃烧实现化学能向机械能转化的热机而言，其理论效率受卡诺循环限制：

$$\eta = \frac{W}{-\Delta H} = 1 - \frac{T_2}{T_1} \tag{10-7}$$

其中，$T_1$ 与 $T_2$ 分别为热机入口和出口的热力学温度。只有 $T_1 \to \infty$ 或 $T_2 \to 0$ 时，热机的效率理论上可以趋近于 100%，然而这在实际条件下是无法实现的。通常，热机的转换效率不会超过 50%。

在实际工作条件下，燃料电池的效率通常低于其理论效率，这主要由两方面引起：第一，在燃料电池实际工作中，存在着由反应活化能垒所导致的活化极化、由传质不充分导致的浓差极化，以及各类电阻所带来的欧姆极化，导致燃料电池的实际输出电压与理论电压有一定差距；第二，燃料电池中并非所有燃料都能参与电化学反应，有些燃料可能会穿过电解质渗透到阴极，导致燃料利用率降低。一般燃料电池中燃料一次循环的利用率不可能达到100%，通常采用燃料循环或者其他特殊设计来提高燃料利用率。

在实际应用中，为了能够让燃料电池在需求的时间及场所提供稳定电力供应，燃料电池需要一整套配套设施构成发电系统。除核心的燃料电池（电堆）外，还需要燃料供应系统（泵、压缩机、鼓风机等）、稳压系统（直流电稳压器等）、交直流变换系统（逆变器等）、热管理系统（换热器、热量回收系统等）等。因此，除燃料电池自身外，燃料电池系统的效率还取决于所有附属设备的效率。

目前，燃料电池的电压效率（工作电压与可逆电压之比）为 50%～80%（活化极化、浓差极化、欧姆极化导致），电效率（电压效率与热效率的乘积）为 40%～70%（电压效率与燃料利用率共同决定），燃料电池系统的发电效率为 35%～65%。由于燃料电池的电化学反应为放热反应，在中高温燃料电池中其产生的热量相当可观，因此可以考虑将余热回收利用进一步转化成电能以提高效率。考虑余热回收利用时燃料电池系统的效率通常称为热电合并效率，目前约为 60%～80%。随着燃料电池及其附属设备的技术进步，燃料电池系统的效率有

望进一步提高。

### 10.1.3　燃料电池的特点

作为一种新型发电装置,燃料电池与目前广泛使用的热机(蒸汽机和内燃机)及其他发电方式相比有如下特点。

(1)**高效率**。燃料电池通过等温的电化学反应直接将化学能转化为电能,理论上其转化效率可达 75%～100%。在目前的技术水平上,实际的发电效率在 40%～60% 范围内,略高于火力发电效率(30%～40%)。若实现热电联供,将燃料电池释放的热能进一步转化成电能加以利用,则燃料的总能量转化效率可达 80% 以上。

(2)**少污染**。氢燃料电池以氢气作为燃料,其反应产物只有水,是一种理想的能量转换体系。此外,由于燃料电池的燃料气在反应前需脱除硫及其化合物,且燃料电池不经过热机的燃烧过程,因此其几乎不排放硫氧化物、氮氧化物及粉尘等大气污染物。

(3)**低噪声**。现有的其他发电技术,如火力发电、水力发电、核能发电等目前均需要使用大型涡轮机,其在工作过程中高速运转,产生很大的噪声;应用在车船等移动场景的内燃机噪声也很大,需进行隔音降噪。燃料电池本身不含运动部件,附属系统仅含有很少的运动部件,因此可以安静地运行。燃料电池噪声低这一特点使得燃料电池电站可以建在居民生活及办公区域附近,有效降低长距离输电所造成的电能损失。

(4)**宽应用**。燃料电池的基本单元为单电池,将基本单元组装起来可形成电池组,将电池组集合起来可构成燃料电池的发电装置。因此,燃料电池的发电容量取决于单电池的功率及数目。燃料电池采用模块式结构进行设计和生产,可根据不同需要灵活组装成不同规模的燃料电池发电站。此外,燃料电池质量轻、体积小、比功率高,易于移动,适用于多种应用场景。

## 10.2　氢烷醇酸皆成电:不同类型的燃料电池

通常燃料电池可根据其工作温度、电解质类型、结构特点、所用燃料种类及应用领域等进行分类。

按照工作温度,通常可将燃料电池分为高、中、低温燃料电池。在室温至 100 ℃ 条件下工作的称为低温燃料电池;工作温度在 100～500 ℃ 之间的称为中温燃料电池;工作温度高于500 ℃ 的称为高温燃料电池。

按照应用领域的不同,可分为航天用电池、潜艇动力用电池、车用动力电池、微型燃料电池等。

目前广泛采用的方法是根据燃料电池中所用的电解质进行分类,其中最具代表性的燃料电池有质子交换膜燃料电池(PEMFC)、固体氧化物燃料电池(Solid Oxide Fuel Cell,SOFC)、碱性燃料电池(Alkaline Fuel Cell,AFC)、磷酸燃料电池(Phosphoric Acid Fuel Cell,PAFC)、熔融碳酸盐燃料电池(Molten Carbonate Fuel Cell,MCFC)等。这五类代表性燃料电池的主要特征见表 10-1。

表 10-1　五类燃料电池的性能特征

| 特性 | 电池类别 | | | | |
|---|---|---|---|---|---|
| | PEMFC | SOFC | AFC | PAFC | MCFC |
| 阴极 | C/Pt | LaSrMnO$_3$ | C（催化剂） | C/Pt | NiO |
| 阳极 | C/Pt | Ni/YSZ | C/Pt | C/Pt | Ni |
| 电解质 | 聚合物离子交换膜 | ZrO$_2$+Y$_2$O$_3$ | KOH 水溶液 | H$_3$PO$_4$ 水溶液 | Li$_2$CO$_3$·K$_2$CO$_3$ |
| 导电离子 | H$^+$ | O$^{2-}$ | OH$^-$ | H$^+$ | CO$_3^{2-}$ |
| 燃料 | 氢气、重整氢 | 净化煤气、甲醇、天然气 | 纯氢 | 燃气、甲醇（重整氢） | 天然气、甲醇、净化煤气（重整氢） |
| 氧化剂 | 空气 | 空气 | 纯氧 | 空气 | 空气 |
| 工作温度/℃ | <100 | 900~1000 | 50~200 | 100~200 | 650~700 |
| 比功率/(W·kg$^{-1}$) | 340~1200 | 15~20 | 35~105 | 120~180 | 30~40 |
| 理论电压/V | 1.17 | 0.92 | 1.18 | 1.14 | 1.03 |
| 优点 | 启动快、无泄漏 | 高效、耐 CO | 设计简单 | 热量高 | 高效、耐 CO |
| 缺点 | 不耐 CO、水管理复杂 | 启动时间长、工作温度高 | 不耐 CO$_2$ | 漏液、电导率低 | 启动时间长、怕碱 |

### 10.2.1　质子交换膜燃料电池

**1. 质子交换膜燃料电池工作原理**

质子交换膜燃料电池（Proton Exchange Membrane Fuel Cell，PEMFC）以氢气为燃料，其工作原理如图 10-2 所示，其工作温度通常在 20~80℃范围内。单体电池主要由氢气气室、阳极、质子交换膜、阴极和氧气气室组成。

质子交换膜将电池分割成阴极和阳极两部分。阴极和阳极均采用多孔扩散电极，多孔扩散电极由扩散层（通常为碳纸）和反应层（催化剂）组成。燃料电池制备过程中通常通过热压将阴极、阳极与质子交换膜复合在一起形成膜电极组件（Membrane and Electrode Assembly，MEA）。

PEMFC 使用氢气作燃料。氢气进入气室到达阳极后可在阳极催化剂的作用下发生氢氧化反应失去 2 个电子生成质子 H$^+$：

$$H_2 \longrightarrow 2H^+ + 2e^- \qquad (10-8)$$

生成的质子 $H^+$ 通过质子交换膜到达阴极,电子通过外电路对负载做功后到达阴极。氧气进入气室到达阴极后在阴极催化剂的作用下与到达阴极的 $H^+$ 及电子结合发生氧还原反应生成水,其反应式为

$$\frac{1}{2}O_2 + 2H^+ + 2e^- \longrightarrow H_2O \tag{10-9}$$

电池的总反应为

$$H_2 + \frac{1}{2}O_2 \longrightarrow H_2O \tag{10-10}$$

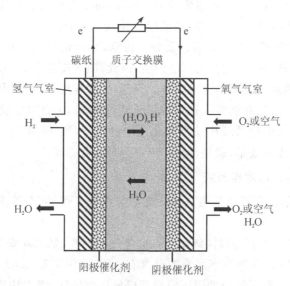

图 10-2　PEMFC 原理示意图

目前广泛应用的质子交换膜主要为美国杜邦(Dupont)公司生产的 Nafion 膜。此类膜材料基于全氟磺酸离子交换聚合物,其分子结构如图 10-3 所示。

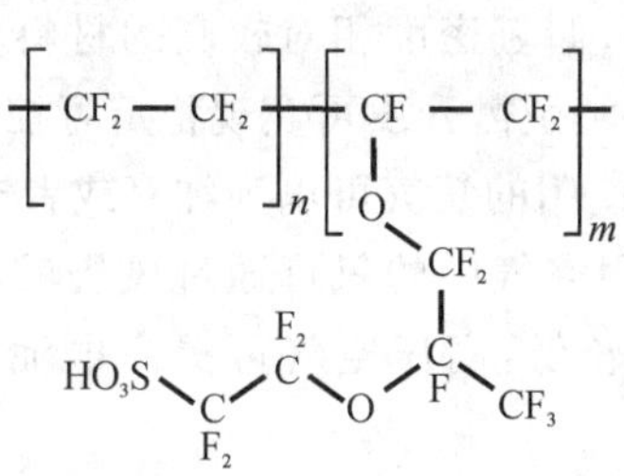

图 10-3　Nafion 膜分子结构示意

由图 10-3 可见,Nafion 膜的分子结构由聚四氟乙烯骨架与带有磺酸基团的支链构成。在水环境中,磺酸基团可吸水并相互连接形成含水通道,质子在含水通道中可以快速传导。通常这类质子交换膜在高湿条件下的质子传导率可达 0.1 S/cm 以上。由于此类膜结构的

质子传输需要依赖含水通道,因此其工作温区需要在水的液相范围内,限制了氢燃料电池的工作温度(通常为 80~90℃),且此类材料价格昂贵,阻碍了质子交换膜燃料电池的大规模应用。

对于质子交换膜燃料电池的阳极氢氧化反应与阴极氧还原反应,目前最好的催化剂为 Pt 或 Pt 基催化剂,而 Pt 为贵金属,价格昂贵、储量稀缺,这也限制了质子交换膜燃料电池体系的商业化应用。阳极氢氧化反应在 Pt 表面具有极快的反应动力学特性,因此需要的 Pt 载量较低,阳极的 Pt 载量降低至 $0.05 \text{ mg/cm}^2$ 时其对应的电池性能不会发生明显下降。阴极氧还原反应的动力学特性较阳极缓慢许多。Gasteiger 等研究者发现,采用现有最高水准的铂炭(Pt/C)催化剂,阴极 Pt 的需求载量依然接近 $0.4 \text{ mg/cm}^2$。低温($<100℃$)条件下 Pt 催化剂表面的活性位点易被 CO 等杂质分子占据,导致催化剂毒化,降低反应效率,而工业生产的氢气中通常存在一定比例的 CO 杂质,因此,质子交换膜燃料电池需要使用高纯度氢气作为燃料,这也提高了燃料电池的成本。目前,关于氢燃料电池阴极催化剂已开展了较多研究,一方面希望通过提高阴极催化剂的催化活性降低 Pt 的用量或用非贵金属取代 Pt;另一方面希望通过改善催化层结构使得催化层中的电子/质子/氧气三相反应界面最大化、提高催化层中的多相传质效率,避免传质不充分降低催化效率。

**2. 质子交换膜燃料电池组系统**

PEMFC 单体可组合形成电池组。为使电池组正常工作,须有氢源、氧源、水管理、热管理等辅助系统。

(1)**氢源**。PEMFC 需要可以持续稳定供应氢气的氢源,要求其安全、容量大、成本低、使用方便。目前 PEMFC 电动车的车用氢源通常有三种:高压氢源、车用高温裂解制氢装置氢源以及储氢材料氢源。高压氢源是用压力容器盛放压缩氢气,该方法原理简单,但是储氢密度很低,35MPa 压力下储氢密度仅为 3.7%(质量分数),且有安全性问题;车用高温裂解制氢装置氢源是用车载的甲醇、汽油、天然气高温裂解制氢装置作氢源,该方法技术难度较大、且需要保持高温,难以实际应用;储氢材料氢源是用储氢材料将氢气存储起来,该方法安全性高,但目前储氢密度普遍不高,储氢密度相对较高的材料释氢动力学通常较差,释氢动力学优异的反应过程控制难度较大,亟需开发可实现稳定可控释氢的新材料。

(2)**氧源**。PEMFC 阴极所使用的氧气可以为纯氧或者空气中的氧。用纯氧时电池性能好,但需要高压氧钢瓶等氧源;用空气中的氧可通过风机或者高压空气实现供给,普通风机价格低、使用方便,但电池性能较低,高压空气可提高电池性能,但空压机价格较高、能耗较大。

(3)**水管理**。水管理对于 PEMFC 十分重要。一方面,目前 PEMFC 中使用的质子交换膜(Nafion 膜)工作过程中需要水的参与,没有水则质子交换膜无法传导质子,电池无法工作;另一方面,氧在阴极上还原生成水,电池内水如不能及时排出将淹没电极,阻塞气体扩散层或电极上的孔洞,影响气体扩散,造成较大的浓差极化,影响燃料电池效率。在实际应用中,PEMFC 电堆一般容易干燥,因为在氢电极一侧水会随 $H^+$ 迁移至氧电极一侧,而氧电极一侧在用空气作氧化剂时由于空气流量较大会将电极吹干。通常采用鼓泡、喷射等增湿的方法控制水。

（4）**热管理**。PEMFC 的热管理是指对电池温度的控制。PEMFC 的能量转化效率约为 $40\%\sim50\%$，约有一半的能量转化为热。为保持电池的恒温运行，需要对电池进行热管理，避免局部过热的现象。为保证电池的工作效率，同时保证质子交换膜中的水分含量，PEMFC 的工作温度通常设定为 $80℃$。目前普遍采用的热管理技术是在双极板中设置冷却通道，使用水等冷却剂将电池运行过程中产生的热量及时排出。

**3. 质子交换膜电池的应用**

PEMFC 在固定式发电、交通运输、便携式电源及国防等诸多领域都有很大发展潜力。目前 PEMFC 虽已在固定式发电、氢燃料电池汽车等领域的示范应用，但尚未实现大规模商业化。影响其大规模商业化应用的主要因素有价格过高、缺乏安全高密度的氢源、$0℃$ 下无法启动、贵金属催化剂储量有限、空气中 $SO_2$ 污染物易毒化催化剂、运行寿命普遍较低等。

## 10.2.2　直接醇类燃料电池

**1. 直接醇类燃料电池工作原理**

直接醇类燃料电池（Direct Alcohol Fuel Cell，DAFC）的工作原理及条件与 PEMFC 相近，不同之处是其直接应用醇类和其他有机分子作燃料。目前被研究最多的是直接甲醇燃料电池（Direct Methanol Fuel Cell，DMFC），DMFC 的基本结构如图 $10-4$ 所示。

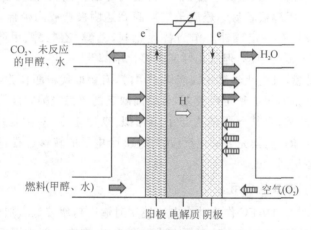

图 $10-4$　DMFC 基本结构示意图

电池工作时，甲醇在阳极发生甲醇氧化反应，生成 $CO_2$

$$CH_3OH+H_2O\longrightarrow CO_2+6H^++6e^- \tag{10-11}$$

氧气在阴极发生氧还原反应

$$\frac{3}{2}O_2+6H^++6e^-\longrightarrow 3H_2O \tag{10-12}$$

总的电池反应为

$$CH_3OH + \frac{3}{2}O_2 \longrightarrow CO_2 + 2H_2O \qquad (10-13)$$

DMFC 除具备 PEMFC 的一般优点外，由于其采用液体燃料，具有储运更加安全方便的优势。且由于使用液体燃料，电池结构简单，易制成小型电池作为便携式电源，因此受到国内外多家研究机构的关注。然而，尽管 DMFC 的优势明显，目前距大规模商业化仍有一定差距，主要原因有如下两个方面。

(1) **缺乏高效的催化剂**。甲醇的氧化反应为复杂的六电子反应，其电化学活性比氢至少低 3 个数量级，因此直接甲醇燃料电池的交换电流密度与功率密度较质子交换膜燃料电池小很多。最早使用的阳极甲醇氧化催化剂为 Pt，然而其催化活性较低，且易被氧化过程的中间产物毒化。目前对 DMFC 阳极催化剂的研究一方面需要提高催化剂的催化活性，另一方面需要提高催化剂在复杂化学环境下的稳定性（抗中毒、抗氧化等）。

(2) **缺乏具有良好甲醇阻挡能力的膜材料**。由于甲醇分子尺寸及极性与水分子非常相近，在目前广泛使用的 Nafion 膜中，甲醇易随水分子从电池的阳极扩散到阴极，毒化阴极的氧还原反应催化剂，进而降低 DMFC 性能。如何在保证质子传导率的前提下提高质子交换膜的选择性、降低甲醇渗透率是目前的研究热点。

**2. 甲醇替代燃料**

甲醇虽具有反应活性高、来源丰富、能量密度高等诸多优点，但是在实际应用中存在严重的甲醇渗透问题。甲醇很容易穿透质子交换膜到达阴极造成阴极催化剂的毒化，降低电池性能，且甲醇本身具有一定毒性。作为替代燃料，乙醇、乙二醇、甲酸、草酸等的毒性和 Nafion 膜的渗透率均低于甲醇，但氧化性能大多比甲醇差。

甲酸无毒、不易燃，且电化学氧化性能优于甲醇，有望取代甲醇作为燃料，然而其氧化过程中所需的 Pd 催化剂对甲酸稳定性较差，目前尚缺乏高效稳定的阳极催化材料。乙醇是另一种有望替代甲醇的燃料，其分子结构与甲醇相似，来源丰富，对生物体无毒，且在 Nafion 膜中的渗透性低于甲醇，但其完全氧化反应涉及 12 个电子的转移过程，反应路径复杂、中间产物繁多，易毒化催化剂。

**3. 直接醇类燃料电池的应用**

由于催化活性较差，DAFC 作为动力电池使用时输出功率较低。然而其燃料存储方便、电池结构简单，所以更适合作为小功率便携式电源使用，未来可能应用于各种小型便携式设备中。目前世界上已有多家公司开展了相关研究，如德国斯玛特燃料电池公司研制出输出功率 25 W 的笔记本计算机电源；美国 MTI 公司与哈里斯公司研制出 5 W 的军用便携收音机用 DMFC；美国洛斯阿拉莫斯国家实验室研制出使用甲醇燃料电池的蜂窝电话，其能量密度是传统可充电电池的 10 倍。

### 10.2.3　固体氧化物燃料电池

**1. 固体氧化物燃料电池工作原理**

固体氧化物燃料电池(Solid Oxide Fuel Cell,SOFC)由固体氧化物电解质与两个多孔陶瓷电极构成,是一种全固态电池,亦称陶瓷燃料电池(Ceramic Fuel Cell,CFC)。固体氧化物燃料电池单体主要由电解质、阳极或燃料极、阴极或空气极、连接体或双极板组成,燃料在阳极发生氧化反应,氧化剂(氧气)在阴极发生还原反应,两极都含有可促进电极电化学反应发生的催化剂。

SOFC 单体电池电压为 1 V 左右,功率有限,在实际应用中通常将若干个单电池以各种方式(串联、并联、混联)组装成电池组,以提高其输出功率。SOFC 工作温度普遍较高,根据其工作温度的不同可分为高温型(800 ℃左右)、中温型(600~800 ℃)和低温型(600 ℃以下)。

不同于 PEMFC 与 DMFC,SOFC 的燃料来源非常广泛,可以是氢气、城市煤气(以 CO 为主)、天然气(以 $CH_4$ 为主)、液化气、煤气及生物质气等,氧化剂主要为空气。其电解质中的载流子为氧离子($O^{2-}$)或质子($H^+$),其中质子传导型 SOFC 只能用氢气作为燃料,目前常见的 SOFC 多使用氧离子传导电解质。

SOFC 的工作原理如图 10-5 所示。

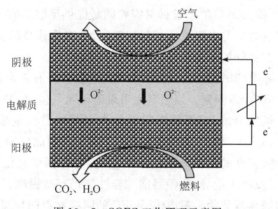

图 10-5　SOFC 工作原理示意图

在阳极,当燃料为 $H_2$ 时,其反应为

$$H_2 + O^{2-} \longrightarrow H_2O + 2e^- \tag{10-14}$$

当燃料为 CO 时,其反应为

$$CO + O^{2-} \longrightarrow CO_2 + 2e^- \tag{10-15}$$

当燃料为 $C_nH_{(2n+1)}$ 时,其反应为

$$C_nH_{(2n+1)} + (3n+1)O^{2-} \longrightarrow nCO_2 + (n+1)H_2O + (6n+2)e^- \tag{10-16}$$

在阴极,其反应为

$$O_2 + 4e^- \longrightarrow 2O^{2-} \tag{10-17}$$

SOFC 有较高的电流密度和功率密度,反应动力学活性高,因此不需要使用贵金属催化剂;电解质、阳极、阴极均为陶瓷材料,具有全固态结构,不存在对漏液、腐蚀的管理问题;此外,还能提供高质余热,实现热电联产,能量利用率高达 80% 左右,是一种清洁高效的能源系统。

**2. 固体氧化物燃料电池电解质材料**

固体电解质是 SOFC 的核心部分,须同时具备稳定的高离子电导率($>0.1$ S·cm$^{-1}$,1000 ℃时)和低电子电导率($<10^{-3}$ S·cm$^{-1}$,1000 ℃时)、良好的致密性、良好的稳定性、匹配的热膨胀性、化学相容性、足够的机械强度及韧性等性能。

目前研究最多的固体电解质材料是具有萤石结构的氧化物($ZrO_2$、$CeO_2$、$Bi_2O_3$ 等),其中最成熟且应用最多的是钇稳定氧化锆(Yttria Stabilized Zirconia,YSZ),目前进入商业化的 SOFC 主要是以 YSZ 为电解质。镓酸镧($LaGaO_3$)基钙钛矿型复合氧化物、六方磷灰石基化合物 $M_{10}(TO_4)_6O_2$、$Ba_2In_2O_5$ 等钙铁石结构氧化物均具有氧离子传导特性,有望作为新型固体电解质应用于 SOFC 中。目前适用于 SOFC 的高温质子导体尚处于研究阶段,研究主要集中在 $SrCeO_3$ 及钙钛矿氧化物方面。

**3. 固体氧化物燃料电池电极材料**

固体氧化物燃料电池 SOFC 的阳极材料需要同时提供足够的电子电导率及一定的离子电导率,同时其热膨胀系数应与电解质等材料相匹配,具有足够高的孔隙率以实现良好传质特性,并对电化学反应有良好的催化活性。

对于以 YSZ 为电解质、氢气为燃料的 SOFC,其阳极材料通常为具有良好热力学稳定性及电化学性能的多孔 Ni/YSZ 陶瓷。当燃料为甲烷等碳氢气体时,Ni/YSZ 阳极易发生碳沉积,堵塞多孔结构造成性能衰减,需要将燃料气加入水蒸气进行重整化或应用其他阳极材料。Cu 基金属陶瓷,如 $Cu/CeO_2/YSZ$ 等,催化活性较低,因此可减少阳极碳沉积,有望成为新型阳极材料。此外,掺杂的钙钛矿结构的氧化物、钨青铜型氧化物、烧绿石型氧化物等均具有一定程度的离子及电子电导率,但目前综合性能仍有待提高。

与阳极材料类似,固体氧化物燃料电池 SOFC 的阴极材料同样需要具有高电导率、高孔隙率、高催化活性,并要在工作条件下保持性能稳定、与其他部件相容,且具备一定的机械强度。早期的阴极材料有贵金属、掺锡 $In_2O_3$ 等,但价格昂贵或稳定性差。目前常见的阴极材料多为具有钙钛矿结构的镧锰酸($LaMnO_3$)、镧钴酸($LaCoO_3$)等掺杂而成。

**4. 固体氧化物燃料电池结构**

固体氧化物燃料电池主要有管式和平板式两种不同结构。

(1)管式结构 SOFC。管式结构 SOFC 单电池为一端封闭、一端开口的管子,如图 10 - 6 所示。其结构由里向外依次是多孔支撑管、空气极(阴极)、电解质和燃料极(阳极)薄膜。空气(氧气)从管芯输入,燃料气通过管壁供给。该种结构是最早发展、也是目前较为成熟的一种形式。管式结构 SOFC 形成电池堆时单体电池自由度大,不易开裂,电池组装相对简单,一般工作在很高温度(900～1000℃),主要用于固定电站系统。这种结构的缺点是电流流经路径长,导致欧姆损耗大,电流密度低;且支撑管质量及体积大,导致能量密度低;须采用电化学气相沉积法制备电解质和电极层,限制了掺杂元素的类型,生产成本高。

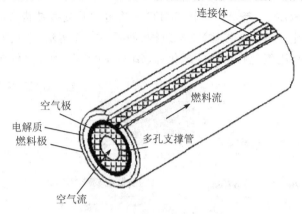

图 10 - 6　管式结构 SOFC

(2)平板式 SOFC。平板式 SOFC 单电池由阳极、电解质、阴极薄膜组成,如图 10 - 7 所示。相比较管式 SOFC,平板式 SOFC 的设计大为简化,其电流流程短,欧姆损耗小,电池能量密度高;且结构灵活,组件单元可分开制备,工艺简单,造价低;电解质薄膜化,因此离子传导率较高,可以降低工作温度(700～800℃),从而可采用金属连接体。目前其难点在于实现气体密封。

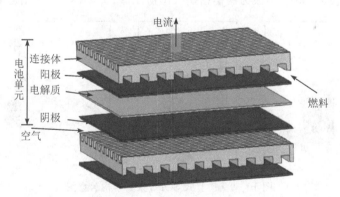

图 10 - 7　平板式 SOFC

#### 5.低温固体氧化物燃料电池

低温固体氧化物燃料电池(Low-Temperature Solid Oxide Fuel Cell)是指工作在 600 ℃以下的 SOFC。低温化可以降低电池中多层陶瓷结构的热应力,并减缓电极材料的老化速度,提升电池的长期稳定性。当工作温度降至 400～600 ℃时,有望实现 SOFC 的快速启动和关闭,而且可以直接利用烃类和醇类燃料,在电动汽车、军用潜艇、便携电池等领域有更为广泛的应用。

低温 SOFC 主要有新结构平板、微管式、单室结构等结构。

(1)**新结构平板 SOFC**。新结构平板 SOFC 是将电解质支撑结构改成电极(阳极或阴极)支撑结构或外部(多孔基体或连接体)支撑结构,如图 10 - 8 所示,金属支撑通常为不锈钢材质,电解质材料通常采用氧化钆掺杂的氧化铈(GDC),并利用增湿氢气作为燃料。

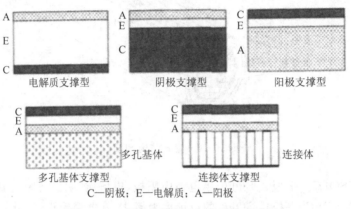

图 10 - 8　新结构平板 SOFC 结构示意图

(2)**微管式 SOFC**。微管式 SOFC 常用束集结构,如图 10 - 9 所示,阳极材料通常为NiO - GDC,电解质为 GDC,阴极为镧锶钴铁氧化物(LSCF) - GDC,利用增湿氢气作为燃料。

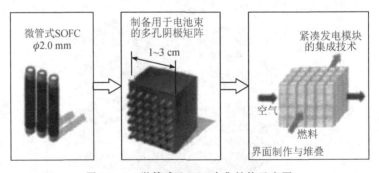

图 10 - 9　微管式 SOFC 束集结构示意图

(3)**单室结构 SOFC**。单室结构 SOFC 只有一个气室,阳极和阴极同时暴露在燃料和氧化剂气体的混合物中,通过利用阳极和阴极对混合气不同的催化选择性,实现电压输出。对于单室 SOFC 而言,通常采用氧化钐掺杂的氧化铈(SDC)或氧化钆掺杂的氧化铈(GDC)作电解质,工作温度可以低至 200 ℃。

### 6. 可逆固体氧化物电池

可逆固体氧化物电池(Reversible Solid Oxide Cell, RSOC)也称对称固体氧化物电池(Symmetrical Solid Oxide Cell, SSOC),是既能够在燃料电池模式下发电,也可以在电解池模式下产氢的一种新型固体氧化物燃料电池,被认为是连接多种类型能源的核心器件之一。

RSOC 具有固体氧化物燃料电池(SOFC)和固体氧化物电解池(Solid Oxide Electrolysis Cell, SOEC)两种工作模式,其工作原理如图 10-10 所示。传统的高温可逆氧化物电池是独立的结构,即 SOFC 和 SOEC 分别采用两套系统,这无疑增加了装置的成本,RSOC 使用同一电池单元实现两种功能,可以降低成本、提高转化效率。

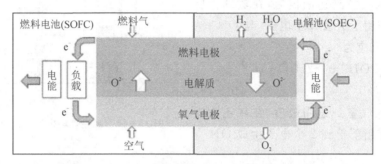

图 10-10　可逆固体氧化物电池工作原理

RSOC 对电解质材料的要求与传统结构的 SOFC 和 SOEC 类似。除常用的高温电解质 YSZ 以外,$La_{0.9}Sr_{0.1}Ga_{0.8}Mg_{0.2}O_{2.85}$(LSGM)、磷灰石型硅酸盐等比 YSZ 离子电导率高的中温(600~800 ℃)电解质也可以用于 RSOC。RSOC 电极材料需要在高温强氧化性和强还原性气氛下都表现出良好的结构稳定性、高温电导率及对氧气还原或燃料氧化反应的催化活性等,因此能用于 RSOC 的电极材料较为有限。

与传统的燃料电池发电及热电联供系统相比,RSOC 系统不仅提高了电网(或微电网)在运行调度方面的灵活性,且该系统不论在"发电"(SOFC)或"电解"(SOEC)模式下,都能保证余热供给,可以实现"热""电"的解耦,对新能源消纳具有重要的作用。目前,"发电-电解"相互转换过程中电池的结构稳定性和电化学性能衰减制约着 RSOC 单电池的输出性能和寿命,是未来需要着重关注的问题。

### 7. 固体氧化物燃料电池的应用

SOFC 是一种新型发电装置,对燃料的适应性广,可以直接使用氢气、一氧化碳、天然气、液化石油气、煤气及生物质气等多种碳氢燃料,且能量转换效率高,具有全固态、模块化组装、零污染等优点。

SOFC 的应用场景因其功率而异,在大型集中供电、中型分电和小型家用热电联供等民用领域作为固定电站,以及作为船舶动力电源、交通车辆动力电源等移动电源,都有广阔的应用前景。

### 10.2.4　碱性燃料电池

#### 1. 碱性燃料电池工作原理

碱性燃料电池(Alkaline Fuel Cell, AFC)通常采用 KOH 或 NaOH 水溶液等碱性物质作为电解质溶液,在电解质内部传导 $OH^-$。其工作温度通常为 $60\sim80℃$,工作压强为 $0.4\sim0.5$ MPa,工作原理如图 10-11 所示。

氢气进入气室到达阳极后,在氢氧化反应催化剂的作用下失去 2 个电子,与 $OH^-$ 结合生成水,其反应为

$$H_2 + 2OH^- \longrightarrow 2H_2O + 2e^-$$

$$(10-18)$$

氧气进入气室到达阴极后,在氧还原反应催化剂的作用下得到 2 个电子生成 $OH^-$,其反应为

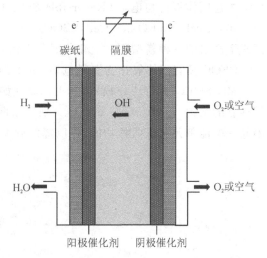

图 10-11　碱性燃料电池工作原理示意图

$$\frac{1}{2}O_2 + H_2O + 2e^- \longrightarrow 2OH^- \qquad (10-19)$$

电池的总反应为

$$H_2 + \frac{1}{2}O_2 \longrightarrow H_2O \qquad (10-20)$$

由于 KOH 电解液冰点较低,AFC 可以在低于 0℃ 的条件下工作。当工作温度较高(如 200℃)时,需要增大系统压力防止电解液沸腾。在较低温度(<120℃)下通常采用质量分数 35%～50% 的 KOH 溶液,在较高温度(如 200℃)下通常采用质量分数 85% 的 KOH 溶液。

由于在碱性条件下氧化还原反应的反应动力学通常优于酸性环境,因此 AFC 的电极可以采用非贵金属制备,可显著降低电池成本。氢电极一般由 Pt-Pd/C、Pt/C、Pt 基合金、Ni 基催化剂等对氢具有较好催化活性的催化剂制备得到;氧电极通常为氧电化学还原催化活性较好的 Pt/C、Ag、Co、氮化物等作为催化剂制备的多孔气体扩散电极。碱性燃料电池通常采用氢气作为燃料,纯氧或脱除二氧化碳的空气作为氧化剂。

#### 2. 碱性燃料电池工作条件

当工作压强增加时,碱性燃料电池 AFC 的开路电压、交换电流密度都会增加,可大幅度提高燃料电池的工作性能,因此,碱性燃料的工作压强普遍高于常压,在 $0.4\sim0.5$ MPa 范围内。高压的工作条件对材料的机械强度及气密性等都有较高要求。

提高电池的工作温度可以提高电化学反应速率、增强传质、减少浓差极化及欧姆极化等,进而改善电池性能。碱性燃料电池的工作温度通常在 70℃ 左右。在常压空气的条件

下,当电解质 KOH 的浓度为 $6\sim7\ mol\cdot L^{-1}$ 时,电池的工作温度为 $70\sim80\ ℃$ 较好,当 KOH 的浓度为 $8\sim9\ mol\cdot L^{-1}$ 时,电池的工作温度为 $90\ ℃$ 较好。

碱性燃料电池的氧化剂可以是空气,也可以是氧气。使用纯氧作为氧化剂时,在额定电压下电池的性能较空气更高,其电流密度可增加 50%。当使用空气作为氧化剂时,需要对气体进行预处理除去 $CO_2$,以防生成碳酸盐沉淀阻塞传质通道。

**3. 碱性燃料电池的应用**

碱性燃料电池最早应用于航天领域。1940—1950 年间,英国剑桥大学制造出世界上第一个碱性燃料电池;1960—1965 年间,美国 Pratt & Whitney 公司在美国宇航局资助下,成功开发了输出功率为 1.5 kW 的 PC3A 型的碱性燃料电池;美国联合技术公司开发出碱性燃料电池系统,并多次用于双子星座号飞船上;美国联合技术公司下属的国际燃料电池公司(IFC)开发了输出功率为 12 kW、效率高达 70% 的第三代航天用碱性燃料电池系统。

碱性燃料电池在航天领域取得成功后,人们开始研究地面用的碱性燃料电池。德国 SIEMENS 公司开发出了可用作潜艇电源的 100 kW 碱性燃料电池系统;比利时 Elenco 公司研发出电动车碱性燃料电池电源和应急电源。

## 10.2.5　磷酸燃料电池

**1. 磷酸燃料电池工作原理**

磷酸燃料电池(Phosphoric Acid Fuel Cell,PAFC)是以液态浓磷酸为电解质的电池,其工作原理如图 10-12 所示,在阳极侧,通入富氢气体,阴极通入空气作为氧化剂。与碱性燃料电池相比,PAFC 对 $CO_2$ 具有较高耐受力,是世界上最早在地面应用的燃料电池。

阳极氢气在氢氧化反应催化剂作用下失去电子生成 $H^+$,其反应为

$$H_2 \longrightarrow 2H^+ + 2e^- \qquad (10-21)$$

反应生成的 $H^+$ 通过磷酸电解质到达阴极,电子通过外电路做功后到达阴极。氧气

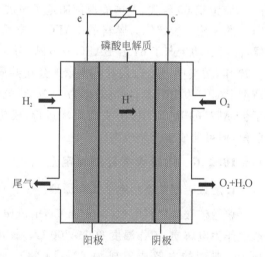

图 10-12　磷酸燃料电池工作原理示意图

在阴极催化剂的作用下与 $H^+$ 及电子结合生成水,其反应为

$$\frac{1}{2}O_2 + 2H^+ + 2e^- \longrightarrow H_2O \qquad (10-22)$$

电池的总反应为

$$H_2 + \frac{1}{2}O_2 \longrightarrow H_2O \qquad (10-23)$$

**2.磷酸燃料电池工作条件**

PAFC 的工作温度为 $180\sim210\,^{\circ}\mathrm{C}$，该温度主要由磷酸的蒸气压、材料腐蚀性能、电催化剂 CO 耐受性能等共同决定。提高 PAFC 工作温度有利于性能改善，但同时会出现电池材料腐蚀加剧、Pt 催化剂烧结、磷酸挥发等现象，对电池造成负面影响。当 PAFC 工作温度超过 $210\,^{\circ}\mathrm{C}$ 时，电池寿命会显著降低。

增加反应气压强可以加快反应速率、提高发电效率，但同时会增加电池系统复杂性。对于小容量电池组，往往采用常压工作；对于大容量的 PAFC 电池组，一般选择加压工作，反应气压强通常为 $0.7\sim0.8$ MPa。

典型的 PAFC 燃料气体通常由天然气裂解得到，含有约 $80\%$ 的 $H_2$、$20\%$ 的 $CO_2$，以及少量的 $CH_4$、CO 与硫化物，其中 CO 会造成 Pt 催化剂中毒。硫化物通常以 $H_2S$ 的形式存在，可强烈吸附在 Pt 表面占据催化中心，进而被氧化为单质硫覆盖在 Pt 表面使得催化剂失活；高电位下，Pt 表面的硫可被氧化为 $SO_2$ 而后脱离表面释放催化位点。燃料重整过程中的 $NH_3$、$NO_x$、HCN 等对电池性能均有负面影响。PAFC 的氧化剂气体可以为纯氧或空气中的氧，氧的浓度越高电池性能越好。

**3.磷酸燃料电池的应用**

20 世纪 60 年代，美国能源部制定了发展 PAFC 的 TARGET 计划，开始研制以含 $20\%$ $CO_2$ 的天然气裂解气为燃料的 PAFC 发电系统；在 70 年代初，研制出 12.5 kW 的发电装置，而后成功生产了 64 台 PAFC 发电站，分别在美国、加拿大、日本等国的 35 个地方试用；1990 年，由美国 IFC 公司与日本东芝公司共同成立的 ONSI 公司研制出了 200 kW 热电联产型 PAFC 发电装置，发电效率为 $35\%$，热电联产后效率达 $80\%$；IFC 和东芝合作研制成功了 11 MW 的 PAFC 电站，并在日本运行，成功为 4000 户家庭供电。PAFC 已经进入商业化阶段，但目前成本仍然较高。

### 10.2.6　熔融碳酸盐燃料电池

**1.熔融碳酸盐燃料电池工作原理**

熔融碳酸盐燃料电池（Molten Carbonate Fuel Cell，MCFC）采用碱金属（Li、Na、K）的碳酸盐作为电解质，工作温度 $600\sim700\,^{\circ}\mathrm{C}$。该温度下电解质为熔融状态，导电离子为碳酸根离子。典型的电解质组成为 $62\%$ $\mathrm{Li_2CO_3}+38\%$ $\mathrm{K_2CO_3}$。MCFC 工作原理如图 10 - 13 所示。

MCFC 的燃料气是 $H_2$（也可以为 CO），氧化剂是 $O_2$。反应时，阳极的 $H_2$ 与从阴极迁移来的 $\mathrm{CO_3^{2-}}$ 反应生成 $CO_2$ 和 $H_2O$，并生成电子由外电路传输到阴极，其反应式为

$$H_2+CO_3^{2-}\longrightarrow CO_2+H_2O+2e^- \tag{10-24}$$

阴极的 $O_2$ 与 $CO_2$ 以及外电路传来的电子发生反应生成 $\mathrm{CO_3^{2-}}$，其反应式为

$$\frac{1}{2}O_2+CO_2+2e^-\longrightarrow CO_3^{2-} \tag{10-25}$$

电池总反应为

$$\frac{1}{2}O_2 + H_2 + CO_2(阴极) \longrightarrow CO_2(阳极) + H_2O \qquad (10-26)$$

当燃料气是 CO 时,其阳极反应为

$$CO + CO_3^{2-} \longrightarrow 2CO_2 + 2e^-$$
$$(10-27)$$

阴极反应为

$$\frac{1}{2}O_2 + CO_2 + 2e^- \longrightarrow CO_3^{2-}$$
$$(10-28)$$

总反应为

$$\frac{1}{2}O_2 + CO + CO_2(阴极) \longrightarrow 2CO_2(阳极)$$
$$(10-29)$$

MCFC 的净反应为 $H_2$ 或 CO 的氧化反应。

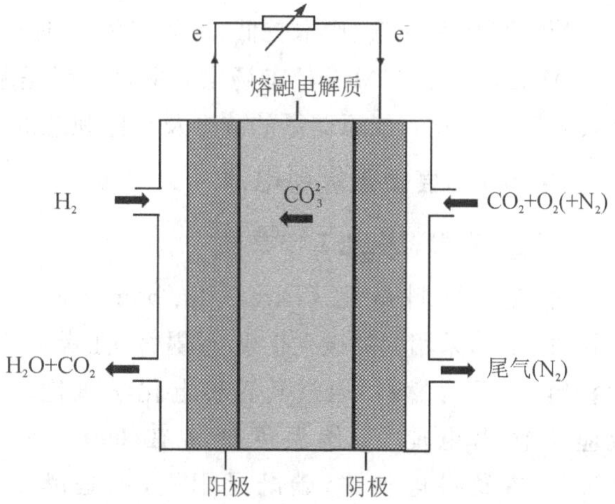

图 10-13　MCFC 工作原理示意图

MCFC 的优点主要有:①由于工作温度高,电极反应的活性高,不需要高效贵金属催化剂,因此可降低发电成本;②燃料气来源广泛,天然气、一氧化碳等催化重整后均可直接使用,符合高效、大功率燃料电池电站的要求;③电池排放的余热温度高,可回收利用和循环利用,热电联供效率可达 70% 以上;④可采用空气冷却,适用于缺水地区发电。

MCFC 的不足之处在于:①阴极反应物有 $CO_2$,阳极产物有 $CO_2$,为使电池连续稳定工作,需配备 $CO_2$ 循环装置;②强碱、高温的腐蚀作用对电池的各种材料提出了十分苛刻的要求,电池寿命因而受到限制;③电池需高温高湿密封,电极材料需防高温蠕变。

**2. 熔融碳酸盐燃料电池工作条件**

提高 MCFC 的工作压强可提高电池电动势、增强电池性能。然而,压强的增大也有利于碳沉积反应、甲烷化反应等发生,可导致阳极气路堵塞并消耗 $H_2$。在燃料中加入 $H_2O$ 和 $CO_2$ 可以限制副反应发生。

大多数碳酸盐在低于 520℃ 时不是熔融状态。在 575~650℃ 之间,电池性能随温度增加而提高。当高于 650℃ 时,性能提高有限,且电解质因挥发而损失,腐蚀性也会增强。因此,MCFC 的最佳工作温度为 650℃。

MCFC 的电压随反应气体(氧化剂气体和燃料气体)的组成而变化。提高氧化剂或燃料的利用率均会导致电池性能的下降,但反应气利用率过低将增加电池系统的内耗。综合两方面考虑,一般将氧化剂的利用率控制在 50% 左右,燃料的利用率控制在 75%~85%。

煤气是 MCFC 的主要燃料,然而煤衍生燃料中的杂质对 MCFC 的性能可产生影响,其中的硫化物可吸附在镍催化剂表面堵塞电化学反应中心,卤化物会腐蚀阴极室材料,固体颗粒会堵塞气体通路或覆盖阳极表面等。

**3.熔融碳酸盐燃料电池的应用**

MCFC 容易建造、成本较低,近年来发展迅速,美国、日本、德国等都投入大量研究经费开发 MCFC。目前,MCFC 市场化的主要障碍是基本成本、运行成本和维护成本仍偏高,而非技术障碍。化石能源储量的减少及环保观念的普及将推动 MCFC 的发展进程。

### 10.2.7　直接碳燃料电池

**1.直接碳燃料电池工作原理**

直接碳燃料电池(Direct Carbon Fuel Cell, DCFC)采用固体碳(如煤、石墨、活性炭、生物质炭等)为燃料,通过其直接电化学氧化反应来输出电能,工作温度通常在 600 ～ 800℃。在这种电池中,碳既是阳极,也是燃料,在电池工作过程中会不断消耗,其基本结构如图 10-14 所示。

DCFC 的基本工作原理是:电池阳极的固体碳燃料直接发生电化学氧化反应,释放出 $CO_2$ 等气态产物,同时释放出电子产生电流;在阴极发生氧化剂(氧气)的还原反应,氧化剂与电子结合产生导电离子,导电离子通过电解

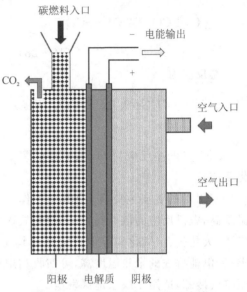

图 10-14　直接碳燃料电池示意图

质传递至阳极;通过外部不断地供给燃料和氧化剂,将燃料氧化释放的化学能转换为电能。

由于碳的电化学反应速率缓慢,通常需要在高温条件下进行,因此 DCFC 采用熔融盐或者固体氧化物作为电解质。电解反应因采用的电解质不同而不同,但理想的电池反应均为

$$C+O_2 \longrightarrow CO_2 \tag{10-30}$$

DCFC 电池反应的熵变是一个很小的正值,在电池工作时会从环境中吸收少量热能转化为电能,因此其理论效率可达 100% 以上,电池工作温度越高,效率也越高。DCFC 的实际效率要远高于其他高温燃料电池。固体碳燃料资源丰富、价格低廉,且 DCFC 相较于直接燃煤发电排放污染物少,有望作为新一代的发电方式。

**2.直接碳燃料电池结构**

DCFC 所使用的电解质可分为熔融碳酸盐电解质、熔融碱金属氢氧化物电解质、固体氧化物电解质及固体氧化物和熔融碳酸盐双重电解质四种类型。

熔融碳酸盐具有较高的电导率,且在 $CO_2$ 环境中具有良好的稳定性和适宜的熔点,是 DCFC 较为理想的电解质。以熔融碳酸盐为电解质时,DCFC 的阳极反应为

$$C+2CO_3^{2-} \longrightarrow 3CO_2 + 4e^- \qquad (10-31)$$

阴极反应为

$$O_2 + 2CO_2 + 4e^- \longrightarrow 2CO_3^{2-} \qquad (10-32)$$

熔融碱金属氢氧化物具有比熔融碳酸盐更高的导电率和更低的熔点,且与碳发生电化学反应时活性更高,是一种可能的电解质材料。然而,碱金属氢氧化物会与 $CO_2$ 反应生成碳酸盐,因此该类电解质目前仍难以广泛应用。当熔融碱金属氢氧化物作为电解质时,其具体的反应机理尚不十分清楚,但阳极的总电化学反应可表示为

$$C+6OH^- \longrightarrow CO_3^{2-} + 3H_2O + 4e^- \qquad (10-33)$$

阴极的总电化学反应可表示为

$$O_2 + 2H_2O + 4e^- \longrightarrow 4OH^- \qquad (10-34)$$

当采用固体氧化物电解质时,电解质中的导电离子为 $O^{2-}$。由于固体氧化物电解质与碳粉接触反应的相界面面积十分有限,且高温下 $CO_2$ 会与 C 反应生成 CO,此类电解质目前仍在可行性探索阶段。

为解决固体氧化物电解质与碳粉接触面积有限的问题,研究者提出了一种杂化型 DCFC,即利用固体氧化物电解质将阴极和阳极分隔开,将碳粉分散在熔融碳酸盐中输送到阳极,其结构如图 10-15 所示。

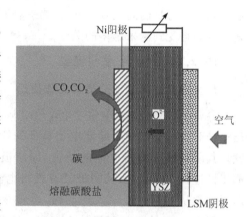

图 10-15　杂化型 DCFC 示意图

这种电池兼具熔融碳酸盐电解质和固体氧化物电解质的优点,并且规避了二者存在的一些问题。但在这种电池中,难免发生碳素溶解损失反应(也称布杜阿尔反应,Boudouard reaction,一种 C 与 $CO_2$ 化合生成 CO,并大量吸热的反应),因此氧化产物中存在 CO。

**3.直接碳燃料电池的应用**

DCFC 是一种可将廉价、丰富的固体碳燃料清洁高效地转化为电能的新装置,是目前唯一使用固体燃料的燃料电池,较传统燃料电池具有以下不同的优点。

(1)**DCFC 的能量转化效率高**。由于其熵变是一个很小的正值,导致其在工作时会从环境中吸收少量的热量,理论效率可达 100% 以上。

(2)**DCFC 的燃料利用率可达 100%**。电池反应过程中,由于反应物固体(碳)和气态产物以单独的纯相存在,因此它们的化学势(活度)不变,不会随着燃料的转换程度和在电池内部的位置而改变,所有加入的燃料可一次性完全转化。在碳的全部转化过程中,能够保证电池的理论电压恒定在 1.02 V。

(3)**DCFC 的污染排放少**。从化学反应角度上,DCFC 发电和火电站的直接燃煤发电都是利用煤炭的完全燃烧反应,但是由于发电原理的不同,DCFC 发电所释放的污染物,如

$SO_x$、$NO_x$、粉尘等,要远少于直接燃煤发电。

(4)**DCFC 的固体碳燃料能量密度大。** 与气态燃料相比,固体燃料储存、运输更加方便。

(5)**DCFC 的结构可模块化设计且不需要大量水。**

这些特点使得 DCFC 特别适于建设坑口电站,变输煤为输电,从而可降低煤在运输中造成的污染并节省运输费用。

用 DCFC 代替燃煤发电可极大提高能量转换效率,同时减少煤直接燃烧带来的粉尘、二氧化硫等污染物排放,是一项具有现实意义的节能减排新技术。与传统燃料电池相比,DCFC 的研究还远不够系统和深入,仍存在诸多问题未得到解决。面对世界范围内的能源危机和环境恶化的问题,DCFC 作为一种利用低廉、丰富的低品质燃料实现洁净高效发电的新装置必将受到越来越多的关注。

### 10.2.8　金属半燃料电池

#### 1.金属半燃料电池分类与工作原理

金属半燃料电池(Metal Semi Fuel Cell,MSFC)是一种兼具燃料电池和储能电池特征的能量转化装置。其阳极具有储能电池的特征,即阳极材料在电池工作过程中被消耗;其阴极具有燃料电池的特征,即氧化剂从外部连续输入到阴极,电极本身不被消耗。图 10-16 为空气阴极的 MSFC 示意图。

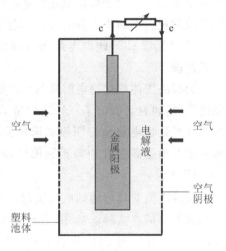

图 10-16　空气阴极 MSFC 示意图

MSFC 的阳极材料通常是 Zn、Al、Mg 等电化学氧化活性高、能量密度大的活泼金属。氧化剂可以是工作环境中的 $O_2$、$H_2O_2$、NaClO 等。由于阳极金属无法在酸性介质中稳定存在,电解质通常为中性或碱性水溶液。MSFC 放电时,阳极金属发生电化学氧化反应溶解,阴极上发生氧化剂的电化学还原反应。以 Al 为阳极、$O_2$ 为氧化剂、NaOH 水溶液为电解质的 MSFC 为例,其阳极反应为

$$Al + 4OH^- \longrightarrow Al(OH)_4^- + 3e^- \tag{10-33}$$

阴极反应为

$$O_2 + 2H_2O + 4e^- \longrightarrow 4OH^- \tag{10-34}$$

电池反应为

$$4Al + 3O_2 + 6H_2O + 4OH^- \longrightarrow 4Al(OH)_4^- \tag{10-35}$$

#### 2.金属半燃料电池阳极材料

MSFC 的阳极材料主要有 Zn、Al、Mg 三种。

1）Zn 阳极半燃料电池

当 Zn 为阳极时,其发生的阳极反应为

$$Zn + 2OH^- \longrightarrow Zn(OH)_2 + 2e^- \tag{10-36}$$

$$Zn(OH)_2 + 2OH^- \longrightarrow Zn(OH)_4^{2-} \tag{10-37}$$

当反应生成的 $Zn(OH)_4^{2-}$ 浓度增大时,将发生分解反应生成固体沉积物。当碱液浓度低于 $6\ mol \cdot L^{-1}$ 时,形成的沉积物为 $Zn(OH)_2$;当碱液浓度高于 $8\ mol \cdot L^{-1}$ 时,形成的沉积物为 ZnO。Zn 电极放电时往往会发生寄生的析氢腐蚀反应:

$$Zn + 2OH^- + 2H_2O \longrightarrow Zn(OH)_4^{2-} + H_2 \tag{10-38}$$

由于 Zn 电极在碱液中的腐蚀较弱,锌电极可制成粉末、微粒状,以增大反应面积,降低 Zn 的使用率。

2）Al 阳极半燃料电池

Al 金属储量丰富、能量密度高,是 MSFC 阳极的理想选择。但实际应用中 Al 表面存在致密氧化物钝化膜,会造成电压滞后,且氧化膜破坏后的自放电腐蚀现象严重,会降低电极利用率。Al 半燃料电池可采用中性电解液（如海水）或碱性电解液（如 NaOH）。在中性电解液中,其反应为

$$Al + 3OH^- \longrightarrow Al(OH)_3 + 3e^- \tag{10-39}$$

在碱性电解液中,其反应为

$$Al + 4OH^- \longrightarrow Al(OH)_4^- + 3e^- \tag{10-40}$$

当碱液逐渐被消耗、$Al(OH)_4^-$ 逐渐富集时,$Al(OH)_4^-$ 会发生分解反应释放 $OH^-$ 并产生 $Al(OH)_3$ 沉淀。Al 在电解质中同样会发生自放电腐蚀反应析出氢气:

$$2Al + 2OH^- + 6H_2O \longrightarrow 2Al(OH)_4^- + 3H_2 \tag{10-41}$$

$$2Al + 6H_2O \longrightarrow 2Al(OH)_3 + 3H_2 \tag{10-42}$$

此外,Al 还会和氧化剂（$O_2$、$H_2O_2$）等发生化学氧化反应:

$$2Al + \frac{3}{2}O_2 + 3H_2O + 2OH^- \longrightarrow 2Al(OH)_4^- \tag{10-43}$$

$$2Al + 3H_2O_2 + 2OH^- \longrightarrow 2Al(OH)_4^- \tag{10-44}$$

Al 在中性溶液中腐蚀速率比在碱溶液中小很多,因此电极寿命较长,但通常功率密度较小。

3）Mg 阳极半燃料电池

Mg 金属同样储量丰富,能量密度介于 Zn 和 Al 之间,也是理想的阳极材料。在中性溶液中,阳极反应为

$$Mg \longrightarrow Mg^{2+} + 2e^- \tag{10-45}$$

在碱性溶液中,阳极反应为

$$Mg + 2OH^- \longrightarrow Mg(OH)_2 + 2e^- \tag{10-46}$$

Mg 金属活泼性高,在多数水溶液中会与水发生反应释放氢气。在中性电解液中反应相对缓慢,在碱性电解液中由于 $Mg(OH)_2$ 能在表面形成保护膜,可降低 Mg 的活性溶解速率。因此,Mg 阳极半燃料电池通常使用中性(海水)或碱性($H_2O$)电解液。Mg 阳极同样存在自腐蚀析氢和表面钝化的问题。

### 3. 金属半燃料电池结构

MSFC 的阴极可采用空气、$H_2O_2$、海水等作为氧化剂。金属-空气半燃料电池理论能量密度很大,可达 $kW \cdot h/kg$ 级,然而目前实际能量密度仅为几百 $W \cdot h/kg$,仍存在较大研发空间。空气电极在结构设计上如图 10-17 所示,一般由憎水的透气层、半憎水半亲水的催化剂层和金属基体导电网(集流体)组成。

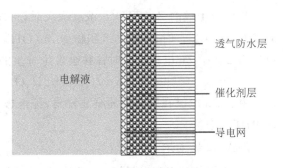

电解液

透气防水层

催化剂层

导电网

图 10-17　空气电极结构示意图

碱性电解液中氧气的还原反应为

$$O_2 + 2H_2O + 4e^- \longrightarrow 4OH^- \tag{10-47}$$

以 $H_2O_2$ 为氧化剂的半燃料电池携带液态 $H_2O_2$ 为氧化剂,不依赖空气,可在水下及太空环境中工作。该类电池具有能量密度高、放电电压稳定、结构简单等优点。$H_2O_2$ 作为氧化剂有间接和直接两种工作模式。间接模式指 $H_2O_2$ 先分解为 $H_2O$ 和 $O_2$,再使用 $O_2$ 作为氧化剂,这种模式下 $H_2O_2$ 可视为储氧材料;直接模式是采用 $H_2O_2$ 作为氧化剂,其在碱性条件下的反应为

$$H_2O_2 + 2e^- \longrightarrow 2OH^- \tag{10-48}$$

在酸性条件下的反应为

$$H_2O_2 + 2e^- + 2H^+ \longrightarrow 2H_2O \tag{10-49}$$

### 4. 金属半燃料电池的应用

与常见的储能电池相比,金属半燃料电池能量密度大、使用寿命和干存时间长、机械充电时间短;与燃料电池相比,其结构简单、放电电压稳定、成本低。因此该类电池应用非常广泛,在电动运输工具牵引电源、备用和应急电源、便携式仪器设备电源,以及水下电源等领域均被广泛应用。目前,金属半燃料电池较成功的应用是作为水下电源。

金属-海水溶解氧电池是结构最为简单的一种半燃料电池,其电化学原理与金属-空气电池相同。该类电池由金属棒垂直均匀排列在电池中心位置作阳极,环绕阳极的为若干根碳纤维阴极刷或金属圆筒阴极。使用时电池浸入海水中,利用海水中的溶解氧作为氧化剂,海水作为电解质。该种结构造价低廉、安全可靠,适用于为海下工作的电子仪器设备提供电源。

### 10.2.9　生物燃料电池

#### 1. 生物燃料电池工作原理

生物燃料电池(Biofuel Cell,BFC)是利用酶或者微生物组织作为催化剂,将有机物燃料的化学能转化为电能的一种特殊的燃料电池。生物燃料电池能量转化效率高、生物相容性好、原料来源广泛、可以用多种天然有机物作为燃料,是一种真正意义上的绿色电池。在工作过程中,阳极室中的葡萄糖等燃料在催化剂(酶、微生物)的作用下被氧化,释放出电子和质子。电子直接或者由介体传递到阳极,质子通过质子交换膜到达阴极室,氧化物(通常为氧气)在阴极室被还原。BFC阳极工作原理如图10-18所示。

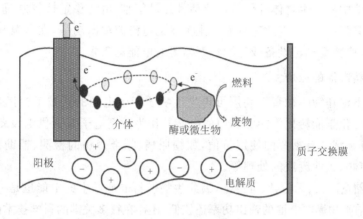

图 10-18　BFC 阳极工作原理示意图

相比较其他类型的燃料电池,生物燃料电池能量转化效率高、能源来源多样化、工作条件温和、无需能量输入、无污染,且具有良好的生物相容性。生物燃料电池有多种分类方法,按照催化剂类型可分为微生物燃料电池(MBFC)和酶生物燃料电池(EBFC);按照电子转移方式可以分为直接生物燃料电池(电子直接在反应场所和电极间传递)和间接生物燃料电池(电子通过介体传递);按照构造可分为双室生物燃料电池和单室生物燃料电池。

#### 2. 微生物燃料电池

微生物燃料电池(Microbial Fuel Cell,MBFC)是利用微生物(即完整的菌体细胞)作为催化剂,将燃料的化学能直接转化为电能的一种装置。以葡萄糖作底物的燃料电池为例,其阳极反应为

$$C_6H_{12}O_6 + 6H_2O \longrightarrow 6CO_2 + 24H^+ + 24e^- \qquad (10-50)$$

阴极反应为

$$6O_2 + 24H^+ + 24e^- \longrightarrow 12H_2O \qquad (10-51)$$

一般而言,微生物燃料电池都是在厌氧条件下利用土壤细菌、希瓦氏菌、红螺菌等微生物的代谢作用降解有机燃料,同时释放电子和质子。电子通过人工添加的辅助电子传递中

介体,或者微生物本身产生的可溶性电子传递中介体,或者直接传递到阳极表面。到达阳极的电子通过外电路到达阴极,质子通过质子交换膜到达阴极,最终电子、质子和氧气在阴极表面结合生成水。

**3.酶生物燃料电池**

酶生物燃料电池(Enzymatic Biofuel Cell,EBFC)是以从生物体内提取出的酶作为催化剂的一种生物燃料电池。能在酶生物燃料电池中作为催化剂使用的酶主要是脱氢酶和氧化酶,常用的酶有胆红素氧化酶、葡糖氧化酶、漆酶等。酶生物燃料电池体积小、生物相容性好,可为植入人体的装置供电。

酶燃料电池中酶在生物体外保持催化活性比较困难,电池稳定性较差,但由于酶催化剂浓度较高且没有传质壁垒,因此有可能产生更高的电流或输出功率,在室温和中性溶液中工作,可以满足一些微型电子设备或生物传感器等对电能的需求。

**4.生物燃料电池的应用**

生物燃料电池作为一种直接利用可再生生物质产生电能的新技术,可以直接将动物和植物体内储存的化学能转化为能够利用的电能。作为微型电子装置供电设备,它在医疗、航天、环境治理等领域均有重要的使用价值,如糖尿病、帕金森病的检测、辅助治疗,以及生活垃圾、农作物废物、工业废液的处理等。

生物原料储量巨大、无污染、可再生,因此生物燃料电池产生的电能也是一个潜力极大的能量来源。目前生物燃料电池的输出功率还较低,还存在很多关键的科学技术问题亟待解决。

## 10.3　动则日行千里,静则造福一方:燃料电池的应用场景

燃料电池是一种通过电化学反应直接将燃料中的化学能转化为电能的装置,具有效率高、污染少、噪声低等优点,是一种清洁高效的新型发电技术。目前,燃料电池的应用场景主要可分为三类:便携式设备、交通运载工具及固定式发电电站。

### 10.3.1　便携式设备

直接甲醇燃料电池具有燃料存储方便、结构简单、可在室温运行等优点,是便携式设备电源的首选。美国吉讷公司、德国西门子公司、德国斯玛特燃料电池公司等都曾开展过基于DMFC的便携式电源的研究。日本东芝公司 2003—2005 年间成功研发了针对笔记本计算机、手机等产品的 DMFC 电源(如图 10-19 所示),韩国三星先进技术研究院成功开发了可内置于手机的 DMFC,美国 MTI 公司与哈里斯公司于 2003 年开发了适用于军用便携式收音机的 DMFC。

图 10-19　日本东芝公司研发的 DMFC 便携式电源

目前基于 DMFC 的便携式设备尚未大

规模商业化,其主要原因在于:DMFC 使用昂贵、稀缺的 Pt 金属催化剂,且催化活性不高;目前的商业化质子交换膜(Nafion)存在严重的甲醇渗透问题,在降低燃料利用率的同时也会毒化阴极催化剂造成电池性能衰减;甲醇本身具有一定毒性。如能研发更为廉价高效的催化剂和能够有效阻挡甲醇的质子交换膜,则 DMFC 有望在特定场景下取代锂离子电池成为新一代的便携式电源。

质子交换膜燃料电池同样可在室温下工作,且结构紧凑,可作为便携式电源在野外等场景下提供电能。目前我国攀业氢能源科技有限公司已开发了 200 W 便携式 PEMFC 产品。目前 PEMFC 在便携式应用场景下的发展瓶颈在于缺乏安全可靠的氢源,高压气态储氢、深冷液态储氢等均不适用于便携式场景,固态储氢材料是一种较为理想的便携式氢源,然而其目前主要存在储氢密度较低、释氢过程缓慢、释氢杂质多等问题。

### 10.3.2 交通运载工具

质子交换膜燃料电池在汽车、无人机、舰船等交通运载领域被寄予厚望,是当前的研发热点。与锂离子电池相比,PEMFC 不需要漫长的充电过程,可以像添加燃油一样添加氢气,不存在"里程焦虑",且 PEMFC 在反应过程中释放热量,对温度的敏感性不高,不会出现锂电池中常见的输出功率随反应温度显著下降的问题。

加拿大巴拉德(Ballard)动力系统有限公司率先开展了车用 PEMFC 的研究,1993 年成功研制出以高压氢为燃料的公共汽车,该种 PEMFC 电动车输出功率为 120 kW,电动机输出功率为 80 kW,行驶距离为 160 km。随后,通用汽车公司、戴姆勒-克莱斯勒汽车公司、福特公司、本田公司等知名汽车企业均研发了基于 PEMFC 的汽车并进行了公路示范。2013 年东京车展中,日本丰田公司研发的氢燃料电池车 Mirai 首次亮相,如图 10 - 20 所示,2015 年发售 700 辆供应全球,截至 2021 年,Mirai 车型单次加氢里程已突破 1000 km。

图 10 - 20 氢燃料电池车 Mirai 结构

氢燃料电池车的广泛商业化除受制于本身使用的质子交换膜及贵金属催化剂成本外,还受制于供氢系统。现有氢燃料电池车中均使用高压气瓶(35 MPa 或 70 MPa)储氢,需要依靠加氢站(加氢压强>40 MPa 或 85 MPa)提供氢气。加氢站的建设需要投入大量资金,且由于高压氢气的危险性,只能建设在较为荒芜的地区,难以像加油站那样普及。如未来大规模推广氢燃料电池汽车,需要在氢气储运方式上实现技术突破。

除汽车外,氢燃料电池无人机、潜艇、船舶等也受到了广泛关注。2020 年,韩国斗山创新与深圳科卫泰实业发展有限公司联合开发的氢动力工业级多旋翼无人机 DT30(KWT-

X6Q)正式开始在中国市场上市交付,如图 10-21 所示;德国 212 型潜艇首次采用氢燃料电池提供动力,由于氢燃料电池系统运行噪声低,因此此类潜艇可以更长时间地在水下作战和隐藏。2021 年,中国众宇动力系统科技有限公司研发了船用 TWZFCSZ 系列燃料电池系统,并取得了中国船级社颁发的产品型式认可证书,如图 10-22 所示。

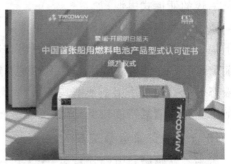

图 10-21　氢燃料电池无人机　　　　图 10-22　船用氢燃料电池动力系统

### 10.3.3　固定式发电电站

质子交换膜燃料电池(PEMFC)、磷酸燃料电池(PAFC)以及固体氧化物燃料电池(SOFC)、熔融碳酸盐燃料电池(MCFC)等均可用于固定式发电。目前世界范围内已有多个兆瓦级燃料电池发电站建成并投产。

美国布鲁姆能源(Bloomenergy)公司专注于为用户提供 200 kW～1 MW 级的分布式供电方案,截至 2020 年上半年,Bloomenergy 在全球部署运行了近 500 MW 的发电系统(如图 10-23 所示),且在过去 10 年发电量超过 160 亿 kW·h;美国燃料电池能源(FuelCell Energy)公司主要生产百千瓦级的 SOFC 系统和兆瓦级的 MCFC 分布式热电联供系统,已

图 10-23　美国 Bloomenergy 公司生产的燃料电池发电系统

在全球安装了超过 300 MW 的分布式电站设备;韩国浦项能源入股 FuelCell Energy 公司后,在韩国建造了 18 个、共计 170 MW 的商用燃料电池电站,其中单机功率最大为 58 MW,安装于京畿道华城;韩国斗山集团生产了用于山野建筑和住宅的 600 W、1 kW、5 kW、10 kW PEMFC 电池,以及 400 kW PAFC 电池产品,全球累计发电 20 亿 kW·h。

燃料电池还可以与微电网系统结合实现热电联供(Combined Heat and Power,CHP),用燃料电池的发电废热加热水,供给洗浴和取暖使用,这样可以实现燃料能量的总效率高于95%。日本是全球微型分布式热电联供系统的最大市场,其家用燃料电池 Ene-Farm 项目

始于 2009 年,是目前世界上最大的微型燃料电池分布式电站示范项目,截至 2019 年,已有约 32 万户日本家庭购买了 Ene-Farm 系统,该系统早期主要为 PEMFC 发电,后随着 SOFC 成本下降,SOFC 系统的占比逐年提升,目前与 PEMFC 系统比例相近。日本十分注重燃料电池热电联供系统在商业建筑领域的应用,2018 年,松下发布了基于 PEMFC 的 5 kW 氢燃料电池发电系统,2019 年,日本三浦工业株式会社与英国锡里斯电力(Ceres Power)公司合作开发了针对商业建筑领域的 4.2 kW 热电联供产品。日本家用燃料电池热电联供系统如图 10－24 所示。

图 10－24　日本家用燃料电池热电联供系统

　　目前,相较于燃气轮机,燃料电池的成本依然较高。但燃料电池电站具备模块化性能强、场景适应性好、可扩展性能好、无污染、低噪声等优势,可作为主电网补充或微电网中的独立发电装置。随着相关技术的不断成熟及市场的发展,基于燃料电池的固定式发电装置有望在未来电网中扮演重要角色。

## 参考文献

[1] 曹殿学,王贵领,吕艳卓,等.燃料电池系统[M].北京:北京航空航天大学出版社,2019.

[2] NEHRIR M H,WANG C.燃料电池的建模与控制及其在分布式发电中的应用[M].赵仁德,张龙龙,李睿,等译.北京:机械工业出版社,2019.

[3] 章俊良,蒋峰景.燃料电池:原理·关键材料和技术[M].上海:上海交通大学出版社,2014.

[4] 帕斯夸里·科尔沃.车用氢燃料电池[M].张新丰,译.北京:机械工业出版社,2019.

[5] 刘建国,李佳,等.质子交换膜燃料电池关键材料与技术[M].北京:化学工业出版社,2021.

## 思考题

(1)燃料电池与其他发电方式有什么不同的地方? 优势在哪里?

(2)燃料电池技术还有可能在哪些方面改变我们的生活?

(3)你认为目前最有研发价值的是哪一类燃料电池? 需要突破哪些瓶颈?

# 第六篇
# 储

## >>> 第 11 章　电能与化学能——转换之美

### 11.1　移动电源霸主:锂离子电池

#### 11.1.1　锂离子电池的发展历史

在所有金属元素中,锂具有最小的原子半径、相对原子质量和密度,以及最低的标准电极电势－3.04 V[标准电极电势是指相对于标准氢电极(Standard Hydrogen Electrode, SHE)的电势,而标准氢电极是指铂电极在氢离子活度为 1 mol/L 的理想溶液中所构成的电极,标准氢电极是当前零电位的标准],因此,锂离子电池在理论上能够获得更大的能量密度。

早在 20 世纪 50 年代,美国加州大学的一位博士研究生哈里斯(Harris)就提出了锂离子电池的概念,后来,在能源危机的促进下,科学工作者们对锂离子电池展开了深入的研究。70 年代,首个采用硫化钛为正极、金属锂为负极的锂一次电池被成功制得,但由于锂元素在地壳中的储量较低,人们的注意力开始转移到可循环充放电的锂二次电池。1980 年,古迪纳夫(Goodenough)课题组发现钴酸锂($LiCoO_2$)能够很好地改善锂电极枝晶问题,随后又发现了更稳定、价格更低廉的锰酸锂($LiMn_2O_4$),这些材料可以作为锂离子电池的正极材料,从而改变了原先"锂源负极"的观念,影响了锂离子电池材料的发展;1981 年,美国贝尔实验室也制得了以石墨为负极材料的锂离子电池,成功地解决了以金属锂为负极的电池所带来的安全隐患,使得锂离子电池的大规模使用成为可能。

1989 年,索尼公司推出了锂离子电池,以取代存在较大安全隐患的金属锂电池,并在

1990 年实现了商业化,开启了锂离子电池的商品化之路。1997 年,古迪纳夫课题组发现了含锂磷酸盐能够极大地提高锂离子电池的充放电容量、循环稳定性和安全性,因此含锂磷酸盐成为了主流的大电流锂离子电池正极材料。

2019 年诺贝尔化学奖授予了美国德克萨斯大学奥斯汀分校的约翰·班尼斯特·古迪纳夫 (John Bannister Goodenough)教授、纽约州立大学宾汉姆顿分校的迈克尔·斯坦利·惠廷厄姆 (Michael Stanley Whittingham)教授和日本化学家吉野彰,以表彰他们在锂离子电池发展方面做出的贡献(图 11-1)。

(a) 古迪纳夫　　　　　　　　(b) 惠廷厄姆　　　　　　　　(c) 吉野彰

图 11-1　2019 年三位科学家因在锂离子电池方面的贡献获诺贝尔化学奖

在当今社会,手机、笔记本电脑和数码相机等便携式电子设备的更新换代给锂离子电池提供了巨大的消费市场,随着电动汽车和工业储能领域市场规模的扩大,对高容量和长寿命锂离子电池的需求也在持续增长。

### 11.1.2　锂离子电池结构与工作原理

锂离子电池属于化学电源的一种,其基本原理是通过电化学反应进行电能与化学能之间的相互转换。锂离子电池主要由正极、负极、电解液和隔膜组成。

**1. 锂离子电池结构**

2019 年的三位诺贝尔化学奖获得者对锂离子电池发展做出了杰出贡献。20 世纪 70 年代,惠廷厄姆研发了以 $TiS_2$ 为阴极材料、Li-Al 合金为阳极材料的基于锂离子嵌入式反应的二次电池,其结构示意图如图 11-2(a)所示;1980 年,古迪纳夫提出以氧化钴等嵌锂材料代替 $TiS_2$ 作为阴极材料,电池的供电电压增加了一倍,这种材料已沿用至今,其结构示意图如图 11-2(b)所示;1985 年,吉野彰尝试使用一种碳质材料——石油焦来作阳极,使得锂离子电池更安全,性能更稳定,因此诞生了第一代锂离子电池原型,其结构示意图如图 11-2

(c)所示。目前主流的锂离子电池通常是以具有层状结构的 $LiCoO_2$ 和石墨分别作为正极和负极,电解液采用 $LiPF_6$ 等锂盐溶解在碳酸酯类有机溶剂中形成的无水溶液。

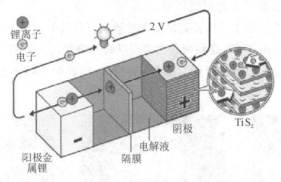

(a) Stanley Whittingham研发的锂离子电池结构示意图

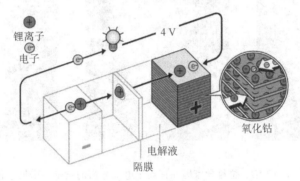

(b) John Goodenough研发的锂离子电池结构示意图

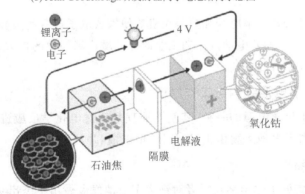

(c) Akira Yoshino研发的锂离子电池结构示意图

图 11-2 三位诺贝尔奖获得者研发的锂离子电池原型

## 2. 锂离子电池工作原理

以钴酸锂($LiCoO_2$)为例,锂离子电池放电过程中,负极反应为

$$Li_xC \longrightarrow C + xLi^+ + xe^- \tag{11-1}$$

正极反应为

$$Li_{1-x}CoO_2 + xLi^+ + xe^- \longrightarrow LiCoO_2 \tag{11-2}$$

充放电过程总的反应为

$$LiCoO_2 + C \Longrightarrow Li_{1-x}CoO_2 + Li_xC \tag{11-3}$$

当 $x \neq 0$ 的时候，$Li_{1-x}CoO_2$ 的电中性可以通过化合物中 $Co^{3+}$ 和 $Co^{4+}$ 的比例来调节，层状结构的石墨可以让锂离子在其内部反复嵌入和脱出。在外界对锂离子电池充电的时候，上述反应向右进行，锂离子从正极的 $LiCoO_2$ 中脱出，通过电解液"流动"到负极，嵌入到石墨中，完成电能向化学能的转变。在锂离子电池对外界供电时，上述反应向左移动，锂离子从石墨中脱嵌出来回到正极。实验表明，当 $Li_{1-x}CoO_2$ 与 $Li_xC_{60}$ 中的 $x$ 分别处于区间$(0, 0.5]$ 与 $(0,1.0]$ 的时候，这个反应可以可逆地进行很多次充放电循环。

这种锂离子电池被人们形象地描述为"摇椅式"锂离子电池，其工作原理如图 11 - 3 所示。

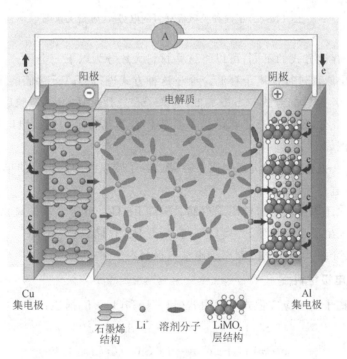

图 11 - 3　"摇椅式"锂离子电池工作原理

### 11.1.3　新型锂离子电池电极材料

早在 2001 年，法国科学家塔拉斯孔（Tarascon）和阿尔芒（Armand）就对不同种类电极材料的比容量进行了总结，如图 11 - 4 所示。从图 11 - 4 中可以明显地看出，Sn 基氧化物和第四周期过渡金属氧化物具有数倍于石墨的理论比容量。迄今为止，人们发现很多金属单质、金属氧化物、金属硫化物及多元金属氧化物在作为锂离子电池负极材料测试时都具有良好的理论比容量和倍率性能。

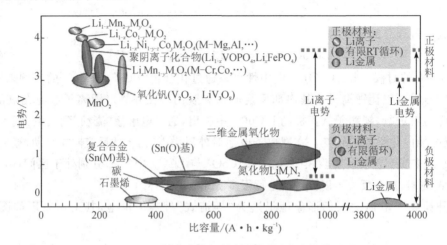

图 11-4 不同种类电极材料的电势-比容量关系图

根据锂离子存储方式的不同,可以将这些材料大致分为以下三类:

(1)通过插层原理进行锂离子存储。通过这种方式进行锂离子存储的主要为碳质材料。$TiO_2$ 与 $Li_4Ti_5O_{12}$ 储锂的方式与石墨类似,锂离子在进行反复的嵌入-脱出时并不会破坏材料的晶格结构。此外,部分具有层状结构的金属化合物在特定的充放电电压区间内也通过这种方式储锂,例如 $MoS_2$。

(2)通过合金-去合金方式进行锂离子存储。除了碳以外的第Ⅳ族的单质(Si、Ge 和 Sn)都通过这种方式进行储锂。

(3)通过氧化还原反应进行锂离子存储。例如 Fe、Co、Ni 等金属的氧化物通过与锂离子发生反应,可逆地生成金属单质和 $Li_2O$,完成锂离子的存储。

下面将简要介绍几种新型的锂离子电池电极材料。

**1. $SnO_2$ 基电极材料**

$SnO_2$ 与锂离子的反应方程式可以由式(11-4)和(11-5)描述:

$$SnO_2 + 4Li^+ + 4e^- \longrightarrow Sn + 2Li_2O \qquad (11-4)$$

$$Sn + xLi^+ + xe^- \Longleftrightarrow Li_xSn \quad (0 \leqslant x \leqslant 4.4) \qquad (11-5)$$

可以看出,$SnO_2$ 主要通过被还原后得到的锡单质与锂离子发生的可逆反应来进行锂离子的存储,第一步反应产生的 $Li_2O$ 会均匀地分散在锡单质中,起到一种"黏合剂"的作用。从第二步可逆反应中可以看出,1 mol 的 Sn 最多能够容纳 4.4 mol 锂离子的嵌入,形成 $Li_{22}Sn_5$ 的放电产物,由此计算得到 $SnO_2$ 的理论比容量约为 990 mA·h/g,远大于商用锂离子电池中石墨负极的容量。但是,$SnO_2$ 在作为锂离子电池负极材料时也有着自身固有的缺陷。与石墨的层状结构不同,锡单质是一种由锡原子紧密堆积形成的金属晶体,因此在锡单质的内部不会像石墨一样具有很大的空间用于锂离子的嵌入。所以在锂离子与锡单质发生可逆的合金-去合金反应时,锡单质循环后的晶体结构很难恢复到锂离子嵌入之前的状态,生成很多无定形锡单质,从而大大降低了材料的电化学活性。从宏观的角度来看,在充放电过程中电极材料的体积会发生很大的膨胀与收缩,产生的体积应力会造成电极材料结构的破坏,造成电极材料的粉化及电池容量的不可逆降低。

为了降低锂离子嵌入-脱出时产生的巨大体积应力对电极材料的破坏,人们对于 $SnO_2$ 基电极材料的组分和结构进行了优化设计。一种以 $SiO_2$ 微球为模板,通过多步法设计制备出的具有双壳层的碳包覆 $SnO_2$ 空心球如图 11-5 所示,在锂离子存储性能测试中这种空心微球显示出了良好的循环稳定性及较好的充放电比容量,在 $0.8C$ 的电流密度下经过 100 次的循环后,可逆比容量仍然稳定在 460 mA·h/g。这是因为空心结构使电极材料的充放电比容量得以提升,而且微球外壳层包覆柔性的碳层可以缓冲充放电过程产生的体积应力对材料空心结构的破坏,产生一种软垫效应,同时外表面的碳壳层还能够提升材料的电导率,减小电池的内阻。

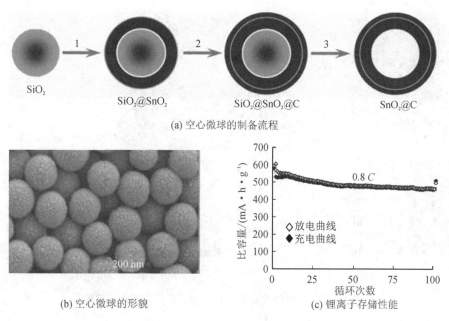

(a) 空心微球的制备流程

(b) 空心微球的形貌　　(c) 锂离子存储性能

图 11-5　$SnO_2$@C 空心微球

## 2. 过渡金属氧化物基电极材料

纳米结构过渡金属氧化物用可作锂离子电池负极材料,它们的锂离子存储机理可以用式(11-6)来描述:

$$M_xO_y + 2y\,Li \Longleftrightarrow x\,M + y\,Li_2O \qquad\qquad (11-6)$$

式中，M 代表通过氧化还原反应进行储锂的过渡金属元素。

由于过渡金属元素具有空的 d 轨道，因此通常具有可变的化合价，而电化学储能中某种物质能量存储的大小与电化学反应中电子转移数目呈正比关系，所以过渡金属氧化物具有较高的理论容量（均大于 600 mA·h/g）。但是过渡金属氧化物在用作锂离子电池负极材料时也存在着固有的缺陷。例如，过渡金属氧化物都属于半导体和绝缘体材料，电导率较低，在作为锂离子电池电极材料时会产生较大的阻抗，导致充放电过程中产生过多的热量，影响电池的性能，并且容易带来安全隐患。此外，过渡金属氧化物在电池的充放电循环过程中也会产生较大的体积应力，造成电极材料的粉化和电极结构的破坏，使电池的容量降低。

通过制备具有空心和介孔结构的纳米材料以及碳复合等方式可缓解上述问题。以 $Fe_2O_3$ 为例，通过不同的合成方法，可以制备出空心、介孔、超薄壳层和纳米片结构的 $Fe_2O_3$ 负极材料，不但具有较高的比表面积以提供更多的活性反应位点用于锂离子的存储，还能够给予更多的缓冲空间以缓解电极材料充放电过程中产生的体积应力对材料结构的破坏。如图 11-6 所示。

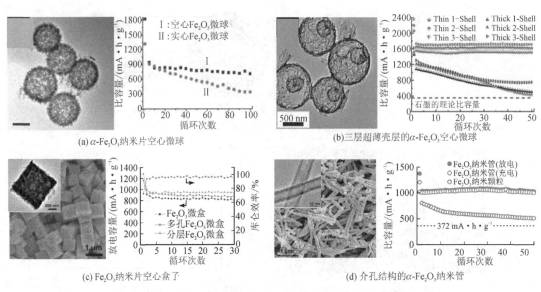

图 11-6　不同结构的 $Fe_2O_3$ 形貌及其锂离子存储性能

(1)$\alpha$-$Fe_2O_3$ **纳米片组成的空心微球**。以分散在水中的甘油小液滴为软模板、$FeSO_4$ 为铁源，通过一步水热法合成出由 $\alpha$-$Fe_2O_3$ 纳米片组成的空心微球，在 200 mA/g 的恒定电流密度下经过 100 个充放电循环后仍然具有 710 mA·h/g 的放电比容量。该方法的合成原料（水、甘油、$FeSO_4$ 均为廉价原料）易得，合成条件温和（水热反应 120～180 ℃），具有很高的应用潜力。如图 11-6(a)所示。

（2）**多壳层结构的 $\alpha$-$Fe_2O_3$ 空心微球**。制备出一种具有多壳层结构的 $\alpha$-$Fe_2O_3$ 空心微球，发现随着微球壳层数目的增加，负极材料的放电比容量也相应地有所提升。其中具有三层壳层结构的 $\alpha$-$Fe_2O_3$ 微球在 50 mA/g 的电流密度下可逆放电比容量能够达到 1702 mA·h/g，而且经过 50 圈充放电循环后容量几乎没有损失。这种多壳层结构的空心微球还能够减少空心材料带来的无用体积，增大单位体积电池的容量。如图 11-6(b) 所示。

（3）**$Fe_2O_3$ 空心微米盒子**。以普鲁士蓝微米块体为前驱体材料，通过简单的煅烧方法得到了由 $Fe_2O_3$ 纳米片组成的空心微米盒子，同时通过测试发现具有纳米片结构的 $Fe_2O_3$ 空心微米盒子比普通和多孔的 $Fe_2O_3$ 空心微米盒子具有更高的充放电比容量。如图 11-6(c) 所示。

（4）**介孔结构的多晶 $\alpha$-$Fe_2O_3$ 纳米管**。以铜纳米线为模板，通过三价铁离子与铜的氧化还原反应得到了 $Fe(OH)_x$ 纳米管前驱体，然后制备出了具有介孔结构的多晶 $\alpha$-$Fe_2O_3$ 纳米管，在 $0.5C$ 的电流密度下充放电 50 个循环后的可逆放电比容量仍然高于 1000 mA·h/g，容量保持率接近 100%。如图 11-6(d) 所示。

## 11.2　跃跃欲试的挑战者：钠离子电池

### 11.2.1　钠离子电池的发展历史

钠离子电池的研究最早始于 20 世纪 80 年代，科学家设计出了类似于锂离子电池工作原理的基于钠离子的可充放电化学储能器件。但是由于这种钠离子电池的容量和循环寿命均低于锂离子电池，因此并没有被作为商品而进行大规模生产。近十年以来，由于移动电子设备、电动汽车和混合动力汽车的市场需求规模持续扩大，人们对锂离子电池的生产规模要求也日益增长。由于锂离子电池生产所需的原材料碳酸锂（$Li_2CO_3$）在地壳中的探明储量相对较低，并且容易开采的锂盐湖主要分布在南美洲，造成锂资源的进口成本持续走高。相比于紧缺的锂元素资源，同为碱金属的钠元素几乎无处不在（NaCl 存储于几乎无限的海洋中），是地球上储量最为丰富的金属元素之一。因此，作为一种极具希望的锂离子电池替代品，钠离子电池近年来引起了学术界和工业界的广泛关注。

在 2010 年，学术界针对钠离子电池电极的固有缺陷，设计开发出了一系列正负极材料，例如：硬碳、金属氧化物/硫化物等负极材料，以及聚阴离子类、普鲁士蓝类、层状 $Na_xMO_2$（M 为过渡金属元素）等正极材料。这些新型电极材料在进行性能测试时表现出了良好的比容量和循环稳定性，有些甚至达到了商用锂离子电池的水平。值得一提的是，对于钠离子电池的相关研发与应用，中国的科研工作者和企业在世界范围内处于领先地位。例如，中国科学院物理研究所与中科海钠科技有限公司在 2018 年联手发布了一款钠离子电池低速电动车，标志着钠离子电池的商业化之路即将开启。2021 年，中国电池领域龙头企业宁德时代新能源科技股份有限公司（以下简称宁德时代）正式发布了第一代钠离子电池，其能量密度处于全球最高水平。虽然这种钠离子电池的能量密度相对于商用锂离子电池较低，但是在快速充电和低温运行等方面具有明显的优势。

### 11.2.2 钠离子电池的组成与工作原理

钠离子电池的构造与锂离子电池类似,由正极、负极、隔膜和电解液组成,然后在电池外壳内部组装而成。以宁德时代发布的钠离子电池为例,正极材料为普鲁士白或者层状氧化物,负极为经过改性后的硬碳,电解液为钠盐的有机溶剂溶液。钠离子电池的工作原理与锂离子电池的工作原理类似,如图 11-7 所示,主要是基于钠离子在正负极之间"流动",进而完成电能与化学能之间的相互转换。与锂离子电池中锂离子嵌入石墨的机理不同,钠离子很难与层状结构的石墨发生可逆化学反应。因此,用具有无序碳结构的硬碳(由小的碳片通过非定向无序堆叠而成)材料替代了石墨负极,如图 11-7 中的负极一端所示,钠离子主要通过硬碳中小碳片形成的"孔隙"和"扩展层间"进行可逆存储。

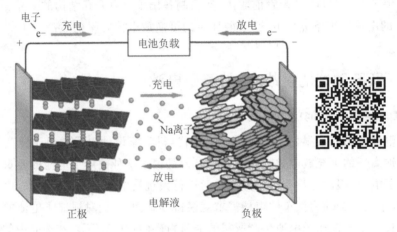

图 11-7 "摇椅式"钠离子电池工作原理

### 11.2.3 新型钠离子电池电极材料

由于钠离子的半径(1.02 Å[①])与锂离子的半径(0.76 Å)比相对较大,而且钠的电极电位($-2.71$ V 相对于 Na/Na$^+$)也比锂($-3.05$ V 相对于 Li/Li$^+$)高,所以在类似的"摇椅式"离子存储系统下,锂离子电池的能量密度和倍率性能均优于钠离子电池。所以,优化钠离子电池性能的关键,在于合成与制备新型的钠离子存储材料。因为钠离子的半径较大,且电化学反应机理与锂离子电池类似,所以钠离子电池的电极材料需要有更好的结构稳定性和更大的离子存储空间。

在适用于锂离子电池的电极材料中,部分具有二维结构的硫化物被认为是极具希望的钠离子电池电极材料。例如,硫化钼($MoS_2$)和硫化锡($SnS_2$)具有类石墨层状结构(石墨的层间距约为 0.335 nm)和远大于锂/钠离子半径的层间距($MoS_2$:约 0.62 nm;$SnS_2$:约 0.59 nm),且 $MoS_2$(670 mA·h/g)和 $SnS_2$(1136 mA·h/g)均具有相对较高的理论容

---

① 1 Å=0.1 nm=$10^{-10}$ m。

量,所以这两种材料在钠离子电池领域中引起了广泛的关注和研究。

**1. MoS₂ 基电极材料**

$MoS_2$ 作为钠离子电池电极材料时,嵌入式和转化式钠离子存储会随着充放电电压的变化而分步进行:首先,在 $0.4\sim3$ V 的区间内,钠离子通过嵌入-脱嵌的方式在硫化钼层间进行可逆存储($MoS_2+x Na \Longrightarrow Na_x MoS_2, x<2$);其次,在 $0.4$ V 以下的区间内,钠离子会进一步通过转化反应存储($Na_x MoS_2+(4-x)Na \Longrightarrow Mo+2Na_2S$)。其中前一步中的钠离子存储模式对硫化钼晶体结构的损坏相对于后一步骤较小,但是理论上嵌入钠离子的数量也相对较少。因此,将充放电电压控制在 $0.4\sim3$ V 的区间内,能够显著提升硫化钼电极的循环稳定性,但是也带来了电池容量与能量密度的损失。

为了改善 $MoS_2$ 的导电性和钠离子固态传输速率慢的问题,设计了一种由无定形碳纳米管(Amorphous Carbon Nanotubes,ACNT)和 $MoS_2$ 纳米片复合的一维结构材料,如图 11-8 所示。这种复合电极材料是先在一种聚合物纳米管(SPNTs)的表面生长一层 $SiO_2$

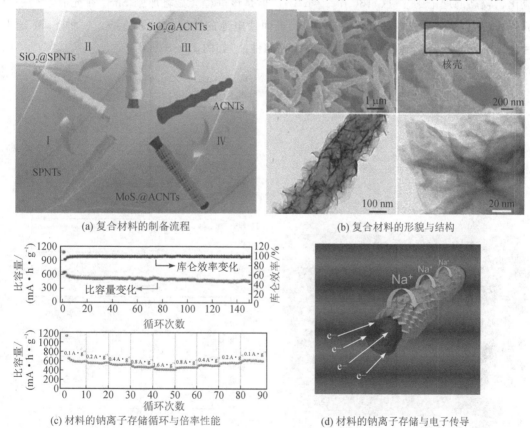

(a) 复合材料的制备流程　　　　　　　　(b) 复合材料的形貌与结构

(c) 材料的钠离子存储循环与倍率性能　　　(d) 材料的钠离子存储与电子传导

图 11-8　$MoS_2$ 纳米片与无定形碳纳米管复合材料的制备与性能

壳层,再通过高温煅烧的方法对聚合物纳米管进行碳化,并且对 SiO$_2$ 壳层进行刻蚀去除,最终得到一种无定形碳纳米管,进而在 ACNT 的表面生长出 MoS$_2$ 纳米片,得到这种复合电极材料的流程如图 11-8(a)所示。从图 11-8(b)给出的复合材料的形貌图片中可以清晰地看到这种材料的核壳(core-shell)结构。在电池性能测试中,MoS$_2$@ACNT 复合材料在 150 圈循环后,仍然具有 461 mA·h/g 的比容量,并且有着良好的倍率性能,如图 11-8(c)所示。图 11-8(d)给出了这种复合材料的钠离子存储机理:外层的 MoS$_2$ 纳米片用于钠离子的反复嵌入-脱嵌,内部的无定形碳纳米管可以增强电极材料的整体导电性能。

**2. SnS$_2$ 基电极材料**

SnS$_2$ 是一种典型的二维层状材料,在作为负极材料时,通过嵌入反应(SnS$_2$ + Na $\Longrightarrow$ NaSnS$_2$)、转化反应(NaSnS$_2$ + 3Na $\Longrightarrow$ Sn + 2Na$_2$S)与合金化反应(4Sn + 15Na $\Longrightarrow$ Na$_{15}$Sn$_4$)进行钠离子存储。由于合金-去合金钠离子存储进程的存在,SnS$_2$ 具有相对于其他硫化物较高的理论比容量(1136 mA·h/g)。但是该进程会显著加剧 SnS$_2$ 在充放电过程中的体积应力,造成电极材料的不可逆损毁,进而使电池的比容量迅速衰减。一种 SnS$_2$ 纳米片与碳纳米管复合材料可显著改善钠离子存储性能,如图 11-9 所示。

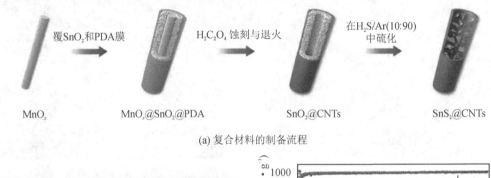

(a) 复合材料的制备流程

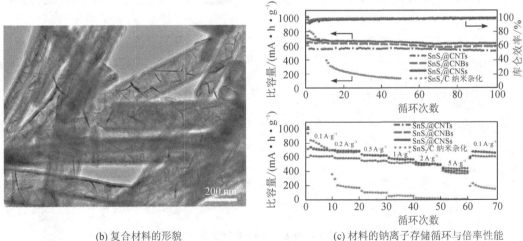

(b) 复合材料的形貌　　　　　　(c) 材料的钠离子存储循环与倍率性能

图 11-9　SnS$_2$ 纳米片与碳纳米管复合材料的制备与性能

　　其制备是在 $MnO_x$ 纳米棒表面包覆一层 $SnO_2$ 和聚多巴胺（PDA）壳层，然后通过酸刻蚀和高温退火过程除去 $MnO_x$ 模板，并且将 PDA 碳化成氮掺杂碳纳米管，最后将产物在 $H_2S$ 和 Ar 的混合气体中进行二次煅烧，得到了由 CNT 包裹的 $SnS_2$ 纳米片结构，如图 11-9（a）所示。这种在 CNT 内部空腔中生长纳米片的结构（如图 11-9（b）所示），不但能够对高比容量的 $SnS_2$ 活性材料提供有利的"空间限域"效应，增强复合电极材料的整体结构稳定性，而且氮掺杂碳组分的引入，也可以提升电极材料的导电性能，这种 $SnS_2$@CNTs 电极材料在经过 100 圈充放电循环后，仍然能保持 528 mA·h/g 的比容量，并展示出优异的倍率性能，如图 11-9（c）所示。此外，还通过类似的方法制备了"空心纳米盒子"和"空心纳米球"封装 $SnS_2$ 纳米片的复合材料，同样有着良好的钠离子存储性能。

## 11.3　另辟蹊径的选择：锌离子电池

### 11.3.1　锌离子电池的研究背景

　　不同于锂离子电池和钠离子电池，锌离子电池主要是基于水溶液电解液的储能器件，是近年来兴起的一种新型水系电池，目前还处于研发阶段。可充放水系离子电池在金属离子电池的基础上，将可燃、高成本的有机电解液替换成更为安全、更易于制备的水系电解液，而且水系电池不需要无水无氧的环境就可以对电池进行生产、组装、密封等操作，大大降低了电池的生产及技术成本。虽然目前水系电池的能量密度与商用锂离子电池和燃料电池仍存在一定的差距，但是在电网储能的实际应用场景中，对电池的体积质量等便携性要求不高，通过牺牲"相对有限的空间"来换取同等量级的电能存储效率，具有重要的实际应用价值。所以，可充放水系离子电池在电网级别的大规模储能体系中具有重要的研究价值和应用前景。

　　在所有适用于可充放水系离子电池的金属元素中，锌离子不但可以稳定存在于水溶液中，而且锌具有低平衡电位和氢反应的高过电位，是可以从水溶液中高效还原的所有元素中标准电位最低的元素。因此，相较于其他在水溶液里稳定的金属元素，锌离子电池能够获得更高的能量密度。迄今为止，在已开发出的可充放水系离子电池中，锌离子电池具有最高的理论容量（820 mA·h/g）。所以，基于锌元素的锌离子电池是目前最具有应用前景的水系电池之一。

　　锌元素在地壳中的丰度相对较高（含量约为 0.075%），排在所有元素的第 23 位，锌的市场价格相对较低（仅为同质量锂的十分之一）。我国是全球第二大锌矿资源储量国，锌精矿产率在世界范围内占比高达 36%。相比较于活泼的碱金属，金属锌还具有毒性低、抗大气腐蚀能力强、环境友好等优势，所以金属锌可以作为锌离子电池的负极。锌离子电池的电解液采用近乎中性的硫酸锌、醋酸锌的水溶液，正极材料为锰和钒的氧化物。相比较于采用有机电解液和石墨负极的锂离子电池，水系锌离子电池从构造上根本解决了起火、爆炸等安全性问题。所以，考虑到低成本、安全性和原材料自给自足等优势，基于金属锌负极的水系锌离子电池在我国有着重要的工业应用潜力和国家安全战略意义。

### 11.3.2　锌离子电池的组成与工作原理

锌离子电池的基本构造与其他二次电池类似，由正极、负极、隔膜和电解液构成。与锂/钠离子电池不同的地方是，锌离子电池并不是严格意义上的"离子电池"，因为锌离子电池的负极为金属锌，所以也可以看作是一种"半电池"。由于锌离子较大的半径和多电荷（带 2 个单位正电荷）结构，所以目前能够用于存储锌离子的正极材料种类较少，包括钒、锰基多价态氧化物和普鲁士蓝衍生物等。锌离子电池的电解液是由三氟甲磺酸锌、硫酸锌及少量添加剂溶解在水中形成的溶液。

锌离子电池的工作原理如图 11-10 所示，主要是基于锌离子在正极锰基氧化物和负极锌箔之间移动来进行电能存储与释放。与锂/钠离子电池的主要区别是，由于水的氧化还原电势限制，锌离子电池的充放电电压窗口较窄，一般在 1.8 V 以下（同等条件下锂/钠离子电池的电压窗口为 3 V）。金属锌负极在进行充放电循环过程中发生的是电化学电镀反应，即锌离子与金属锌之间的相互转化，而正极端发生的是锰基氧化物与锌离子的可逆反应。在锌离子电池的可逆充放电过程中，氢离子也会随着锌离子一同参与到电极反应中，基于此原理还开发出了一类新型的"双离子"电化学储能器件。

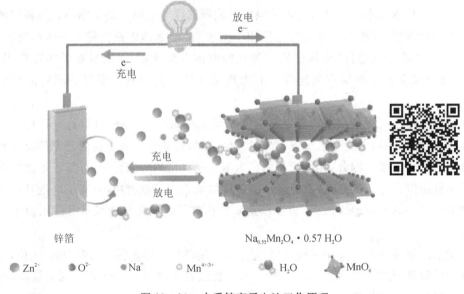

锌箔　　　　　　　　　　　　$Na_{0.55}Mn_2O_4 \cdot 0.57\,H_2O$

● $Zn^{2+}$　　● $O^{2-}$　　● $Na^+$　　● $Mn^{4+/3+}$　　● $H_2O$　　◆ $MnO_6$

图 11-10　水系锌离子电池工作原理

### 11.3.3　新型锌离子电池电极材料

正极作为水系锌离子电池至关重要的一个环节，影响着电池的整体性能。根据水系锌离子电池的反应机理，其正极材料选择的首要标准就是材料的充放电电位处于电解液的电化学窗口之内,以保证电池可以正常地进行充放电,减少副反应。尽管 $Zn^{2+}$ 的离子半径(0.074 nm)和 $Li^+$ 的离子半径(0.076 nm)近似,但是和 $Li^+$ 相比,$Zn^{2+}$ 属于多价态离子,有着更高的电荷数,再加上原子量(65.38 g · $mol^{-1}$)远大于 $Li^+$(6.94 g · $mol^{-1}$),有着更强的静电斥力。在水溶液中 $Zn^{2+}$ 一般的存在形式是水合锌离子,实际半径要远远大于 $Li^+$,所以很多锂离子电池的正极材料无法直接应用于水系锌离子电池中。图 11-11 总结了可用于水系锌离子电池正极材料的工作电压窗口与理论比容量,目前研究较为广泛的是钒基和锰基正极材料。

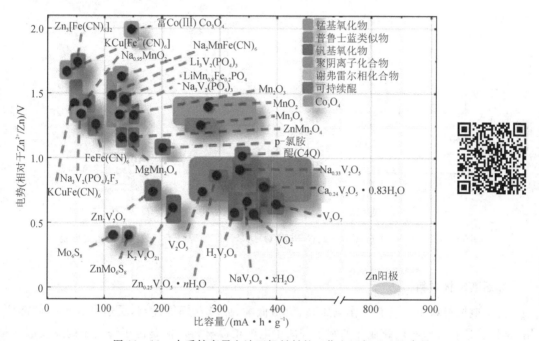

图 11-11　水系锌离子电池正极材料的工作电压与理论比容量

### 1. 钒基电极材料

钒基氧化物具有价格低廉、储量丰富和多价态等优点,在水系电解液中可以有+5、+4、+3 三种价态,存在多种价态变化,也因为独特的层状结构和优异的比容量和倍率性能被广泛研究。现阶段钒基正极材料主要分为氧化钒($V_3O_7$、$VO_2$、$V_{10}O_{24}$)、钒酸盐(钒酸锂、钒酸钠、钒酸钾、钒酸锌、钒酸铁)以及快离子导体结构的磷酸钒钠等化合物。提升钒基正极材料性能的措施主要有复合导电材料、离子掺杂、表面包覆等手段。

通过原子层沉积法将 $V_2O_5$ 快速原位转化为 $Zn_3V_2O_7(OH)_2$ · $2H_2O$(ZVO)纳米片簇,在低电流和高电流速率下都表现出优异的比容量和循环稳定性,如图 11-12 所示。高浓度的反应位点、与导电衬底的强粘结、纳米厚度和无粘结剂组合物都有利于离子传输、促进活性材料的最佳利用。电池在 0.5 A/g 和 5 A/g 的电流密度下分别具有 513 mA·h/g（循环 200 次）和 439 mA·h/g（循环 1000 次）的性能，并且没有任何衰减，如图 11-12(a)所示。从图 11-12(b)中可以看出，经过了 200 圈充放电循环以后，电极材料的微观形貌仍然可以良好保持，证明了这种钒基材料具有稳定的结构。

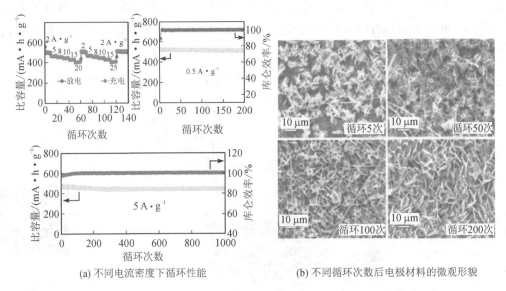

(a) 不同电流密度下循环性能      (b) 不同循环次数后电极材料的微观形貌

图 11-12   $Zn_3V_2O_7(OH)_2 \cdot 2H_2O$ (ZVO)纳米片簇的锌离子电池性能与微观形貌

### 2. 锰基电极材料

锰基电极材料由于具有工作电压高、价格低廉、环境友好等优点，更适合大规模储能应用，是目前最有希望实现商业化的水系锌离子电池正极材料。但是由于锌离子的反复嵌入-脱嵌会使 $MnO_2$ 在不同晶体结构间转化，产生的体积应力会造成电池在长循环过程中容量衰减。$MnO_2$ 导电率较差，会影响离子扩散和电极整体电化学性能，是限制此类材料电化学性能的重要问题。目前改善 $MnO_2$ 电极材料电化学性能的方式主要有碳复合、离子掺杂和晶格缺陷制造等。

一种含有晶格氧缺陷的 $MnO_2$ 正极材料（如图 11-13(a)、(b)所示），其氧缺陷附近的锌离子标准自由焓降低到热中值，和无氧缺陷的 $MnO_2$ 相比，含氧缺陷的 $MnO_2$ 的锌离子吸/脱附过程有更高的可逆性和电化学活性表面。该材料能量密度可达到 470 W·h/kg，在 0.2 A/g 时有 345 mA·h/g 的比容量，5 A/g 时循环 2000 次的容量保持率为 80%，如图 11-13(c)所示。

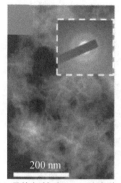

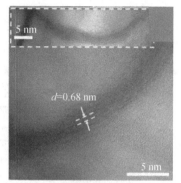

(a) 晶格氧缺陷MnO₂纳米片　　(b) 晶格氧缺陷MnO₂纳米片高分辨照片
　　的形貌

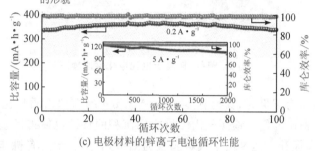

(c) 电极材料的锌离子电池循环性能

图 11 - 13　晶格氧缺陷 MnO₂ 纳米片形貌和循环性能

# 11.4　萌芽中的新技术:其他多价离子电池

除了锌离子电池,其他基于多价金属离子的电化学储能器件也有较多的研究,其电化学储能原理与经典的"摇椅式"机理类似,本节简单介绍两种新型电化学二次电池:镁离子电池和铝离子电池。

目前多价金属离子电池均处于实验室研究阶段,相信随着科学技术的不断发展,多价金属离子电池中的难题也将被一一攻克,完成最终的商业化应用并走进人们的生活之中。

## 11.4.1　镁离子电池

镁离子电池是指以金属镁为阳极的二次电池,其工作原理与锂离子电池的工作原理基本相似,是以镁金属阳极、含镁离子电解质溶液、能可逆嵌入-脱出镁离子的阴极材料为基础的一类新兴储能电池,如图 11 - 14 所示。

可充放镁离子电池早在 2000 年由奥尔巴克(Aurbach)等人研制成功,正极选用的材料是 $Mo_6S_8$,电解液采用的是 $Mg(AlCl_2BuEt)_2$,在正极放电深度为 100% 的时候可以循环 2000 圈,容量保持率超过 85%。

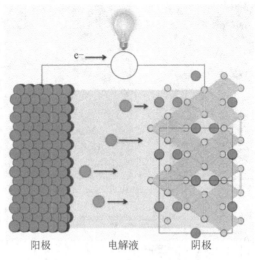

图 11-14 镁离子电池电化学原理图

当镁金属直接作为阳极时,其拥有 2205 mA·h/g 的高理论质量比容量和 3833 mA·h/$cm^3$ 的高理论体积比容量。镁离子沿二维方向沉积的特性也使得镁金属负极不会产生枝晶,安全性得到大大提升。但是由于镁金属较为活泼,它只适于在有机非质子极性溶剂中进行可逆的沉积与溶解。

目前主要研究的镁离子电池的正极材料有 $Mo_6S_8$、二维层状硫化物 $MS_2$、$V_2O_5$、$MoO_3$、$MnO_2$ 等,电解液有 $Mg(AlCl_2BuEt)_2$。

### 11.4.2 铝离子电池

铝离子电池是指以金属铝为阳极的二次电池。铝离子电池包含一个由铝制成的阳极和一个可逆脱嵌铝离子的阴极,铝离子电池电解液包含可以来回输运电荷的含铝基团。目前,很多铝金属基电池中阴极材料上进行的并不是铝离子的嵌入和脱出,而是含铝基团的嵌入和脱出,尽管如此,研究者们还是习惯将可逆脱嵌含铝基团的电池也统称为铝离子电池。铝离子电池工作原理如图 11-15 所示。

在铝离子电池的研究中,将石墨作为正极材料进行铝离子存储的研究最早可以追溯到 1988 年,Gifford 等人将石墨负载在钼箔集流体上作为正极,采用基于 $AlCl_3$ 的离子液体作为电解液,组装成了铝/石墨电池,比容量为 35~40 mA·h/g,在深度放电状态下可以进行 150 次循环。在 2017 年,鲁兵安等人研制出了循环寿命超过 10000 圈的高性能软包铝离子电池,在 5 A/g 的电流密度下仍然具有 123 mA·h/g 的比容量。

铝作为地壳中含量排第三的元素,具有质量轻、无污染、使用安全、价格低廉且资源丰富等优点,是一种极具潜力的储能材料。铝的理论质量比容量达 2980 mA·h/g,在所有的金属元素中仅次于锂(3870 mA·h/g),其体积比容量为 8050 mA·h/$cm^3$,是现有金属电极材料中最高的。

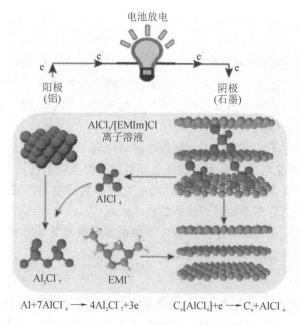

电池放电

阳极
(铝)

阴极
(石墨)

$AlCl_3/[EMIm]Cl$
离子溶液

$AlCl_4^-$

$Al_2Cl_7^-$

$EMI^+$

$Al+7AlCl_4^- \longrightarrow 4Al_2Cl_7^-+3e$　　$C_n[AlCl_4]+e \longrightarrow C_n+AlCl_4^-$

图 11-15　铝离子电池工作原理图

目前主要研究的铝离子电池的阴极材料有：三维泡沫石墨烯、各种过渡金属硫化物（如 $FeS_2$、$Ni_3S_2$ 和 $CuS$）、钒氧化物等，常以含有四氯化铝阴离子的离子液体为电解液。

## 11.5　闪电侠：超级电容器

### 11.5.1　超级电容器的发展历史与现状

电容器的发明灵感最早来自于摩擦生电，即两个性质不同的表面能够通过携带等量的正负电荷而进行电能的存储，然后在两个表面接触的时候进行电能的释放，基于此发明了一些较为简单的传统电容器，例如莱顿瓶。十八世纪，在传统电容器的基础上，数学家和物理学家们对电容原理进行了系统的研究，提出了一系列用于描述电容器物理特性的公式，给出了电容器在一定电压下能量存储的计算公式：$E = \dfrac{1}{2}CU^2$。

**1. 发展历程**

超级电容器是指介于传统电容器和充电电池之间的一种新型储能装置，它既具有电容器快速充放电的特性，同时又具有电池的储能特性。1957 年，美国通用电气公司的 Becker 申请了超级电容器的相关发明专利，使超级电容器可以作为一种重要的电化学储能器件用于工程实际，并开始了对超级电容器的广泛研究。经过十多年的努力，1971 年，日本电气公司生产出了第一个超级电容器产品，标志着超级电容器从开发研究阶段迈向了实际应用阶段。1978 年，日本松下公司生产的超级电容器产品开始面向市场销售，开启了超级电容器的商品化之路。

**2. 主要特点**

与储能电池和传统物理电容器相比,超级电容器的特点主要体现在以下几点。

(1)**功率密度高**。可达 $10^2 \sim 10^4$ kW/kg,远高于储能电池的功率密度水平。

(2)**循环寿命长**。在几秒钟的高速深度充放电循环(50 万次至 100 万次)后,超级电容器的特性变化很小,容量仅降低 $10\% \sim 20\%$。

(3)**工作温限宽**。由于在低温状态下超级电容器中离子的吸附和脱附速度变化不大,因此其容量变化远小于储能电池。商业化超级电容器的工作温度范围可达 $-40 \sim +80$℃。

(4)**免维护**。超级电容器充放电效率高,对过充电和过放电有一定的承受能力,可稳定地反复充放电,在理论上是不需要进行维护的。

(5)**绿色环保**。超级电容器在生产过程中不使用重金属和其他有害的化学物质,且自身寿命较长,因而是一种新型的绿色环保电源。

**3. 主要应用**

超级电容器主要有两方面的应用:一方面是小型超级电容器在一些电子产品上可以作为电池的辅助器件进行间歇性供电;另一方面是大型的柱状超级电容器可在汽车和能源采集方面进行设备的快速启动。作为一种能够在短时间内快速供给大量能量的储能器件,超级电容器还经常与锂离子电池组成复合型储能装置,用来弥补电池充放电时间较长及功率密度较低等缺点。但是由于目前超级电容器的电极材料的容量偏低,能量密度较小,因此在大多数场合只能配合锂离子电池作为一种辅助储能装置。

**4. 研发现状**

日本和欧美等国在超级电容器的研发、生产及市场占有率等方面都处于领先地位,而国内由于在该领域的起步较晚,整体水平还较为落后,但随着我国对超级电容器关注度的提高及投入的增大,已取得较多的研究成果。随着人们对新能源开发与利用的关注度越来越高,以及电子消费品尤其是电动汽车市场需求量的扩大,超级电容器的性能提升、成本降低与寿命延长成为了目前该领域的主要课题。与锂离子电池类似,电极材料的革新是改进超级电容器的关键因素。

### 11.5.2　超级电容器的组成与工作原理

**1. 基本结构**

超级电容器是通过电极与电解质之间形成的界面双电层来存储能量的新型元器件。超级电容器的组成包括电极、隔膜、电解液、集电极以及封装元件等,其基本结构如图 11-16 所示。

**2. 核心部件**

电极、电解液与隔膜是超级电容器最核心的部件,决定着超级电容器的性能好坏、成本高低及安全性。

**（1）电极**。超级电容器的电极是由活性电极材料与导电剂、粘接剂的混合物压制在集流极上制得。目前活性电极材料主要分为碳材料、导电高分子材料及金属氧化物（硫化物）几类；导电剂一般为石墨、乙炔黑等具有良好导电能力的材料，用来提高电极的电导率，但是导电剂本身电化学反应是惰性的；粘接剂起到对活性电极材料和导电剂粘接的作用，防止其脱落和极化变形，目前最常用的粘接剂为聚偏二氟乙烯（PVDF）；集流体通常为泡沫镍和铝片，用来负载电极材料并且与外电路相连接。

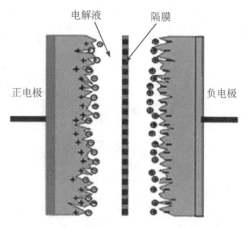

图 11-16　超级电容器的基本结构示意图

**（2）电解液**。当超级电容器工作时，电解液中的离子通过在正负极之间的运动来进行充放电，因此电解液在超级电容器中起到"连接"正负电极的通道作用。目前应用较为广泛的液态电解液分为水系电解液和有机溶剂电解液两种。其中，水系电解液由酸、碱、盐的水溶液组成，有机溶剂电解液由电离能力较强的盐类溶解在有机溶剂中制得。根据活性电极材料的不同特性，可以选择不同类型的电解液与其匹配。

**（3）隔膜**。隔膜是一种具有多孔结构的绝缘材料，目的是为了对正负极进行隔离，并且允许电解液中离子通过，完成充放电过程。由于电解液一般都具有腐蚀性，所以隔膜材料必须具有较强的化学反应惰性。目前隔膜主要有聚丙烯膜、琼脂膜和玻璃纤维等。

**3. 分类**

根据超级电容器储能机理的不同，可以将其分为双电层电容器和法拉第赝电容器两大类。这两种类型的电容器只是一个理想化的模型，在实际应用的超级电容器当中，两种类型的机理是共存的。通常人们称谓某种超级电容器的类型时，只因其中的一种机理在储能方面占据主导地位。

1）双电层电容器

双层电容器是通过电解液中数量相等、电性相反的离子分别在两个电极/电解液界面上吸附而产生电势差来进行电能的存储，其工作原理如图 11-17 所示。当电极与电解液接触时，由于库仑力、分子间力及原子间力的作用，使固液界面出现稳定和符号相反的双层电荷，称其为界面双层。把双电层超级电容看成是悬在电解质中的两个非活性多孔板，电压加载到两个板上。加在正极板上的电势吸引电解质中的负离子，负极板吸引正离子，从而在两电极的表面形成了一个双电层电容器。双电层电容器根据电极材料的不同，可以分为碳电极双层超级电容器、金属氧化物电极超级电容器和有机聚合物电极超级电容器。

该储能机理也被称为双电层理论，最早由亥姆霍兹（Helmholz）等人提出。在有外部电

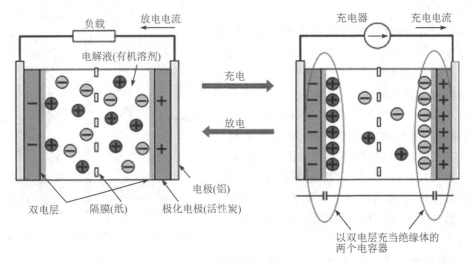

图 11-17　双电层电容器充放电工作原理

源时,电解液中的离子在电势差的驱动下开始向两个电极移动,并且在电极表面外几纳米的地方定向排列,实现电能的存储。撤除外部电源后,在两个电极表面吸附的离子相互吸引回到电解液当中,电极开始对外部连接的电路供电,实现电能的输出。

　　双电层超级电容器工作时所涉及材料性质均未发生改变,因此具有充电时间短、稳定性好、循环寿命长、节约能源和绿色环保的优点;但是物理吸附过程只发生在极板表面处,内部材料很难被利用,因此比容和能量密度较低。

　　双电层电容器的双电层的间距极小,致使耐压能力很弱,一般不会超过 20 V,所以其通常用作低电压直流或者是低频场合下的储能元件。双电层电容器用途广泛,可用于机电设备的储能电源,如:可以用作起重装置的电力平衡电源,提供超大电流的电力;用作车辆启动电源,启动效率和可靠性都比传统的储能电池高,可以全部或部分替代传统的储能电池;用作车辆的牵引能源,可以用于电动汽车、无轨电车等;用在军事上可保证坦克车、装甲车等战车的顺利启动(尤其是在寒冷的冬季),还可作为激光武器的脉冲能源。

　　2)法拉第赝电容器

　　法拉第赝电容器是通过电解液中的离子与活性材料发生高度可逆的氧化还原反应或化学吸附/脱附,并且在两个电极之间产生电势差来进行电能的存储。赝电容,英文为 pseudo-capacitance,其中"pseudo"这个词根本意指"虽然不是,但看起来很像",所以,赝电容的含义可粗浅地理解为"看起来很像电容,但并不是电容"。

　　电化学家 B. E. Conway 最先提出了赝电容的概念,指出赝电容是一种发生于电极材料表面的法拉第过程,因此通常称为法拉第赝电容。以金属氧化物 $MO_x$ 为例,其充放电过程中发生的电化学反应可以由式(11-7)、(11-8)描述:

$$MO_x + H^+ + e^- \Longleftrightarrow MO_{x-1}(OH) \qquad (11-7)$$

$$MO_x + OH^- - e^- \rightleftharpoons MO_x(OH) \qquad (11-8)$$

其中式(11-7)中电解液为酸性,式(11-8)中电解液为碱性。

　　法拉第赝电容器的工作原理是:在电极表面或体相中的二维或准二维空间上,电活性物质进行欠电位沉积,发生高度可逆的化学吸附、脱附或氧化、还原反应,产生和电极充电电位有关的电容,并且反应过程中电极材料只在特定的电位区间才发生氧化还原反应,即比电容是一个与电势相关的变量。法拉第赝电容不仅在电极表面,而且可在整个电极内部产生,因而可获得比双电层电容更高的电容量和能量密度,在相同电极面积的情况下,法拉第赝电容的电容量可以是双电层电容的 10～100 倍。但法拉第赝电容器工作时,电极材料和电解液中都会发生化学反应,经过多次循环充电后,会对电极材料和电解液造成损耗,降低使用寿命,因此法拉第赝电容的循环稳定性比双电层超级电容器差。

　　根据储能机理可以将法拉第赝电容分为欠电位沉积赝电容、氧化还原型赝电容和插层式赝电容。欠电位沉积赝电容:溶液中的金属离子在另一种金属表面得到电子、形成单层吸附层;氧化还原型赝电容:电解液中的离子电化学吸附到电极材料的表面或近表面区域,同时伴随着电荷的转移;插层式赝电容:溶液中的离子可以插入隧道状或层状材料内部,进而发生氧化还原反应,并且在此过程中电极材料不会发生相变。三种不同储能机理的法拉第赝电容工作原理如图 11-18 所示。

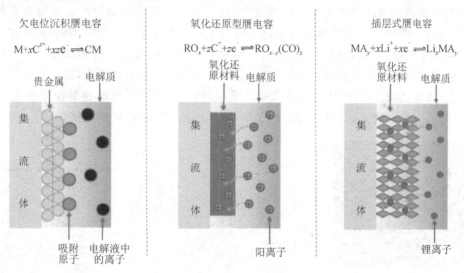

图 11-18　不同储能机理的法拉第赝电容工作原理

### 11.5.3　新型超级电容器电极材料

**1. 碳材料**

　　碳材料是一种典型的通过双电层理论进行能量存储的超级电容器电极材料。由于碳材料具有环境友好、成本低廉、使用寿命较长等优点,目前被作为商用超级电容器的主流电极材料。但是由于碳材料的充放电比容量较低,人们也对碳质电极材料的结构和组分进行了一系列的设计与调控,来增大碳材料的比表面积及增强其导电性能。

一种由具有介孔结构的碳球嵌入还原氧化石墨烯片层结构中形成的三维电极材料,表现出了优于还原氧化石墨烯电极材料的倍率性能和循环稳定性,其三维微观结构和超级电容性能如图 11-19 所示,在 0.5 A/g 的恒定电流密度下充放电 1000 次以后,电极材料的容量保持率为 94%。

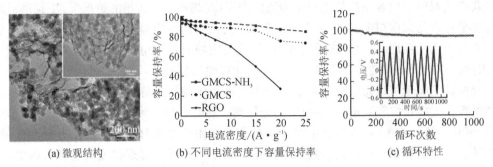

(a) 微观结构　　(b) 不同电流密度下容量保持率　　(c) 循环特性

图 11-19　介孔碳球与石墨烯片复合三维电极材料结构与电容性能

在预先制备的碳纤维上生长一层聚吡咯,然后在惰性气体中煅烧制得了氮掺杂的碳纤维,这种具有一维网络结构的碳纤维相比无定形碳具有更为优良的导电性能,而且多孔的结构可以为离子的吸附提供更多的位点,其一维微观结构和超级电容性能如图 11-20 所示。这种复合结构材料还具有更好的浸润性,提高了材料的双电层电容性能,在 1 A/g 的电流密度下经过 3000 个循环后的比电容为 195.9 F/g,相对于初始循环的容量损失率为 3%;在 30 A/g 的大电流密度下的功率密度为 15.0 kW/kg,是商用碳材料的两倍。

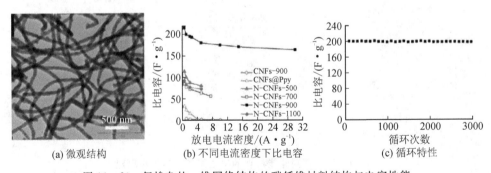

(a) 微观结构　　(b) 不同电流密度下比电容　　(c) 循环特性

图 11-20　氮掺杂的一维网络结构的碳纤维材料结构与电容性能

## 2. 导电高分子材料

在 20 世纪 70 年代,美国宾夕法尼亚大学的化学家 A. G. MacDiarmid、物理学家 A. J. Heeger 和日本科学家白川英树使用碘掺杂聚乙炔的方法,使聚乙炔的室温导电率提高到金属导体的水平,打破了高分子不能导电的传统观念,开启了导电高分子材料的研究。

在超级电容器领域,导电高分子是一类典型的法拉第赝电容电极材料:电解液中的离子通过在导电高分子的骨架结构中反复掺杂-去掺杂来进行电能的存储与释放。由于导电高分子的电导率介于导体和半导体之间,因此增强导电高分子的导电性能是提高其超级电容器性能的一种重要途径。通过改良导电高分子单体的聚合方式来调控其微观形貌,可提高电解液中离子与电极材料的反应效率。

一种聚苯胺纳米纤维-石墨烯的柔性复合电极材料在比容量和循环稳定性方面都显示出比纯聚苯胺纤维更为优异的超级电容器性能,其材料微观结构和超级电容性能如图 11-21 所示[图中,DANI-NF 为聚苯胺纳米纤维;G-PNF$_{30}$ 为化学改性石墨烯与聚苯胺纳米纤维复合材料,其中 30 代表化学改性石墨烯在复合材料中的质量百分数(%)],在 3 A/g 的电流密度下经过 800 次充放电后,该复合材料的比电容为 155 F/g。

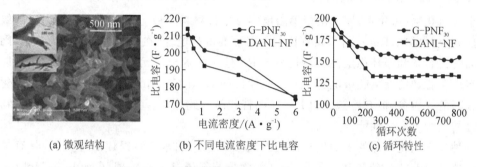

(a) 微观结构　　(b) 不同电流密度下比电容　　(c) 循环特性

图 11-21　聚苯胺纳米纤维-石墨烯的柔性复合电极微观结构及其电容性能

一种通过电沉积的方法在超细的单壁碳纳米管上包裹一层聚苯胺的复合材料,其微观结构和超级电容性能如图 11-22 所示。随着电沉积聚苯胺量的增加,复合材料的比电容持续增大,在沉积 30 s 时达到 236 F/g 的峰值。而且具有良好的循环稳定性,在经过 1000 次充放电循环后比电容仍然能保持在 200 F/g 左右。

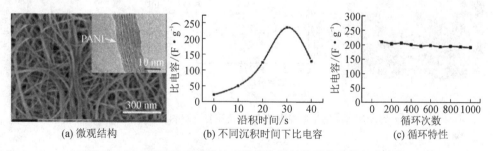

(a) 微观结构　　(b) 不同沉积时间下比电容　　(c) 循环特性

图 11-22　聚苯胺包裹碳纳米管复合材料的形貌及其电容性能

一种具有多孔结构的由聚吡咯纳米片组成的微球,其微观结构和超级电容性能如图 11-23 所示。这种纳米片结构的材料在 0.5 mol/L 的 H$_2$SO$_4$ 电解液中测试时显示出了优于其他形貌聚吡咯电极材料的超级电容器性能。该材料在 100 mV/s 的扫描速率下经过

5000 次超长循环后,比电容的损失只有 81%。

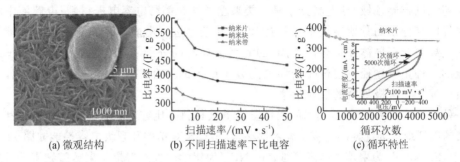

(a) 微观结构　　　(b) 不同扫描速率下比电容　　　(c) 循环特性

图 11-23　聚吡咯纳米片组成的微球的形貌及其电容性能

### 3. 金属氧化物(硫化物)材料

金属氧化物(硫化物)属于法拉第赝电容型电极材料。最初在对金属氧化物的超级电容器性能研究时发现,$RuO_2$ 材料具有比碳材料更高的导电性,在硫酸溶液中更为稳定,因此具有较高的比容量和循环稳定性。但是由于 Ru 是一种贵金属元素,其成本价较高,难以替代碳材料用于普通的商用超级电容器。一些廉价的如 Ni、Co、Mn 等过渡金属元素的氧化物也具有较高的比容量,极有希望成为 $RuO_2$ 的替代品。此外,这些过渡金属元素的硫化物也具有较好的超级电容器性能。

一种在石墨化碳球的表面生长出的由超细 $MnO_2$ 纳米纤维组成的外壳层,具有较好的充放电特性,图 11-24 给出了不同 $MnO_2$ 含量与石墨烯空心碳球(Graphitic Hollow Carbon Spheres,GHCS)的复合材料微观结构和超级电容特性,其中 37、50、64 代表复合材料中 $MnO_2$ 的质量百分数(%)。在经过 1000 个充放电循环后容量保持率为 99%,显示出了良好的循环稳定性。

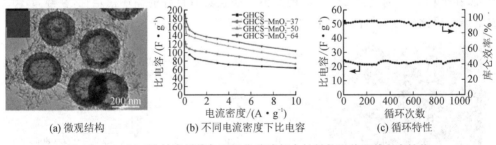

(a) 微观结构　　　(b) 不同电流密度下比电容　　　(c) 循环特性

图 11-24　$MnO_2$ 纳米纤维与石墨化碳球复合材料的形貌及其电容性能

一种通过水热法和煅烧制备的由 $Co_3O_4$ 纳米线组成的海胆状孪生微球,也具有较好的充放电特性,图 11-25 给出了其微观结构和超级电容特性。这种材料在 0.5 A/g 的电流密度下放电比电容为 781 F/g,而在 8 A/g 的大电流密度下放电比电容仍然有 611 F/g,显示出良好的倍率性能。在 4 A/g 的电流密度下,该材料在循环 1000 次以后的容量保持率为 97.8%,具有良好的循环稳定性。

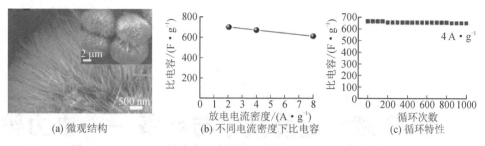

图 11 - 25　$Co_3O_4$ 纳米线组成的海胆状孪生微球形貌及其电容性能

　　一种具有介孔结构的 NiO 纳米带也显示出较好的充放电特性,其微观结构和超级电容特性如图 11 - 26 所示,在经过 2000 个长循环后仍然具有约 95% 的容量保持率。

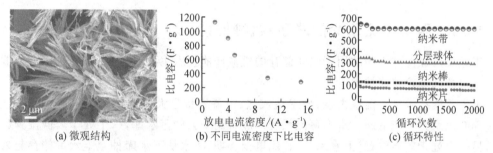

图 11 - 26　一种具有介孔结构的 NiO 纳米带形貌及其电容性能

## 参考文献

[1] 伊廷锋,谢颖. 锂离子电池电极材料[M]. 北京:化学工业出版社,2019.

[2] 刘国强,厉英. 先进锂离子电池材料[M]. 北京:科学出版社,2015.

[3] 胡勇胜,陆亚翔,陈立泉,等. 钠离子电池科学与技术[M]. 北京:科学出版社,2020.

[4] 解晶莹. 钠离子电池原理及关键材料[M]. 北京:科学出版社,2021.

[5] 曾蓉,张爽,邹淑芬,等. 新型电化学能源材料[M]. 北京:化学工业出版社,2019.

[6] 魏颖. 超级电容器关键材料制备及应用[M]. 北京:化学工业出版社,2018.

## 思考题

　　(1)结合自己的日常生活与本章内容,谈谈电化学储能器件对于人类社会电气时代的推动作用和重要意义。

　　(2)简要总结锂离子电池、钠离子电池、水系锌离子电池和超级电容器的优缺点,并结合实际讨论这些储能器件的适用场景。

　　(3)调研自己感兴趣的 2～3 种电极材料,分析总结出所报道电极材料的优点及其应用潜力。

# >>> 第 12 章　储能技术与装备——电力银行

## 12.1　两次工业革命的联手:机械储能

工业上已经得到应用的用于电能储存的机械储能技术主要有三种,分别是水力蓄能、压缩空气储能和飞轮储能技术。

水力蓄能技术是目前最古老、技术最成熟、设备容量最大的商业化技术,全世界已建有超过 500 座水力蓄能电站。水力蓄能系统一般有两个大的蓄水库,一个处于较低位置(下水库),另一个处于较高位置(上水库)。在用电低谷期,将水从下水库抽至上水库储存起来,当需要用到电能时,再借助上水库水流的势能推动水轮机发电。

压缩空气储能是在用电低谷期把空气加压输送到地下盐矿、废弃的石矿或者地面大型储罐,在用电高峰期,压缩空气可与燃料燃烧,产生高温高压燃气,驱动燃气轮机产生电能。目前应用的机组设备容量已达到几百兆瓦。

飞轮储能技术是一种较新型的储能技术,它与电网连接实现电能的转换。该系统由电机、飞轮、电力电子转换器等设备组成。飞轮储能的基本原理就是在电力富裕时,将电力系统中的电能转换成飞轮运动的动能,在电力系统电能不足时,再将飞轮运动的动能转换成电能,供电力用户使用。与其他储能技术相比,飞轮储能具有效率高(80%～90%)、成本低、无污染、储能迅速、技术可靠等优点。

### 12.1.1　水力蓄能

#### 1.基本原理

水力蓄能(抽水蓄能)是利用电力系统用电负荷低谷时多余的电量,通过水泵电动机将下水库势能较低的水抽到海拔较高的上水库中,消耗电能并将其以水的势能形式储存起来,待到电力系统用电负荷高、需要电能补充时,将水库的水通过水轮发电机组放回下水库,将水的势能转化成电能送回电网,以补充不足的用电量,满足系统的调峰要求。

抽水蓄能电站的运行原理是利用兼具水泵和水轮机两种工作方式的蓄能机组,在电力负荷出现低谷时(夜间)作为水泵运行,用多余电能将下水库的水抽到上水库存储起来,在电力负荷出现高峰(下午及晚间)作为水轮机运行,将水放下来发电,如图 12-1 所示。

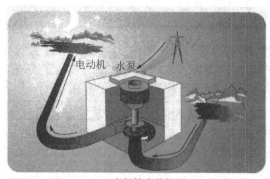
(a) 夜间抽水蓄能

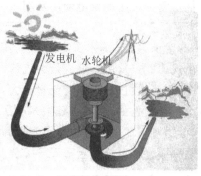
(b) 日间放水发电

图 12-1　抽水蓄能工作原理示意图

抽水蓄能电站在电力系统调峰、调频中起着重大作用,可减少火电机组开停机次数,使核电站平稳运行,节省火电机组低出力运行的高燃料耗费和机组启停的额外燃料耗费,延长火电和核电机组运行寿命。在以火电、核电为主的电力系统中,修建适当比例的抽水蓄能电站具有较好的经济性。

**2. 抽水蓄能系统的效率和功率**

抽水蓄能工作过程存在着能量损耗,包括流动阻力,湍流损失,发电机、水泵和水轮机的损耗等。因此抽水蓄能一个循环周期的效率在 70%~80%。表 12-1 给出了抽水蓄能机组各部件的效率范围。

表 12-1　抽水蓄能循环效率

| 抽水蓄能机组部件 | | 效率/% | |
|---|---|---|---|
| | | 最低 | 最高 |
| 发电部分 | 水流传输 | 97.4 | 98.5 |
| | 水泵水轮机 | 91.5 | 92 |
| | 发电机 | 98.5 | 99 |
| | 变压器 | 99.5 | 99.7 |
| | 累积效率 | 87.35 | 89.44 |
| 抽水部分 | 水流传输 | 97.6 | 98.5 |
| | 水泵水轮机 | 91.6 | 92.5 |
| | 发电机 | 98.7 | 99 |
| | 变压器 | 99.5 | 99.8 |
| | 累积效率 | 87.8 | 90.02 |
| 总体累积效率 | | 76.69 | 80.51 |

抽水蓄能机组的发电输出功率：

$$P = Q \times H \times \rho \times g \times \eta \tag{12-1}$$

式中，$Q$ 为流量；$H$ 为水头高度；$\rho$ 为流体密度；$g$ 为重力加速度；$\eta$ 为装置效率。

由式(12-1)可见，可变量为流量、水头高度和效率。所需水头高度与流量成反比：若水头较高，则流量可以减小；若流量较大，则水头可以适当降低。在实际设计中，需要综合考虑这两个变量。例如，美国密歇根州勒丁顿抽水蓄能电站选择大流量和适中的水头。若当地水量有限，则应尽量根据地形地貌提高水头，减少所需水量。

**3. 抽水蓄能系统的组成**

抽水蓄能电站的上水库是蓄存水量的工程设施，电网负荷低谷时段可将抽上来的水储存在库内，负荷高峰时段由上水库放下来发电。上水库的设计和运行应考虑如下安全措施：具有故障/过量抽水保护措施；具有直接关闭抽水动作的功能；具有测试、检修和校准机制。

抽水蓄能电站的下水库也是蓄存水量的工程设施，负荷低谷时段可满足抽水水源的需要，负荷高峰时段可蓄存发电放水的水量。抽水蓄能系统组成结构如图12-2所示，包括进出水口、输水道、尾水道和尾水调压室等，其中输水道的设计非常重要。

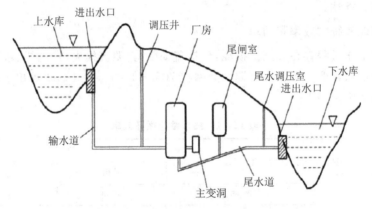

图 12-2　抽水蓄能系统组成结构示意图

抽水蓄能设备选址的主要考虑因素是降低输水道总长与水头之比(应小于或等于10：1，理想比例是1：1)。压力管道的理想经济直径 $D$、水轮机的额定功率 $P$ 和水轮机的额定水头 $H$ 具有如下函数关系：

$$D = 4.44(P^{0.43}/H^{0.65}) \tag{12-2}$$

尾水道是指后池或尾水与尾水管或透平机械之间的水管。蓄能时尾水被抽到尾水道，发电时尾水道内水流回尾水中。调压室的作用是减少压力的变化，保护水管、水轮机和抽水装置，并允许透平发电机调节负荷。

#### 4. 抽水蓄能系统的功能

1）发电功能

常规水电站最主要的功能是发电，即向电力系统提供电能，通常的年利用时数较高，一般情况下为 3000～5000 h。

蓄能电站本身不能向电力系统供应电能，它只是利用系统中其他电站的低谷电能和多余电能，通过抽水将水流的机械能变为势能，存蓄于上水库中，待到电网需要时放水发电。蓄能机组发电的年利用时数一般在 800～1000 h。蓄能电站的作用是实现电能在时间上的转换。经过抽水和发电两种环节，它的综合效率为 75% 左右。

2）调峰功能

具有电能调节功能的常规水电站，通常在夜间负荷低谷时不发电，而将水量储存于水库中，待尖峰负荷时集中发电，即通常所谓待尖峰运行。

蓄能电站即是利用夜间低谷时其他电站（包括火电站、核电站和水电站）的多余电能，抽水至上水库储存，待尖峰负荷时发电。因此，蓄能电站抽水时相当于一个用电大户，其作用是把日负荷曲线的低谷填平了，即实现"填谷"。"填谷"的作用是使火电出力平衡，可降低煤耗，获得节煤效益。蓄能电站同时可以使径流式水电站原来要舍弃的电能得到利用。

3）调频功能

调频功能又称旋转备用功能或负荷自动跟随功能。常规水电站和蓄能电站都有调频功能，但在负荷跟踪速度（爬坡速度）和调频容量变化幅度上蓄能电站更有优势。常规水电站自启动到满载一般需数分钟。

抽水蓄能机组在设计上考虑了快速启动和快速负荷跟踪能力。现代大型蓄能机组可以在一两分钟之内从静止达到满载，增加出力的速度可达 10 MW/s，并能频繁转换工况。最突出的例子是英国的迪诺威克抽水蓄能电站，其 6 台 300 MW 机组设计能力为每天启动 3～6 次、工况转换 40 次，6 台机组处于旋转备用时可在 10 s 达到全厂出力 1320 MW。

4）调相功能

调相运行的目的是稳定电网电压，包括发出无功功率的调相运行方式和吸收无功功率的进相运行方式。常规水电机组的发电机功率因数为 0.85～0.9，机组可以降低功率因数运行，多发无功功率，实现调相功能。

抽水蓄能机组在设计上有更强的调相功能，无论在发电工况或在抽水工况，都可以实现调相和进相运行，并且可以在水轮机和水泵两种旋转方向进行，故其灵活性更大。另外，蓄能电站通常比常规水电站更靠近负荷中心，故其对稳定系统电压的作用要比常规水电机组更好。

5）事故备用与黑启动功能

较大库容的常规水电站都有事故备用功能。黑启动是指出现系统解列事故后，机组在无电源的情况下迅速启动。

抽水蓄能电站具有较好的事故备用和黑启动功能,可以在缺乏电源的情况下快速供电。

### 12.1.2　压缩空气储能

压缩空气储能(Compressed-Air Energy Storage，CAES)通过压缩空气来储存电能,是一种成本低、容量大的电力储能技术。该技术可满足长时间(数十小时)和大功率(几百到数千兆瓦)的储能要求。飞轮储能、超级电容等能够提供短时间的储能,以改善电能质量和稳定性,而压缩空气储能和抽水蓄能能够提供较经济的持续数小时的大功率输出,但由于抽水蓄能的实现受到地形、地貌、水库建造等方面的限制,而且可能对环境造成不利影响,相比较而言,压缩空气储能对地表影响很小。

压缩空气储能系统要求的压缩空气容量大,通常储气于地下盐矿、硬石岩洞或者多孔岩洞,对于微小型压缩空气储能系统,可采用地上高压储气容器以摆脱对储气洞穴的依赖等。

压缩空气储能系统的典型应用之一是调节风电,即在用电衰减时储存风电能量,在发电短缺时作并网发电补充。压缩空气储能能够快速跟上风电输出,在部分负荷的条件下保持高效运行,非常适合平衡风电输出的波动,并且具有温室气体排放很低的优点。

#### 1. 系统的运行原理

压缩空气蓄能利用电力系统负荷低谷时的剩余电量,由电动机带动空气压缩机将空气压入作为储气室的密闭大容量地下洞穴或地面储罐中,即将不可储存的电能转化成可储存的压缩空气的气压势能并储存于储气室中;当系统发电量不足时将压缩空气经换热器与油或天然气混合燃烧,导入燃气轮机做功发电,满足系统调峰需要。

压缩空气储能的工作原理如图 12-3 所示,是基于燃气轮机技术提出的一种能量存储系统。压缩空气储能系统的压缩机和汽轮机不同时工作,储能时,压缩空气储能系统耗用电能将空气压缩并存于储气室中;释能时,高压空气从储气室释放,进入燃烧室利用燃料燃烧加热升温后,驱动汽轮机发电。由于储能、释能分时工作,在释能过程中,并没有压缩机消耗汽轮机的输出功,因此,相比于消耗同样燃料的燃气轮机系统,压缩空气储能系统可以多产生两倍左右的电力。

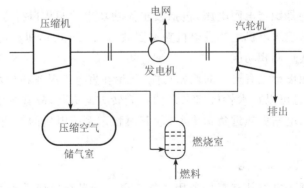

图 12-3　压缩空气储能系统原理图

一个典型的压缩空气储能电站系统如图 12-4 所示。压缩空气储能具有适用于大型系统(100 MW 及以上)、储能周期不受限制、系统成本低、寿命长等优点;但存在对大型储气室、化石燃料的依赖等问题。

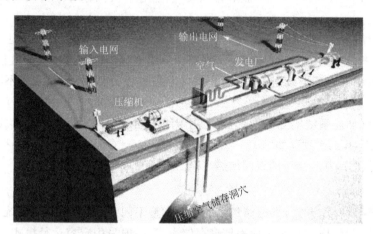

图 12-4　压缩空气储能电站系统

**2.压缩空气储能系统的运行特性**

1)工作过程

压缩空气储能的工作过程同燃气轮机类似,如图 12-5 所示,主要包括如下"压缩—加热—膨胀—冷却"四个过程。其中,$T$ 代表温度,$S$ 代表熵。

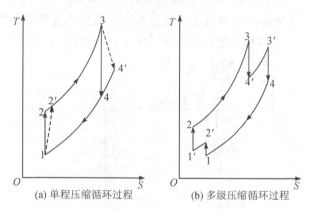

(a) 单程压缩循环过程　　　　(b) 多级压缩循环过程

图 12-5　压缩空气储能的工作过程

**压缩过程**(过程 1→2):空气经压缩机压缩到一定的高压,并存于储气室;理想状态下空气压缩过程为绝热压缩过程 1→2,实际过程由于不可逆损失为 1→2′。

**加热过程**(过程 2→3):高压空气经储气室释放,同燃料燃烧加热后变为高温高压的空气。一般情况下,该过程为等压吸热过程。

**膨胀过程**(过程 3→4):高温高压的空气膨胀,驱动汽轮机发电;理想状态下,空气膨胀过程为绝热膨胀过程 3→4,实际过程由于不可逆损失为 3→4′。

**冷却过程**(过程 4→1):空气膨胀后排入大气,然后下次压缩时经大气吸入,这个过程为等压冷却过程。

压缩空气储能的工作过程与燃气轮机相比区别在于:燃气轮机系统上述四个过程连续进行,即图 12-5(a)中四个过程完成一个回路。压缩空气储能系统中压缩过程 1→2 同加热和膨胀过程(2→3→4)不连续进行,中间为空气存储过程,而燃气轮机系统不存在空气存储过程。

在压缩空气储能系统实际工作时,常采用多级压缩和级间/级后冷却、多级膨胀和级间/级后加热的方式,其工作过程如图 12-5(b)所示。图 12-5(b)中,过程 2′→1′ 和过程 4′→3′ 分别表示压缩的级间冷却和膨胀的级间加热过程。

2)定容与定压运行

对于地下洞穴存储方式,根据储气室的地质类型不同,压缩空气储能系统有定容运行和定压运行两种不同的模式。对于地面储罐存储方式,一般采用定容运行模式。

**定容运行模式**是最常见的运行模式,储存容量恒定不变,储气室在合适的压力范围内运行。允许高压涡轮入口温度随着岩洞/储罐气压改变,或者通过对上升气流的节流调节来稳定气压,从而保持高压涡轮入口温度不变。尽管节流调节因为能量损耗而需要更大的储气容量,但由于高压涡轮入口温度不变,涡轮效率较高,所以现有的压缩空气储能系统一般采用该方式。例如,德国 Huntorf 电站通过节流调节把高压涡轮入口处压强调节到 4.6 MPa,美国 McIntosh 电站也是用相同方式将压强调节到 4.5 MPa。

**定压运行模式**主要是在运行期间通过地上水库的水位来保持储气岩洞内的气压,如图 12-6 所示,水柱补偿法可以使系统的损耗尽可能小。但是,由于持续的水流会分解岩洞壁,

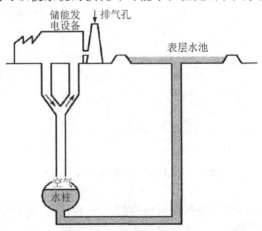

图 12-6 带水柱补偿的定压压缩空气储能储气容器

所以该技术不适合盐基洞穴,盐水可能会对生物产生影响,并造成地下水污染。

3)核心部件

压缩空气储能系统有六大部件:压缩机(一般为多级压缩机,带中间冷却装置)、膨胀机(一般为多级透平膨胀机,带级间再热设备)、燃烧室及换热器(用于燃料燃烧和回收余热等)、储气装置(地下洞穴或地上压力储罐)、电动/发电机(通过离合器分别和压缩机及膨胀机连接)、控制系统和辅助设备(包括控制系统、燃料罐、机械传动系统、管路和配件等)。压缩空气储能系统所涉及的关键技术包括:高效压缩机技术、膨胀机(透平)技术、燃烧室技术和储气技术等。

压缩机和膨胀机是压缩空气储能系统的核心部件,其性能对整个系统的性能具有决定性影响。压缩空气储能系统的空气压力比燃气轮机高得多,因此,大型压缩空气储能电站的压缩机常采用轴流与离心压缩机组成多级压缩、级间和级后冷却的结构形式;膨胀机常采用多级膨胀加中间再热的结构形式。

相对于常规燃气轮机,压缩空气储能系统的高压燃烧室的压力较大。因此,燃烧过程中如果温度较高,可能产生较多的污染物,因而高压燃烧室的温度一般控制在 500 ℃ 以下。

**3. 压缩空气系统的性能指标**

传统的化石燃料电厂的能源性能很容易通过燃料的热能转化为电能的效率进行描述,而压缩空气储能存在两种截然不同的能量输入的情况,使得描述变得复杂。由于是采用电能来驱动压缩机,天然气或石油的燃烧加热使之前的空气膨胀,这种情况使压缩空气储能很难通过一个单一的指标描述,而公认的最有用的指标取决于压缩空气储能的具体应用。这里有两个应用于任意输入的能量性能指标,即热效率(Heat Rate,HR)和电效率(CER)。

1)热效率

热效率是输出每千瓦时电能消耗的燃料热能,是许多压缩空气储能系统的一个设计参数,但设计中对热效率影响最大的是热回收系统。换热器使系统能够捕获从低压涡轮的废气余热中预热收回的空气。采用换热器的热效率通常是 4200～4500 kJ/kW·h,例如,McIntosh 电站的低热值为 4330 kJ/kW·h;无热回收系统下压缩空气储能的热效率的值一般为 5500～6000 kJ/kW·h,例如 Huntorf 电站的低热值为 5870 kJ/kW·h。相比之下,传统的燃气轮机消耗的燃料至少是这个级别的两倍(约 9500 kJ/kW·h),主要是因为电力输出的 2/3 用于压缩机的运行。由于压缩空气储能系统能够单独提供压缩能源,所以可实现热效率要低得多。

2)电效率

电效率是发电机输出转换到压缩机输入的比例。由于输入的是燃料,所以 CER 大于 1,其取值范围通常为 1.2～1.8。CER 需要考虑到管道节流损失和压缩机膨胀的效率。节流损失是储存器压力范围的一个指标。水轮机的效率在线性增长阶段显得尤为重要,而大部分的㶲下降发生在能量产生的 3/4 阶段。提高汽轮机入口温度(例如通过使用膨胀冷却技术)将提高汽轮机和压缩空气储能发电效率。

表 12－2 给出了有、无换热器情况下的压缩空气储能的效率表达式和参数范围。

表 12－2 压缩空气储能的效率表达式和参数

| 参数 | 定义 | 参数范围 | |
|---|---|---|---|
| | | 无换热器 | 有换热器 |
| 热效率 | $\eta_F = E_T/E_F$ | 5500～6000 kJ/kW·h<br>（60％～65％） | 4200～4500 kJ/kW·h<br>（80％～85％） |
| 电效率 | $\eta_{PF} = E_T/E_M$ | 1.2～1.4 | 1.4～1.6 |
| 主能量效率 | $\eta_{PF} = E_T/(E_M/\eta_r + E_F)$ | 从核能充电（$\eta_r = 33\%$） | |
| | | 24.5％ | 29.7％ |
| | | 从燃料充电（$\eta_r = 42\%$） | |
| | | 28.2％ | 34.4％ |
| | | 从热能和动力装置充电（$\eta_r = 35\%$） | |
| | | / | 35.1％～41.8％ |
| | | 从电网基本负荷充电（$\eta_{CER} = 1.4$） | |
| | | / | 42％～47％ |
| 储能循环效率（1） | $\eta_{RT,1} = E_T/(E_M/\eta_{NG} + E_F)$ | 4220 kJ/kW·h，$\eta_{CER} = 1.5$（$\eta_{NG} = 47.6\%$）<br>81.7％ | |
| 储能循环效率（2） | $\eta_{RT,2} = (E_T - E_F/\eta_{NG})/E_M$ | 4220 kJ/kW·h，$E_o/E_i = 1.5$（$\eta_{NG} = 38.2\%$）<br>82.3％ | |
| 二次效率 | $\eta_{II} = E_T/E_{T,REV}$ | $T_0 = 15\ ℃, T_{MAX} = 900\ ℃, P_s = 20\ MPa$ | |
| | | 58.7％ | 68.3％ |

注：$E_T$ 为压缩机输入能量；$E_F$ 为燃料燃烧热能；$E_M$ 为发电机输出电能；$\eta_{CER}$ 为充电效率；$\eta_{NG}$ 为燃料等效电能折算效率；$E_o$ 为输出能量；$E_i$ 为输入能量；$E_{T,REV}$ 为压缩机理论可逆能量；$T_0$ 为初始温度；$T_{MAX}$ 为最大温度；$P_s$ 为压强。

### 4. 未来技术发展

虽然压缩空气储能电站已经商业运行了几十年，但主要是基于传统的燃气轮机和蒸汽轮机技术，该技术仍处于发展的初期阶段。随着各种技术水平的进步，未来系统的性能将得到提高、成本将会降低。目前一些重要的技术发展方向有：

（1）**热量回收技术**。在热能量储存的压缩过程中，热量回收和储存非常重要，热量可在整个或部分压缩阶段内回收,存储的热量可以替代燃料用于加热从压缩空气储能洞穴中收回的空气,从而减少了压缩空气过程中对储能燃料需求和对温室气体的排放。采用混合压缩空气储能的系统,可设计用标准的燃气轮机代替压缩空气储能系统中的燃气轮机,用存储收回的空气通过涡轮机排气口的同流换热器进行加热,推动涡轮机来提高输出,而不是采用传统的压缩空气储能电站的燃烧燃料加热。

(2)**绝热压缩技术**。随着压缩机和汽轮机系统的改进,新的热量回收储存技术可能会采用先进的绝热压缩空气储能技术(详见表12-3)。这种包含高效率汽轮机和大容量热量回收储存的绝热压缩空气储能方式,可以使循环效率达到约70%,且没有燃料消耗。通过中间冷却器实现多级压缩的绝热系统的效率损失较小,并且风能/压缩空气储能系统的燃料消耗和温室气体排放量也比较小。

表 12-3　绝热压缩空气储能的主要热能储存

| 技术条件 | 固体的热能储存 | | | | | 液体的热能储存 | | |
|---|---|---|---|---|---|---|---|---|
| | 岩石层 | 变形热风炉 | 混凝墙 | 铸铁平板 | 混合材料 | 两水槽 | 单水槽变温层 | 空气液体 |
| 接触方式 | 直接 | 直接 | 直接 | 直接 | 直接 | 间接 | 间接 | 间接 |
| 储存材料 | 石头 | 陶瓷 | 混凝体 | 铸铁 | 陶瓷盐 | 硝酸盐矿物油 | 硝酸盐矿物油 | 硝酸盐矿物油 |

注:储存技术的选择基于120~1200 MW·h 的热能传输能力、出口温度的高一致性维持能力和完整的温度覆盖能力(50~650 ℃)。

(3)**生物燃料加热技术**。使用生物燃料来重新加热从储存室收回的空气,可以减少温室气体排放量和减小燃料价格波动对电站效益的影响。它可以使压缩空气储能在燃料生产地运行,便于在偏远地区使用能量作物,消除天然气供应的需要。然而,在绝热情况下,排放量收益很小,因为风能/压缩空气储能排放水平已经相当低了。风能/压缩空气储能系统专用的生物燃料厂也需要燃料储存,为了提高成本效率,生物燃料须由大型工厂制造。

(4)**风力发电机组直接压缩空气技术**。一种为风力/压缩空气储能设计的紧凑型空气压缩机,将取代风机发电机,使风力发电机组直接压缩空气,从而消除两个能量转换过程。但需要考虑紧凑型压缩机成本和大量用来输运压缩空气的高压管道网络成本。

(5)**与 IGCC 电站联用技术**。相比较把间歇性风能与压缩空气储能耦合在一起的电力负荷方式,压缩空气储能也可以和整体煤气化联合循环发电系统(Integrated Gasification Combined Cycle,IGCC)电站联用,压缩空气储能可以连接基本负荷电力系统。这样便于使用该系统来提供负荷跟踪和峰值功率。

(6)**涡轮叶片冷却技术**。改进压缩空气储能的汽轮机是一个重要的创新领域,压缩空气储能涡轮机的工作温度可能会升高,引进传统燃气轮机中的涡轮叶片冷却技术可以提高它们的效率。

其他先进的压缩空气储能技术还包括各种加湿和蒸汽喷射技术,这些技术可以提高系统的输出功率并降低储能的要求;联合循环的压缩空气储能是另一种运行模式,它允许即使当压缩的空气储存耗尽时,系统仍然可以发电。

新的压缩空气储能方式将可能带来气体储存运行和风能储存方式的重大改变,对现有压缩空气储能的重大设计改进,相应的性能和成本仍有可能得到迅速提升。

### 12.1.3　飞轮储能

飞轮储能装置又称飞轮电池,是利用电动机带动飞轮高速旋转,在需要的时候再用飞轮带动发电机发电的储能方式,是一种机-电能量转换与储存装置。飞轮储能可以将电能、风能、太阳能等能源转化成飞轮的旋转动能加以储存。

飞轮储能思想早在一百年前就有人提出,但是由于当时技术条件的制约,在很长时间内都没有突破。直到 20 世纪 60~70 年代,才由 NASA 的格伦(Glenn)研究中心开始把飞轮作为储能电池应用在卫星上。90 年代,由于在以下三个方面取得了突破,飞轮储能技术获得了更大的发展空间。

(1)高强度碳素纤维复合材料(抗拉强度高达 8.27 GPa)的出现,大大增加了单位质量的动能储量。

(2)磁悬浮技术和高温超导技术的迅猛发展,使飞轮转子的摩擦损耗和风损耗都降到了最低限度。

(3)电力电子技术的新进展,如电动/发电机及电力转换技术的突破,为飞轮储存的动能与电能之间的转换提供了先进的手段。

飞轮储能装置是高科技机电一体化产品,它在航空航天(卫星储能电池、综合动力和姿态控制)、军事(大功率电磁炮)、电力(电力调峰)、通信(UPS 电源)、移动交通(电动汽车、地铁)等领域有广阔的应用前景。

#### 1.飞轮储能的基本结构与工作原理

飞轮储能系统由飞轮转子系统、能量转换系统、轴承支承系统、真空室、电动/发电机、电力电子转换装置等部分组成,其中能量转换系统的内置电机可以同时作为电动机与发电机使用。飞轮储能装置结构与工作原理如图 12-7 所示。

飞轮储能的基本工作原理为:电力电子转换装置从外部输入电能驱动电动机旋转,电动机带动飞轮旋转,飞轮储存动能(机械能);当外部负载需要能量时,用飞轮带动发电机旋转,将动能转化为电能,再通过电力电子转换装置变成负载所需的各种频率、电压等级的电能,以满足不同的需求。

要提升飞轮储能装置的性能,在进行飞轮储能系统设计时需要充分考虑以下几方面因素。

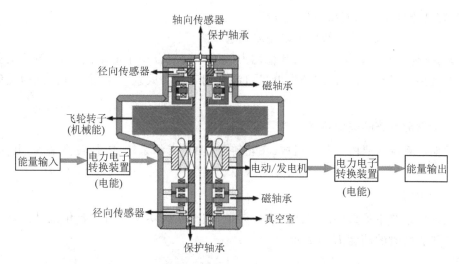

图 12-7　飞轮储能装置结构与工作原理示意图

（1）**提高转速**。要提升储能量就需要提升飞轮转子转速，因此飞轮转速大小决定了一个飞轮储能系统的储存能力。随飞轮转速的升高，在离心力作用下飞轮内部所受应力不断增大，材料耐受强度将限制飞轮提速。如今，具有高强度低密度的复合纤维材料推动了飞轮储能的大力发展。

（2）**降低损耗**。为了降低飞轮储能工作过程中的能量损耗，飞轮与电机多使用磁轴承代替机械轴承，如永磁轴承、超导磁轴承和电磁轴承，利用悬浮减少摩擦损耗。

（3）**满足转速变化**。电动/发电机在飞轮储能工作过程中随飞轮转子转速变化而变化，需满足高转速、低损耗、适应转速范围宽等条件，目前常用电机包括磁阻电机、感应电机、永磁电机，其中永磁电机凭借诸多优点在飞轮储能中得到广泛应用。

（4）**高效交直变换**。发电机输出电流时电力电子转换装置将发电机产生的直流转化为交流并进行整流、调频、稳压处理；储能时电力电子转换装置将交流转化为直流驱动电动机。

（5）**减少摩擦**。飞轮系统多置于真空室内以减少空气摩擦并防止高速旋转的飞轮发生安全事故。

随着飞轮转子材料、轴承技术、电能变换技术取得重大突破，飞轮储能技术也取得了重大进展。现有的飞轮储能系统具有以下重要特点：

（1）储能密度高，功率密度大，因而在短时间内可以输出更大的能量，这非常有利于电磁炮的发射和电动汽车的快速启动。

（2）能量转换效率高，一般可达 85％～95％。

（3）对温度不敏感，对环境友好。

（4）使用寿命长。使用寿命和储能密度不会因过充电或过放电而受到影响，只取决于飞轮储能装置中电子元器件的寿命。储能装置寿命一般可达 20 年左右。

（5）容易测量放电深度和剩余"电量"。

（6）充电时间短，在分钟级别可以完成充电。

（7）与其他装置组合使用（如与其他动力装置一起混合用于电动汽车上，与卫星姿态控制装置结合用于卫星上，与传统的发电机组混合用于分布式发电系统中）时，它的优势更加明显。

**2. 飞轮储能系统的关键技术**

飞轮储能系统主要由五部分组成：飞轮转子、轴承支承系统、能量转换系统、电动/发电机、真空室。

1）飞轮转子

飞轮储能系统中最重要的部件是飞轮转子，整个系统实现能量的转化就是依靠飞轮的旋转。飞轮旋转时的动能 $E$ 可表示为

$$E = \frac{1}{2} J\omega^2 \qquad (12-3)$$

式中，$J$、$\omega$ 分别为飞轮的转动惯量和转动角速度。

由式（12-3）可见，提高飞轮的储能量可以通过增加飞轮转子转动惯量和提高飞轮转速来实现，这涉及：转子材料选择、转子结构设计、转子制作工艺、转子装配工艺等环节。通过提高转速来增加动能时，如果转速超过一定值，飞轮将会因离心力而发生破坏，原因是受到制造飞轮所用材料强度限制。

飞轮的储能密度计算公式为

$$e = \frac{2.72 K_s \sigma}{\rho} \qquad (12-4)$$

式中，$e$ 为飞轮的储能密度，$W \cdot h/kg$；$K_s$ 为飞轮的形状系数；$\rho$ 为材料的密度，$kg/cm^3$；$\sigma$ 为材料的许用应力，$MPa$。

由式（12-4）可以计算出不同材料制造的飞轮储能密度，在设计飞轮的时候，要选用一些低密度、高强度复合材料，如超强碳纤维等作为飞轮转子的材料，材料的选择直接影响着飞轮储能系统的稳定性。

由上述分析可知，飞轮转子最适合采用复合材料制造，由于复合材料具有可设计性，但缠绕加工工艺较复杂，不易制作形状复杂的飞轮，因此复合材料飞轮大多采用圆环形状。精心设计飞轮的结构形状，可以提高飞轮的形状系数。多层转子结构可使飞轮线速度和储能密度得到提高。也有把飞轮形状做成纺锤状、伞状、实心圆盘状、带式（变惯量）与轮辐状等，在实际应用中实现了预想效果。由于湿法缠绕成本低、缠绕制品的气密性好，复合材料飞轮通常采用湿法缠绕工艺。

过盈装配思想发展而来的多环过盈装配技术可有效增强飞轮径向强度。由于多环过盈装配工艺和张紧力缠绕工艺密切相关，工业生产多环过盈装配中的多个复合材料环套，是分别在不同金属芯轴上利用张紧力缠绕工艺制成的。

2）轴承支承系统

支承高速飞轮的轴承技术是制约飞轮储能效率、寿命的关键因素之一，飞轮储能的支承方式主要有以下四种：

**机械轴承**。机械轴承主要有滚动轴承、滑动轴承、陶瓷轴承和挤压油膜阻尼轴承等，其中滚动轴承和滑动轴承常用作飞轮系统的保护轴承，陶瓷轴承和挤压油膜阻尼轴承在特定的飞轮系统中获得应用。

**被动磁轴承**。被动磁轴承有两种，一种是永磁轴承，具有能耗低、无需电源、结构简单等优点，但是只用永磁轴承不能实现稳定悬浮，需要至少在一个方向上引入外力（如电磁力、机械力等）；另一种是超导磁轴承，当外部磁场（磁体）接近超导体时，在超导体内部产生感应电流，感应电流产生的磁场与外部磁场方向相反、大小相等，这相当于在超导体背后出现了外部磁场的镜像磁场，由此，产生超导体和磁体之间的电磁斥力，使超导体或永久磁体稳定在悬浮状态。

**主动磁轴承**。主动磁轴承又称为电磁轴承，它通过控制电磁线圈中的电流大小产生电磁力，对轴承的位置进行主动控制，具有阻尼和刚度可调的优点。电磁铁须同时提供静态偏置磁通及控制磁通，在稳态悬浮时，要靠功率放大电路提供静态偏置电流，因而功放损耗较大，散热器体积较大。

**组合式轴承**。除了以上介绍的机械轴承、被动磁轴承和主动磁轴承，目前飞轮储能系统经常将几种类型的轴承组合起来使用，如永磁轴承与机械轴承相混合，电磁轴承与机械轴承相混合，永磁轴承与电磁轴承相混合，永磁轴承与超导电磁轴承相混合等。

3）能量转换系统

飞轮储能系统完成了从电能转化为机械能、机械能转化为电能的能量转换，其核心是电能与机械能之间的相互转换，所以能量转换环节是必不可少的，它决定着系统的转换效率，支配着飞轮系统的运行情况。电力电子转换装置对输入或输出的能量进行调整，使其频率和相位协调起来。

**电能转化为机械能**。此过程是对飞轮储能系统输入能量过程，电力电子转换装置对充电电流进行调整，将电网的交流电转换成直流，驱动电动/发电机，使飞轮转速增加，并确保飞轮运转的平稳、安全和可靠。此时电机的升速可以采用两种变频控制方式：恒转矩控制和恒功率控制。

**以动能形式存储电能**。此过程飞轮高速旋转，储存动能。飞轮达到一定转速后转入低压模式，由电力电子转换装置提供低压，维持飞轮储能能量的机械损耗为最小水平，维持飞轮的转速。

**机械能转化为电能**。此过程为飞轮储能系统向外输出能量的过程，电力电子转换装置将发出的电能转换成与电网频率和相位一致的交流电，送到电网中去。根据电网的具体运行情况，高速旋转的飞轮通过高速发电机将飞轮动能转换成电能，此过程中，电机作为发电机运行，电机的输出电压与频率随转速变化而不断变化，但是一段时间后，飞轮不断减速，造成输出电压降低,为确保输出电压平稳,需要升压电路将电压提升。

储存能量时,要求系统要有快的反应速度及尽可能快的储能速度;维持能量时,要保持系统的稳定运行及最小损耗;释放能量时,能满足负载的频率和电压的要求。上述几环节协调一致、连续运行,以完成电能的高效存储。

4)电动/发电机

飞轮储能中的电动/发电机是一个集成部件,主要担当能量转换角色。充电时充当电动机使用,而放电时充当发电机使用,因此大大减少了系统的体积和质量。通常选择电机时要考虑几方面因素:从经济方面考虑,选择能满足要求的最低价格的电机;由于所设计的飞轮储能系统要求长时间储能运行,要求电机的空载损耗极低,所以电机必须满足使用寿命长这一要求;能量转换效率高,调速范围大;飞轮储能过程中要求系统有尽可能快的储能速度,作为电动机使用时要求电机有较大的转矩和输出功率。

5)真空室

真空室是飞轮储能系统工作的辅助系统,保护系统不受外界干扰,不会影响外界环境。主要作用:提供真空环境,以降低风损;屏蔽事故。

**3.飞轮储能关键技术的发展现状**

1)飞轮转子技术

美国休斯敦大学的得克萨斯超导中心开发出纺锤形飞轮,这是一种等应力设计,形状系数等于或接近1,飞轮材质为玻璃纤维复合材料;美国赛康(Satcon)技术公司开发的伞状飞轮结构有利于电机的位置安放,对系统稳定性十分有利,其转动惯量大,节省材料,轮毂强度设计合理;美国 Beacon 电力公司推出的 Beacon 智能化储能系统,其飞轮转子以一种强度高、重量轻的石墨和玻璃纤维复合材料制成,用树脂胶合;AFS 公司研制的飞轮用碳纤维环氧树脂复合材料绕制,若在高速下破裂,飞轮立即转变为棉絮状结构,且飞轮外有金属外壳,对人员不构成威胁;NASA 的格伦研究中心和宾夕法尼亚州立大学高级复合材料制造中心等单位均采用湿法缠绕工艺制备了复合材料飞轮。

2)飞轮储能的轴承支承系统技术

在机械轴承方面,美国 TSI 公司应用高级的润滑剂、先进的轴承材料及设计方法和计算机动态分析,成功地开发出内部含有固体润滑剂的陶瓷轴承。其最新研制的基于真空罩的超低损耗轴承的摩擦系数只有 0.00001。

在被动磁轴承方面,目前的研究主要集中在超导磁轴承上。西南交通大学超导技术研究所 2000 年研制成功世界首辆载人高温超导磁悬浮实验车;日本 ISTEC 进行了 10 kW·h/400 kW 等级飞轮系统组装实验,加工设计了 100 kW·h 等级飞轮定子;德国 ATZ 公司2005 年开始研究 5 kW·h/250 kW 等级的飞轮,并与美国 Level - 3 通信公司合作生产了高温超导储能装置;日本铁路综合技术研究院研制出世界上最大的 300 kW 超导飞轮动力储存系统;中国华阳集团研制出 600 kW 全磁悬浮飞轮储能系统。

在主动磁轴承方面,美国马里兰大学采用差动平衡磁轴承,已完成 20 kW·h 储能飞轮的研制,系统效率为 81%;美国劳伦斯伯克利国家实验室大力开展电磁悬浮飞轮研究;韩国机械和材料研究院研制出了 5 kW·h 的飞轮储能系统,该系统采用两个径向主动磁轴承和一个止推磁轴承支承,采用 PD 控制器及陷波滤波器使飞轮达到 15000 r/min 的转速,并且采用主从机通信及实时调整参数的方法,使得频率响应函数计算简便且监控信号容易获得。

在组合式轴承方面,美国华盛顿大学正在研制 1 kW·h 永磁轴承和宝石轴承混合支承飞轮,永磁轴承用于立式转子上支承,并卸载以降低下支承的摩擦功耗,宝石轴承作为下支承,同时引入径向电磁支承,作为振动的主动控制,以确保系统的稳定性;华北电力大学设计并制作的飞轮储能系统,转子质量为 334 kg,转动惯量为 10.43 kg·m²,轴承采用的是永磁轴承和油浮轴承组成的混合式轴承系统;美国 ActivePower、欧洲轴浓缩公司(Urenco)和德国 Piper 公司等生产的采用飞轮储能技术的小间断电源已经在世界范围内销售,这些产品中飞轮的支承系统采用的都是电磁轴承和机械轴承组合技术。中国科学院电工研究所研制了一台采用永磁轴承卸载、轴向位置确定、超导磁轴承提供稳定的立轴旋转机构,径向刚度大于 3 N/mm,径向振动小于 10 pm,还提出了立式永磁有源超导混合磁轴承方案。

3)能量转换环节技术

美国马里兰大学开发出敏捷微处理器电力转换系统,该系统全部为固定部件,由固态开关、过滤器、控制电路及二极管组成,属共振转换器,当电压或电流过零时,使用自然整流控制动力在"共振箱"内的输入、输出,因为电压电流为零开关操作,加之自然整流,所以动力损耗极小,这样共振频率能大幅提高;美国 Beacon 电力公司采用脉冲宽度调制转换器,实现从直流母线到三相变频交流的双向能量转换,飞轮系统具有稳速、恒压功能,此功能是运用专门算法自动实现的,不需要指定主动或从动元件。

4)电动/发电机技术

从系统结构及降低功耗出发,国外研究单位一般均采用永磁无刷同步电动/发电互逆式双向电机,电机功耗取决于电枢电阻、涡流电流和磁滞损耗,因此,无铁定子获得广泛应用,转子选用钕铁硼永磁磁铁。美国劳伦斯伯克利国家实验室应用永磁钕铁硼材料特别排列成定子,产生一旋转偶极区,转子多相缠绕电感低,定子铜损通过冷却加以控制;西安理工大学与西安永电电气有限责任公司合作研制出无刷直流电机的飞轮储能系统,对电动/发电机的控制器进行了改进,由于无刷直流电动机固有的转矩脉动限制了其应用范围,在充电环节采用升降压斩波电路来扩大调速范围,在低速时采用恒转矩控制,在高速时采用恒功率控制。

5)真空室技术

Beacon 电力公司设计了一个混凝土结构圆柱形真空室,为了安全,真空室置于地下,这样就不会对地面上的人员造成伤害,而且此结构上端覆盖钢制安全盖,并用螺母锁紧,相当于加了双保险,采用多层结构的容器可以抑制转子破裂所释放出来的动能冲击。

## 12.2 太极生两仪,阴阳本一体:电化学储能

电化学储能是通过电池正负极之间的氧化还原反应实现电能与化学能之间的相互转换的。电池储能系统(Battery Energy Storage System,BESS)是将储能电池、功率变换装置、控制器、配电系统、温度与消防安全系统等相关设备按照一定的应用需求集成构建的较复杂的综合电力单元。根据使用的化学物质不同,目前常见的储能电池主要有铅酸电池、锂离子电池、液流电池等。

### 12.2.1 铅酸电池

#### 1. 基本原理

铅酸电池是一种以 $PbO_2$ 为正极活性材料,海绵金属 Pb 为负极活性材料,硫酸溶液为电解液的储能电池,最早由法国物理学家普朗特(Gaston Plante)在 1859 年发明,160 多年来,其工作原理几乎没有发生变化。铅酸电池基本结构如图 12-8 所示。

电池放电时,正极由 $PbO_2$ 转变为 $PbSO_4$,负极由海绵状 Pb 变为 $PbSO_4$。充电时正极由 $PbSO_4$ 转化成棕色 $PbO_2$,负极则由 $PbSO_4$ 转变为灰色 Pb。其化学反应过程如下。

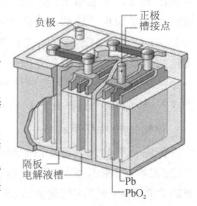

图 12-8 铅酸电池基本结构

放电过程中,负极 Pb 金属与 $H_2SO_4$ 反应形成 $PbSO_4$ 并释放出电子:

$$Pb + H_2SO_4 \longrightarrow PbSO_4 + 2H^+ + 2e^- \tag{12-5}$$

正极 $PbO_2$ 获得电子并与 $H_2SO_4$ 反应形成 $PbSO_4$:

$$PbO_2 + H_2SO_4 + 2H^+ + 2e^- \longrightarrow PbSO_4 + 2H_2O \tag{12-6}$$

充电过程则是 $PbSO_4$ 分别被氧化或还原成 $PbO_2$ 和 Pb。

总的化学反应式为

$$Pb + PbO_2 + 2H_2SO_4 \Longrightarrow 2PbSO_4 + 2H_2O \tag{12-7}$$

上述原发性反应产生的额定电压是 2 V,最低放电电压 1.5 V,最高充电电压 2.4 V。在具体电池制作过程中,可通过串联方式获得 12~48 V 的额定电压。

根据应用领域的不同,铅酸电池一般被分为动力型、启动型、储能型和固定型四大类。动力型电池主要应用于电动自行车和混合动力电动车等方面作为动力;启动型电池主要应用于机动车的启动、点火和照明等方面;储能型电池是为太阳能发电、风力发电和潮汐发电等做储能用;固定型电池主要应用于通信备用电源、不间断电源、应急照明电源及其他备用电源。

铅酸电池具有技术成熟、原料来源丰富、成本低和安全性高等优点,是目前世界上产量和用途广泛的化学电源之一。其缺点是循环寿命短、能量密度低、对环境产生污染。

**2. 发展与挑战**

新能源发电等技术的大规模应用,对储能电源提出了更高的要求,电池需具有高比能量、高比功率、长寿命循环性能才能应对更高的应用要求,从目前的发展趋势来看,铅酸电池行业正在经受前所未有的挑战。

1)免维护技术

在上述原发性反应过程中,特别是电池充电阶段,可能会发生大量的副反应,析出一定量的氢气和氧气,产生析气问题。析气问题导致了电解液的损失,需要定期维护,否则将影响电池的正常使用。免维护电池,就是基于氧还原技术,完成了氢气与氧气再化合成水返回电解液中。此类电池没有补液需求,其中电解液也大多添加了凝胶剂形成胶态,或者采用其他固定方式,外壳采用密封设计。这样,在电池运输过程中就不必考虑电池朝向,在储能项目安装过程中,对设备与人员防护等问题的处理也相对简易。尽管在正常使用时,很少甚至没有析气问题,但是当电池过充时,依然会有少量氢气和氧气释放,这类电池也必须设置阀门以避免电池内部产生过高的压力,所以此类电池也被称为阀控铅酸电池。阀门的打开,导致了电解液的损失,将影响电池寿命,应采取合理的电池充放电管理机制,防止电池过充。

2)深度放电保护

铅酸电池容量受放电倍率影响较大,且在不同的放电倍率曲线末端都将出现急剧下降的拐点。这些拐点相连得到的曲线就是安全工作时电池的终止电压曲线,储能系统应尽量将电池的工作电压终点设置在这条曲线附近。而拐点最下端的放电曲线终点,称为最小终止电压,低于此电压将造成电池永久性失效,因此相关系统应具备防止电池深度放电的保护功能。

3)防电池过充

铅酸电池的充电一般分为恒流充电、恒压充电和涓流浮充三个阶段。其中,恒流充电主要恢复电池电压,恒压充电恢复电池容量,而涓流浮充则主要抑制电池的自放电、保持储能。但在储能系统中,除非备电应用,否则一般很少出现长时间的浮充状态。因此,可将储能变流器(Power Conversion System,PCS)设置为恒压限流工作模式,即在电池电压较低时,跟踪外部充电功率指令,而在靠近最高电压时自动转为限流模式,以防止电池过充。

4)老化防护

铅酸电池的放电容量也和温度密切相关。温度低时,放电容量低;温度高时,放电容量高。虽然铅酸电池具有很宽的工作温度范围($-20\sim50\ ℃$),但是在储能系统设计过程中也应尽量确保其工作温度在 $25\ ℃$ 左右,避免加速老化或失效。

铅酸电池的老化会导致其容量的衰减和最终的失效。而老化的主要原因一类为正极活性材料 $PbO_2$ 与 $PbSO_4$ 在充放电过程中体积的不断收缩和膨胀导致的结合力缓慢破坏(直至脱落、泥化);另一类则是不可逆的硫酸盐化,这是大型储能系统主要的电池失效原因。

正常情况下,放电过程中产生的 $PbSO_4$ 虽然是一种难溶物质,但结晶较小,在充电时,依然比较容易溶解,并在负极还原成铅。储能系统中,电池工况大多为部分荷电状态下的高倍率充放电,无法长期处于满充状态,甚至易出现过放电等情况。在这种情况下,$PbSO_4$ 就会形成比较大且坚硬的结晶体,附着在电极表面,使其不仅难以还原成 Pb,而且减少了电池中有效的活性物质,引起电池容量的下降乃至寿命终止。

5)长寿命铅碳电池

尽管铅酸电池具有价格低廉、使用安全和环境适应性强等优点,但是针对大规模储能应用领域,其寿命短、能量密度低的问题成为应用限制因素。为了解决这些问题,可以将超级电容与铅酸电池相结合,在铅酸电池的负极中部分或者全部采用碳材料,产品主要包括"内并"混合式超级电池、高级阀控铅酸电池及铅碳电池。

铅碳电池是一种电容型铅酸电池,是从传统的铅酸电池演进出来的,在铅酸电池的负极中加入了活性碳,能够显著提高铅酸电池的寿命。在负极中添加的碳种类繁多,包括石墨、乙炔炭黑、活性炭、石墨烯、碳纳米纤维及它们的混合物,以提高电池充放电倍率或延长电池寿命。碳的添加改变了负极材料的孔隙结构,使得更多的活性材料被有效利用,从而增加了电池容量,也阻止了大晶体硫酸铅的形成,消除了严重硫酸盐化。

铅碳电池在比能量、比功率方面部分改善了铅酸电池的性能,电池寿命可延长一个数量级之多,使得铅碳电池在辅助新能源并网、电网侧及用户侧储能方面具备了一定的应用空间。

6)环境污染与保护

铅酸电池的电解液为酸性含铅物质,电极也为铅的复合物,两者均有危险性和污染性。据统计,仅中国每年就产生 500 万 t 废弃铅酸电池,如果不能建立有效的回收机制和科学的监测方法,将会产生严重的环保问题。目前,欧美地区对铅酸电池采取强制回收制度,其回收再生铅消费比例均超过 80%;美国更是在 2008 年将铅酸电池生产从主要的铅污染源中排除;从技术层面,我国铅酸电池回收率最高可达 99% 以上,随着铅酸电池回收利用制度和渠道的不断完善,最终有望尽快形成全方位的回收闭环体系。

## 12.2.2 锂离子电池

### 1. 锂离子电池常见结构

锂离子电池具有高能量密度、较高循环寿命(3000~6000 次以上)、高能量效率(94%~98%)和无污染等特点,在储能应用领域被广泛关注,并逐渐占据主流地位。自 2017 年至今,在全球电池储能累计装机规模与新增装机规模中,锂离子电池储能系统占比均超过 70%和 90%。

目前正在开发和使用的锂电池正极材料除钴酸锂($LiCoO$,LCO)外,主要包括尖晶石型锰酸锂($LiMn_2O_4$,LMO)、镍酸锂($LiNiO_2$,LNO)、橄榄石型磷酸铁锂($LiFePO_4$,LFP)、层状结构的镍钴锰酸(三元)锂($LiNi_xCo_yMn_zO_2$,NCM)等,正极材料主要影响电池的功率密度、能量密度、寿命和安全。磷酸铁锂和三元锂材料,是目前发展最为成熟的两种正极材料,并在储能系统中被大量使用。负极材料主要采用石墨等碳材料。

常见的锂离子电池有圆柱形、方形、纽扣形和薄膜电池,其基本结构如图 12-9 所示。从内部结构上均由正极、负极、隔膜、电解液、其他(外壳和引出端子等)组成,成本的占比分别约为 40%、15%、10%、10% 和 25%。

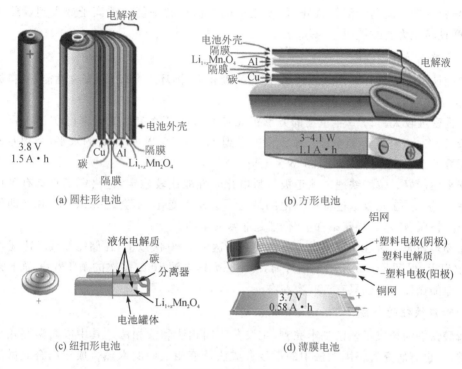

(a) 圆柱形电池　　　　　　　(b) 方形电池

(c) 纽扣形电池　　　　　　　(d) 薄膜电池

图 12-9　不同种类的锂离子电池结构形式

## 2. 磷酸铁锂电池

磷酸铁锂(LFP)电池是一种使用磷酸铁锂作为正极材料、石墨作为负极材料的锂离子电池。LFP 电池的理论比容量较高(约为 170 mA·h/g),放电电压平台是 3.2 V,单体额定电压为 3.2 V,充电截止电压为 3.6~3.65 V。

1)工作原理

LFP 电池的充放电反应是在 $LiFePO_4$ 和 $FePO_4$ 两相之间进行的,$Li^+$ 在正负两极之间往返脱-嵌,实现充放电。在充电过程中发生氧化反应,$LiFePO_4$ 中 $Li^+$ 从正极迁出,形成 $FePO_4$;在放电过程中,锂离子嵌入 $FePO_4$ 形成 $LiFePO_4$。

电池充电时,锂离子从正极的磷酸铁锂晶体中迁移到晶体表面,在电场力的作用下进入电解液,然后穿过隔膜,再经电解液迁移到石墨晶体的表面,而后嵌入石墨晶格中。与此同时,电子经导电体流向正极的铝箔集电极,经正极极耳、正极极柱、外电路、负极极柱、负极极耳流向电池负极的铜箔集流体,再经导电体流到石墨负极,使负极的电荷达到平衡。锂离子从磷酸铁锂脱嵌后,磷酸铁锂转化成磷酸铁。

电池放电时,锂离子从石墨晶体中脱嵌,进入电解液,然后穿过隔膜,经电解液迁移到磷酸铁锂晶体的表面,然后重新嵌入到磷酸铁锂的晶格内。与此同时,电子经导电体流向负极的铜箔集电极,经负极极耳、负极极柱、外电路、正极极柱、正极极耳流向电池正极的铝箔集流体,再经导电体流到磷酸铁锂正极,使正极的电荷达到平衡。锂离子嵌入到磷酸铁晶体后,磷酸铁转化为磷酸铁锂。

2)主要特点

磷酸铁锂电池具有工作电压较高、能量密度较大、循环寿命较长、安全性能好、自放电率小、无记忆效应的优点。

**能量密度较大**。2018 年量产的方形铝壳磷酸铁锂电池单体能量密度在 160 W·h/kg 左右;2019 年,一些优秀的电池厂家大概能做到 175~180 W·h/kg 的水平,个别专业的厂家采用叠片工艺,容量能做到 185 W·h/kg。

**安全性能好**。磷酸铁锂电池正极材料电化学性能比较稳定,这决定了它具有平稳的充放电平台,因此,在充放电过程中电池的结构不会发生变化,不会燃烧、爆炸,并且即使在短路、过充、挤压、针刺等特殊条件下,仍然是非常安全的。

**循环寿命长**。磷酸铁锂电池 1 C 循环寿命达到 3500 次以上,在储能领域可达到 4000~5000 次以上,保证 8~10 年的使用寿命,高于三元锂电池 1000 多次的循环寿命,而长寿命的铅酸电池的循环寿命也只有 300 次左右。

3)磷酸铁锂的合成

磷酸铁锂的合成工艺已基本完善,主要分为固相法和液相法。其中以高温固相反应法最为常用,也有研究者将固相法中的微波合成法及液相法中的水热合成法结合成微波水热法使用。

磷酸铁锂的合成方法还包括仿生法、冷却干燥法、乳化干燥法、脉冲激光沉积法等,通过选择不同的方法,合成粒度小、分散性能好的产物,可以有效缩短 $Li^+$ 的扩散路径;两相间的接触面积增大,$Li^+$ 的扩散速度加快。

4)储能应用

磷酸铁锂电池适合于大规模电能储存,随着储能市场的兴起,其在可再生能源发电站发电安全并网、电网调峰、分布式电站、UPS 电源、应急电源系统等领域有着良好的应用前景,一些动力电池企业纷纷布局储能业务,为磷酸铁锂电池开拓新的应用市场,磷酸铁锂电池配套的储能系统已经成为市场的主流选择。

磷酸铁锂电池储能系统具有工况转换快、运行方式灵活、效率高、安全环保、可扩展性强等特点,在"国家风光储输示范工程"中开展了工程应用,可有效提高设备效率,解决局部电压控制问题,提高可再生能源发电的可靠性和改善电能质量,使可再生能源成为连续、稳定的供电电源,有望在风力发电、光伏发电等可再生能源发电安全并网及提高电能质量方面得到广泛应用。

磷酸铁锂电池储能系统可以减少或避免由于电网故障和各种意外事件造成的断电,在保证医院、银行、指挥控制中心、数据处理中心、化学材料工业和精密制造工业等领域安全可靠供电方面发挥重要作用。

**3. 三元锂电池**

三元锂电池(也称三元聚合物锂电池)是指正极材料使用镍钴锰酸锂[$Li(NiCoMn)O_2$,NCM]或者镍钴铝酸锂[$Li(NiCoAl)O_2$,NCA]等三元复合正极材料的锂电池。三元复合正极材料是以镍盐、钴盐、锰盐为原料,里面镍钴锰的比例可以根据实际需要调整。

1)工作原理

三元锂电池主要有镍钴铝酸锂电池、镍钴锰酸锂电池等,由于镍钴铝的高温结构不稳定,导致高温安全性差,pH 值过高易使单体胀气,进而引发危险,且目前造价较高,因而目前市场上主要是镍钴锰酸锂电池。

在镍钴锰酸锂(NCM)电池体系中,不同元素承担着不同的功能。

$Co^{3+}$:减少阳离子混合占位,稳定材料的层状结构,降低阻抗值,提高电导率,提高循环和效率性能。

$Ni^{2+}$:可提高材料的容量(提高材料的体积能量密度),而由于 Li 和 Ni 相似的半径,过多的 Ni 也会因为与 Li 发生位错现象导致锂镍混排。锂层中镍离子浓度越大,锂在层状结构中的脱嵌越难,导致电化学性能变差。

$Mn^{4+}$:不仅可以降低材料成本,还可以提高材料的安全性和稳定性。但过高的 Mn 含量容易出现尖晶石相而破坏层状结构,使容量降低,循环衰减。

三元材料 NCM:充电时为 $Ni^{2+}/Ni^{4+}$、$Co^{3+}/Co^{4+}$,其中 $Mn^{4+}$、$Al^{3+}$ 都保持不变;放电时为 $Ni^{4+}/Ni^{2+}$、$Co^{4+}/Co^{3+}$,同样 $Mn^{4+}$、$Al^{3+}$ 保持不变,即 Ni 和 Co 是活性金属,而 Mn 和 Al 是非活性金属。

单体三元锂电池放电电压平台高达 3.7 V,磷酸铁锂为 3.2 V,而钛酸锂仅为 2.3 V,因此从能量密度角度来说,三元锂电池具有绝对优势。三元锂电池在冬季低温(0~5℃)下,容量大约是夏天的 90% 左右,略有下降,但并不明显。

2)主要优缺点

(1)三元锂电池的优点主要有:

**电压平台高**。电压平台越高,比容量越大。同样体积、质量,甚至同样容量的电池,电压平台比较高的三元锂电池续航里程更远。三元材料的电压平台明显比磷酸铁锂高,高线可以达到 4.2 V,放电平台可达 3.7 V。

**能量密度高**。所以同样体积、质量,甚至同样容量的电池,电压平台比较高的三元锂电池续航时间更长。

**振实密度高**。振实密度是指在规定条件下容器中的粉末经振实后所测得的单位容积的质量。振实密度高有利于提高能量密度。

(2)三元锂电池的缺点主要有：热稳定性较差，在 $250\sim300\,℃$ 高温下就会发生分解，并且三元锂材料的化学反应尤其强烈，一旦释放氧分子，在高温作用下电解液会迅速燃烧，随即发生爆燃现象；耐高温性差；寿命短；大功率放电性能差；元素有毒性；三元锂电池大功率充放电后温度急剧升高，高温后释放氧气，极容易燃烧。

3）三元锂电池与其他锂离子电池比较

以磷酸铁锂作为正极材料的电池充放电循环寿命长，但其缺点是能量密度、高低温性能、充放电倍率特性均与需求存在较大差距，磷酸铁锂电池技术和应用已经遇到发展的瓶颈；锰酸锂电池能量密度低、高温下的循环稳定性和存储性能较差，因而锰酸锂仅作为国际第一代动力锂电池的正极材料；而多元材料因具有综合性能和成本的双重优势日益被行业所关注和认同，三元材料电芯代替了广泛使用的钴酸锂电芯，在笔记本电脑电池领域广泛使用。

能量密度高是三元锂电池的最大优势，而电压平台是电池能量密度的重要指标，决定着电池的基本效能和成本。单体三元锂电池放电电压平台高达 $3.7\,V$，磷酸铁锂为 $3.2\,V$，而钛酸锂仅为 $2.3\,V$，因此从能量密度角度来说，三元锂电池与磷酸铁锂，锰酸锂或者钛酸锂相比具有绝对优势。

安全性较差和循环寿命较短是三元锂电池的主要短板，尤其是安全性能，一直是限制其大规模配组和大规模集成应用的一个主要因素。大量实测表明，容量较大的三元锂电池很难通过针刺和过充等安全性测试，这也是大容量电池中一般都要引入锰元素，甚至混合锰酸锂一起使用的原因。500 次的循环寿命在锂电池中属于中等偏下，因此三元锂电池目前最主要的应用领域是 3C 数码等消费类电子产品。

三元锂和磷酸铁锂这两种材料都会在到达一定温度时发生分解。三元锂材料会在 $200\,℃$ 左右发生分解，并且三元锂材料的化学反应更加剧烈，会释放氧分子，在高温作用下使电解液迅速燃烧，发生连锁反应。而磷酸铁锂会在 $700\sim800\,℃$ 时发生分解，不会像三元锂材料一样释放氧分子，燃烧没那么剧烈。

概括地说，三元锂电池和磷酸铁锂电池各自特性不同，主要矛盾集中在"能量密度"和"安全性"上。三元锂电池能量密度更大，但安全性经常受到怀疑；磷酸铁锂电池虽然能量密度小，但大家认为它更安全。

4）储能应用

在电池行业，三元锂电池凭借着众多的优势迅速占领了市场。三元锂电池具有能量密度高，节能环保，无污染，维护成本低，充放电完全，质量轻等优势，未来将是电动汽车搭载电池的主力军。另外，要注意三元锂电池应随用随充，不要将电耗尽才充电，优秀的电池管理系统也能减缓三元锂电池的衰减。

全球五大电芯生产商 Sanyo、Panasonic、Sony、LG、Samsung 已推出三元材料的电芯，相当部分的笔记本电池都用三元材料的电芯替换了之前的钴酸锂电芯，Sanyo、Samsung 在柱式电池方面更是全面停产钴酸锂电芯，转向三元材料电芯的制造。国内外小型的高倍率动力电池大部分使用三元正极材料。

### 4. 锂离子电池储能系统

1）锂离子电池储能系统

储能锂离子电池电芯单元器件从外观上主要可以分为方形硬壳、圆柱形硬壳及软包三种形式，如图 12-10 所示。

(a) 方形硬壳　　　　　　　(b) 圆柱形硬壳　　　　　　(c) 软包

图 12-10　多种锂离子电池电芯单元器件

每只电芯的容量有限，为了应用于储能系统（以方形硬壳锂离子电池为例），数只电芯通过串联、并联组成电池组；多个电池组再经过串联组成电池包；电池包通过开关盒输出，与相邻电池包并联，最终组成大规模、高电压的锂离子电池储能系统。电池组是储能系统进行集成安装的最小电池单元，内置若干电芯、传感器、均衡电路及电池组能量管理系统等；开关盒，是电池包输出并与其他电池包并联的开关操作与保护设备，内部器件主要有直流接触器、直流熔断器或断路器、分流器或电流传感器及电池包能量管理系统等。

锂离子电池包集成与管理构架如图 12-11 所示。

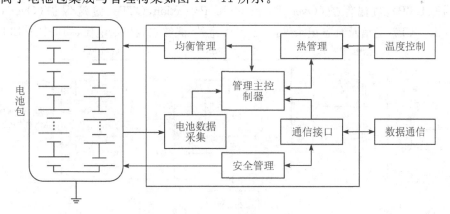

图 12-11　锂离子电池包集成与管理构架

锂离子电池储能系统管理构架如图 12-12 所示。

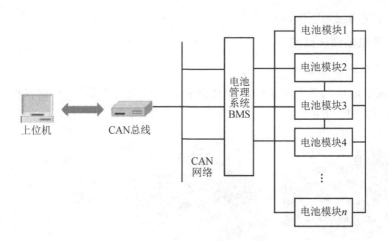

图 12－12　锂电池储能系统管理构架

2）电池能量管理系统

锂离子电池储能系统必须匹配与上述成组形式相应的电池管理系统（Battery Management System，BMS），以防止电池生产制造过程中的缺陷及储能系统使用过程中的滥用导致的电芯寿命缩短、损坏，甚至严重情况下的安全事故。基于成本和可扩展性的综合考量，一个完整的储能系统 BMS 由电池组 BMS、电池包 BMS 及系统 BMS 组成。对于由大量电芯串并联组成的大规模储能系统而言，三级 BMS 的设计从最大程度上避免了电芯电压的不均衡及其所导致的过充及过放。

储能电池 BMS 的主要功能包括：状态监测与参数评估、电芯均衡、过电压保护（OVP）、欠电压保护（UVP）、过温保护（Over Temperature Protection，OTP）、过流保护（Over Current Protection，OCP）、通信及日志记录等，一旦发生意外，能够立刻切断电流，如图12－13所示。

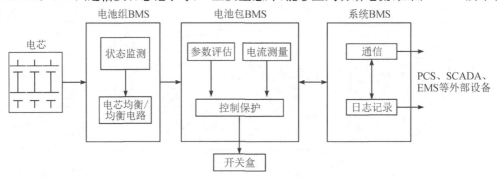

图 12－13　电池能量管理系统主要功能

（1）**状态监测与参数评估**。被监测数据包括各电池包电压与电流、电芯电压、系统总电流、电池组或电芯温度、环境温度等；依据测得的数据，进行电池水平相关参数评估，主要包括荷电状态（State of Charge，SOC）、健康状态（State of Health，SOH）、电池内阻及容量等。

其中状态监测是 BMS 的最基本功能,主要由电池组 BMS 完成,也是后续进行均衡、保护和对外信息通信的基础;而参数评估,则是电池包 BMS 所具有的较复杂功能,如表 12 - 4 所示。

表 12 - 4　BMS 状态监测

| 电池组 BMS | 电池包 BMS | 系统 BMS |
|---|---|---|
| 电芯电压<br>电芯温度 | 电池包电压 | 系统电压 |
| | 电池包电流 | 系统 SOC、SOH 等 |
| | 电池包 SOC、SOH 等 | 控制电源状态 |
| | 开关盒状态 | 故障告警信息 |
| | 故障告警信息 | 其他相关信息 |

(2)**电芯均衡**。在保证电芯不会过充的前提下,留出更多的可充电空间。具体的均衡算法可以基于电压、末时电压或者 SOC 历史信息设计;而均衡电路,要么是以电阻热量形式消耗的被动均衡,要么是以电芯间能量传递形式再分配的主动均衡。

(3)**控制保护**。电池包 BMS 与系统 BMS 的控制功能主要表现为通过对开关盒中接触器的操作,完成电池组的正常投入与切除;而保护功能主要是通过主动停止、减少电池电流,或反馈停止、减少电池电流来防止锂离子电芯电压、电流、温度越过安全界限。具体内容如表 12 - 5 所示。

表 12 - 5　BMS 保护功能

| BMS 级别 | 告警信息 |
|---|---|
| 电池包 BMS | 充电过电压保护 |
| | 放电欠电压保护 |
| | 过温保护 |
| | 低温保护 |
| | BMS 通信故障 |
| 系统 BMS | 过电压保护 |
| | 欠电压保护 |
| | 过电流保护 |
| | 电压不均衡 |
| | 电芯温度不均衡 |
| | 系统直流接触器故障保护 |
| | 系统直流电流传感器故障 |
| | BMS 通信故障 |

（4）**通信**。电池系统通过系统 BMS 实现对外通信，通信协议可以采用 Modbus-RTU、Modbus-TCP/IP 及 CAN 总线等。对外传输的信息除了前述的状态监测或参数评估信息以外，还可以包括相关统计信息或安全信息，如电池系统电压、电流或 SOC，各电池包最大及最小电芯电压和温度，最大及最小允许充电和放电电流，电池包故障和告警信息，开关盒内部开关器件和传感器信息等。

### 12.2.3　全钒液流电池

液流电池是通过阳极和阴极电解质溶液活性物质发生可逆氧化还原反应（即价态的可逆变化）实现电能和化学能的相互转化的一种高性能储能电池。当液流电池充电时，阴极发生氧化反应使活性物质价态升高，阳极发生还原反应使活性物质价态降低；放电过程与之相反。与一般固态电池不同的是，液流电池的阴极和阳极电解质溶液储存于电池外部的储罐中，通过泵和管路输送到电池内部进行反应，它由电堆单元、电解液、电解液存储供给单元及管理控制单元等部分构成，具有容量高、使用领域（环境）广、循环使用寿命长的优点，它最显著的特点是规模化储电。

液流电池目前主要有：全钒液流电池、铁铬液流电池、锌溴液流电池等，其中全钒液流电池可用于大规模能量存储，是目前应用的主流。

#### 1. 基本原理

全钒液流电池是在 1974 年由 NASA 工程师 L. H. Thaller 为月球基地太阳能存储而提出的，当时采用 Fe-Cr 元素作为液流电池的电化学活性物质，发生氧化还原反应，但是由于在运行过程中正负极电解液不同活性物质间的交叉污染，导致容量损失非常严重而无法长期稳定运行。为解决这一问题，澳大利亚新南威尔士大学的 Maria Skyllas-Kazacos 等尝试在正负极电解液中采用相同成分的活性物质，并于 1986 年首次申请了全钒液流电池（All Vanadium Redox Flow Battery, VRB）的专利。自 2006 年 VRB 相关的专利失效以后，其规模化研发、制造与应用取得了迅速发展。

VRB 通过不同价态的钒离子相互转化实现电能的存储与释放，是众多化学电源中唯一使用同种元素组成的电池系统，从原理上避免了正负极不同种类活性物质相互渗透产生的交叉污染。正极为 $VO^{2+}/VO_2^+$，负极为 $V^{2+}/V^{3+}$，单电池开路电压为 1.25 V，可通过串联方式组成电堆以获得更高的输出电压（一般包括 48 V、110 V、220 V 和 380 V）。全钒液流电池工作原理见图 12-14 所示。

其放电过程中，负极反应为

$$V^{2+} \longrightarrow V^{3+} + e^- \tag{12-8}$$

正极反应为

$$VO_2^+ + 2H^+ + e^- \longrightarrow VO^{2+} + H_2O \tag{12-9}$$

充放电过程总的反应为

$$V^{3+} + VO^{2+} + H_2O \rightleftharpoons V^{2+} + VO_2^+ + 2H^+ \tag{12-10}$$

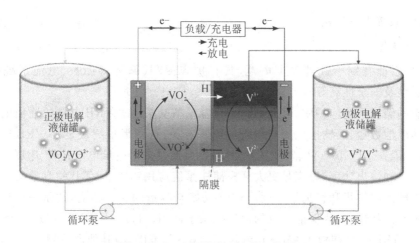

图 12-14　全钒液流电池的工作原理

**2. 基本结构**

VRB 系统由电堆、电解液、电解液储罐、循环泵、管道、辅助设备、仪表及检测保护系统组成。正负极电解液被循环泵压入电堆内,并在机械动力作用下,分别在由正负极电解液储罐和电堆构成的闭环回路内,以适当的速度循环流动。VRB 电堆由数节单体电池按照压滤机的形式组装而成,是正负极电解液发生化学反应的场所,主要包括惰性电极、离子交换膜、集流板、双极板及绝缘固定、分流密封等部件。其中,电子转移反应发生在惰性电极上,而离子交换膜作为正负极电解液的隔膜,防止了正负极电解液两边活性物质的混合,同时允许氢离子的通过,与外部电子形成闭环回路,使得存储在溶液中的化学能转换为电能。这个可逆的过程使 VRB 顺利完成循环充、放电。循环泵为电解液的流动提供动力,一旦出现故障,整个VRB 系统将无法工作,其不仅决定着 VRB 的可靠性,还影响着约 5% 的 VRB 的系统效率。

鉴于 VRB 系统的复杂性,进行效率研究时会考虑电流效率(库仑效率)$\mu_i$、能量效率 $\mu_e$ 和系统效率 $\mu_s$。计算公式如下:

$$\mu_i = \frac{\int_{\text{放电}} I\,dt}{\int_{\text{充电}} I\,dt} \tag{12-11}$$

式中:$I$ 为充放电电流;$t$ 为时间。

$$\mu_e = \frac{\int_{\text{放电}} IV\,dt}{\int_{\text{充电}} IV\,dt} \tag{12-12}$$

式中:$V$ 为充放电电压。

$$\mu_s = \frac{\text{放电能量} - \text{系统损耗}}{\text{充电能量} + \text{系统损耗}} \tag{12-13}$$

系统损耗主要是推动电解液在闭环回路中循环而需要的动力,决定了电解液流量的大小。在 VRB 系统中 $\mu_i > \mu_e > \mu_s$。

**3. 性能特点**

VRB 的原理有别于其他类型电池,具有扩容便利、循环寿命长、电池系统荷电状态(SOC)可测性及安全性高等特点。

在所有的储能系统应用中,电池的功率与容量备受关注。VRB 电堆的输出电压取决于串联的单体电池数量,而输出电流与电极的面积有关,这两者最终决定了 VRB 电堆的输出功率范围(一般在 10～40 kW 范围)。VRB 系统可通过多个电堆电气并联、串联或串并联来提高电压等级和输出功率,以满足更大规模储能系统应用需求。VRB 的容量决定于电解液存储罐中电解液的体积和钒离子浓度。VRB 功率与容量间相互独立,这是一个与其他类型电池相比独有的特性,也为储能系统的设计提供了便利。目前,VRB 系统输出功率在数 kW 至数十 MW 范围,容量在数十 kW·h 至数百 MW·h 范围,与其他电池相比,更易构建大规模储能系统。

由于 VRB 从原理上避免了正负极电解液间不同活性物质相互污染导致的电池性能劣化,所以其充放电循环次数可达 13000 次以上(取决于隔膜的老化),能量效率也可达 75％～85％,且基本不随循环次数的增加而改变。而且,VRB 有一个重要的特性,即在整个放电电流工作区间内,电池容量基本不随电流大小而变化。随着工作电流的增加,虽然电池的能量效率有所下降,但是由于在大电流密度下,钒离子通过隔膜的阻力增大,反而避免了正负极溶液的交叉渗透,提高了电流效率(最高可达 98％以上)。

电解液流量对 VRB 的功率与容量都有显著影响,应选择最佳流量以充分发挥 VRB 的性能,避免因电堆中活性物质及离子的扩散速度与反应速度的不匹配,而导致电池容量和效率的下降或不必要的辅助系统损耗。

VRB 系统的另一个重要特点是其 SOC 的可检测性。可以通过实时监测电解液的 SOC 来保证 VRB 在规定的充放电区间内运行,这对储能系统的应用具有非常重要的实际意义。首先,由于电堆中所有的串联单体电池都采用相同的电解液,因此单体电池的 SOC 与电堆的 SOC 相一致,不需要额外的串联均衡操作;其次,可以通过取样方式,如设置额外的电解液支路作为 SOC 电池,通过检测该电池的开路电压获取电池的 SOC。

由能斯特(Nernst)方程可知,VRB 电池开路电压 $V_{SO}$ 与电池荷电状态 $\eta_{SOC}$ 之间的关系如下:

$$V_{SO} = N_{cell}\left[V_0 + \frac{2RT}{nF}\ln\left(\frac{SOC}{1-SOC}\right)\right] \tag{12-14}$$

式中:$V_{SO}$ 为 VRB 系统输出开路电压;$N_{cell}$ 为串联单体电池数量;$V_0$ 为氢离子浓度一定且 50％ $\eta_{SOC}$ 时单体电池理论开路电压,可通过测量方式确定,测量结果随着钒和酸总浓度的不同而不同;$R$、$T$、$F$ 分别为摩尔气体常数、热力学温度、法拉第常数;$n$ 为氧化还原反应物质转移当量数,取 1。

VRB 系统具有很高的安全性和环境友好性,只要控制好充放电截止电压,保持环境通风,VRB 就不存在着火爆炸的潜在风险。在运行过程中,绝大部分的正负极电解液被保存在完全隔离的储液罐中,而只有很少部分停留在电堆中。即使电堆中出现了短路或意外事故,导致正负极电解液中的活性物质直接接触,其氧化还原反应释放的热量也极其有限。VRB 系统中所用的电解液、金属材料、碳材料和塑料,也大多可被反复使用或再生利用,具有环境友好性。

VRB 的主要缺点是系统复杂,仅辅助系统就包括循环泵、电控、管道、通风等设备,且必须提供稳定电力;能量密度较低,不适宜小型化或移动式储能系统;相较锂电池而言,VRB 系统效率较低,大约在 85% 以下,这意味着至少有 15% 的能量转化为热量,必须妥善处理以维持电解液温度在适宜范围(20~40 ℃);过充有可能导致析氢,甚至腐蚀电极、双极板等关键部件,严重影响系统效率和寿命,必须严格加以控制。

**4. 储能系统**

一个典型的全钒液流电池系统如图 12-15 所示。为了管理 VRB 系统中相关的流量、压力、温度、气体或漏液等重要参数指标,维持系统正常运行,并完成故障状态下的保护,应配置相应的电池管理系统(BMS)。通过传感器,BMS 获取的数据包括电堆与系统的热、电、流体、气体及阀门和开关的位置信号等相关信息,完成对 VRB 的控制;并通过数据分析与计算,实现故障诊断与预测,采取相应的故障保护动作,完成故障上报、告警,指导电站运维人员完成诸如漏液处理、电堆故障排除及电解液存储罐排氢等操作。此外,BMS 还将进行SOC 的状态估算,并与相关的 PCS 和上层 EMS 间建立交互通信,协调完成充放电管理和储能系统级功能。

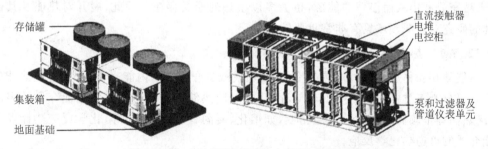

图 12-15　500 kW/2 MW·h VRB 储能系统

近年来,我国在 VRB 的关键材料、电池结构设计及制造水平方面都不断提升,已处于国际领先水平。随着电池的功率密度不断提高,成本也在不断下降,已从 2013 年的 7000 元/kW·h 下降到当前的 3000 元/kW·h 左右。综合考虑 15000 次以上的循环寿命,其度电成本具有较强竞争力。目前我国规划的 VRB 最大示范项目容量已达 200 MW/800 MW·h。通过这些大量的示范项目,积累了丰富的设计、运维经验,证明了 VRB 的安全性和使用寿命,并在这些方面体现出其他类型电池无法比拟的优势。但是,在新材料和新技术、电池功率密度与能量密度提高等方面还需要进一步研究。而和所有新技术一样,其商业化的发展更是离不开政府、企业与市场的全方位合作,并通过标准化研究和规模化应用不断完善其可靠性与制造工艺,降低系统成本。

表 12-6　500 kW/2 MW·h VRB 储能系统规格

| 指标 | 参数 | 指标 | 参数 |
|---|---|---|---|
| 额定功率 | 500 kW | 额定容量 | 2000 kW·h,可定制 |
| 直流侧效率 | 77%～79% | 系统效率 | 70%～71% |
| 直流电压范围 | 416～645 V | 交流输出电压 | 250 V |
| 最大电流 | AC 1200 A | 通信接口及协议 | RS485,Modbus-RTU |
| 响应时间 | 100 ms | 绝缘电阻 | >550 MΩ |
| 集装箱尺寸 | 6.058 m×2.38 m×2.591 m | 外形尺寸 | 16.7 m×8 m×4 m |
| 总质量 | 220 t | 最大承重要求 | 3.5 t/m² |
| 运行环境温度 | −30～40℃ | 运行环境湿度 | 5%～95% |

## 12.3　现实世界的蒸汽朋克:热能储能

能源的使用方式和目的各不相同,但绝大部分能源是通过热能形式加以利用的;相应地,未被充分利用从而浪费的能源,也大多以余热的形式存在。因此,展开对热能及其储能原理的研究对能源领域具有非常重要的意义。

### 12.3.1　热能储存基本原理

热能储存和释放是通过加热或冷却、增加或减少介质中的内能来实现的,存储热能的形式主要可分为三类:显热储存、潜热储存、化学反应热储存。显热储存与储能介质的温度有关;潜热储存依赖储能介质的等温相变,如熔化、凝固、汽化和结晶等;化学反应热储存依赖储能介质的可逆热化学反应。

**1. 显热储存**

显热是物质内能随温度升高而增大的部分:

$$u = mc_p(T_1 - T_2) \tag{12-15}$$

式中,$u$ 表示材料内能的变化,kJ;$m$ 表示储能材料的质量,kg;$c_p$ 表示比热容,kJ/(kg·K);$T_1$ 和 $T_2$ 分别表示材料的初始温度和最终温度,K。

显热储存介质的选择需要参照温度范围和应用情况,常见的显热储能材料及其物性参数见表 12-7。

表 12 - 7　常见显热储能材料的物理性质

| 储能介质 | | 温度/℃ | | 平均密度/(kg·m⁻³) | 平均导热率/(W·m⁻¹·K⁻¹) | 平均热容/(kJ·kg⁻¹·K⁻¹) | 体积比热容/(kW·h·m⁻³) | 介质成本/(美元·kg⁻¹) | 介质成本/(美元·kW⁻¹·h⁻¹) |
|---|---|---|---|---|---|---|---|---|---|
| | | 冷 | 热 | | | | | | |
| 固体介质 | 砂岩石矿物油 | 200 | 300 | 1700 | 1.00 | 1.30 | 60 | 0.15 | 4.20 |
| | 钢筋混凝土 | 200 | 400 | 2200 | 1.50 | 0.85 | 100 | 0.05 | 1.00 |
| | 固态氯化钠 | 200 | 500 | 2160 | 7.00 | 0.85 | 150 | 0.15 | 1.50 |
| | 铸铁 | 200 | 400 | 7200 | 37.00 | 0.56 | 160 | 1.00 | 32.00 |
| | 铸钢 | 200 | 700 | 7800 | 40.00 | 0.60 | 450 | 5.00 | 60.00 |
| | 石英耐火砖 | 200 | 700 | 1820 | 1.50 | 1.00 | 150 | 1.00 | 7.00 |
| | 氧化镁耐火砖 | 200 | 1200 | 3000 | 5.00 | 1.15 | 600 | 2.00 | 6.00 |
| 液体介质 | 矿物油 | 200 | 300 | 770 | 0.12 | 2.60 | 55 | 0.30 | 4.20 |
| | 合成油 | 250 | 350 | 900 | 0.11 | 2.30 | 57 | 3.00 | 43.00 |
| | 硅油 | 300 | 400 | 900 | 0.10 | 2.10 | 52 | 5.00 | 80.00 |
| | 亚硝酸盐 | 250 | 450 | 1825 | 0.57 | 1.50 | 152 | 1.00 | 12.00 |
| | 硝酸盐 | 265 | 565 | 1870 | 0.52 | 1.60 | 250 | 0.70 | 5.20 |
| | 碳酸盐 | 450 | 850 | 2100 | 2.00 | 1.80 | 430 | 2.40 | 11.00 |
| | 液态钠 | 270 | 530 | 850 | 71.00 | 1.30 | 80 | 2.00 | 21.00 |

为了使存储器具有较高的储热密度,存储介质需要有较高的比热容和密度,同时容易大量获取且价格低廉。目前,经常用到的储热介质有水、土壤、岩石和熔盐等。表 12 - 8 给出了几种常用储热介质的性能参数。

表 12 - 8　常用显热储存介质的性能参数

| 储热介质 | 比热容/(kJ·kg⁻¹·℃⁻¹) | 密度/(kg·m⁻³) | 平均比热容/(kJ·m⁻³·℃⁻¹) | 标准沸点/℃ |
|---|---|---|---|---|
| 乙醇 | 2.39 | 790 | 1888 | 78 |
| 丙醇 | 2.52 | 800 | 2016 | 97 |
| 丁醇 | 2.39 | 809 | 1933 | 118 |
| 异丁醇 | 2.98 | 808 | 2407 | 100 |
| 辛烷 | 2.39 | 704 | 1682 | 126 |
| 水 | 4.2 | 1000 | 4200 | 100 |

水作为储热介质具有如下优点:

(1)自然界中普遍存在,来源丰富,价格低廉。

(2)相关物理、化学、热力学性质已被深入研究,技术成熟。

(3)可以兼作储热介质和再热介质,在储热系统内可以免除热交换器,提高热效率。

(4)传热及流动特性好,常见的液体中,水的比热容最大、热膨胀系数及黏滞性都较小,适合于自然对流和强制循环。

但水也存在以下缺点:

(1)作为一种电解腐蚀性物质,产生的氧气容易造成金属锈蚀,影响容器和管道使用寿命。

(2)达到凝固点结冰时会产生体积膨胀效应,容易对容器和管道造成损坏。

(3)水蒸气的压力随着温度的升高呈指数增大,用水储热时,温度和压力都不能超过临界点(374.15℃,22.129 MPa)。

水、岩石和土壤在20℃的储热性能参数见表12-9。水的比热容大约是岩石的4.8倍,而岩石的密度只是水的2.5~3.5倍,因此,水的储热密度要比岩石大。

表 12-9　水、岩石和土壤在 20℃ 的储热性能参数

| 储热材料 | 密度/$(kJ \cdot m^{-3})$ | 比热容/$(kJ \cdot kg^{-1} \cdot ℃^{-1})$ | 平均比热容/$(kJ \cdot m^{-3} \cdot ℃^{-1})$ |
|---|---|---|---|
| 水 | 1000 | 4.2 | 4200 |
| 岩石 | 2200 | 0.88 | 1936 |
| 土壤 | 1600~1800 | 1.68(平均) | 2688~3024 |

但是,当需要储存热能的温度较高时,水作为介质可能无法适应实际场景,可根据温度的高低,选用岩石或无机氧化物等材料作为储热介质。与水相比,岩石具有无泄漏和不腐蚀存储容器的优势,但由于岩石的比热容小,所以岩石储热床的储热密度相应较小。当太阳能空气加热系统需要采用岩石床储热时,通常其体积相当大,这是岩石储热床的缺点。

若在地下挖一些深沟,沟与沟之间为天然地层,沟中填满砾石,通过埋设管道可以实现利用空气进行热量的存取。这种利用天然岩石和地层的显热存储方式,具有大容量(数 MW·h)、高温(250~500℃)以及可长期存储的优势。土壤集热储热器也是与之相近的一种储热形式,太阳能通过土壤集热器储存在土壤中,埋地水管网将热水送给需要供暖的用户。

无机氧化物常用作中高温显热储热介质,其具有一些独特的优点:高温时蒸气压很低、不与其他物质发生反应、价格低廉。然而,无机氧化物的比热容和导热率都比较低,导致储热和换热设备体积较大。可将储热介质制成颗粒状形貌,以增加流体和储热介质的换热面积,有利于设计体积小且紧凑的换热器。

**2.潜热储存**

潜热储存是利用材料在相变时放出和吸入的潜热进行储能,其储能量大,且可在温度不

变的情况下进行放热。

1)潜热储存与相变材料

潜热储存和释放通常依靠相变材料来完成。相变材料是指在一定的温度范围内可改变物理状态(固-液、液-气、固-气)的材料,以环境与体系的温度差为推动力,实现储、放热功能,并且在相变过程中材料的温度几乎保持不变。相变材料因具有储能密度大、储能能力强、温度恒定等优点,在诸多领域得到应用。

选择相变材料储能时需考虑如下几点:合适的相变温度,例如作为建筑物储热系统的相变材料,其熔点最好是 20~35 ℃,储冷系统相变材料的融点最好是 5~15 ℃;较大的相变潜热,相变潜热大意味着可以使用较少的材料存储所需的热量;储热密度大,存储一定热能时所需要的相变材料体积小;固液态的比热和导热率都比较大;热稳定性好,热膨胀小,熔化体积变化小;无(低)腐蚀性,危险性小。

在技术方面,相变材料应满足高效、紧凑、可靠、适用的要求,还应容易生产且价格低廉。实际上,目前很难找到能够同时满足上述条件的相变材料,在选用时优先考虑的是相变温度、相变潜热和价格等因素,需要同时注意过冷、相分离和腐蚀等问题。

2)相变材料分类

从储热的温度范围来看,相变材料可分为高温材料(120~850 ℃)和中低温材料(0~120 ℃)。根据相变形式、相变过程,相变储能材料可分为固-气相变、液-气相变、固-液相变材料,由于前两者都涉及气相,而考虑气相需要占据很大的体积,因此尽管相变潜热很大,但在实际的储热系统中很少采用。按照相变材料的成分可分为无机相变材料、有机相变材料、无机有机复合相变材料三类,目前使用最多的相变材料是无机盐类(水合盐)及石蜡等有机材料。

高温类相变储热材料主要用于太阳能热动力发电等系统中的能量储存,储热成本高,可以达到较高的运行效率,设备相对紧凑,质量相对较轻,目前主要应用于航空航天领域;低温类相变储热材料主要应用于地面民用领域,由于太阳能热利用及建筑节能等领域对相变储热材料有着较大的需求,使其具有广泛的应用前景。一些常见相变储能介质的物理性质如表 12-10 所示。

表 12-10 常见相变储能介质的物理性质

| 相变储能介质 | 温度/ ℃ | 平均密度/ $(kg \cdot m^{-3})$ | 平均导热率/$(W \cdot m^{-1} \cdot K^{-1})$ | 平均热容/$(kJ \cdot kg^{-1} \cdot K^{-1})$ | 体积比热容/$(kW \cdot h \cdot m^{-3})$ | 介质成本/$(美元 \cdot kg^{-1})$ | 介质成本/$(美元 \cdot kW^{-1} \cdot h^{-1})$ |
|---|---|---|---|---|---|---|---|
| $NaNO_3$ | 308 | 2257 | 0.5 | 200 | 125 | 0.2 | 3.6 |
| $KNO_3$ | 333 | 2110 | 0.5 | 267 | 156 | 0.3 | 4.1 |
| KOH | 380 | 2044 | 0.5 | 150 | 85 | 1 | 24 |

| 相变储能介质 | 温度/℃ | 平均密度/(kg·m$^{-3}$) | 平均导热率/(W·m$^{-1}$·K$^{-1}$) | 平均热容/(kJ·kg$^{-1}$·K$^{-1}$) | 体积比热容/(kW·h·m$^{-3}$) | 介质成本/(美元·kg$^{-1}$) | 介质成本/(美元·kW$^{-1}$·h$^{-1}$) |
|---|---|---|---|---|---|---|---|
| 盐陶瓷 NaCO$_3$-BaCO$_3$-MgO | 500~850 | 2600 | 5 | 420 | 300 | 2 | 17 |
| NaCl | 802 | 2160 | 5 | 520 | 280 | 0.15 | 1.2 |
| Na$_2$CO$_3$ | 854 | 2533 | 2 | 276 | 194 | 0.2 | 2.6 |
| K$_2$CO$_3$ | 897 | 2290 | 2 | 236 | 150 | 0.6 | 9.1 |

3)典型相变储热材料

在低温类固-液相变储热材料中,研究较多的为有机物中的石蜡、脂肪酸类、盐溶液及水合盐,其熔点范围为 $-33 \sim 110$ ℃。石蜡的相变温度范围为 $20 \sim 60$ ℃,相变潜热为 $140 \sim 280$ J/g,其作为相变材料有很多优点,如化学性质稳定、没有相分离和腐蚀性、相变潜热高、几乎没有过冷现象等。

无机物水合盐,如 $Na_2SO_4 \cdot 10H_2O$ 等,也可以呈现类似于固-液相变的变化,也是一种应用较多的相变材料,水合盐的通式为 $X(Y)_n \cdot mH_2O$(此处 $X(Y)_n$ 为无机盐)。当温度上升时,水合盐将会脱水成为非晶态的无水盐:

$$X(Y)_n \cdot mH_2O \longrightarrow X(Y)_n + mH_2O \qquad (12-16)$$

或者部分脱水,分解为低水合物盐:

$$X(Y)_n \cdot mH_2O \longrightarrow X(Y)_n \cdot pH_2O + (m-p)H_2O \qquad (12-17)$$

在发生上述变化的同时,所释放出来的结晶水会溶解分解出来的无水盐或低水合物盐形成新的水溶液,而该过程由于熵增加而吸收能量。当温度下降时,所形成的水溶液中的无机盐又重新与水结合,再次成为结晶态水合盐而释放出热量,该热量可达 $250 \sim 400$ J/g。表 12-11 给出了几种常见的无机水合盐的热学性质。

表 12-11　几种常见的无机水合盐的热学性质

| 无机水合盐 | 分子式 | 比热容/(kJ·kg$^{-1}$·K$^{-1}$) | 转移点/℃ | 潜热/(kJ·kg$^{-1}$) |
|---|---|---|---|---|
| 氯化钙 | CaCl$_2$·6H$_2$O | 2.3(33℃) | 30.2 | 175 |
| 磷酸氢二钠 | Na$_2$HPO$_4$·12H$_2$O | 1.94(50℃) | 34.6 | 279 |
| 硝酸钙 | Ca(NO$_3$)$_2$·4H$_2$O | — | 42.5 | 142 |
| 硫酸钠 | Na$_2$SO$_4$·10H$_2$O | — | 32.4 | 239 |
| 硫代硫酸钠 | Na$_2$S$_2$O$_3$·5H$_2$O | 1.45(21℃) | 48.5 | 94 |

**3. 化学反应热储存**

与显热和潜热储能相比,化学储能系统具有储能密度高的优点。计算表明,化学储能密度要比显热或潜热储能高 2～10 倍。化学储能可以通过催化剂或将产物分离等方式,在常温下长期储存分解物,这样可以减少抗腐蚀及保温方面的投资,易于长距离运输。这种储热方式的缺点是系统复杂、价格高。目前,化学储能技术还处在实验室研究阶段。

化学储能指通过化学反应把热能转化为化学能进行存储的方法。其工作原理是:某化合物 A 通过一个吸热的正反应转化为高热值的物质 B 和 C,把热能存储在物质 B 和 C 中;当发生可逆反应时,物质 B 和 C 再化合成 A,化合过程为放热过程,即热能又被重新释放出来。

可以作为化学储能的热分解反应很多,然而如果要进行实际应用则需要满足一些条件,如反应可逆性好、无明显的副反应;正反应和逆反应速度足够快,以满足储热和放热的要求;反应生成物易于分离,可以稳定储存,并且无毒、无腐蚀性、无可燃性。

1) 气/气反应体系

气/气反应体系是利用气态物质反应生成其他气态物质进行储热-放热的体系。目前研究比较多的是 $CH_3OH$,其储存和利用热能的过程如图 12 - 16 所示。这类反应的特点是,反应物和生成物均为气体,在无催化剂的条件下可逆反应不会发生,因此生成物便于运输和储存,要实现储热则需要催化反应。

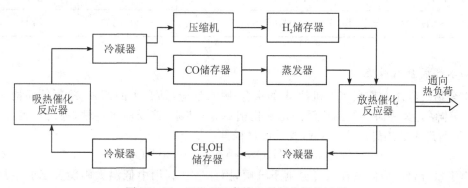

图 12 - 16　$CH_3OH$ 存储和利用热能的过程

催化反应主要用于气/气反应,如:

$$2SO_3(气) \rightleftharpoons 2SO_2(气) + O_2(气), \Delta H = 98.4\ kJ/mol \qquad (12-18)$$

$$CH_3OH(气) \rightleftharpoons 2H_2(气) + CO(气), \Delta H = 92.1\ kJ/mol \qquad (12-19)$$

$$2NH_3(气) \rightleftharpoons 3H_2(气) + N_2(气), \Delta H = 56.5\ kJ/mol \qquad (12-20)$$

气态 $CH_3OH$ 在吸热催化反应器中由于高温和催化剂的作用生成气态的 $H_2$ 和 CO,然后将两者储存起来,利用热能时,可用管道输送到负荷所在地的放热催化反应器,在放热催化反应器中气态的 $H_2$ 和 CO 通过催化反应重新化合成气态 $CH_3OH$ 并将热能放出,产生的高温蒸汽可用来发电或工业供热。气态的 $CH_3OH$ 可在冷凝后储存,上述过程构成一个循环。

2)气–固反应体系

与气–气催化反应相比,气–固反应体系的生成物为固体和气体,因此其优势是在空间上更容易把生成物进行隔离,可以有效避免逆反应在不需要的情况下发生。表 12-12 所列举的是几种典型的碳酸盐、氢氧化物和金属氧化物的反应,其反应生成物均为固体和气体,便于分离。

表 12-12 典型碳酸盐、氢氧化物和金属氧化物的反应

| 反应式 | 大气压下反应温度/℃ | $\Delta H/(kJ \cdot kg^{-1})$ |
|---|---|---|
| $MgCO_3$(固) $\Longleftrightarrow$ $MgO$(固)+ $CO_2$(气) | 670 | 1420 |
| $CaCO_3$(固) $\Longleftrightarrow$ $CaO$(固)+ $CO_2$(气) | 1110 | 1800 |
| $Ca(OH)_2$(固) $\Longleftrightarrow$ $CaO$(固)+ $H_2O$(气) | 500 | 1470 |
| $Mg(OH)_2$(固) $\Longleftrightarrow$ $MgO$(固)+ $H_2O$(气) | 531 | 1390 |
| $2BaO_2$(固) $\Longleftrightarrow$ $2BaO$(固)+ $O_2$(气) | 571~1100 | 530 |
| $CaCl_2 \cdot 8NH_3$(固)$\Longleftrightarrow$$CaCl_2$(固)+$8NH_3$(气) | -20~350 | 744 |

3)水合物反应体系

水合物反应体系是利用无机盐 A 的水合-脱水反应,结合水的蒸发、冷凝等而构成的储热-放热体系。其中研究最为广泛的是硫化钠 $Na_2S$ 体系,该反应可逆性、稳定性良好,且每千克 $Na_2S$ 产生的热量可达 1 kW,其反应过程具体如下:

$$Na_2S \cdot 5H_2O \Longleftrightarrow Na_2S + 5H_2O \qquad (12-21)$$

由于水合物反应体系在较低温度下分解,因此适合利用中低温太阳能及工业余热进行反应。

4)氢氧化物反应体系

氢氧化物反应体系目前大多数利用 $Ca(OH)_2/CaO$ 或 $Mg(OH)_2/MgO$ 等可逆化学反应,例如,$Ca(OH)_2$ 粉末经热分解脱水即可完成化学储热,反过来,当水蒸气通入填充了 $CaO$ 粉末的绝热填充床时,即发生放热反应,将热能释放,此时出口水蒸气温度可达 500 ℃,使低品位的水蒸气被加热成高品位的过热水蒸气。

氢氧化物储热体系具有可逆性能好、反应速度快、反应热量大、稳定安全且价格低廉等优点。

5)氨化物反应体系

氨化物的分解反应类似无机盐的水合-脱水反应。目前研究比较多的氯化钙的氨化物

$CaCl_2 \cdot 8NH_3$ 的反应式、反应温度和反应热量如表 12-12 所示。一般情况下,氨化物的分解反应可以在 $-20 \sim 350\,℃$ 的温度范围内进行,反应速度快,可逆性较好。

6)金属氢化物体系

当被存储的热源温度较低时,可以利用金属氢化物储热。因为某些金属或合金具有吸收氢气的能力,它们在适当的温度和压力下可以与氢发生反应生成金属氢化物,同时释放出大量的热能;反之,金属氢化物在低压、加热的条件下可以发生吸热反应并释放出氢。其反应表达式为

$$M(\text{固}) + \frac{n}{2}H_2(\text{气}) \Longleftrightarrow MH_n(\text{固}) + Q_M(\text{热量}) \qquad (12-22)$$

式中,M 为储氢合金;$MH_n$ 为金属氢化物。

金属氢化物的储热方法如图 12-17 所示。例如,以 $MgH_2$ 作为储热材料时,为了发生热分解反应,需要加热温度达到 $300\,℃$ 以上,分解产生氢气,并储存在储氢罐中。当需要用到热能时,则需要把氢气加压后作用于 Mg,即可产生高温热量。当加压到 $1.6\ kg/cm^2$ 时,可产生 $300\,℃$ 高温的热量;加压到 $17\ kg/cm^2$ 时,则可产生 $400\,℃$ 高温的热量。吸氢放热反应的程度与氢气的加压压力有关。

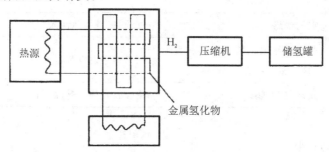

图 12-17　金属氢化物的储热方法

金属氢化物体系的储能密度比其他储能方式大很多。例如,用热水作显热储能的储能密度约为 $58\ W \cdot h/kg$,冰的融解热储能密度约为 $93\ W \cdot h/kg$,而金属氢化物中气态氢的化学储能密度达到 $600 \sim 2500\ W \cdot h/kg$,液态氢更是达到了 $33000\ W \cdot h/kg$。在可再生能源的实际应用中,利用太阳能聚焦产生的高温进行热分解制氢(温度 3000 K 左右),可以直接从水中分离出氢气,此过程可将太阳能储存到氢气中;氢气燃烧时,即放出大量的热能($242\ kJ/mol$)。

## 12.3.2　工业余热的储能系统

### 1.余热资源概况

工业余热是指一次能源和可燃物燃烧过程中所发出的热量在完成某一工艺过程后剩余的热量,属于二次能源。例如火电厂凝汽排热,冶炼厂炉渣余热,工业窑炉、锅炉气体余热等。

余热通常可以根据温度分为三类。

(1)**高温余热**。温度高于650℃,如精炼炉、熔化炉的排热。

(2)**中温余热**。处于230~650℃,如蒸汽锅炉、干燥炉、石油催裂化炉等设备的排热。

(3)**低温余热**。低于230℃。低温余热的来源有两种:一种是余热在排放时本身温度就比较低,如生产蒸汽的凝结水;另一种是指在高温、中温余热回收利用之后排放的低温余热。

**2. 余热的利用方式**

余热的利用途径很多,一般情况下分为直接利用、间接利用和综合利用三种。所谓直接利用,是指用高温余热直接来加热物料;间接利用,是用高温余热(如高温烟气)先去加热其他介质(如水),然后把加热后的介质用于各种用途,例如,高温余热烟气进入余热锅炉给水加热,产生蒸汽用来发电,或者通过热交换器产生热水和热空气;综合利用,是指把余热同时进行直接利用和间接利用。例如,利用锅炉高温烟气预热空气之后,再进入余热锅炉产生蒸汽发电。余热利用形式参见表12-13。

表 12-13　余热利用形式选用表

| 利用形式 | 高温余热 | 中温余热 | 低温余热 |
|---|---|---|---|
| 直接利用 | 空气预热 | 空气预热、直接热注入 | 直接热注入 |
| 间接利用 | 蒸汽透平发电装置斯特林发动机/燃气轮机 | 氟利昂透平发电装置 | / |
| 综合利用 | 热泵/热电联产 | 利用吸收式热泵升温、制冷 | 低温热源 |

1)高温余热的回收

高温余热可以直接用来加热物料。高温余热的排烟量超过5000 N·m³时,则既可以通过余热锅炉加热给水从而获得水蒸气进行发电,也可以直接给生产过程供热,提供经济效益。例如,硫酸生产用的余热锅炉可以得到41 atm的蒸汽,裂化法制乙烯过程可以得到150 atm蒸汽。若蒸汽压力很高,则必须采用逐级降压、梯级利用的方法来充分利用其潜能,节约能源。例如,可以把蒸汽先送到背压式汽轮机发电,排出的蒸汽压力在3~5 atm,再供给生产工艺设备使用。

除了高温排气,很多场合还会产生高温的液体和固体。例如,从炼油厂出来的热柴油或焦油,炼焦厂的高温焦炭等。对于高温液体余热,可以通过间接利用方式,采用换热器对原油余热进行回收;对于颗粒较小的高温固体,可以采取循环流化床的方式来回收热量;对于大块的高温固体,如炼焦厂产出的高温焦炭,可以使用气体热载体进行余热回收,例如,干法熄焦工艺利用不可燃的惰性气体来回收炽热焦炭的热量,加热后的惰性气体再进入余热锅炉去加热给水产生蒸汽,从而进行发电。实际生产中,一座产焦炭量56 t/h的焦炉采用干法熄焦工艺回收余热可以获得6000 kW的电力。

2)中温余热的回收

中温余热回收方式与高温余热类似。温度较高的中温余热,可以作为预热空气的热源,常用设备如锅炉空气预热器、高炉同流换热器、燃气轮机再热器等;温度较低的中温余热,可以用作预热锅炉给水的热源,常用设备如省煤器。

3)低温余热的回收

低温余热资源的特点是传热效率低,排出量大,在工业企业里的分布面很广,该类低温余热虽然温度不高,但是总热量远远大于中高温两种余热的总和。所以,对大量低温余热进行回收利用,就成了余热利用中的关键问题。

低温余热利用的关键是要充分利用蒸汽的凝结热。因为相同温度下蒸汽和水所含的热量相差很大,对于压力为 1 atm、温度为 100 ℃ 的 1 kg 水而言,其含热量是 420 kJ;而变成 100 ℃ 的蒸汽后,含热量高达 2680 kJ,换言之,1 kg 的蒸汽凝结为同样温度的水能放出 2260 kJ 的热量,所以在利用饱和蒸汽热能的过程中,一定要充分利用蒸汽的凝结热,等蒸汽完全变成水后再排出。排出的低温凝结水,若温度在 30~100 ℃,可以采取热泵、蒸汽加热等办法提高其温度,然后供给生产生活继续使用。

**3. 余热回收的换热设备**

在余热回收利用中,换热设备具有重要的意义。借助换热设备回收余热,获得热空气、热水、蒸汽等辅助能源,用于工业及生活中采暖、制冷、助燃、干燥等,从而提高热能的总利用率,降低燃料消耗,既提高了工业生产的经济效益也节约了资源。

1)按工作原理进行的换热设备分类及应用

按照工作原理,换热设备可以分为间壁式、直接接触式、蓄热式、载热体式等。

**间壁式换热器**。间壁式换热器把冷、热两种流体直接隔开,互不接触,热量由热流体通过间壁传递给冷流体。间壁式换热器是工业生产中应用最为广泛的换热器,其形式多种多样,目前常见的有管壳式换热器和板式换热器,如图 12-18 所示。

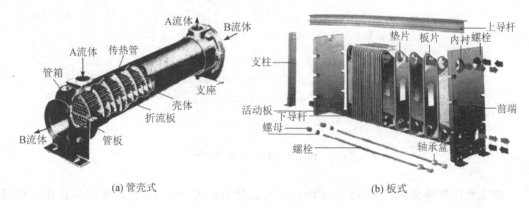

(a) 管壳式　　　　　　　　　　(b) 板式

图 12-18　管壳式换热器和板式换热器

**直接接触式换热器**。直接接触式换热器是让冷热流体直接接触、彼此混合进行换热的换热器。如冷却塔,为了增加冷热流体的接触面积以达到充分换热的目的,一般需要在换热器中设置填料和栅板,采用塔式结构。直接接触式换热器具有传热效率高、设备构造简单、价格低廉等优点,但需要注意两种流体是否允许混合。

**蓄热式换热器**。蓄热式换热器借助蓄热体来实现热流体(如烟气)和冷流体(如空气)之间的换热,蓄热体通常由耐火材料制成。在蓄热式换热器内首先通过热流体,热量蓄积在蓄热体中,然后通过冷流体,由蓄热体把蓄积的热量释放给冷流体。由于两种流体交替与蓄热体接触,所以不可避免会有少量的混合。当冷热流体无法进行任何的掺混时,蓄热式换热器不再适用。

2)按结构特点进行的换热设备分类及应用

按结构特点,换热设备可分为管式换热器、板面式换热器、特殊形式换热器等,每种类型又包含多种结构形式,如图 12 - 19 所示。余热回收过程中,进行热交换的流体可以是固-气、固-液、气-气、气-液、液-液等,主要使用的换热器有管壳式换热器、空气预热器、螺旋板式换热器、板式换热器、板翅式换热器、热管换热器、蓄热式换热器、余热锅炉、流化床换热器等。下面介绍几种余热回收中最常用的换热器。

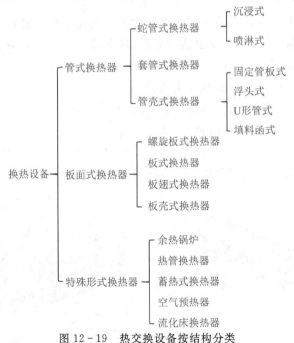

图 12 - 19 热交换设备按结构分类

**喷淋式蛇管换热器**如图 12 - 20 所示。将蛇管固定在钢架上,被冷却的流体在管内流动,冷却水从管束上方均匀喷淋下来,从而使得管外流体的传热系数较大。喷淋式蛇管换热器可用铸铁作传热面,适用于回收浓硫酸的余热。

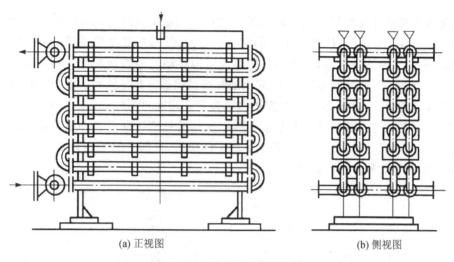

(a) 正视图　　　　　　　　　　　　(b) 侧视图

图 12 - 20　喷淋式蛇管换热器

**套管式换热器**如图 12 - 21 所示,它由两种不同直径的管子组装成同心管,两端用 U 形弯管连接。换热时,一种流体走内管,另一种流体走内外管之间的环隙,内管的壁面为传热面,冷热流体按逆流方式进行换热。套管式换热器的优点是:结构简单,传热面积增减方便,冷热流体均可方便地提高流速,使得传热面两侧的传热系数较高;缺点是检修、清洗、拆卸较为麻烦,经常拆卸会导致可拆连接处发生泄漏。套管式换热器一般适用于高温、高压、流量不大、所需传热面积较小的场合。

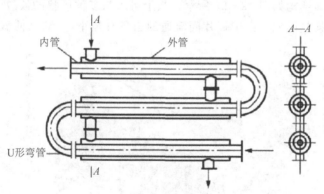

图 12 - 21　套管式换热器

**管壳式换热器**是回收中低温余热时应用最广泛的一种换热设备,在圆筒形壳体中放置了由许多管子组成的管束,管子的两端固定在管板上,管子的轴线与壳体的轴线平行。通过在壳体内间隔安装多块折流板的方法,增加了流体在管外空间的流速,提高传热系数并支撑管子。管壳式换热器主要用于液-液直接换热,可伴随蒸发、冷凝等相变过程。

　　**螺旋板式换热器**是由两张较长的钢板叠放在一起卷制而成的,如图 12 - 22 所示,每张板上均布地焊有定距柱,它使两张板之间产生一定的间距,形成换热流道,定距柱起到支撑钢板、抵抗流体压力的作用,同时流体在换热流道中流动时会增加湍流从而提高换热效率。相邻两流道流过的两种流体温度不同,它们通过螺旋钢板进行传热,达到换热的目的。螺旋板式换热器结构紧凑,单位体积内的传热面积为管壳式换热器的 2～3 倍,传热效率比管壳式高 50%～100%,它制造简单,材料利用率高,流体的螺旋流动有自冲刷自清洁的作用,并可逆流流动,传热温差小,可用于液-液、气-液流体换热,特别适用于高黏度流体的加热或冷却、含有固体颗粒的悬浮液的换热。

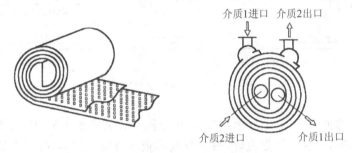

图 12 - 22　螺旋板式换热器

　　**板式换热器**是由一系列具有一定波纹形状的金属片叠装而成的一种新型高效换热器。各板片之间形成薄矩形通道,通过板片进行热量交换。板式换热器是液-液、液-气进行热交换的理想设备,具体结构如图 12 - 23 所示。板上可压制多种形状的波纹,有利于增加刚性、提高湍动度、增大换热面积。由于板片间流通的当量直径小,波纹又使截面变化复杂、流体

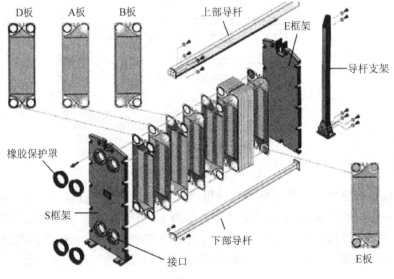

图 12 - 23　板式换热器

扰动激化,在较低流速下即可达到湍流,具有较高的传热
效率。板式换热器具有换热效率高、热损失小、结构紧凑
轻巧、占地面积小、安装清洗方便、应用广泛、使用寿命长
等特点。在相同压力损失情况下,其传热系数比管式换热
器高 3～5 倍,占地面积为管式换热器的 1/3。板式换热
器的缺点是承压能力差、流动阻力大,因此仅适用于液体
排放量较小的余热回收。

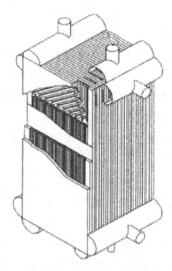

**板翅式换热器**的基本结构如图 12-24 所示:两块平
行的金属板(隔板)之间放置一种波纹状的金属导热翅片,
两侧边缘用封条密封组装成换热的单元体。板翅式换热
器传热效率较高,传热系数比管壳式换热器大 3～10 倍;
结构紧凑、轻巧,单位体积内的传热面积几乎是管壳式换
热器的十几倍到几十倍,而相同条件下换热器的质量只有
管壳式换热器的 10%～65%;适应性广,可用作气-气、
气-液和液-液的热交换,也可用作冷凝和蒸发。主要缺点

图 12-24  板翅式换热器

是结构复杂,造价高,流道小,易堵塞,不易清洗,难以检修等。

**热管换热器**是一种高效的导热元件,通过全封闭真空管内介质的蒸发和凝结这一相变
过程和间壁换热来传递热量,属于中间载热体式换热器,是一种将储热和换热装置合二为一
的相变储能换热装置。热管导热性优良,传热系数是传统金属换热器的数十倍,还具有冷热
流体不相混、结构简单、无运动部件、安装方便、维修工作量小等一系列优点。图 12-25 为
热管换热器的工作原理示意图。热管以封闭的管子或筒体作为壳体,内表面覆有多孔毛细
管芯,把壳体抽真空后充入适量的工作介质(液体),密封壳体后即成热管换热器。热管分为

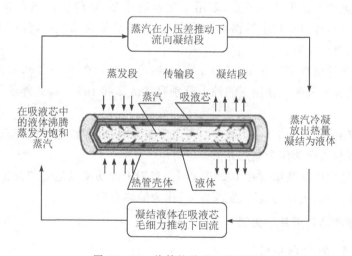

图 12-25  热管换热器工作原理

三个部分:蒸发段(吸热段)、传输段(绝热段)和凝结段(放热段)。工作液体在蒸发段从外部吸热汽化,压力升高,蒸汽在压差的作用下通过传输段流向凝结段,在凝结段向冷源放出汽化潜热后重新凝结为液体,凝结液在毛细管芯的毛细作用下回流到原来的蒸发段,完成一个循环。通过这样的循环,热量由蒸发段成功传至凝结段。热管是借助于工作液体的蒸发和工作蒸汽的凝结两个相变过程来完成热量传递的,因此蒸发段和凝结段工作介质温差较小,这意味着热管能在低温差下传递热量。热管依靠潜热传递热量,传热能力很大,例如,1 kg的水在常压下的汽化潜热为 2260 kJ/kg,相当于 5.4 kg 的水从 0 ℃加热到 100 ℃所需的总热量。

热管按照工作温度,可分为低温热管、中温热管和高温热管三种。工作温度低于 100 ℃的热管称为低温热管,工质为低沸点工质,如氨、氟利昂、乙醇等,多用于低温余热回收、电子器件及轴承散热等;工作温度在 100～500 ℃的热管称为中温热管,常用水作为介质,因为水具有性能优良、价格便宜、易于得到、方便处理等优点,多用于工业余热的回收;工作温度在500 ℃以上的热管称为高温热管,工质为钾、钠、锂等液态金属,这种热管成本高昂,常用于等离子体发电、高温烟气余热利用等特殊场合。

### 12.3.3　太阳能热储存

在太阳能热利用过程中,储热的目的是解决太阳能的分散性和间歇性等问题,即把阳光充足时的太阳辐射能转换为热能储存起来,以供夜间或者阴雨天使用。从节能和经济角度看,热储存在太阳能热利用系统中的作用,远大于一般的热利用系统。可以说,太阳能热利用系统的关键技术之一就是太阳能热储存。

**1. 太阳能热储存的类型**

根据储热温度,太阳能热储存可以分为低温储热、中温储热、高温储热和超高温储热。

(1)**低温储热**的温度低于 100 ℃,多用于建筑物采暖、供应生活热水和工农业热干燥。在显热储存系统中,常用水和岩石作为储热介质;在潜热储存系统中,常用无机水合盐和石蜡等有机盐作为储热介质。

(2)**中温储热**的储热温度在 100～200 ℃,常用沸点温度在 100～200 ℃的有机流体作为介质(例如,辛烷和异丙醇在常压下的沸点分别是 126 ℃和 148 ℃),此外还可以用固态岩石作为储热介质。

(3)**高温储热**的温度在 200～1000 ℃,多用于聚光型太阳灶、蒸汽锅炉或太阳能热电厂。通常采用岩石或金属熔盐作为储热介质。

(4)**超高温储热**的储热温度在 1000 ℃以上,多用于大功率发电站或高温太阳炉,常采用氧化铝制成的耐火珠(工作温度可达 1100 ℃)作为储热介质。

**2. 太阳能储能热利用系统实例**

1)集热-蓄热墙(特朗伯墙)

1967 年法国科学家特朗伯设计了世界上最早的集热-蓄热墙,如图 12-26 所示,后来常

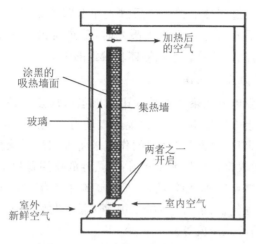

图 12-26　集热-蓄热墙

被称为特朗伯墙。特朗伯墙能够有效吸收和储存太阳能,其构造是在朝南的吸热墙外表面涂上深色的太阳辐射吸收涂层,并在离墙外表面约 10 cm 处装上玻璃或者透明塑料板以形成空气夹层,利用"温室效应"加热夹层中的空气,从而产生热压来驱动空气流动。在冬季,打开集热墙上、下两个通风口,形成空气循环来对室内空气加热。当需要新鲜空气或室外气温较合适时,可以打开玻璃下面的进风口和集热墙下面的风口,使室外空气先加热后再流入室内,达到供暖的目的。

　　2)带有储热装置的主动式太阳房

　　主动式太阳房是以太阳能集热器作为热源的一种环保型节能建筑,它以太阳能集热器替代常规锅炉,通过热水或热风系统对室内进行供暖。为满足连续供暖的需求,主动式太阳房需要有储热装置和辅助能源进行配套使用。主动式太阳房可配有固体蓄热器和储热水箱。

　　图 12-27 所示为一种太阳房采暖系统图,该系统配有以空气为集热介质的固体蓄热器

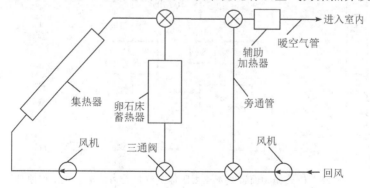

图 12-27　以空气为集热介质的太阳房采暖系统图

（卵石床蓄热器）。空气通过集热器被加热后进入卵石床蓄热器，将卵石加热。房间的回风经卵石床或集热器加热后送回室内。在无阳光时，蓄热器仍能提供一定量的采暖热负荷。由于空气的热容量较小，此系统具有蓄热器体积较大的劣势。

3）太阳能蒸汽热动力发电系统

太阳能蒸汽热动力发电利用聚光器将太阳能聚焦后加热某种工作介质使之成为蒸汽，蒸汽再推动汽轮发电机组进行发电，其与常规蒸汽动力发电站的不同在于热源是太阳能而不是燃料燃烧的热能。定日镜（即聚焦器）的作用是将太阳辐射聚焦，以提高热动力发电的功率密度；集热器可以吸收聚焦后的太阳辐射；蓄热器的作用是保证太阳能发电系统稳定发电，蓄热工质可选水、低沸点工质、导热油、二苯基族流体等有机溶液。

蒸汽动力的产生过程包括：泵对水的等焓压缩；蒸汽发生器中的等压加热；蒸汽在汽轮机中的等熵膨胀；乏汽的等压冷凝等。

图 12-28 为美国研制的槽式抛物面镜线聚焦太阳能蒸汽热动力发电系统工作原理图。太阳能场是包含 852 个长 96 m 的太阳能集热器的阵列。阳光充足时，槽式太阳能场将传热介质加热到 391℃。凝汽器的凝结水依次经过预热器、蒸汽发生器、过热器，通过上述三个换热器吸收传热介质的热量，被加热成 371℃、10 MPa 的高温高压蒸汽，进入汽轮机组做功发电。当阳光不足时，凝汽器下来的凝结水经天然气锅炉继续加热成高温高压蒸汽，进入汽轮机组做功发电。其中天然气再热器的作用是：过热蒸汽在汽轮机高压缸中做功后，低压低温的蒸汽被重新引入再热器，再热器把这部分蒸汽重新加热成高温蒸汽，加热后的再热蒸汽再次进入汽轮机中、低压缸继续做功，最后进入凝汽器凝结成水。再热器不仅进一步提高了

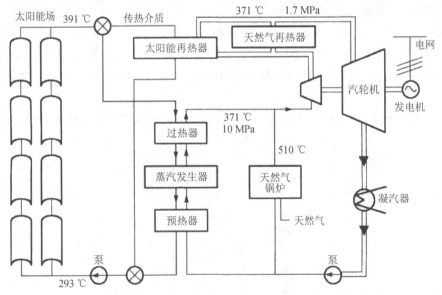

图 12-28　槽式抛物面镜线聚焦太阳能蒸汽热动力发电系统工作原理图

电厂循环的热效率,还将汽轮机末级叶片的蒸汽温度控制在合适的范围。

4)太阳池发电系统

太阳池是一种盐水池。盐水在不同深度浓度不同:池表面为清水,浓度向下逐渐增大,池底接近于饱和。太阳池蓄热的基本原理是:下层盐水浓度高则密度大,可阻止或削弱由于池中温度梯度引发的池内液体自然对流,从而使池水稳定分层。在太阳辐射下,池底的水温升高,形成温度高达 90 ℃左右的热水层,而上层清水层则可以隔绝空气。同时,由于盐溶液和池周围土壤的热容量大,所以太阳池具有很大的储热能力。

池底热水通过泵送到蒸发器,低沸点工质在蒸发器内被热水加热,产生蒸汽,推动汽轮机做功后进入冷凝器中。在冷凝器中采用池面较冷的水作为冷源。冷凝后的低沸点工质液体返回蒸发器进行下一步循环工作。太阳池发电由于热水温度低,所以循环热效率较低,一般小于 2%。但是系统简单,发电成本低于其他太阳能发电方法,所以在太阳能资源丰富的地区具有一定的发展前景。改善太阳池的性能的关键在于减少池中的自然对流,目前采取的方法是在池中对流区增加一个透明塑料膜隔层,或者采用聚合物、洗涤剂、水凝胶、油等增黏剂提高溶液的黏性。

## 参考文献

[1] 鹿鹏. 能源储存与利用技术[M]. 北京:科学出版社,2016.

[2] 王新东,王萌. 新能源材料与器件[M]. 北京:化学工业出版社,2019.

[3] 张会刚. 电化学储能材料与原理[M]. 北京:科学出版社,2020.

[4] 唐西胜,齐智平,孔力. 电力储能技术及应用[M]. 北京:机械工业出版社,2019.

[5] LACH J, WROBEL K, WROBEL J, et al. Applications of carbon in lead-acid batteries:A review[M]. J Solid State Electrochem, 2019,23:693 - 705.

[6] THIAM B G, VAUDREUIL S. Review:Recent membranes for vanadium redox flow batteries[M]. J Electrochem Soc,2021,168:070553.

[7] XIE J, LU Y C. A retrospective on lithium-ion batteries[J]. Nat Commun,2020, 11:2499.

[8] 李峰,耿天翔,王哲. 电化学储能关键技术分析[J]. 电气时代,2021,09:33 - 38.

## 思考题

(1)试归纳各类储能技术的特点,并从材料、效率、可靠性、成本等方面对其优缺点进行比较,思考不同储能技术的应用场景。

(2)你如何看待储能装备在分布式电网、电动汽车和移动端的应用? 如果没有储能装备,新能源是否还可以大规模应用?

## >>> 第 13 章　其他新能源——
电力宇宙的新英雄

可再生能源技术,除了光伏和风电,针对海洋能、地热能和生物质能等新兴可再生能源的应用技术也得到长足的发展。海洋能、地热能和生物质能在地球上广泛存在。这些电力宇宙的新英雄也将扮演遏制地球气候变暖的重要角色。

### 13.1　波涛汹涌之转化:海洋能发电

地球表面积约为 $5.1 \times 10^8$ km²,其中陆地表面积为 $1.49 \times 10^8$ km²(占比 29%),海洋面积达 $3.61 \times 10^8$ km²;以海平面计,全部陆地的平均海拔约为 840 m,而海洋的平均深度约为 380 m,整个海洋的容积多达 $1.37 \times 10^9$ km³。一望无际的大海,不仅为人类提供航运、水源和丰富的矿藏,而且还蕴藏着巨大的能量,它将太阳能及派生的风能等以热能、机械能等形式蓄存在海水里,且不像在陆地和空中那样容易散失。

海洋能指依附在海水中的可再生能源,海洋通过各种物理过程接收、储存和散发能量,这些能量以潮汐能、波浪能、温差能、盐差能、海流能等形式存在于海洋之中。海洋能的利用是指利用一定的方法、设备把各种海洋能转换成电能或其他可利用形式的能。海洋能具有以下典型特征。

(1)海洋能在海洋总水体中的蕴藏量巨大,而单位体积、单位面积、单位长度所拥有的能量较小,这就是说,要想得到大能量,就得从大量的海水中获得。

(2)海洋能具有可再生性。海洋能来源于太阳辐射能与天体间的万有引力,只要太阳、月球等天体与地球共存,这种能源就会再生,就会取之不尽,用之不竭。

(3)海洋能有较稳定与不稳定能源之分。较稳定的为温差能、盐差能和海流能;不稳定能源分为变化有规律与变化无规律两种:属于不稳定但变化有规律的有潮汐能与潮流能,既不稳定又无规律的是波浪能。

(4)海洋能属于清洁能源,对环境污染影响很小,是一种亟待开发的具有战略意义的新能源。

### 13.1.1　潮汐能发电

潮汐能发电属于水力发电的一种形式,是将海洋潮汐涨落时产生的势能和潮汐流动时产生的动能转化为电能。潮汐本质上是由月球和太阳对地球的引力作用产生的海洋周期性运动,因此潮汐能理论上是一种取之不尽的可再生能源;同时,由于水的密度比空气大得多(标准情况下水的密度是空气的 775 倍),潮汐能比风能更强大;潮汐与风不同,它是可预测和稳定的,能进行稳定可靠的电力供应。

#### 1. 潮汐能及其开发潜力

汹涌澎湃的大海,在太阳和月亮的引潮力作用下,时而潮高百丈,时而悄然退去,留下一片沙滩。海洋这样起伏运动,日以继夜,年复一年,是那样有规律,那样有节奏,好像人在呼吸。海水的这种有规律的涨落现象就是潮汐。世界著名的大潮区是英吉利海峡,那里最高潮差为 14.6 m,大西洋沿岸的潮差也达 4~7.4 m,我国的杭州湾的"钱塘潮"的潮差达 9 m。

潮汐能发电是利用潮汐能的一种重要方式。据初步估计,全世界潮汐能理论蕴藏量约为 30 亿 kW,每年可发电约 1200 万 GW·h。据 2012 年通过验收的国务院批准立项、国家海洋局组织实施的"我国近海海洋综合调查与评价专项(简称 908 专项)"总结报告显示,我国大陆海岸线长度为 19057 km,海岛数量为 10312 个,除台湾省外,我国近海海洋可再生能源总蕴藏量为 15.80 亿 kW。其中,我国近海潮汐能资源技术可开发装机容量大于 500 kW 的坝址共 171 个,总技术装机容量为 2282.91 万 kW,年发电量约 626.41 亿 kW·h。其中,大部分潮汐能资源主要集中在浙江和福建两省,其潮汐能技术可开发装机容量为 2067.34 万 kW,年发电量为 568.48 亿 kW·h,分别占全国可开发量的 90.5% 和 90.73%。

#### 2. 潮汐能开发历程

早在 12 世纪,人类就开始利用潮汐能。法国沿海布列塔尼大区就建起了"潮磨",利用潮汐能代替人力推磨。随着科学技术的进步,人们开始筑坝拦水,建起潮汐电站。法国在布列塔尼大区建成了世界上第一座大型潮汐发电站,电站规模宏大,大坝全长 750 m,坝顶是公路,平均潮差 8.5 m,最大潮差 13.5 m,每年发电量为 544 GW·h。MeyGen 是目前世界上在建的最大容量潮汐能发电项目,该项目建设的潮汐能电站坐落于苏格兰的彭特兰湾,地区洋流速度高达 5 m/s,非常适合进行潮汐发电。2019 年,MeyGen 潮汐能电站实现全年发电量为 13.8 GW·h,可以同时满足将近 4000 户居民的用电需求。

新中国成立后在沿海建过一些小型潮汐电站。例如,广东顺德大良潮汐电站(144 kW)、福建厦门的华美太古潮汐电站(220 kW)、浙江温岭的沙山潮汐电站(40 kW)及象山高塘潮汐电站(450 kW)。目前国内最大的潮汐电站是浙江省温岭市乐清江厦潮汐电站,这是我国第一座双向潮汐电站,1980 年 5 月第一台机组投产发电,电站设计安装 6 台 500 kW 双向灯泡贯流式水轮发电机组,总装机容量 3.2 MW,可昼夜发电 14~15 h,每年可发电 10 GW·h。

**3. 潮汐能发电原理**

潮汐能发电是将海水水位因引力作用产生潮汐涨落过程中产生的能量转化为电能的一种发电技术。

潮汐能发电的工作方式有:单库单向式、单库双向式、双库式、发电结合抽水蓄能式等。单库单向式只筑一座水库,安装单向水轮发电机组,在落潮或涨潮时发电;单库双向式只筑一座水库,安装涨落潮均可发电的机组,或在水工布置上满足双向发电;双库(高低库)式建两个互相毗连的水库,双向水轮发电机组安装在两水库之间进行发电,其中一水库设有进水闸,在潮位较库内水位高时引水入库。另一水库设有泄水闸,在潮位比库内水位低时,泄水出库。

目前的单库双向式潮汐电站利用水库的特殊设计和水闸的作用,克服了以往潮汐发电的缺陷,既可涨潮时发电,又可在落潮时运行,只是在水库内外水位相同的平潮时才不能发电,大大提高了潮汐能的利用率。

目前有三种不同的方法来获取潮汐能:潮汐流、拦河坝和潮汐泻湖。

(1)**潮汐流**。多数潮汐发电站都选择将涡轮发电机置于潮汐流中。潮汐流是由潮汐形成的快速流动的水体,可以推动涡轮机旋转,通常将涡轮机安装在潮汐流的浅水区最有效,一来涡轮机可以捕获更多潮汐流的动能,减小对船只航行的阻碍;二来潮汐发电机的涡轮叶片转动相对缓慢,可避免海洋生物被困在发电系统中。

(2)**拦河坝**。是将潮汐能发电机建在拦河坝底部,主要利用潮差技术(高潮和低潮之间的垂直高度差)进行发电。拦河坝式潮汐能发电的工作原理与一般水力发电的原理相近,即在河口或海湾筑一条大坝,以形成天然水库,水轮发电机组安装在拦海大坝里。如图 13-1 所示,当水坝的闸门打开时,潮汐涌入潮汐湖进行存储,存储下来的海水可以通过涡轮机释

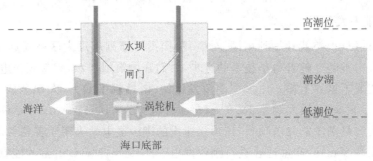

图 13-1 潮汐能发电示意图

放出来,从而产生电力。但拦河坝系统对生态环境影响显著,潮汐湖内部的盐度降低,对海洋生物和植物生长不利,拦河坝也会对鱼类迁徙造成困难。

(3)**潮汐泻湖**。利用泻湖进行潮汐发电很像拦河坝,然而,不同的是泻湖可以沿着自然海岸线建造,可利用岩石等天然材料,退潮时,会作为低潮防波堤(海堤)出现,涨潮时则会被淹没,因此对海洋生物迁移阻碍小,有利于生态环境保护。

**4. 潮汐能发电的优点与面临的挑战**

潮汐能发电除了可预测性以外,还具有以下优点:

(1)潮汐水库岩石护体的稳定性可以在一定程度上缓解海岸洪水,潮汐泻湖每年能抵挡 0.2% 的风暴潮和海浪。

(2)与其他可再生能源技术相比,潮汐发电设备的使用寿命更长,成本更有竞争力,其资产寿命为 120 年。

目前,潮汐能发展过程中面临的主要挑战有:

(1)**成本问题**。虽然建设技术不断发展成熟,但现阶段建设潮汐能发电站需要的投资仍有待降低。

(2)**环境问题**。需要避免建设潮汐坝导致的物种栖息地变化。

(3)**输电问题**。潮汐能发电从沿海产生到内陆使用面临着远距离输电问题,且强大的潮汐通常每天只发生 10 h,必须开发与潮汐发电配套的储能技术和输电并网技术。

潮汐能发电仍处于起步阶段,就总潮汐发电量而言(如图 13-2 所示),2019 年潮汐发电量前 10 的国家/地区排名中,法国位居第一,中国位居第四。潮汐发电量前 10 的国家均拥有较长海岸线的地理优势,但到目前为止,世界上商业规模的潮汐发电站仍较少,发电量也较小。

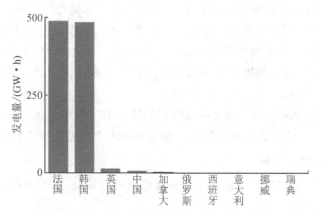

图 13-2　2019 年潮汐发电量排名前 10 的国家

## 13.1.2　海水温差能发电

海水温差能是一种利用表层海水与深层海水的温度不同进行发电的技术。低纬度的海面水温较高,与深层水形成温度差,可产生热交换。其能量与温差的大小和热交换水量成正比。

### 1. 海水温差能及其开发潜力

辽阔的海洋是一个巨大的"储热库",它能大量吸收太阳的辐射能,所得到的能量达 6 亿 GW 左右。海水的温度随着海洋深度的增加而降低,这是因为太阳辐射无法透到 400 m 以下的海水,海洋表层的海水与 500 m 深处的海水温度差可达 20 ℃ 以上。海洋中上下层水温度的差异,蕴藏着一定的能量,叫作海水温差能,或称海洋热能。

利用海水温差能可以发电,这种发电方式叫海水温差发电。据计算,从南纬 20°到北纬 20°区间的海洋洋面,只要把其中一半用来发电,海水水温平均下降 1 ℃,就能获得 6 万 GW 的电能,相当于全世界一年所产生的全部电能。专家们估计,单在美国的东部海岸由墨西哥湾流出的暖流中,就可获得美国在 1980 年需用电量的 75 倍。

用海水温差发电,还可以得到副产品——淡水,所以说它还具有海水淡化功能。一座 100 MW 的海水温差发电站,每天可产生 378 m³ 的淡水,以满足人们对工业用水和饮用水的需要。另外,由于电站抽取的深层冷海水中含有丰富的营养盐类,因而发电站周围会成为浮游生物和鱼类群集的场所,可以提高近海捕鱼量。

### 2. 海水温差能开发历程

海洋热能主要来自太阳能,世界大洋的面积浩瀚无边,热带洋面也相当宽广,海洋热能用过后即可得到补充,很值得开发利用。

早在 1881 年 9 月,法国物理学家德·阿松瓦尔就提出利用海洋温差发电的设想。1926 年 11 月,法国科学院建立了一个实验温差发电站,证实了阿松瓦尔的设想;1930 年,阿松瓦尔的学生克洛德在古巴附近的海中建造了一座 10 kW 海水温差发电站。

1961 年法国在西非海岸建成两座 3.5 MW 的海水温差发电站。美国和瑞典于 1979 年在夏威夷群岛上共同建成装机容量为 1 MW 的海水温差发电站,美国还计划建成一座 1 GW 的海水温差发电装置,以及利用墨西哥湾暖流的热能在东部沿海建立 500 座海洋热能发电站,发电能力达 200 GW。

2012 年 1 月,中国国家海洋局第一海洋研究所的 15 kW 温差能发电装置研究及试验课题在青岛市通过验收,使得我国成为第三个独立掌握海水温差能发电技术的国家。

### 3. 海水温差能发电原理

海水温差能发电是利用海水的浅层与深层的温差及其温、冷不同热源,经过热交换器及涡轮机来发电的技术。

把热能转变成机械能必须具备三个基本条件:热源、冷源和工质。普通热机用水作工质,热源加热工质,产生蒸汽,驱动汽轮发电机发电,排出废汽被冷凝器冷却,凝结水送回锅炉,继续被加热,循环使用。现有海水温差能发电系统中,热能的来源即是海洋表面的温海水,发电的方法基本上有两种:一种是利用温海水,将封闭的循环系统中的低沸点工作流体蒸发；另一种则是温海水本身在蒸发器内沸腾。两种方法均产生蒸气，由蒸气再去推动涡轮机即可发电。发电后的蒸气可用温度很低的冷海水冷却，将之变回流体，构成一个循环，如图 13-3 所示。海洋受太阳能加热的表层温海水（25～28 ℃）作高温热源，冷海水一般要从海平面以下 500～1000 m 的深部抽取（温度一般为 4～7 ℃），一般温海水与冷海水的温差在20 ℃以上即可产生净电力。

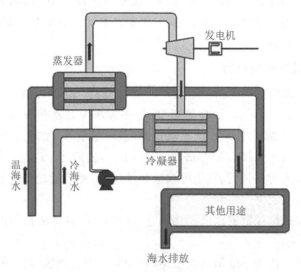

图 13-3　海洋温差发电技术示意图

海水温差能发电设备的工作循环方式：将液态低沸点工质加热气化产生高压蒸气冲击汽轮机发电，再将蒸气由冷源冷却液化，目前正在研究把液化工质泵送到原来加热处这一环节。现有海水温差能发电的技术都有这一工作环节，这一环节把汽轮机发出电能的大部分约（60%～70%，与工质性质有关）消耗掉了，这样整个机组无法向外送出多余的电能。由于汽轮机效率、工质冷却耗能、加热器耗能、加热泵效率、抽取海水耗能等因素，导致整个机组输出能量微少，没有什么商业价值。

还有一些其他技术途径，如：使用温暖的表层水加热沸点较低的氨等，使其沸腾，然后利用其蒸气转动涡轮，驱动发电机发电。转动涡轮发电之后的蒸气使用温度较低的深层海水进行冷却，变回液体氨，然后再次用表层水使之沸腾并转动涡轮。一种新型的海水温差能发电装置，是把海水引入太阳能加温池，把海水加热到 45～60 ℃（有时可高达 90 ℃），然后再把温水引进保持真空的汽锅蒸发进行发电。

**4. 海水温差能发电的优势与面临的挑战**

海水温差能发电具有以下优势：不消耗任何燃料；无废料；不会造成大气污染、水污染、噪声污染；整个发电过程几乎不排放任何温室气体；全年且一天中所有时间段皆可发电，发电量十分稳定；副产品是淡水，可供生产、生活使用等。

海水温差能利用面临的最大困难是温差小,能量密度低,其效率仅有 3% 左右,而且换热面积大,建设费用高,发电成本高,存在深海冷水管路施工风险高的问题,各国仍在积极探索中。

### 13.1.3 海水波浪能发电

海水波浪能是指海洋表面波浪所具有的动能和势能,是一种在风的作用下产生的、以位能和动能的形式由短周期波储存的机械能。波浪能主要用于发电,同时也可用于输送和抽运水、供暖、海水脱盐和制造氢气。

**1. 海水波浪能及其开发潜力**

波浪能发电是以波浪的能量为动力生产电能。"无风三尺浪"是奔腾不息的大海的真实写照,海浪蕴藏有惊人的能量,5 m 高的海浪,每平方米压力就有 10 t。大浪能把 13 t 重的岩石抛至 20 m 高处,能翻转 1700 t 重的岩石,甚至能把上万 t 的巨轮推上岸去。正弦波浪每米波峰宽度的功率为 $p \approx HT(\text{kW/m})$。式中,$H$ 为波高,m;$T$ 为波周期,s。通过某种装置可将波浪的能量转换为机械的、气压的或液压的能量,然后通过传动机构、汽轮机、水轮机或液压马达驱动发电机发电。

全世界沿海岸线连续耗散的波浪能功率达 2700 GW,有经济价值的波浪能开采量估计为 1～1000 GW。

中国陆地海岸线长达 18000 km、大小岛屿 6960 多个。根据海洋观测资料统计,沿海海域年平均波高在 2.0 m 左右,平均波浪周期为 6 s 左右。台湾及福建、浙江、广东等沿海省份沿岸波浪能的密度可达 5～8 kW/m。中国波浪能资源十分丰富,可开发利用的约 100 GW。

**2. 海水波浪能开发历程**

1799 年,法国的吉拉德父子获得了利用波浪能的首项专利。1910 年,法国的波契克斯·普莱西克建造了一套气动式波浪能发电装置,为他自己的住宅供应 1 kW 的电力;1965 年,日本的益田善雄发明了导航灯浮标用汽轮机波浪能发电装置,获得推广,成为首个商品化的波浪能发电装置。

受 1973 年石油危机的刺激,从 20 世纪 70 年代中期起,英国、日本、挪威等波浪能资源丰富的国家都把波浪能发电作为解决未来能源的重要一环,大力研究开发。在英国,索尔特发明了"点头鸭"式波浪发电装置,科克里尔发明了波面筏装置,国家工程实验室发明了振荡水柱装置,考文垂理工学院发明了"海蚌装置"。

1978 年,日本建造了一艘长 80 m、宽 12 m、高 5.5 m 的名为"海明号"的波浪能发电船,该船有 22 个底部敞开的气室,每两个气室可装设一台额定功率为 125 kW 的汽轮机发电机组。1978—1986 年,日本、美国、英国、加拿大、爱尔兰五国合作,先后三次在日本海由良海域对"海明号"进行了波浪能发电史上最大规模的实海原型试验,但因发电成本高,未获商业实用。

1985 年,英国、中国各自研制成功采用对称翼汽轮机的新一代导航灯浮标用的波浪能发电装置,挪威在卑尔根附近的奥依加登岛建成了一座装机容量为 250 kW 的收缩斜坡聚焦波道式波浪能发电站和一座装机容量为 500 kW 的振荡水柱气动式波浪能发电站,标志着波浪能发电站实用化的开始。

### 3. 海水波浪能发电原理

海水波浪能发电是将海水波浪的波力转换为压缩空气来驱动空气涡轮发电机发电的技术。当波浪上升时将前气室中的空气顶上去,被压空气穿过正压水阀室进入正压气缸并驱动发电机轴伸端上的空气涡轮机使发电机发电;当波浪落下时,后气室内形成负压,使大气中的空气被吸入气缸并驱动发电机另一轴伸端上的空气涡轮机使发电机发电,其旋转方向不变,如图 13 - 4 所示。

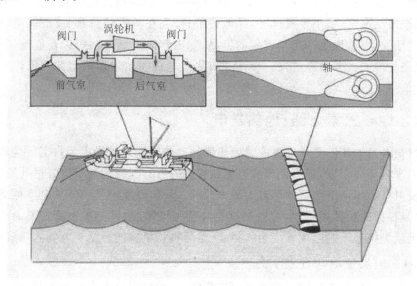

图 13 - 4　海水波浪能发电原理示意图

为了有效吸收动能,波浪发电装置运转形式完全根据波浪振动特性设计。目前比较成熟的波浪发电装置基本上有三种类型:振荡水柱型、机械型、水流型。

(1)**振荡水柱型波浪发电装置**是利用一个容积固定的、与海水相通的容器装置,通过波浪产生的水面位置变化引起容器内的空气容积发生变化,压缩容器内的空气(中间介质),用压缩空气驱动叶轮,带动发电装置发电;中国科学院广州能源研究所在广东汕尾建成的 100 kW 波浪发电站(固定岸式),日本"海明号"发电船(浮式)及航标灯式波力装置都属于这种类型。

(2)**机械型波浪发电装置**是利用波浪的运动推动装置的活动部分——鸭体、筏体、浮子等活动部分压缩(驱动)油、水等中间介质,通过中间介质推动转换发电装置发电。

(3)**水流型波浪发电装置**是利用收缩水道将波浪引入高位水库形成水位差(水头),利用水头直接驱动水轮发电机组发电。

#### 4. 海水波浪能发电的优点与面临的挑战

以上海水波浪能发电装置各有优缺点,但有一个共同的问题是波浪能转换成电能的中间环节多,效率低,电力输出波动性大,这也是影响波浪能发电大规模开发利用的主要原因之一。把分散的、低密度的、不稳定的波浪能吸收起来,集中、经济、高效地转化为有用的电能,装置及其构筑物能承受灾害性海洋气候的破坏、实现安全运行,是当今波浪能开发的难题和方向。

目前,大规模波浪能发电的成本还难与常规能源发电竞争,但特殊用途的小功率波浪能发电已在导航灯浮标、灯桩、灯塔等上获得推广应用。在边远海岛,小型波浪能发电已可与柴油发电机组发电竞争。今后应进一步研究新型装置,以提高波浪能转换效率;研究聚波技术,以提高波浪能密度,缩小装置尺寸,降低造价;研究在离大陆较远、波浪能丰富的海域利用发电船就地发电、就地生产能量密集的产品,如电解海水制氢、氨,以及电解制铝、海水提铀等,以提高波浪能发电的经济性。预计波浪能发电将在波浪能丰富的国家逐步占有一定的地位。

## 13.2　地心探索之路:地热发电

地热能是来自地球的热量。蕴藏着地热能的地热资源是世界上最古老的能源之一。这种热量可以来自地表附近,也可以来自被地热加热的岩石和我们脚下数公里处的热水源。

地热发电是利用地下热水和蒸汽为动力源的一种新型发电技术。其基本原理与火力发电类似,也是根据能量转换原理,首先把热能转换为机械能,再把机械能转换为电能。地热发电实际上就是把地下的热能转变为机械能,然后再将机械能转变为电能的能量转变过程。

### 13.2.1　地热资源与开发潜力

地热资源是指储存在地球内部的可再生热能,一般集中分布在构造板块边缘带,源于地球内部熔融岩浆和放射性物质的衰变。地球本身像一个大锅炉,深部蕴藏着巨大的热能。地核的温度达 6000 ℃,地壳底层的温度达 900~1000 ℃,地表常温层(距地面约 15 m)以下约 15 km 范围内,地温随深度增加而增高,地热平均增温率约为 3 ℃/100 m。不同地区地热增温率有差异,接近平均增温率的称正常温区,高于平均增温率的地区称地热异常区。地热异常区是研究、开发地热资源的主要对象。地壳板块边缘、深大断裂及火山分布带等是明显的地热异常区。

地热资源的生成与地球岩石圈板块发生、发展、演化及其相伴的地壳热状态、热历史有着密切的内在联系,特别是与构造应力场、热动力场有着直接的联系。地热资源按温度可分为高温、中温和低温三类。温度大于 150 ℃ 的地热以蒸汽形式存在,称为高温地热;90~150 ℃ 的地热以水和蒸汽的混合物形式存在,称为中温地热;温度大于 25 ℃、小于 90 ℃ 的地热以温水(25~40 ℃)、温热水(40~60 ℃)、热水(60~90 ℃)等形式存在,称为低温地热。高温地热一般存在于地质活动性强的全球板块的边界,即火山、地震、岩浆侵入多发地区,著名的冰岛地热田、新西兰地热田、日本地热田,以及我国的西藏羊八井地热田、云南腾冲地热田、台湾大屯地热田都属于高温地热田。中低温地热田广泛分布在板块的内部,我国华北地区的地热田多属于中低温地热田。

据测算,地球内部的总热能量相当于全球煤炭储量的 1.7 亿倍,每年从地球内部经地表散失的热量,相当于 1000 亿桶石油燃烧产生的热量。

我国是地热资源相对丰富的国家,地热资源总量约占全球 8%,可采储量相当于 4650 亿 t 标准煤。我国的高温地热资源主要分布在藏南、滇西、川西及台湾省。环太平洋地热带通过我国的台湾省,高温温泉达 90 处以上;地中海喜马拉雅地热带通过西藏南部和云南、四川西部。西藏高温地热田主要集中在羊八井裂谷带,其中藏南地区西部、东部及中部约有 108 个高温地热田,是我国高温地热田最富集的地带;云南是全国发现温泉最多的省,高温地热田主要分布在怒江以西的腾冲-瑞丽地区,约 20 处;川西分布着 8 个高温地热区,为藏滇高温地热带的一部分。我国主要以中低温地热资源为主,中低温地热资源分布广泛,几乎遍布全国各地,主要分布于松辽平原、黄淮海平原、江汉平原、山东半岛和东南沿海地区,其主要热储层为厚度数百米至数千米的第三系砂岩、砂砾岩,温度为 40～80 ℃。已发现全国共有地热温泉 3000 多个,其中高于 25 ℃ 的约 2200 个。从温泉活动的情况来看,我国主要有四个水热活动密集带:藏南-川西-滇西水热活动密集带,台湾水热活动密集带,东南沿海地区水热活动密集带,胶东、辽东半岛水热活动密集带。从地质构造上看,我国地热资源主要分布于构造活动带和大型沉积盆地中,主要类型为隆起山地型和沉积盆地型。

在地质因素的控制下,这些热能会以热蒸汽、热水、干热岩等形式向地壳的某一范围聚集,逐步成为可开发利用的地热资源。

### 13.2.2　地热资源开发历程

地热能的直接利用发展很快,低温地热利用规模不断扩大,但高温地热发电进展缓慢,主要原因是很多高温地热分布区的水能资源也非常丰富,重视了水能开发,轻视了地热能开发。

地热能的直接(非电力)利用发展十分迅速,已广泛地应用于工业加工、民用采暖和空调、温泉疗养、医疗、农业温室、农田灌溉、土壤加温、水产养殖、畜禽饲养等各个方面,收到了良好的经济效益,节约了能源。地热能的直接利用,不但能量的损耗要小得多,并且对地下热水的温度要求也低得多,15～180 ℃ 的温度范围均可利用。地热能的直接利用技术要求较低,所需设备也较为简易。但地热能的直接利用也有其局限性,由于受载热介质(热水)输送距离的制约,一般来说,热源不宜离用热的城镇或居民点过远,否则,投资多,损耗大,经济性差。

随着化石能源的紧缺、环境压力的加大,人们对于清洁可再生的绿色能源越来越重视,地热能发电有利于由化石能源向清洁能源转化。对于地热发电来说,如果地热资源的温度足够高,利用它的最好方式就是发电,发出的电既可供给公共电网,也可为当地的工业加工提供动力。1904年,在意大利托斯卡纳的拉德瑞罗地区,第一台用地热驱动的0.75马力①的小发电机投入运转,并提供5个100 W的电灯照明,随后建造了第一座500 kW的小型地热电站。地热发电至今已一百多年的历史了,新西兰、菲律宾、美国、日本等国都先后投入到地热发电的大潮中,其中美国地热发电的装机容量居世界首位。在美国,大部分的地热发电机组都集中在盖瑟斯地热电站,盖瑟斯地热电站位于加利福尼亚州旧金山以北约20 km的索诺玛地区,1920年在该地区发现温泉群、喷气孔等地热源,1958年投入多个地热井和多台汽轮发电机组,至1985年电站装机容量已达到1361 MW。20世纪70年代初,在国家科学技术委员会的支持下,我国各地涌现出大量地热电站,据估计,喜马拉雅山地带高温地热有255处(5800 MW),迄今运行的地热电站有5处(共27.78 MW)。

### 13.2.3 地热发电原理

地热发电,是利用液压或爆破碎裂法将水注入到岩层中,产生高温水蒸气,然后将蒸汽抽出地面推动涡轮机转动,从而发电。在此过程中,将一部分未利用的蒸汽或者废气经过冷凝器处理还原为液态水回灌到地下,循环往复。简而言之,地热发电实际上就是把地下的热能转变为机械能,然后再将机械能转变为电能的能量转变过程。一个典型的地热发电系统如图13-5所示。

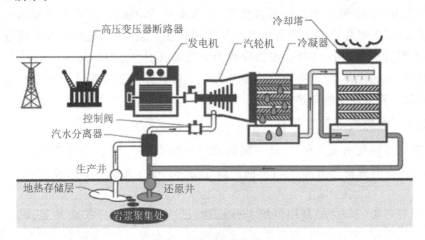

图13-5 典型地热发电系统

针对温度不同的地热资源,地热发电有4种基本发电方式,即凝汽发电技术、闪蒸发电技术、双工质循环式发电技术和全流循环式发电技术。

#### 1. 凝汽发电技术

凝汽发电是将地热蒸汽引入蒸汽净化器滤除杂质后,将纯净蒸汽再引入汽轮机中膨胀做功,最后排汽进入凝汽器冷却成水的技术,如图13-6所示。由于不凝结气体随蒸汽经过

---

① 1马力=375瓦特。

汽轮机积聚在凝汽器中,所以必须用抽气器排走以保持凝汽器内的真空度。相比于背压发电,凝汽发电系统使用了凝汽器,可以使汽轮机在接近真空条件下运行,因而能充分利用蒸汽的焓降,显著提高了电站的发电效率,但同时也额外增加了厂用电。

**2. 闪蒸发电技术**

闪蒸发电是指通过将一定压力下的工质降压,使部分工质气化,利用蒸汽推动膨胀机做功的一种发电技术,是直接利用地下热水所产生的蒸汽来推动汽轮机做功、将机械能转化为电能的发电技术,分为一级闪蒸和二级闪蒸两种类型。

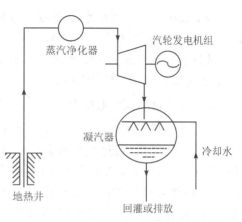

图 13 - 6　凝汽发电技术示意图

一级闪蒸技术是将地热井口来的地热水,先送到闪蒸器中进行降压闪蒸(或称扩容)使其产生部分蒸汽,再将蒸汽引到汽轮机做功发电。汽轮机排出的蒸汽在混合式凝汽器内冷凝成凝结水,送往冷却塔进行冷却。二级闪蒸技术是在一级闪蒸技术基础上优化而来,二级闪蒸器介质的来源是一级闪蒸器排出的高温含盐水,在更低压力的二级闪蒸器环境中继续扩容产生较低压力的蒸汽,进入汽轮机相应级做功,因此二级闪蒸较一级闪蒸做功能力更强。闪蒸发电技术原理如图 13 - 7 所示。

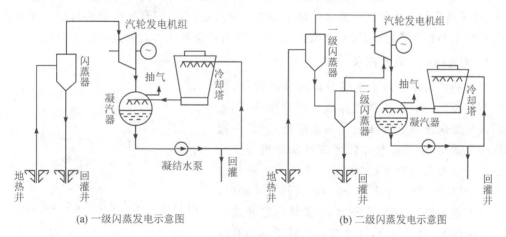

(a) 一级闪蒸发电示意图　　　　　　　(b) 二级闪蒸发电示意图

图 13 - 7　闪蒸发电技术原理图

当热水温度在 80～130 ℃时,二级闪蒸发电系统的单位热水净发电量比闪蒸-双工质联合系统的单位热水净发电量多 19.4%;当热水温度在 130～150 ℃时,闪蒸-双工质联合系统的单位热水净发电量比二级闪蒸发电系统的单位热水净发电量多 5.5%。

闪蒸发电技术采用汽水混合物或地热水进行发电,一级扩容系统循环效率为12%~15%,二级扩容系统为15%~20%。采用该技术的地热电站,热水温度低于100℃时,全热力系统处于负压状态。电站设备简单,易于制造,可以采用混合式热交换器。缺点是设备尺寸大,容易腐蚀、结垢,热效率低。

### 3. 双工质循环式发电技术

双工质循环式发电是利用地下热水来加热某种低沸点的工质,通过热交换器使低沸点工质变为蒸汽,然后将蒸汽引入汽轮机,推动汽轮机做功,最终将机械能转换为电能的一种发电技术,也称为有机工质朗肯循环技术,如图13-8所示。这种发电系统中采用两种流体,一种是地热流体(作热源),在蒸汽发生器中被冷却后进入回灌井打入地下;另一种是低沸点工质(作为一种工作介质,如氯丁烷、正丁烷、异丁烷、异戊烷和氟里昂等),这种工质在蒸汽发生

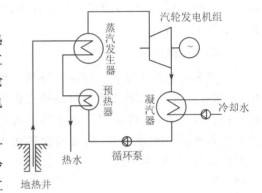

图13-8 双工质循环式发电技术示意图

器内吸收了地热流体放出的热量而汽化,产生的低沸点工质蒸汽进入汽轮机发电机组发电。做功完成后的蒸汽由汽轮机排出,并在凝汽器中冷却成液体,然后经循环泵打回蒸汽发生器再循环工作。

双工质循环式发电技术的优点是:利用低品位热能的效率较高,设备紧凑,汽轮机的尺寸小,易于适应化学成分比较复杂的地下热水。缺点是:不像闪蒸发电那样可以方便地使用混合式蒸发器和凝汽器,相比水介质来说,双工质系统需要相当大的金属换热面积。

### 4. 全流循环式发电技术

全流循环式发电是将地热井口的全部流体,包括所有的蒸汽、热水、不凝气体及化学物质等,不经处理地直接送进一台特殊设计的膨胀机,使其一边膨胀一边做功,最后以气体的形式从膨胀机的排汽口排出的一种发电技术,如图13-9所示。流体由膨胀机的喷嘴调节阀进入高压汽室,当转子旋转时,高压汽室逐渐加长,体积不断增大,流体通过螺旋膨胀机不断膨胀,直至排出,流体在这对转子间的有效

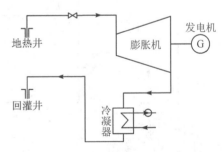

图13-9 全流循环式发电技术示意图

体积膨胀产生有用功。为了适应含有不同化学成分的地热水,特别是高温高盐的地热水,膨胀机的设计应该具备这种适应能力。为了获得全流系统的优越性能,膨胀机的效率必须达到70%以上。

全流循环式发电系统比闪蒸发电系统中的一级闪蒸法和二级闪蒸法发电系统的单位净输出功率可分别提高60%和30%左右。

### 13.2.4 地热发电未来发展

中国是世界上地热能直接利用量第一的国家,据统计,2020 年中国地热能总直接利用量约为 40 GW,美国位居第二,总直接利用量约为中国的 50%。而对于地热发电的应用,美国总地热发电装机容量位居第一,截至 2016 年底全国总装机容量约为 3.6 GW。

就总地热发电量而言,2019 年地热发电量前 10 的国家中,美国居首位,约 1.6 万 GW·h,如图 13 - 10 所示,除了除美国外,地热发电量前 10 的国家均为岛国或处在地壳板块活动较为活跃的地带,拥有丰富的地热资源。

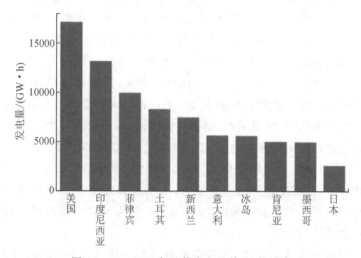

图 13 - 10　2019 年地热发电量前 10 的国家

地热发电的优点包括:发电过程安全稳定;地热发电不需锅炉、燃料,故其运转成本相对较低;地热能除了发电以外,还有多元化的附加价值,例如温室农业栽培、建筑物空调、温泉沐浴等。

现阶段地热发电面临的挑战包括:开发初期的建设成本高,例如勘探、钻井的费用有待降低;相关配套技术要求高,例如供应源位置掌握不易,且持续供应量的稳定度难以精确计算,以及抗腐蚀管线技术有待提升;挖凿地热井可能会影响土地使用,发电时的蒸汽中可能带有毒性气体,会对生态环境造成一定程度的影响。

## 13.3 碳中和有用之路:生物质能发电

生物质是指通过光合作用而形成的各种有机体,包括所有的植物、动物和微生物。生物质能则是太阳能以化学能形式储存在生物质中的能量形式,它一直是人类赖以生存的重要能源之一,可用于制造热能、电力或生产可运输的乙醇、生物柴油等液体燃料,是仅次于煤炭、石油、天然气的第四大能源,在整个能源系统中占有重要的地位。

生物质能是一种可再生能源,尽管生物质能产生的二氧化碳量与化石燃料差不多,但作为用于提取生物质的植物,将从大气中吸收等量的二氧化碳,保持对环境影响的相对中性。

### 13.3.1 生物质与生物质能

生物质是地球上最广泛存在的物质,它包括所有动物、植物和微生物及由这些有生命物质派生、排泄和代谢的许多有机质。生物质可以理解为由光合作用产生的所有生物有机体的总称,包括一般植物、农作物、林产物、海产物(各种海草)和城市垃圾(纸张、天然纤维)等。生物质是一种取之不尽的资源宝库。

各种生物质都具有一定能量。以生物质为载体、由生物质产生的能量便是生物质能。生物质的能量来源于太阳,是太阳能以化学能形式储存在生物中的一种能量形式,是太阳能最主要的吸收器和储存器。生物质通过光合作用能够把太阳能积聚起来,储存于有机物中,这些能量是人类发展所需能源的源泉和基础。地球上的植物进行光合作用所消费的能量,占太阳照射到地球总辐射量的 0.2%。这个比例虽不大,但绝对值很惊人:经由光合作用转化的太阳能是目前人类能源消费总量的 40 倍,是一种巨大的能源。生物质能的主要来源有薪柴、木质废弃物、农业秸秆、牲畜粪便、制糖作物废渣、城市垃圾和污水、水生植物等。

我们知道绿色植物利用叶绿素通过光合作用把 $CO_2$ 和 $H_2O$ 转化为葡萄糖,并把光能储存在其中,然后进一步把葡萄糖聚合为淀粉、纤维素、半纤维素和木质素等构成植物本身的物质。据估计,作为植物生物质的主要成分,木质素和纤维素每年以约 1640 亿 t 的速度再生,如以能量换算,相当于石油产量的 15~20 倍。如果这部分资源得到好的利用,人类相当于拥有一个取之不尽的资源宝库。

$CO_2$ 是最主要的温室效应气体,它对全部温室效应的贡献为 26%,对大气中除水蒸气外各种气体引起的温室效应的贡献约为 65%。而生物质来源于空气中的 $CO_2$,燃烧后再生成 $CO_2$,所以不会增加空气中的 $CO_2$ 的含量。据估计,全世界每年由光合作用而固定的碳达 $2 \times 10^{11}$ t,含能量 $3 \times 10^{18}$ kJ,可开发的能源约相当于全世界每年耗能量的 10 倍;生成的可利用干生物质约为 1700 亿 t,而目前将其作为能源来利用的仅为 13 亿 t,约占其总产量的 0.76%,资源开发利用潜力巨大。鉴于利用生物质作为能源不会增加大气中 $CO_2$ 的含量(即碳中性),生物质与矿物质能源相比更为清洁。

### 13.3.2 生物质能的能源转化利用

生物质能的化学转化方法较多,从转化成能源的角度看,主要有以下几种。

(1)**直接燃烧**。直接燃烧主要包括炉灶燃烧、焚烧垃圾、压缩成型燃料燃烧、联合燃烧。炉灶燃烧是传统的用能方式,因其效率低而被逐渐淘汰;焚烧垃圾是锅炉在 800~1000 ℃高温下燃烧垃圾可燃组分,用释放的热量供热或发电;压缩成型燃料燃烧是先将生物质压缩成密度大的性能接近煤的物质,再将其燃烧发电,因其排放的污染尾气小而发展前景良好;联合燃烧是将生物质掺入燃煤中燃烧发电,此法可减少 $SO_2$、$NO_2$ 等污染气体的排放。

(2)**物化转化**。物化转化主要包括干馏技术、生物质气化技术及热裂解技术等。干馏是把生物质转变成热值较高的可燃气、固定碳、木焦油及木醋液等物质,可燃气含 $CH_4$、$C_2H_6$、

$H_2$、CO 等,可作生活燃气或工业用气,木焦油是国际紧俏产品,木醋液可形成多种化工产品;生物质气化是在高温条件下利用部分氧化法,使有机物转化成可燃气体的过程,产生的气体可直接作为燃料,用于发动机、锅炉、民用炉灶等场合;热裂解是将固体生物质经热解生成低热值煤气,煤气中含有 $CH_4$、$H_2$、CO、$CO_2$ 等。

(3)**生化转化**。生化转化主要包括厌氧消化技术和酶技术。厌氧消化是以畜粪和城市垃圾为原料,利用厌氧微生物在缺氧的情况下将生物质转化为 $CH_4$、$CO_2$ 等气体,同时得到效果很好的可用作农田肥料的厌氧发酵残留物,该方法是为解决农村能源问题和保护环境问题而开发的,在一些农村已推广应用,有低温(4℃)、中温(30～40℃)和高温(50～60℃)三种生产工艺;酶技术是以含淀粉、纤维素的生物质或有关的工业废物为原料,利用微生物体内的酶分解生物质,生产液体燃料,如乙醇、甲醇等。

### 13.3.3 生物质发电原理

生物质发电是以生物质及其加工转化成的固体、液体、气体为燃料的热力发电技术。生物质发电形式主要有生物质直接燃烧发电、生物质热解气化发电、生物质发酵气化发电等。生物质发电的发电机可以根据燃料的不同、温度的高低、功率的大小分别采用煤气发动机、斯特林发动机、燃气轮机和汽轮机等。

#### 1. 生物质直接燃烧发电技术

生物质直接燃烧发电是指把生物质原料送入适合生物质燃烧的特定锅炉中直接燃烧,产生蒸汽,带动蒸汽轮机及发电机进行发电的技术,是生物质发电关键技术之一。

生物质直接燃烧发电技术中的生物质燃烧方式包括固定床燃烧或流化床燃烧等方式。固定床燃烧对生物质原料的预处理要求较低,生物质经过简单处理甚至无须处理就可投入炉内燃烧;流化床燃烧要求将大块的生物质原料预先粉碎至易于流化的粒度,其燃烧效率和强度都比固定床高,该技术比较适于现代化大农场或大型加工厂的废物处理,适合用于生物质资源比较集中的区域,如谷米加工厂、木料加工厂等附近。已开发应用的生物质锅炉种类较多,如木材锅炉、甘蔗渣锅炉、稻壳锅炉、秸秆锅炉等。

#### 2. 生物质热解气化发电技术

生物质热解气化发电是利用空气中的氧气或含氧物作气化剂,在高温条件下将生物质燃料中的可燃部分转化为可燃气(主要是 $CH_4$、$H_2$、CO),再燃烧这些可燃气体进行发电的技术。其基本原理是在不完全燃烧条件下,将生物质加热,使较高分子量的有机碳氢化合物发生裂解、燃烧、还原反应,转化为较低分子量的 $CH_4$、$H_2$、CO 等可燃气体。可燃气体经过除尘、除焦等净化处理,作为燃料驱动燃气轮机或燃气内燃机组发电。

生物质原料通常含有 $60\%\sim80\%$ 挥发分,受热后,在相对较低的温度下就有相当量的固态物质转化为挥发性气体析出。由于生物质的这种独特性质,使得气化技术非常适用于生物质原料的转化。因此热解气化技术研究的主要目的是设计合理的工艺和设备结构,保证气化各反应阶段的充分反应,即大分子挥发性物质的充分裂解和 $CO_2$ 气体的充分还原,以获得尽可能多的可燃气。

生物质气化发电有三种方式。

(1)作为蒸汽锅炉的燃料燃烧产生蒸汽带动蒸汽轮机发电。这种方式对气体要求不是很严格,直接在锅炉内燃烧气化气,经过旋风分离器除去杂质和灰分后即可使用。燃烧器在气体成分和热值有变化时,能够保持稳定的燃烧状态,排放污染物较少。

(2)在燃气轮机内燃烧带动发电机发电。这种方式对气体的压强有要求,一般为 $10\sim 30 kg/cm^2$。该种技术存在灰尘、杂质等污染问题。

(3)在内燃机内燃烧带动发电机发电。这种方式应用广泛,效率高,但是对气体要求极为严格,气化气必须经过净化和冷却处理。

大型的生物质气化发电系统均采用燃气轮机发电机,该系统包括整体气化联合循环(IGCC)和整体气化湿空气透平(Integrated Gasification Humid Air Turbine,IGHAT)。IGCC 是基于燃气轮机系统发电后排放的尾气(温度大于 500 ℃),所以增加余热锅炉和过热器产生蒸汽,再利用蒸汽循环,可以有效提高发电效率,该系统由物料预处理设备、气化设备、净化设备、换热设备、燃气轮机、蒸汽轮机等发电设备组成,功率范围在 $7\sim 30 MW$,整体效率可以达到 40%;IGHAT 和 IGCC 的主要区别在于用一个燃气轮机代替了燃气轮机和汽轮机,由水蒸气和燃气的混合工质通过燃气轮机输出有用功,其整体效率可以达到 60%。

**3. 生物质发酵气化发电技术**

生物质发酵气化发电是通过将生物质发酵,生成可燃烧的气体进行发电的技术。将有机物质(如作物秸秆、杂草、人畜粪便、垃圾、污泥及城市生活污水和工业有机废水等)在厌氧条件下,通过功能不同的各类微生物的分解代谢,最终产生以甲烷($CH_4$)为主要成分的沼气(还含有少量其他气体,如水蒸气、$H_2S$、CO 和 $N_2$ 等)。沼气发酵过程一般可分为三个阶段:水解液化阶段、酸化阶段和产甲烷阶段。沼气发酵技术包括小型户用沼气池技术和大中型厌氧消化技术。

沼气可用于发电,目前成熟的国产沼气发电机组的功率主要集中在 $24\sim 600 kW$ 这个区段。为了合理、高效地利用在治理有机废弃污染物中产生的沼气,普遍使用往复式沼气发电机组进行沼气发电。使用的沼气发电机大都属于火花点火式气体燃料发电机组,并对发电机组产生的排气余热和冷却水余热加以充分利用,可使发电工程的综合热效率高达 80% 以上。

### 13.3.4 生物质发电未来发展

生物质是最具产业化、规模化前景的可再生能源,与小水电、风能、太阳能等间歇性能源发电相比,生物质发电受自然条件限制小,可靠性高,持续性好,燃料来源广泛。利用当地生物质能资源可就地发电、就地利用,不需外运燃料和远距离输电,适用于居住分散、人口稀少、用电负荷较小的农牧区及山区。

据国家能源局公布的数据,2021 年,我国生物质发电新增装机 808 万 kW,累计装机达 3798 万 kW,生物质发电量 1637 亿 kW·h。累计装机排名前五位的省份是山东、广东、浙江、江苏和安徽,分别为 395.6 万 kW、376.6 万 kW、291.7 万 kW、288.0 万 kW 和 239.1 万 kW。2015—2021 年中国生物质发电装机量见图 13-11 所示。

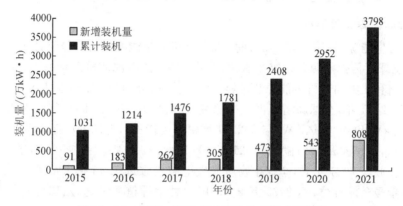

图 11-11　2015—2021 年中国生物质发电装机量

2021 年 10 月国家发改委等九部委联合发布的《"十四五"可再生能源发展规划》明确提出:稳步推进生物质能多元化开发,稳步发展生物质发电,并推进生物质发电市场化示范,强调在长三角、珠三角等经济发达、垃圾处理收费基础好的地区优先试点,开展生活垃圾焚烧发电市场化运行示范,示范区内新核准垃圾焚烧发电项目上网电价参考当地燃煤发电基准价实行竞争性电价机制。

生物质发电的优势在于:

(1)从森林和农田到废物和垃圾填埋场,我们生活的周边到处都是生物质,与化石燃料资源需要数亿年才能再生相比,生物质能源再生的时间相对较短。

(2)将垃圾转移到生物质能工厂进行有机物分解制备甲烷,而不是直接进入垃圾填埋焚烧场,将有效减轻其对水资源、空气和土壤的污染。

(3)目前生物质能发电站属于高度可控的,与光伏和风机等新能源发电技术相比,具有更好的供电可靠性。

而生物质发电也面临一些挑战:

(1)生物质能属于可再生能源,整个循环过程可以进行碳中和,但不属于清洁低碳的能源,生物质的燃烧发电会排放二氧化碳,如何有效控制和降低碳排放将需要进一步的技术研发。

(2)生物质发电配套设备,例如化学能转换和储备装置的成本有待进一步降低,需要进一步研发新的高效发电配套设备。

(3)以植物为主的生物质本身占地面积很大,对运输和存储空间有较高要求,需要进一步研发生物质的储运技术。

## 13.4 新能源发电的阿喀琉斯之踵:新能源的能效与稳定

### 13.4.1 新能源发电的占比

**1. 世界新能源发电情况**

国际可再生能源署(IRENA)发布的《2022年可再生能源装机容量统计年报》显示,截至2021年底,全球可再生能源装机容量达30.64亿kW,占电源装机总量的38.3%;从地域来看,亚洲、欧洲和北美洲可再生能源装机容量位列前三,分别为14.56亿kW、6.47亿kW和4.58亿kW。2021年,全球新增可再生能源装机容量为2.57亿kW,其中太阳能和风能分别为1.33亿kW和0.93亿kW(与2020年增幅基本持平);全球60%新增可再生能源装机容量来自亚洲,中国是最大贡献国(1.21亿kW);欧洲、北美地区则分别新增3900万kW、3800万kW。截至2021年底,全球生物质能发电装机容量1.43亿kW,同比上升7.78%。中国装机容量居全球首位,达2975万kW。巴西甘蔗种植业发达,乙醇燃料技术产业链完整,其生物质能发电装机容量位居全球第二,达1630万kW。

中国和美国是2020年来两个突出的增长市场。中国已经成为世界上最大的可再生能源市场,去年增加了136 GW,其中大部分来自风能(72 GW)和太阳能(49 GW);美国去年安装了29 GW的可再生能源设备,比2019年增加了近80%,其中包括15 GW的太阳能和约14 GW的风能;非洲继续稳步增长,增长了2.6 GW。

各可再生能源技术的增长情况如下。

(1)**水力发电**:一些大型水电项目于2019年推迟投产,2020年水电恢复增长。中国增加了12 GW的装机容量,土耳其增加了2.5 GW的装机容量。

(2)**风能发电**:2020年的风能增长量达111 GW,其中,中国增加了72 GW、美国增加了14 GW。2020年,有十个国家的风力发电产能增加超过了1 GW;海上风电占风电总容量的比例增加到了5%左右。

(3)**太阳能发电**:太阳能的总装机容量现在已达到与风能发电相同的水平,其中亚洲在2020年增长了78 GW(中国49 GW、越南11 GW、日本5 GW、印度和韩国各4 GW以上),美国增加了15 GW。

(4)**生物质发电**:2020年生物质发电净产能增幅放缓,中国的生物质发电产能增长了2 GW以上;欧洲增加了1.2 GW的生物质发电产能。

(5)**地热发电**:2020年装机容量几乎没有增加。土耳其增加了99 MW装机容量,新西兰、美国和意大利的增幅很小。

(6)**离网发电**:2020年,离网发电容量增加了365 MW,达到10.6 GW。太阳能扩大了250 MW,达到4.3 GW;水电几乎保持不变,约为1.8 GW。

**2. 中国新能源发电增量显著**

根据中国电力企业联合会(以下简称中电联)发布的数据显示,截至2020年底,全国全口径发电装机容量 2200 GW,同比增长 9.5%,增幅较上年提升 3.7%。2020 年,全国新增发电装机容量 190.87 GW,增速大幅提升。近年来,我国发电装机保持增长趋势,其中,2011—2020 年,我国发电累计装机容量从 1062 GW 增长到 2200 GW(如图 13 - 12 所示),2020 年风电、太阳能发电等新能源新增装机创历史新高。

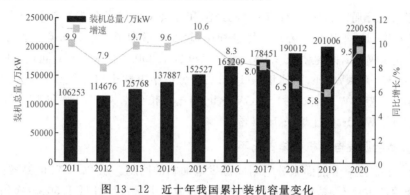

图 13 - 12　近十年我国累计装机容量变化

截至 2021 年底,全国全口径火电装机容量 1296.78 GW、水电 390.09 GW、核电 53.26 GW、并网风电 328.48 GW、并网太阳能发电 306.56 GW、生物质发电 37.98 GW;全国全口径非化石能源发电装机容量合计 1080.01 GW,占总发电装机容量的比重为 45.44%。全国 2011—2021 年不同能源发电装机容量变化如表 13 - 1 所示。

表 13 - 1　2011—2021 年全国电力装机结构　　　　(单位:GW)

| 年份 | 火电 | 水电 | 核电 | 风电 | 太阳能发电 |
|------|------|------|------|------|-----------|
| 2011 | 768.34 | 232.98 | 12.57 | 46.23 | 2.12 |
| 2012 | 819.68 | 249.47 | 12.57 | 61.42 | 3.41 |
| 2013 | 870.09 | 280.44 | 14.66 | 76.52 | 15.89 |
| 2014 | 932.32 | 304.86 | 20.08 | 96.57 | 24.86 |
| 2015 | 1005.54 | 319.54 | 27.17 | 130.75 | 43.18 |
| 2016 | 1060.94 | 332.07 | 33.64 | 147.47 | 76.31 |
| 2017 | 1110.09 | 344.11 | 35.82 | 164.00 | 130.42 |
| 2018 | 1144.08 | 352.59 | 44.66 | 184.27 | 174.33 |
| 2019 | 1189.57 | 358.04 | 48.74 | 209.15 | 204.18 |
| 2020 | 1245.17 | 370.16 | 49.89 | 281.53 | 253.43 |
| 2021 | 1296.78 | 390.09 | 53.26 | 328.48 | 306.56 |

从发电装机结构看,十年来我国传统化石能源发电装机占比持续下降、新能源装机占比明显上升。2020 年火电装机占比较 2011 年下降了 15.7%,风电、太阳能发电装机占比上升了近 20%,发电装机结构进一步优化。水电、风电、光伏、在建核电装机规模等多项指标保持世界第一。

根据国家统计局发布的 2021 年《国民经济和社会发展统计公报》,2021 年,全国发电量 85342.5 亿 kW·h,同比增长 9.7%,增速加速,较上年增加了 6 个百分点。其中,火电发电量 58058.7 亿 kW·h,同比增长 8.9%;水电发电量 13390.0 亿 kW·h,同比下降 1.2%;核电发电量 4075.2 亿 kW·h,同比增长 11.3%。另据中电联全口径统计,风电、太阳能发电量分别为 46.65 万 GW·h、26.11 万 GW·h,同比增长分别为 15.1% 和 16.6%;生物质发电量 13.26 万 GW·h,同比增长 19.4%。

**3. 世界新能源发电装机整体占比不高**

以 2019 年作为一个剖面来分析新能源发电面临的问题。从 2019 年世界各国总发电量中可再生能源的占比看,总体上,多数国家的新能源发电占比都低于 30%,换句话说,仍有 70% 的主体发电量依赖化石燃料。具体来说,世界各国的平均水平是可再生能源占总发电量的 27.28%,中国为 27.89%,美国为 18.20%,法国为 19.89%。有少数国家新能源发电的占比极高,例如冰岛新能源发电占比约 99.8%,该国水资源和地热资源非常丰富,电力供应 73% 来自水电,约 26.8% 来自地热,只有不到 0.2% 来自化石燃料。

积极的态势是:世界各国都在为构建以可再生能源为中心的新型电力系统贡献力量,图 13-13 显示了可再生能源发电量的年增长情况,特别是中国,在过去的 20 年中,可再生能源发电量有着长足的增长,这将有力带动世界新能源发电装机总量的增长,开创新能源发电的新纪元。

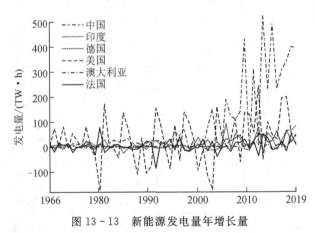

图 13-13 新能源发电量年增长量

### 13.4.2 新能源的能效与稳定

自从 1997 年联合国通过《联合国气候变化框架公约的京都议定书》(以下简称《京都议

定书》）至今，全世界各国对于新能源的技术发展、政策颁布和项目落实都有长足显著的效果，但直至目前仍有诸多问题有待解决，技术层面存在新能源发电能效、装备制造成本问题，运行层面存在长期运行可靠性、并网稳定性等问题，这些成为了新能源发电的阿喀琉斯之踵。

**1. 新能源发电的能效与商业价值**

不同的新能源发电的能效不同，而不同新能源的发电能效与理论转换效率和技术研发水平有关。

（1）**水力发电**。水电站的电能转换效率可高达 90％，2021 年 6 月投运的全球在建规模最大的白鹤滩水电站，采用全球单机容量最大的 1 GW 水轮发电机组（三峡水电机组 700 MW，溪洛渡水电机组 770 MW、向家坝水电机组 800 MW），最优效率提升到 96.7％。

（2）**太阳能发电**。商用级别的光伏模组光电效率已达到了 25％以上（单晶双面 n 型太阳能光伏电池光电转换效率达 25.09％；硅基异质结太阳能电池光电转换效率已达到25.82％，逼近了极限理论效率 27.5％），具体与光伏电池板材料的光电转换效率有关。

（3）**风力发电**。风电机组的电能转换效率的理论极限为 59.3％（基于贝茨定律，该定律建立在一个假定"理想风轮"的基础之上，即风机能接受通过风轮的流体的所有动能，且流体无阻力，是连续的、不能压缩的流体），但由于机械传动损耗、发电机效率、并网变流变压损耗等，使风机的电能转换效率仅为 40％。

下面以风电发电机组为例来分析要提高效率面临的技术挑战。

风力发电机组主要由叶片捕风系统、发电系统、控制逆变系统等主要部件构成，风电机组的效率有两个关键参数：叶片效率 $C_p$ 和传动链（含齿轮箱、发电机、变频器）效率，风电机组的效率是两者的乘积。叶片效率 $C_p$ 的最大值 $C_{pmax}$ 通常在 0.5 以下，偶有超过 0.5 的；传动链效率都比较高，一般为 90％以上（发电机效率可达 95％，控制逆变器效率可达 90％）。所以整体而言，提高叶片效率，对提高风机的效率意义重大。

提高叶片的效率，一方面需要通过合理的叶型、材料设计等，使叶片的效率最佳（此为叶片设计效率），一旦设计好，其 $C_{pmax}$ 是固定的；另一方面是通过风机的传动链（机型）的选择、合理的控制，使得叶片在尽可能宽的风速范围内保持高效，以提高叶片的运行效率。

叶片效率 $C_p$ 是叶尖速比 $\lambda$ 的二次函数，叶尖速比＝叶尖线速度/风速。典型的叶片效率 $C_p$ 曲线如图 13-14 所示，当 $\lambda$ 等于一个最佳值 $\lambda_{opt}$ 时（图中 $\lambda_{opt}=7.5$），$C_{p(7.5)}=C_{pmax}$（图中 $C_{pmax}=0.45$）。欲让叶片始终效率最高，需要保持 $C_p=C_{pmax}$ 恒定最大，即保持 $\lambda=\lambda_{opt}$

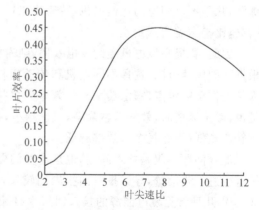

图 13-14　典型叶尖速比与叶片效率的关系

恒定。

假设叶片转速为 4 r/min，切入风速为3 m/s，额定风速为 12 m/s。当风速从 3 m/s 变化到 12 m/s 时，叶片转速需从 4 r/min 变化到 16 r/min，这样才能全程保持 $\lambda = \lambda_{\text{opt}}$ 恒定。这时需要叶尖线速度也增长 4 倍，才能保证叶片最佳发电量。

理想风机的转速比必须足够宽，转速比＝额定转速/切入转速＝额定风速/切入风速，在相同风机功率、叶片长度、额定转速和接近相同的翼型下，风机转速比越大，则转速范围越宽，叶片保持最佳发电量的风速段越宽，则发电量越大。如图 13-15 所示。

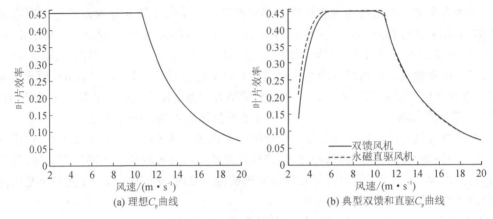

(a) 理想$C_p$曲线　　　　　　　(b) 典型双馈和直驱$C_p$曲线

图 13-15　不同风机的 $C_p$ 曲线

转速比主要由不同类型的发电机和变频器决定，跟叶片长度、功率大小关系不大。不同类型的风力发电机的转速比不同，转速比由高到低依次为：第一梯队，采用电励磁同步发电机和异步发电机的风机，无论是否直驱，转速比＞3；第二梯队，采用永磁同步发电机的风机，无论是否直驱，2＜转速比＜3；第三梯队，采用双馈发电机的双馈风机，1＜转速比＜2；第四梯队，几乎不可调速的定速风机，转速比＜1。理想风机 $C_p$ 曲线在额定风速下应该是条直线（转速比基本需要达到 4）。

因此，要提高风电机组的发电效率，则需要有效设计叶片、提高叶尖速比和叶片转速比，根据不同风速范围，选择不同电机和传动机构。额定效率每提高一个百分点都很困难。当部件工作于额定点（额定功率）时，效率大多接近最高效，输入功率越低，效率也越低。也就是说，额定风速时，效率基本最高，风速越小，效率越低。对任何发电机而言，同等功率下，额定转速越低（级数越多），效率越低。

能效问题不仅是技术问题，也是商业问题：由于新能源发电的造价、维护成本和发电能效有待进一步改善，导致投资回报周期较长，让投资者和市场信心不足。图 13-16 所示为 2015 年几种常见发电能源的投入回报率（Energy Return on Investment，EROI）。EROI 是指特定资源提供的可用能源与获取该能源所使用的资源的比值。当 EROI 小于经济可行阈值时，则该种能源的投入将大于回报。从图中可以看出，特别是含有储能配置的光伏、生物质发电和风电的 EROI 都低于经济可行阈值,有待提升。

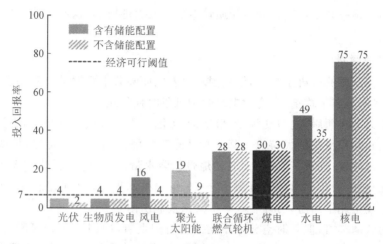

图 13 - 16　能源投入和回报率

可再生能源在发展过程中不能简单以投资回报率来衡量。发展可再生能源是《联合国气候变化框架公约》《京都议定书》《巴黎协定》《格拉斯哥气候公约》等协议的共同约定,也是中国 2030 年碳达峰、2060 年碳中和的国家承诺,为了实现人类社会的可持续发展,大幅度增加可再生能源的利用,即使现在经济成本较高,也是必须走的路。

**2. 新能源发电的可靠性与稳定性**

新能源发电是新兴技术,不同于火力发电机组技术相对比较成熟,新能源发电装备一直在研发中,不断涌现的新技术推动新能源发电效率提升,相对应的新材料、新装备处于不断研发与改进之中,其可靠性、安全性、环保性等值得关注;另一方面,绝大多数的新能源属于非稳定能源,风电、光伏属于短时非稳定能源,水电、生物质属于长时非稳定能源,它们用于发电,存在并网稳定性问题。

1)风、光分布情况

风、光等新能源发电很大程度上依赖于天气条件。

从时间尺度来看,光伏发电量取决于光照辐射量,而降雨、云层厚度和地理位置等诸多因素又会影响光照辐射量,特别是在晚上,光伏没有任何的发电量;风能发电与风速密切相关,当风速低于额定最低风速时,无法带动风机涡轮机发电,当风速低于切入风速或高于切出风速时,风机都无法实现正常并网,当风速高于切出风速一定程度时,风机甚至面临解体的风险。

从空间尺度来看,我国的风、光资源分布不均衡,优质光资源分布广,优质风资源分布少,风、光资源均衡区域不足全国总面积的 1/5,大部分区域呈现光强风弱特点。其中,重庆、贵州中东部、湖南西北部及湖北西南部等地区光资源一般,全国其余大部地区光资源丰富;东北和西北部分地区,以及新疆东部等地区风资源丰富,全国其余大部地区风资源相对贫乏。风、光等一次可再生能源不稳定,分布不均衡,导致充分利用困难。这些天气因素使得新能源对电网的频率同步稳定性和电能质量造成了较大的影响,这些影响又造成了"弃风弃光"现象。

2)水力分布情况

水力是一种重要的可再生能源,但我国水力发电面临着水资源分布不均和丰水期、枯水期问题,水力发电分布不均衡,并有发电高峰和低谷时期问题。

中国位于太平洋西岸,地域辽阔,地形复杂,大陆性季风气候非常显著,因而造成水资源地区分布不均和时程变化两大特点。降水量从东南沿海向西北内陆递减,依次可划分为丰水带、多水带、过渡带、少水带、缺水带五种地带。降水量的年际变化,北方大于南方,例如,黄河和松花江在近 70 年中出现过连续 11～13 年的枯水期,也出现过连续 7～9 年的丰水期。有的年份发生北旱南涝,另外一些年份又出现北涝南旱。

我国水力资源丰富,但其时空分布不均。从时间上看,中国大多数河流年内、年际径流分布不均,丰、枯季节流量相差悬殊,稳定性较差,调节能力不够好。根据中国电力知库数据统计,截至 2020 年,四川省的水电装机容量为 78.92 GW,排全国第一;云南省位居第二,其水电装机容量为 75.56 GW;湖北省排第三,其水电装机容量仅约为云南省的一半——37.57 GW;再次是贵州、广西、湖南、广东省。

另外,水电虽然廉价、可控,但对环评工作提出很高的要求,应充分考虑是否会对当地的生态环境产生影响。

3)新能源不稳定发电的并网稳定性

风电、光伏、潮汐能发电存在地域和气候的限制,且发电质量影响电网的平稳。

新能源发电大规模并网可能造成电网出现以下问题。

(1)**功率波动问题**:因新能源发电出力固有的间歇特性,规模化并网后对电网影响变大,超过 15％的功率波动可能导致电网崩溃。

(2)**频率波动问题**:系统中大规模新能源接入带来常规电源比例下降,系统惯量下降,功率扰动引发的频率波动问题更为突出。

(3)**电压越限问题**:新能源电压支撑能力相对有限,随机性出力可能导致电网局部电压越限问题突出。

(4)**抗扰动能力下降**:故障大扰动下新能源脱网可能恶化电网抗扰动能力,造成事故规模进一步扩大。

(5)**谐振问题**:电力电子设备可能与系统交互引发谐振,典型的双馈风电和串补之间,比较关注的是次同步振荡。

因此,随着大规模新能源发电的接入,将对电网造成以下影响。

(1)**对电网安全稳定运行带来影响**。新能源发电的大规模并网,客观上改变了瞬时平衡的电力系统的电力供应模式,给电力系统的安全稳定运行带来了一定的影响。

(2)**对系统调度管理带来影响**。新能源发电特性决定了对其出力进行精确预测的难度很大,因此新能源发电大规模并网对电力系统发电调节的手段及能力提出了更高要求,对电力系统生产计划编制和调度运行安排提出了更高的要求,需要加强储能、调峰、调频及电力系统智能化建设。

(3)**对电力系统经济运行带来影响**。新能源发电出力的不确定性加大了系统经济调度的难度,降低了电力设备的可用率,提高了电力系统的供电成本。同时,为确保供电稳定性和电能质量,系统对辅助服务的需求增加,需要火电机组等进行深度调峰,影响了其单位能耗指标。

(4)**对配电网产生一定影响**。分散式新能源发电容量较小,一般接入配电网或者离网、微网应用。分散式新能源发电的接入,使得潮流不再单向由电源流向用户侧,增大了配电系统的复杂性和不确定性。

促进新能源消纳,需要多措并举、综合施策。新能源消纳涉及电力系统发、输、配、用多个环节,与发展方式、技术进步、电力体制改革、市场交易机制、政策措施等密切相关。实现新能源高效消纳,既要"源-网-荷"技术驱动,也需要政策引导和市场机制配合。从技术层面来看,有以下重点突破方向。

(1)**新能源高精度功率预测技术**。由于资源的随机波动性和不可存储特性,新能源发电出力具有随机性和波动性。我国地形复杂,气候类型多样,新能源资源随机波动性更强、高精度功率预测更难。高比例新能源电力系统将发电跟踪负荷的单向匹配转变为供需双侧的双向动态匹配,需研究空间分辨率更高、时间间隔更小、精度适用性更强的新能源发电功率预测技术,支撑电力供应与需求的精准双向匹配。

(2)**新能源主动支撑技术**。高比例新能源电力系统中,新能源发电并网技术需要从"被动适应"到"主动支撑和自主运行"转变。未来,高比例新能源接入电网后,将对电力系统形态及运行机制产生深刻影响,需要新能源系统具备主动支撑控制能力,具备接近或高于同步电源的控制特性,支撑系统的电压、频率稳定及提供备用容量。

(3)**储能技术应用**。储能技术是解决新能源发电大规模接入的关键,储能将在高比例新能源电力系统电力电量平衡中起到重要的灵活调节作用,支撑供需双侧动态匹配,促进新能源有效利用。储能需要从"源""网""荷"不同端同步考虑,可采用"电源＋储能""电网＋储能""负荷＋储能"的配置,从多端解决电网稳定性问题。目前,除抽水蓄能外,电化学储能是发展最快且相对成熟的储能技术,未来需解决低成本、大容量、长时间、高可靠的能量存储问题,以及大规模、多类型储能的协调调控问题。

(4)**电力气象技术**。气象条件是高比例新能源电力系统最关键的外部影响因素,其影响范围涵盖"发"(风、光、降水是新能源和水力发电的一次资源)、"输"(气象灾害对输变电设备的损坏、气象条件对输电能力的影响)、"用"(温度、湿度、降水等影响负荷行为,风、光影响分布式新能源出力)全环节。气象原因是未来影响电网运行的关键因素之一,为降低电力气象灾害不利影响,需研究电力气象灾害预报预警技术,通过提前应对极端天气,支撑高比例新能源电力系统安全稳定运行。

近二十年来,新能源的不断发展和应用已经让我们在绿色可持续发展的道路上前进了一大步,碳达峰、碳中和也即将达成,但新能源的阿喀琉斯之踵的补全需要全人类各领域的积极参与,突破技术壁垒,完善政策遗漏,实现零排放的美好终极愿景。

## 参考文献

[1] 李晔,杨文献,冯延晖.潮流能发电及发电场设计[M].北京:机械工业出版社,2021.

[2] DIPIPPO R.地热发电厂:原理、应用、案例研究和环境影响[M].3版.马永生,译.北京:中国石化出版社,2016.

[3] 王贵玲,等.中国地热资源[M].北京:科学出版社,2019.

[4] 张晓东,等.生物质发电技术[M].北京:化学工业出版社,2020.

[5] 陈汉平,杨世关,杨海平,等.生物质能转化原理与技术[M].北京:中国水利水电出版社,2018.

[6] 朴政国,周京华.光伏发电原理、技术及其应用[M].北京:机械工业出版社,2020.

[7] 王世明,曹宇.风力发电概论[M].上海:上海科学技术出版社,2019.

### 思考题

(1)有哪些因素影响着这些新能源的发展与普及?

(2)你认为还有哪种能量可能称为新能源?

>>> # 第 14 章　新能源互联网——
## —"网"打尽新能源

## 14.1　内涵的转变：从电力互联到能源互联

### 14.1.1　电力互联—智能电网—坚强智能电网——内涵的深化

**电力互联**是若干独立的电力系统通过联络线或其他连接设备连接起来的电力系统。电力系统建设和发展是 20 世纪最伟大的工程，纵观电力系统 100 余年的发展，总是在不断利用新材料、制造技术、控制技术、通信技术、自动化技术等领域的最新科技成果来发展自身，并不断满足能源结构变化和电力发展的需求，逐步推动电力系统的变革。

总体上来说，电力互联构成的电力系统经历了三个阶段：小型互联电网（以城市局部区域电力配置为主的小型孤立电网）、大型互联电网（具有全国或跨国电力配置能力的大型同步电网）、智能电网（国家级或跨国跨洲的主干输电网与地方电网、微电网协调发展）。

**智能电网**是近年来发展起来的一种新型电网，是在传统电力系统基础上，通过集成新能源、新材料、新设备和先进传感技术、信息技术、控制技术、储能技术等新技术，形成的新一代电力系统，具有高度信息化、自动化、互动化等特征，可以更好地实现电网安全、可靠、经济、高效运行，以充分满足用户对电力的需求和优化资源配置，确保电力供应的安全性、可靠性和经济性，满足环保约束、保证电能质量、适应电力市场化发展等需求，实现对用户可靠、经济、清洁、互动的电力供应和增值服务。

**坚强智能电网**是以特高压电网为骨干网架、各级电网协调发展，涵盖电源接入、输电、变电、配电、用电和调度各个环节，集成现代通信信息技术、自动控制技术、决策支持技术与先进电力技术，具有信息化、自动化、互动化特征，适应各类电源和用电设施的灵活接入与退出，实现与用户友好互动，具有智能响应和系统自愈能力，能够显著提高电力系统安全可靠性和运行效率的新型现代电网。

我国是智能电网发展较早的国家之一。国家电网有限公司在 2009 年首次提出智能电网概念，此后经历了规划试点（2009—2010 年）、全面建设（2011—2015 年）以及引领提升

(2016—2020 年)三个阶段。在国家电网的大力推进下,我国智能电网建设成果较为显著,电网资源配置能力、可靠性、安全水平以及运行效率均得到较为有效的提升。

从智能电网到坚强智能电网,一个重要标志是以特高压电网为骨干网架,促进各级电网协调发展,这是中国特高压技术对智能电网的再定义和新诠释,内涵发生了深刻变化,凸显了中国电网技术的引领。"坚强"与"智能"是现代电网发展的基本要求。"网架坚强"是基础,是大范围资源配置能力和安全可靠电力供应能力的保障;"系统智能"是关键,是指各项智能技术广泛应用在电力系统各个环节,全方位提高电网的适应性、可控性和安全性。

### 14.1.2 电力互联—能源互联——理念的根本性变革

从世界能源发展趋势和资源禀赋特征看,实施以清洁替代和电能替代为主要内容的"两个替代"是世界能源可持续发展的重要方向。"两个替代"是对传统能源生产消费方式和理念的根本性变革。

2004 年,《经济学人》刊登了一篇题为 *Building the Energy Internet* 的文章,首次提出了能源互联网的概念;2011 年,美国学者杰里米·里夫金(Jeremy Rifkin)在其著作《第三次工业革命》中提出能源互联网是第三次工业革命的重要标志,其主旨是在兼容传统电力系统的基础上,利用互联网技术实现广域内大量分布式电源、储能设备及负荷等的协同控制,构建一种能够满足用户多样化能源需求的新型能源体系网络,从而实现绿色电力的共享,减少化石能源的使用,解决能源危机与环境污染问题。国内外不同行业和领域纷纷对能源互联网展开了有益的探索和研究,现阶段形成了几种典型的不同视角下的能源互联网认知。

(1)**Energy Internet**:这是一种侧重能源网络结构的认知,该方式立足于电网,借鉴互联网开放、对等的理念和架构,形成以骨干大电网、局部微电网及相关连接网络为特征的新型能源网。在技术层面,注重分布式能源网络体系与信息通信系统的融合。

(2)**Internet of Energy**:这是一种侧重于信息互联网的认知,该方法将信息网络定位为能源互联网的支持决策网,通过互联网进行信息收集、分析和决策,从而指导能源网络的运行调度。

(3)**Intenergy**:这是一种强调互联网技术和能源网络的深度融合的认知,该方法将区域自治和骨干管控相结合,信息流用于支持能源调度,能源流用于引导用户决策,以实现可再生能源的高效利用。

(4)**Multi Energy Internet**:这是一种强调电、热、化学能的联合输送和优化使用的认知,该方法将电、热、化学能等多种能源统筹规划、优化调度、多能输送和按需使用,以进一步提高多种能源的综合利用效率。

不管基于什么样的认知,能源互联网都是能源与互联网理念和技术的深度融合,具有以下典型特征。

(1)**能源协同化**,能源互联网作为第三次工业革命的核心,支撑多类型能源的开放互联,可提高能源综合使用效率。通过多能协同、协同调度,实现煤、油、气、电、氢、储、热、冷、交通等多能链的互补、互联、互通,优化资源配置,提升能源系统整体效率、资金利用效率与资产利用率。

（2）**能源清洁化**，支撑可再生能源的接入和消纳，提高清洁能源利用率。通过风能、太阳能、水能、潮汐能、地热能、核能等多种清洁能源的接入，实现以可再生能源逐步替代化石能源，能源消费结构向低碳化方向转变，保证环境效益、社会效益。

（3）**能源网络化**，能源互联网像互联网一样，用户从一个单独的设备，到一个家庭、一栋楼宇、一个小区、一个工业园区，都可以平等地连接到这个网络之中。"互联网＋能源"将呈现多元化、平台化、综合性的新业态，其本质是网络互联、信息对称、数据驱动。

（4）**能源市场化**，探索能源消费新模式，建设能源共享经济和能源自由交易，促进能源市场化。以能源生产者、消费者、运营者和监管者的效用为本，提升能源系统的整体效能，实现未来个性化、定制化的能源运营服务，用户可以方便地使用远距离的清洁能源，距离和资源限制不再成为问题，可以使生产和生活得到解放，充分释放能源要素的生产力。

（5）**能源平等化**，能源互联网用户的定位发生了根本转变，能源生产者同时也是能源消费者，所有能源可同等对待地接入能源互联网，实现大型央企、小微企业、家庭、个人平等、自主、灵活地参与能源市场交易，用户的参与度和影响力大大提升。

### 14.1.3　能源互联网络——"电网"＋"氢网"

由于能源互联网是一个全新的概念，各个国家对其认识不一致，尚未有一个权威的定义，基于目前以"电"为中间传输体的认识，可以理解为：以智能电网为基础平台，深度融合储能技术，构建多类型能源互联网络，利用互联网思维与技术改造能源行业，实现横向多源互补、纵向"源-网-荷-储"协调、能源与信息高度融合的新型能源体系。

展望未来，煤炭、石油、天然气、水力、风力、太阳能、生物质能、地热、海洋能、核能等属于一次能源，"电"和"氢"属于二次能源，随着氢能的大规模开发利用，"氢"将成为重要的中间传输体，逐步形成"电""氢"同为中间传输体的格局，"网"将不再是"电网"，也包含"氢网"，能源互联网将逐步演变成以多元一次能源为基础，以"电""氢"为中间传输体，以互联网技术为依托，以多元储能技术为支撑，以用户既是消费者又是生产者为特征，从多元能源的源头到多能综合利用终端，实现全方位、全时段、全交互的能源互联。

## 14.2　新能源互联的基本单元：新能源微网

### 14.2.1　微电网——分布式发电的电量传输载体

微电网（Micro-Grid）也称为微网，是指由分布式电源、储能装置、能量转换装置、负荷、监控和保护装置等组成的小型发配电系统。

微电网的提出旨在实现分布式电源的灵活、高效应用，解决数量庞大、形式多样的分布式电源并网问题。在技术层面，随着新能源技术的快速发展，微电网的技术内涵及外延不断丰富和完善，其发展先后经历了分布式电源、微电网、多微电网、微网群的发展阶段。微电网的能量主要来源于可再生能源，其发电系统类型多样，主要包括微型燃气轮机、内燃机、燃料电池、太阳能电池、风力发电，以及超级电容、飞轮和储能电池等储能装置等。开发和发展微电网能够充分促进分布式电源与可再生能源的大规模接入,实现对多种能源形式的高可靠供给,是实现主动式配电网的一种有效方式,使传统电网向智能电网过渡。

微电网根据输电方式的不同,主要分为以下几种。

(1)**交流微电网**:分布式电源、储能装置等均通过电力电子装置连接至交流母线。交流微电网是微电网的主要形式。通过对储能变流器(Power Conversion System,PCS)处开关的控制,可实现微电网并网运行与孤岛模式的转换。

(2)**直流微电网**:分布式电源、储能装置、负荷等均连接至直流母线,直流网络再通过电力电子逆变装置连接至外部交流电网。直流微电网通过电力电子变换装置可以向不同电压等级的交流、直流负荷提供电能,分布式电源和负荷的波动可由储能装置在直流侧调节。

(3)**交直流混合微电网**:既含有交流母线又含有直流母线,既可以直接向交流负荷供电又可以直接向直流负荷供电。

微电网根据输电电压的不同,主要分为以下几种。

(1)**低压微电网**:在低压电压等级上将用户的分布式电源及负荷适当集成后形成的微电网,电压等级通常为交流 400 V,低压直流还可能包括 48 V,这类微电网大多由电力或能源用户拥有,规模相对较小。

(2)**中压配电支线微电网**:以中压配电支线为基础将分布式电源和负荷进行有效集成的微电网,电压等级为 10 kV 或 35 kV,它适用于向容量中等、有较高供电可靠性要求、较为集中的用户区域供电。

(3)**高压配电变电站级微电网**:包含整个变电站主变二次侧所连接的多条馈线及其供电范围内的所有微电网。变电站级微电网对配电系统自动化和继电保护要求较高。

微电网与大电网不同,其具有微型化、自平衡、清洁高效的特点。微型化:系统规模小,电压等级低。自平衡:通过综合调控分布式发电、储能和负荷,实现微电网内部电量的自平衡,总体上与外部电网的电力交换很少。清洁高效:以清洁能源为主,以能源综合利用为目标,同时配置高效的能量管理系统。微电网是一个可以实现自我控制、保护和管理的自治系统,它作为完整的电力系统,依靠自身的控制及管理功能实现功率平衡控制、系统运行优化、故障检测与保护、电能质量治理等方面的功能。

微电网具有并网和独立两种运行模式。联网型微电网一般与配电网并网运行,互为支撑,实现能量的双向交换。对电网来说,可将其作为可控负荷来进行管理,在外部电网故障情况下,可转为独立运行模式,通过采取先进的控制策略和控制手段,可保证新能源微电网内高可靠的能源供给,也可以实现两种运行模式的无缝切换。独立型微电网不和常规电网相连接,只是利用自身的分布式能源满足微网内负荷的需求。当网内存在可再生分布式能源时,常常需要配置储能系统以保持能源与负荷间的功率平衡,并充分利用可再生能源,适合在海岛、边远地区等地为用户供能。

### 14.2.2　能源微焦网——多种能量耦合利用的载体

微电网是将各种能源转换成电能,再对电能进行传输的,而人们用能的形式多种多样,用"电"只是其中重要的一种,人们用能还涉及到用热、冷、气、油、煤等多种形式。因此,在微电网的基础上,鉴于能量的基本单位为焦耳(J),提出了一种新概念————**能源微焦网**。

常见的一次能源有煤炭、石油、天然气、水力、风力、太阳能、生物质能、地热能、海洋能、核能等。二次能源是指由一次能源经过加工转换以后得到的能源,包括电能、汽油、柴油、液化天然气、焦炭、洁净煤、煤气、沼气、蒸汽、氢能等。二次能源又可以分为过程性能源和含能体能源,电能就是应用最广的过程性能源,而汽油、柴油、液化天然气是目前应用最广的含能体能源,氢能也是重要的含能体能源。

现在人类活动中的能源利用可归结为:以供电为核心的电能利用、以供热为核心的热能利用、以供气为核心的燃气利用、以冷源为核心的冷能利用等。现代能源体系以多能融合、物联协同、清洁高效、供需平等、开放共享为主要特征,其本质是统筹优化能源资源,以更清洁、高效、开放、经济、安全的方式满足终端用户的电、热、气、冷等需求。

能源微焦网是多种形态能量以最合适、最高效使用的方式进行可控流动与交换为核心的,可以进行多种能源交互转换、耦合利用、供用一体、效率优化的微型能源网络。可以按照不同能源资源禀赋和用户用能需求,以分布式的方式,融合太阳能、风能、水能、地热能、海洋能、生物质能等可再生能源,以及天然气、沼气、蒸汽等,以电、氢作为中间传输体,实现能源的高效转化、梯级利用,电、热、气、冷一体化供应,减小能源转换过程中的能量损失,提高能源利用效率,促进形成能源最优生态;在规划、建设和运营等环节,推动能源基础设施的共建共享,在设备层、信息层、控制层,实现电、热、气、冷等系统的互联互通,支持能源设施的协同共享,提升能源设施的利用效率;在不同层级的用户侧合理安装储电、储气、储热、储冷等系统,提升用户侧电、热、气、冷等负荷的柔性,实现供需双方的高效互动;建立供需双方平等的双向交互体系,实现电、热、气、冷的实时优化调度。

能源微焦网是在新理念下构建的综合能源系统。

(1)**一个有机融合**:能源系统(传统一次能源、清洁一次能源、二次能源)与信息系统的有机融合。

(2)**两个有效提高**:有效提高能源利用效率;有效提高清洁能源利用比例。

(3)**三个协调平衡**:"源-源"之间的协调平衡,即多种一次能源、二次能源的跨时空平衡;"荷-荷"之间的协调平衡,即可控负荷、随机负荷、电负荷、热负荷、气负荷等的时空平衡;"源-网-荷-储"之间基于负荷侧需求的能源开发、转换、存储、利用之间的协调平衡。

(4)**四个基本约束**:可靠性保证的约束,环境保护的约束,经济性的约束,可持续发展的约束。

(5)**五个基本要素**:源、网、荷、储、控。

(6)**六个关键指标**:系统总效率指标,供能可靠性指标,新能源渗透率指标,能量、功率交换率指标,能量自给率指标和绿色环境指标。

(7)**七类关键技术**:新能源的高效发电技术,新能源的高效制氢技术,电力电子变换与网络系统控制技术,大规模、低成本、高效率的储能技术,能量流动的总体控制技术,多种能源与电网、氢网的互动技术，以及智慧能源系统重构技术。

可再生能源微焦网可利用技术来驾驭太阳能、风能、水能、生物质能和/或混合能源（燃油发电机、燃气发电机、储能装置等），它们的容量从低于 1 kW 到 10 MW 不等。可再生能源微焦网可以与大电网连接或者独立运行，独立运行的可再生能源微焦网对于非电气区域（供电难以达到区域）尤其重要，并且可以在以后随时与大电网互联。随着"电""氢"同为中间传输体的格局逐步形成，氢支撑的独立能源微焦网将是未来发展的重要方向，利用非稳定的可再生能源发电，用适当的储能装置进行能量存储平衡，用多余的电力进行电解水制氢，将氢气存储起来供居民和工厂使用，需要时通过燃料电池或微型燃氢轮机发电，其电解过程和燃烧过程的多余热量可回收、循环利用，实现边远地区、海岛的可再生能源的高效、持续、稳定利用。

## 14.3　让我们的未来充满曙光：智慧能源

### 14.3.1　文明与能源的关系——推拉互动关系

回顾人类文明发展历程，能源形式不断改进和更替，其所包含的人类智慧不断提升。为适应向生态文明转型的要求，智慧能源因时而生走上文明的前沿舞台，指明了未来能源形式改进和更替的方向。

到目前为止，我们的文明经历了采猎文明、农耕文明、工业文明、信息文明四个阶段，根据所蕴含的人类智慧程度与之相应的能源形式分别为启智能源、小智能源、中智能源、大智能源。人类文明形态演进与能源形式更替密切相关、推拉互动、相辅相成。一方面能源形式更替推动文明前行，不同的能源形式支撑着不同的文明形态；另一方面文明前行又拉动能源更替，文明的演进对能源形式提出了新的要求。

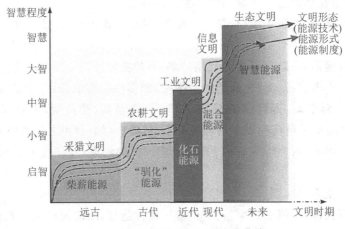

图 14-1　能源更替与文明演进曲线

（1）**采猎文明与启智能源**。在以采集植物和狩猎动物为基本生活方式的采猎文明时期，人类不仅是自然物的采集者和捕食者,而且是初始能源的利用者。人类在实践中发现和利用了火,并用之驱逐寒冷、保护自我、获取猎物、驯化动物、烹调食物、储藏种子,使人类高于其他动物而成为地球的主宰,并靠火支撑度过了漫长的采猎文明时期。

(2)**农耕文明与小智能源**。自从人类学会了培育植物、驯化动物之后,人类从食物的采集者逐渐转变为生产者,绝大多数人口从事农业劳动,由此步入农耕文明时期,这一时期绵延数千年。人类利用植物(树木、秸秆、棉麻等)燃烧产生热能,利用驯化的动物(牛、马、驴等)、风力、水力等产生机械能,所获得的动力有限,生产力水平较低,人、货物和商品都难以远距离输运,剩余生活资料也不多,人们的活动空间有限,社会分工简单。

(3)**工业文明与中智能源**。随着生产剩余进一步增多、社会分工日趋细化、商品交换日益频繁,货物需要运输到更远的地方,贸易范围逐步扩大,人类迫切需要强大的能源动力。煤炭的发现和利用加快了人类前行的步伐。与普通植物相比,煤炭的燃烧值高,能够提供更大的动力。十八世纪末,蒸汽机开始投入工业生产,逐步成为工业革命的引擎,又为煤炭的大规模应用提供了可能。

(4)**信息文明与大智能源**。石油和电力成为经济社会发展的强大驱动动力,以煤炭、石油、天然气等一次能源和电力等二次能源为代表的能源驱动发动机、内燃机、汽车、飞机、钢铁冶炼、有机化工、信息通信,极大地促进了工业文明的发展;矿山资源的大规模开发和利用为工业生产源源不断提供原料;农业机械化、规模化带来了农业生产的繁荣;交通更加便利,使得农村人口向城市快速集中,推动了文明的进步。

一百多年的工业文明极大地丰富了人类财富,但也导致了环境污染、气候变化、能源和资源供应紧张。在信息文明时期,主要资源和能源得到了节约,但主要能源仍然是化石能源,而其终将要枯竭,文明前行必然会受到资源和能源的制约。智慧能源应运而生,随着其发展壮大,又将开启一个全新的生态文明阶段,迎来利用能源的"智慧阶段",人类新的文明形态将对能源的低碳、清洁、环保、安全、高效、便利等多方面提出更新、更高的要求。

### 14.3.2　智慧能源体系———让能源充满智慧

2009 年,包括 IBM 专家队伍在内的国际学术界提出,互联互通的科技将改变整个人类世界的运行方式,涉及数十亿人的工作和生活,因此学术界开始提出要"构建一个更有智慧的地球(smarter planet)",提出智慧机场、智慧银行、智慧铁路、智慧城市、智慧电力、智慧电网、智慧能源等理念,并提出通过普遍连接形成所谓"物联网",通过超级计算机和云计算将"物联网"整合起来,使人类能以更加精细和动态的方式管理生产和生活,从而达到全球的"智慧"状态,最终实现"互联网＋物联网＝智慧的地球"。同年,一些中国专家学者发表了《当能源充满智慧》《智慧能源与人类文明的进步》等论著,引发业界对智慧能源的关注,智慧能源(smarter energy)的概念也从此正式进入中国。

为适应文明演进的新趋势和新要求,人类必须从根本上解决文明前行的动力困扰,实现能源的安全、稳定、清洁和永续利用。智慧能源就是充分开发人类的智力和能力,通过不断技术创新和制度变革,在能源开发利用、生产消费的全过程和各环节融汇人类独有的智慧,建立和完善符合生态文明和可持续发展要求的能源技术和能源制度体系,从而呈现出的一种全新能源形式。简而言之,智慧能源就是指拥有自组织、自检查、自平衡、自优化等人类大脑功能,满足系统、安全、清洁和经济要求的能源形式。智慧能源与可再生能源、清洁能源、新型能源、智能能源等概念既有联系,又有重大差别。

(1)**智慧能源的载体是能源**。无论是开发利用技术,还是生产消费制度,我们研究的对象与载体始终都是能源,我们不懈探索的目的也是寻觅更加安全、充足、清洁的能源,使人类生活更加幸福快乐,商品服务更加物美价廉,活动范围更加宽广深远,生态环境更加宜居美好。

(2)**智慧能源的保障是制度**。智慧能源将带来新的能源格局,必然要求有与之相适应的能够鼓励科技创新、优化产业组织、倡导节约能源、促进国际合作的先进制度体系提供保障,确保智慧能源体系的稳定运行和快速发展。

(3)**智慧能源的动力是科技**。蒸汽机与内燃机的科技创新是工业文明的基础,智慧能源的发展同样需要科技来推动。核能、太阳能、风能、生物质能、水能等我们正在利用、起步探索或仍未发明的能源开发利用技术,必将会为智慧能源的发展提供巨大的动力。

(4)**智慧能源的精髓是智慧**。智慧是对事物认识、辨析、判断处理和发明创造的能力。智慧区别于智力,智力主要是指人的认识能力和实践能力所达到的水平;智慧区别于智能,智能主要指智谋与才能,偏向于具体的行为、能力和技术。智慧能源的智慧,不仅融汇于能源开发利用技术创新中,还体现在能源生产消费制度变革上。

智慧能源体系是一种包含微电网、能源微焦网、智能电网、能源互联网、全球能源互联网等多组态能源形式的能源网络体系,它的构建和完善取决于各能源组态的发展。

### 14.3.3 智慧能源技术——改进与更替并行

智慧能源技术是建立智慧能源体系的关键。各种满载智慧的技术是智慧能源一个个充满活力的细胞,构筑其生机勃勃的生命肌体。智慧能源的技术可以归为两类:改进性技术和更替性技术。改进性技术主要是指针对传统能源形式开发利用的清洁技术、高效技术和安全技术;更替性技术主要是指对新型能源形式的探索发现及其开发利用技术。

改进性技术在能源形式上是现有的传统能源,在趋势上是使之更加清洁、高效、安全地改良进步;更替性技术在能源形式上是已知和未知的新型能源,在趋势上是革命性的、能够替代现有主要能源、能够满足人类能源需求的未来能源技术。改进性技术和更替性技术就像智慧能源得以向前不断迈进的两条腿,相互支撑,相辅相成,协调并行。改进性技术是阶段性的、过渡性的,为更替性技术做技术上的积累和铺垫,满足人类现时直至能源形式大规模更替之前的需求;更替性技术是长期性的、革命性的,在改进性技术的基础上找到能够大规模替代现有主要能源形式并长期支撑人类文明发展的主体能源技术。更替性技术具有实践性,现阶段的更替性技术与社会、文明的发展程度相协调,技术持续到一定时间、发展到一定程度后,又会逐渐无法满足新的社会和文明需要而转变为改进性技术,因此人类需要持续不断地寻找新的更替性技术。

　　智慧能源技术具有系统、安全、清洁、经济的特征。智慧能源技术不会是某一单项技术，是有机结合当前的互联网技术、云计算技术、通信技术、控制技术及未来的新技术,体现能源生产、传输和利用等环节的多项技术的综合优势;智慧能源技术必须符合安全的要求,确保为社会提供安全、稳定、持续的能源,同时解决能源蕴含的巨大能量在不可控时带来的危害;智慧能源对自然环境的影响将无限趋近于零,未来能源的清洁属性必须摆在第一位,其生产和使用过程不产生有害物质,不影响自然界生态平衡;智慧能源技术将探索发掘更加高效的能源,使之拥有越来越大的能量密度,以最小的代价换取最大的动力输出。

### 14.3.4　智慧能源的未来——不断发现新型能源形式

　　永续动力是我们追寻的梦想,智慧能源有可能帮我们梦想成真,通过缓解环境破坏、缓解资源短缺、缓解能源纷争,为人类文明前行预留更广大的发展空间和更充分的发展时间。发展智慧能源的目的是加快生产力水平提高、加快生产关系完善,实现生产力和生产关系的良性互动,加快能源形式的改进和更替速度,缩短向生态文明形态转型的历程,满足未来生态文明发展的要求。

　　随着人类科学技术的进步以及对宇宙认知的深入,我们必将发现和发明更多的新型能源形式,有些可能极大地超越我们现在的认知范畴。

　　(1)**太阳风利用技术**。太阳风是一种连续存在,来自太阳并以 $200 \sim 800 \text{ km/s}$ 的速度运动的等离子体带电粒子流,它们流动时所产生的效应与空气流动十分相似,故被称为太阳风。太阳风是从太阳大气最外层的日冕向空间持续抛射出来的物质粒子流。这种粒子流是从日冕洞中喷射出来的,其主要成分是质子、电子和氦原子核。太阳风有两种:一种持续不断地辐射出来,速度较小,粒子含量也较少,被称为"持续太阳风";另一种是在太阳活动时辐射出来,速度较大,粒子含量也较多,这种太阳风被称为"扰动太阳风"。扰动太阳风对地球的影响很大,当它抵达地球时,往往引起很大的磁暴与强烈的极光,同时也产生电离层骚扰。地球磁场在太阳风面前就像是一间容易"漏风"的房子,其"漏洞"会持续"透风"长达数小时,为来自太阳的带电粒子进入地球大气层、扰乱通信和电力系统等提供可乘之机。太阳风里蕴含着巨大能量。

　　(2)**地磁利用技术**。地磁(地球磁场)近似于一个位于地球中心的磁偶极子的磁场,地磁南北极与地理上的南北极相反,磁南极(S)大致指向地理北极附近,磁北极(N)大致指向地理南极附近,通过这两个磁极的假想直线(磁轴)与地球的自转轴大约成 $11.3°$ 的夹角。地球表面的磁场受到各种因素的影响而发生变化,赤道附近的磁场最小,约为 $0.3 \sim 0.4$ 高斯①$(30 \sim 40 \ \mu\text{T})$,两极最强,约为 $0.6 \sim 0.7$ 高斯$(60 \sim 70 \ \mu\text{T})$。地球的磁场向太空伸出数万公里,形成地球磁圈引力。地球磁圈对地球有屏障太阳风所挟带的带电粒子的作用。地球磁圈在白昼区(向日面)受到带电粒子的力影响而被挤压,在地球黑夜区(背日面)则向外伸出。地球本身就是一个不停自转和公转的运动体,具有巨大的动能,同时又具有巨大的地磁场,

---

　　①　1 高斯 $=10^{-4}$ 特斯拉$(1 \text{ Gs}=10^{-4}\text{T})$。

如果能研制出来足够大的闭合线圈来切割地磁线,将开启一个全新的能量来源。

(3)**"冷能"技术**。高于绝对零度(−273.15℃)、低于常温(20℃)的物质载体称为冷源,如冰、雪、冷空气等。在自然界中,有许多较低的温差,如自然界中的昼夜温差、四季温差、地下冻土与地表温差等,这些温差都意味着能量,而温差又无处不在,所以该能量的数量也为无限大,是一种潜在的巨量低品位能源。冷能在自然界储量丰富,可与热能互补利用。日常生活和工业生产对冷环境需求巨大,对符合人类需求的冷源进行开发、收集、储存和利用的未来发展空间不可估量。

(4)**反物质利用技术**。运动的物体都具有能量,当它的总和是一个正值时,就是我们日常生活中看到各种物质;当其能量总和是负值时,物质的性质、内部组成和我们日常所见的截然相反,这种物质称为反物质。正物质的原子是由带正电荷的质子和带负电荷的电子组成,而反物质的原子是由带负电荷的质子和带正电荷的电子组成,反物质受力后的运动方向和正物质完全相反。正物质和反物质很难同时存在,一旦相遇就相互吸引,一旦碰撞就同归于尽,同时释放出大量的能量,称为湮灭反应。湮灭反应中全部物质都转化为巨大的能量,比核反应产生的能量约大 1000 倍。据估算,10 mg 的反物质能产生相当于 100 t 液体化学燃料的推力,能够将巨大的火箭送入太空,并能产生高达三分之一光速的速度;1 g 反物质所产生的能量可以使一辆汽车连续行驶 10 万年。

智慧能源在人类和地球之间搭建起前所未有的桥梁和纽带,人类要摈弃贪婪、放肆、无知,形成尊重、高效、节约的思维和行为方式,通过科学认知、良性互动、修复愈合,实现生态系统的平衡、自然环境的友好、能源资源的可持续,如图 14-2 所示。我们掌握了能量和质量守恒定律,却远未掌握和应用生态环境的平衡定律,在全球一体化背景下,任何一个民族、国家、地区、组织、个人都不是孤立的,在同一片蓝天下,同一个地球上,人类都需要面对能源、生态、环境气候问题,正所谓"环球同此凉热",我们必须真诚地与地球和谐相处。

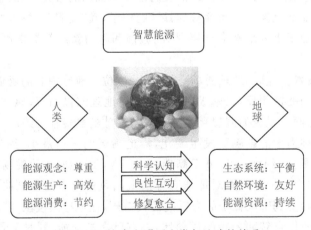

图 14-2 生态文明下人类与地球的关系

智慧能源因时而生,是照亮人类文明未来的曙光,开发和使用智慧能源,不仅能缓解能源危机和压力,适应人类文明现在和未来发展的需要,更是推动文明进步、加速文明转型的巨大动力。

## 参考文献

[1] 刘振亚. 全球能源互联网[M]. 北京:中国电力出版社,2015.

[2] 袁飞,黄珊. 全球能源互联网关键技术[M]. 北京:化学工业出版社,2019.

[3] 童光毅,杜松怀. 智慧能源体系[M]. 北京:科学出版社,2020.

[4] 刘建平,陈少强,刘涛. 智慧能源:我们这一万年[M]. 北京:中国电力出版社,2013.

[5] 孙秋野,马大中. 能源互联网与能源转换技术[M]. 北京:机械工业出版社,2017.

[6] 中国科学院创新发展研究中心. 中国先进能源 2035 技术预见[M]. 北京:科学出版社,2020.

[7] 阿里·凯伊哈尼. 智能电网可再生能源系统设计[M]. 刘长浥,陈默子,许晓艳,等译. 北京:机械工业出版社,2012.

[8] 周邺飞,赫卫国,汪春,等. 微电网运行与控制技术[M]. 北京:水利水电出版社,2017.

## 思考题

(1)简述新能源微网的各个组成结构及其作用。

(2)描述一个新能源微电网的应用场景。

(3)结合已学知识,构建一个新型储能设备,应用于新能源微电网,并说明其优势。